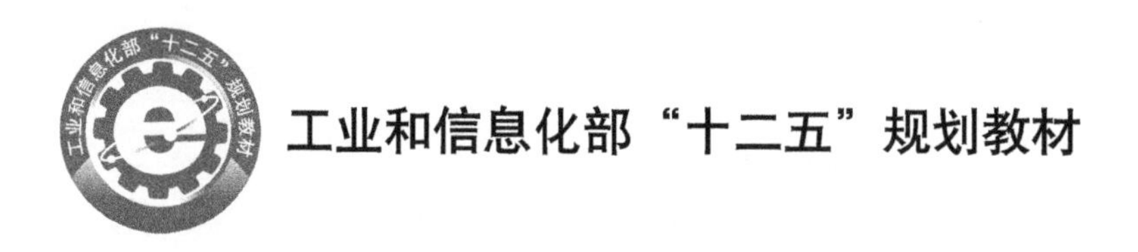

火炮构造与原理

主　编　高跃飞

副主编　薛百文　常德顺

BASIC THEORY AND COMPONENTS OF ARTILLERY WEAPONS

北京理工大学出版社
BEIJING INSTITUTE OF TECHNOLOGY PRESS

内容提要

本书介绍了现代火炮系统的基本知识、火炮结构组成及工作原理。内容包括火炮系统的基本知识、火炮的结构组成、典型火炮结构及相关技术发展等。

本书可供武器系统与工程专业及相近专业高年级本科生学习使用，也可用作从事火炮武器设计与制造及相关工程技术人员的参考资料。

图书在版编目（CIP）数据

火炮构造与原理/高跃飞主编. —北京：北京理工大学出版社，2015.8（2021.1重印）
ISBN 978-7-5682-0804-8

Ⅰ.①火…　Ⅱ.①高…　Ⅲ.①火炮-高等学校-教材　Ⅳ.①TJ3

中国版本图书馆CIP数据核字（2015）第143775号

出版发行／北京理工大学出版社有限责任公司
社　　址／北京市海淀区中关村南大街5号
邮　　编／100081
电　　话／（010）68914775（总编室）
（010）82562903（教材售后服务热线）
（010）68948351（其他图书服务热线）
网　　址／http://www.bitpress.com.cn
经　　销／全国各地新华书店
印　　刷／北京虎彩文化传播有限公司
开　　本／787毫米×1092毫米　1/16
印　　张／14.25
字　　数／332千字
版　　次／2015年8月第1版　2021年1月第3次印刷
定　　价／36.00元

责任编辑／王玲玲
尹　晅
文案编辑／王玲玲
责任校对／周瑞红
责任印制／王美丽

图书出现印装质量问题，请拨打售后服务热线，本社负责调换

PREFACE

前言

火炮作为一种火力压制和支援武器已有几百年的历史，伴随着军事需求的演变和科学技术的发展，其系统构成、结构形式和战术应用等总是处于不断变化的过程中。当前，在战场正向数字化、信息化发展的背景下，对于火炮性能要求的变化和大量高新技术的涌现，促使火炮系统的构成、新型结构的应用和新技术集成的程度都有了突飞猛进的发展，新型火炮武器的功能和结构特点都有了很大的变化。

本书编写的目的是为武器系统与工程专业及相近专业的本科生提供学习、掌握专业基础知识的入门教材。本书以火炮的发射过程及相关的知识、火炮的结构与工作原理为主线来介绍火炮武器的基本知识和结构组成等，其内容分为火炮的基本知识、典型火炮介绍两大部分。火炮的基本知识包括火炮及火炮系统的概念、火炮的分类、火炮的战术技术要求、火炮的发展、火炮射击的基本知识和火炮的结构组成等。典型火炮部分针对常见的火炮类型，对具有代表性的牵引火炮、自行火炮、高射炮等进行了介绍，并尽量选择新型的火炮武器，便于读者了解现代火炮的技术进展及新的成果。

本书由高跃飞任主编，薛百文、常德顺任副主编。其中，第1章由高泉盛编写，第2、6章和5.1节由高跃飞编写，第3章由薛百文编写，第4章由常德顺编写，第5.2、5.3节由曹红松编写。全书由高跃飞统稿。

本书由中国兵器工业第二〇二研究所李魁武研究员和中北大学姚养无教授主审。本书的许多内容是在参考了相关的著作、教材和技术文献的基础上形成的，作者向审稿人和这些著作、教材和文献的作者表示深切的谢意。

由于作者水平所限，书稿中难免有疏漏和不妥之处，恳请读者批评指正。

作者

目　录

CONTENTS

第1篇　火炮的基本知识

第1章　绪论 …… 003

1.1　火炮及火炮系统 …… 003

1.2　火炮的分类 …… 004

1.3　火炮的战术技术要求 …… 007

1.3.1　战斗要求 …… 008

1.3.2　勤务要求 …… 011

1.3.3　经济要求 …… 012

1.4　火炮在现代战争中的地位 …… 012

1.5　火炮发展简史 …… 013

第2章　火炮射击的基本知识 …… 016

2.1　武器的发射原理 …… 016

2.1.1　火箭武器发射原理 …… 016

2.1.2　身管武器发射原理 …… 017

2.1.3　电磁发射原理 …… 018

2.2　火炮的发射过程及特点 …… 019

2.3　弹丸在膛内的运动规律 …… 020

2.4　弹丸在空中飞行的特性 …… 023

2.5　弹丸在空中飞行的稳定性 …… 027

2.6　射弹散布 …… 034

2.7　火炮的瞄准和射击 …… 035

2.8 炮兵用的角度单位 …… 038

第3章 火炮结构组成 …… 040
3.1 炮身 …… 040
3.1.1 身管及其内膛结构 …… 041
3.1.2 炮闩 …… 051
3.1.3 炮尾 …… 059
3.1.4 炮身上的其他装置 …… 060
3.2 反后坐装置 …… 065
3.2.1 概述 …… 065
3.2.2 反后坐装置的结构原理 …… 068
3.2.3 复进机的结构类型 …… 071
3.2.4 制退机的结构类型 …… 073
3.3 架体 …… 077
3.3.1 摇架 …… 078
3.3.2 上架 …… 081
3.3.3 下架 …… 084
3.3.4 运动部分 …… 086
3.3.5 大架 …… 090
3.3.6 调平装置 …… 092
3.3.7 平衡机 …… 095
3.3.8 瞄准机 …… 098
3.4 火炮自动机 …… 100
3.4.1 概述 …… 100
3.4.2 自动机工作原理及分类 …… 101
3.4.3 供弹机构 …… 108

第2篇 典型火炮介绍

第4章 地面牵引火炮 …… 115
4.1 85 mm 加农炮 …… 115
4.1.1 概述 …… 115
4.1.2 炮身 …… 116
4.1.3 炮闩 …… 119
4.1.4 摇架 …… 128
4.1.5 反后坐装置 …… 129
4.1.6 上架和防盾 …… 134

4.1.7 瞄准机和平衡机 …… 134
4.1.8 下架和运动体 …… 137
4.1.9 大架 …… 138
4.1.10 瞄准装置 …… 139
4.2 M777 式 155 mm 轻型榴弹炮 …… 140
4.2.1 概述 …… 141
4.2.2 总体布置 …… 142
4.2.3 结构组成 …… 142

第 5 章 高射炮 …… 145
5.1 57 mm 高射炮 …… 145
5.1.1 概述 …… 145
5.1.2 炮身和炮闩 …… 148
5.1.3 压弹机 …… 154
5.1.4 摇架 …… 160
5.1.5 制退机 …… 162
5.1.6 自动机各装置的联合动作 …… 164
5.2 瑞士 35 mm 双管高射炮 …… 167
5.2.1 概述 …… 167
5.2.2 自动机 …… 169
5.2.3 炮架 …… 172
5.3 通古斯卡防空系统 …… 173
5.3.1 概述 …… 173
5.3.2 总体布置 …… 174
5.3.3 火力系统 …… 176
5.3.4 火控系统 …… 177
5.3.5 底盘 …… 177
5.3.6 炮塔 …… 178
5.3.7 支援车辆 …… 179

第 6 章 自行火炮 …… 180
6.1 PzH 2000 自行榴弹炮 …… 180
6.1.1 总体布置及乘员 …… 181
6.1.2 火力系统 …… 185
6.1.3 动力与传动系统 …… 197
6.1.4 行驶系统 …… 200
6.1.5 火控及观瞄系统 …… 201

6.1.6 炮塔及防护 ······ 204
6.2 “弓箭手”155 mm 自行榴弹炮 ······ 205
6.2.1 概述 ······ 205
6.2.2 总体布置 ······ 206
6.2.3 火炮 ······ 207
6.2.4 弹药自动装填系统 ······ 208
6.2.5 弹药 ······ 208
6.2.6 火控系统 ······ 210
6.2.7 底盘 ······ 211
6.3 诺娜—2C23 式 120 mm 自行迫榴炮 ······ 212
6.3.1 概述 ······ 213
6.3.2 总体布置 ······ 214
6.3.3 火炮 ······ 214
6.3.4 火炮各部分的联合动作 ······ 216
6.3.5 弹药 ······ 216
6.3.6 底盘 ······ 217

参考文献 ······ 219

第 1 篇

火炮的基本知识

第1章
绪　论

火炮是现代战争中普遍使用的一种常规兵器，用以完成战场上火力压制与支援的任务，广泛配置于各军、兵种。在战斗中，火炮主要完成以下任务：火力歼灭或杀伤敌方有生力量，压制或毁坏武器装备，破坏防御工事，支援我方步兵与装甲兵的作战行动以及进行其他特殊射击项目（如形成烟幕、提供照明等）。火炮可以配置于地面、水上、空中各种平台上，并与其他武器配合完成陆、海、空作战的各种任务。

1.1　火炮及火炮系统

火炮（artillery weapons）是以火药为能源、利用火药燃烧形成燃气压力来发射弹丸的一种身管射击武器。我国将口径大于和等于 20 mm 的这种类型的射击武器称为火炮，口径小于 20 mm 者称为枪械。枪械与火炮的分界在口径方面各国所取的数值不同。例如，日本在第二次世界大战前曾以 11 mm 为界限；美国取 30 mm；英国则取 25.4 mm。

火箭炮是发射火箭弹并控制其初始射向和姿态的武器，又称为火箭发射架。其发射能源为火箭弹自身携带的推进剂，依靠发射药燃烧形成的燃气流产生推力驱动弹丸飞行。

火炮是一个由弹药、发射装置、瞄准系统、运行系统等几部分组成的系统。这个系统的主体是发射装置，习惯上称其为“火炮”。为了区别于习惯称呼，常将上述几部分组成的系统称为火炮系统。

在火炮系统中，弹药是带引信的弹丸、带点火具的发射药及药筒的统称；瞄准系统是控制火炮将弹丸准确地射向目标的各种装置；运行系统是使火炮移动和转换射击阵地的装置或底盘。

早期的火炮靠炮手目测来调整射向，随着科学技术的发展，火炮的瞄准经历了由目测发展到普通光学瞄准镜，并进一步发展到采用光学、电子学、激光等原理制作的近代多种观瞄器材，瞄准机构由一般的机械装置发展为电力与液压驱动的随动系统。

火炮系统按照结构和功能特点通常可分为火力分系统（fire power system）、火控分系统（fire control system）、运行分系统（mobile system）和辅助分系统（auxiliary system）等几部分。火炮（发射系统）、火炮系统的基本组成如图 1－1 和图 1－2 所示。

伴随着高科技技术的进步，现代火炮武器正向能够独立作战的完整系统发展，已成为一个具有定位定向与导航、侦察与通信、目标获取、弹道解算、火力打击、毁伤评估等功能的复杂系统。如我国研制的 PLZ45－155 自行加榴炮就是一个由火力、指挥控制、侦察校射、后勤保障和模拟训练多个分系统组成的火炮武器系统，其组成如图 1—3 所示。

近几十年来，新型发射技术如液体发射药火炮、电热炮、电磁炮的发展拓宽了火炮的技术范畴。

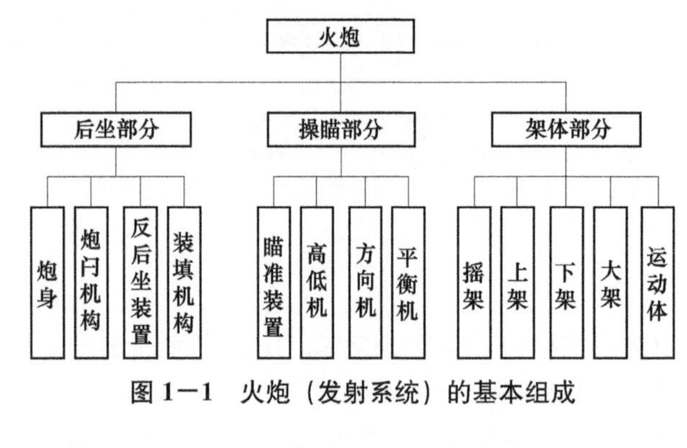

图 1—1　火炮（发射系统）的基本组成

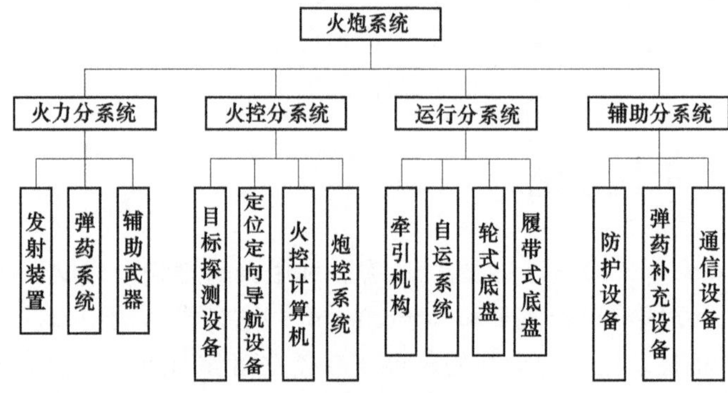

图 1—2　火炮系统的基本组成

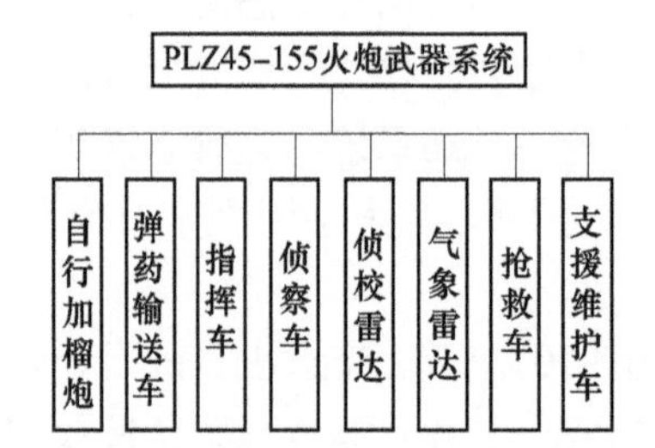

图 1—3　PLZ45—155 火炮武器系统组成

1.2　火炮的分类

由于战争的多样性以及火炮技术本身的发展，现代火炮已形成多种类型和不同用途的武器装备。为了使用、研究的方便，常将火炮加以分类。火炮在不同的国家其分类也不同。通常按编制配属、作战用途、弹道特性、运行方式、装填方式和结构特征等来划分，如图1—4所示。

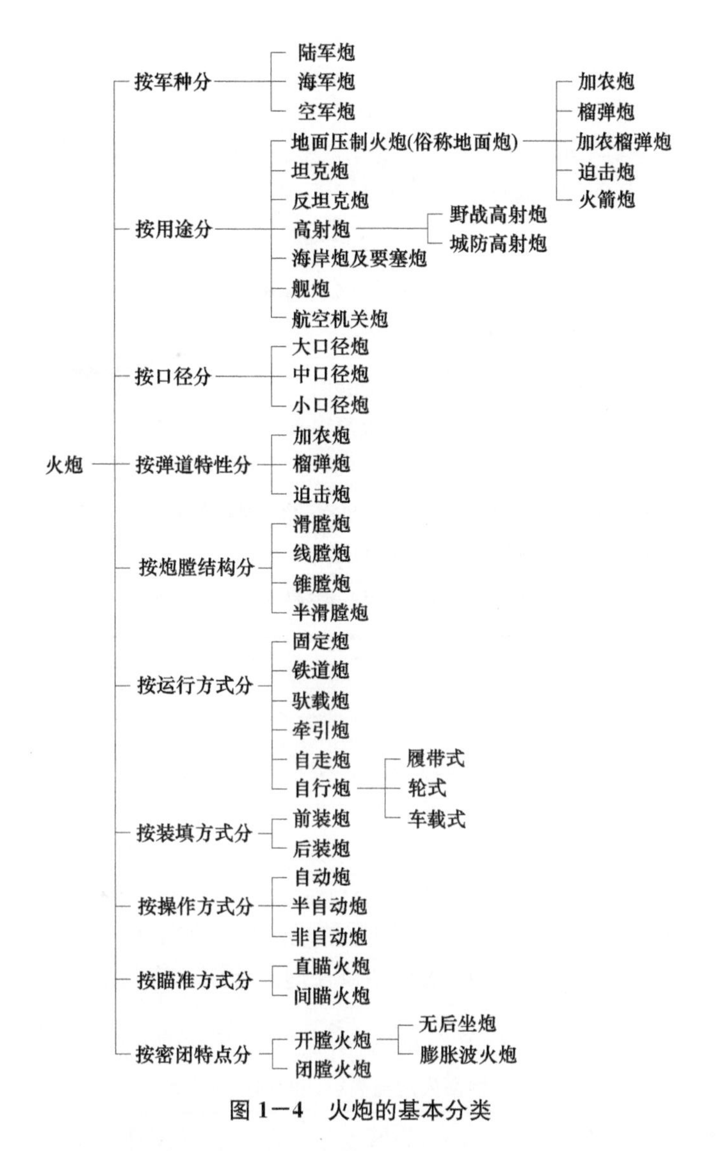

图 1—4 火炮的基本分类

上述各种分类反映了火炮在性能、结构和使用方面的特点。其中，几种常见的火炮分类解释如下。

1. 按弹道特性分类

该方法是根据弹丸在空中飞行的轨迹特性来分类的，它将火炮分为加农炮、榴弹炮和迫击炮（图 1—5）。

加农炮弹道低伸，身管长，初速大，射角范围小（最大射角一般小于 45°），用定装式或分装式炮弹，变装药号数少，适于对装甲目标、垂直目标和远距离目标射击。高射炮、反坦克炮、坦克炮、舰炮和海岸炮都具有加农炮的弹道特性。

榴弹炮弹道较弯曲，炮身较短，初速较小，射角范围大（最大射角可达 70°），使用分装式炮弹，变装药号数较多，火力机动性大，适于对平面目标和隐蔽目标射击。

迫击炮弹道弯曲，炮身短，初速小，多用大射角（一般为 45°～85°）射击，变装药号数较多，适于对遮蔽物后的目标射击。

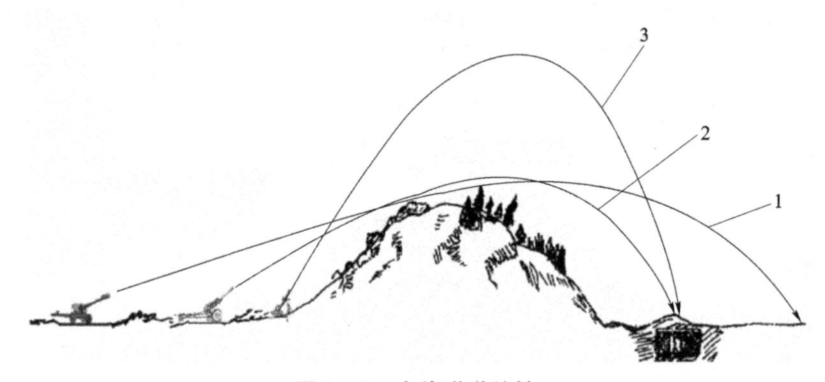

图 1—5　火炮弹道特性

1—加农炮；2—榴弹炮；3—迫击炮

兼有加农炮和榴弹炮两种弹道特点的火炮称为加农榴弹炮。由于弹道特性的不同，加农炮又称为平射炮，榴弹炮与迫击炮又称为曲射炮。

第二次世界大战后，由于火炮技术的发展，除高射炮、反坦克炮、坦克炮等外，西方国家已不再列装和发展加农炮，“加农炮”一词也很少使用，而是将新研制的大口径地面火炮统称为榴弹炮。

2. 按口径分类

按照口径的大小，可将火炮分为大口径炮、中口径炮和小口径炮。

划分口径大小的界限随火炮类别而异，并随着火炮技术发展的状况而变，而且各个国家的规定也不尽相同。第二次世界大战以前，火炮技术水平较低，大威力火炮口径都偏大。例如，对于地面火炮，曾将 90 mm 以下的称为小口径炮，200 mm 以上的称为大口径炮，90～200 mm 的称为中口径炮。对海岸炮，多数国家的规定是：口径大于 180 mm 者为大口径炮，低于 100 mm 者为小口径炮，二者之间的为中口径炮。地面火炮与高射炮的口径分类尺寸见表1—1。

表 1—1　地面火炮与高射炮的口径分类尺寸　　mm

口径划分		中国	英、美	苏联
地面火炮	大口径	≥152	≥203（8）	≥152
	中口径	76～152	100～203（4～8）	76～152
	小口径	20～75	<100（4）	20～75
高射炮	大口径	≥100		≥100
	中口径	60～100		60～100
	小口径	20～60		20～60
注：括号内单位为英寸。				

现代火炮的发展趋势是口径系列逐渐减少，口径较大的火炮逐步淘汰，如各国新列装的火炮口径基本上小于或等于 155 mm。

3. 按运行方式分类

现代火炮按运行方式，可分为牵引炮、自走炮、自行炮和搭载在不同机动平台上的火炮等。

牵引炮自身没有动力，需要由其他机动车辆牵引进行阵地转换和行军。牵引火炮通常有运动体和牵引装置，有的火炮还带有前车。牵引火炮的优点是结构简单、质量小，便于空运和空吊，战略机动性好，同时制造成本和维护费用低。

自走炮是加装辅助推进装置的牵引火炮。自走炮本身具有一定的动力，可进行短距离的运动，便于进入和撤离阵地，但长途行军仍需要由其他机动车辆牵引。

目前，在大口径牵引火炮上多加装有辅助推进装置，以提高火炮的机动性和操作轻便性，缩短进出阵地的时间。自走炮的缺点是火炮的质量增大。

自行炮是火炮与车辆底盘构成一体的、能够自身运动的火炮武器。自行炮机动性能好，投入和撤离战斗迅速，多数有装甲防护和自动化程度高的火控系统，战场生存能力强。

自行炮除按炮种分为自行榴弹炮、自行反坦克炮、自行高射炮、自行迫击炮、自行火箭炮等外，按底盘结构特点可分为履带式、轮式和车载式（图 1—6）；按有无装甲防护可分为全装甲式（封闭式）、半装甲式（半封闭式）和敞开式。

搭载在不同机动平台上的火炮主要有战车炮、坦克炮、机载火炮、舰载火炮等。

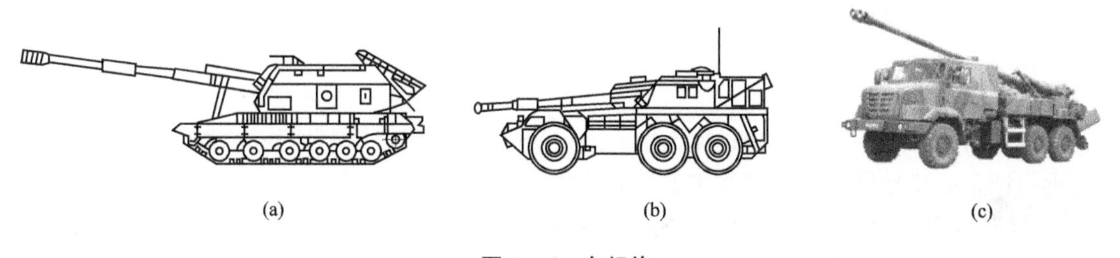

图 1—6 自行炮

(a) 履带式；(b) 轮式；(c) 车载式

1.3 火炮的战术技术要求

火炮的战术技术要求又称为火炮的战术技术指标，是指对研制或生产的火炮系统的作战使用性能和技术性能方面的主要要求，也是进行火炮设计、生产和定型试验的根本依据。火炮的战术技术要求一般又可分为战斗要求、勤务要求和经济要求三个方面。

火炮的战术技术要求在提出的内容和拟定的程序方面，各个国家不尽相同，但通常是由使用单位根据全军的战术思想、战术任务、战斗经验及未来战争的特点、方式、国情等多方面的因素综合分析提出的，然后由相关部门结合科学技术的发展水平、国家的经济能力和生产能力等进行全面的分析和论证，最后确定出火炮的战术技术要求。

根据现代战争的需求，火炮战术技术要求主要包括如图 1—7 所示几个方面。

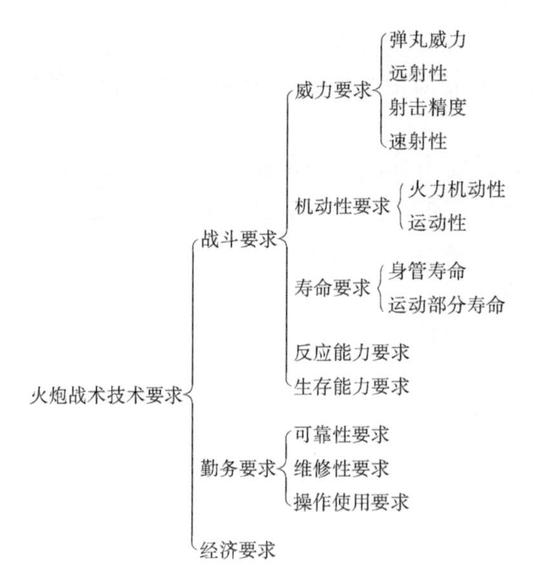

图 1—7 火炮战术技术要求

1.3.1 战斗要求

战斗要求是火炮战术技术要求的主要内容，它由火炮的口径、初速、射程或射高、射速、射击精度和机动性等构成。具体可分为威力要求、机动性要求、寿命要求、反应能力要求、生存能力要求等几个方面。

1. 威力要求

火炮威力是指火炮在战斗中迅速而准确地歼灭、毁伤和压制各种目标的能力。由弹丸威力、远射性、射击精度和速射性等主要性能构成。

① 弹丸威力是指弹丸对目标的杀伤和毁坏能力。对不同用途的弹丸有不同的威力要求。例如，杀伤榴弹要求杀伤破片多，杀伤半径大；穿甲弹则应具有较大的侵彻力；照明弹应发光强度大，照明时间长。通常，弹丸的威力与火炮的口径成正比。

② 远射性是指火炮杀伤、破坏远距离目标的性能。一般以最大射程（maximum range）表示。远射性可以保证火炮在不变换阵地的情况下火力的机动性，在较大的地域内能迅速集中火力，给敌人以突然的打击和压制射击，能以较长时间的火力支援进攻中的步兵和装甲兵；也能使自己的火炮配置在敌人火炮射程之外，增加自身的生存能力。

远射性对主要承担压制任务的加农炮、榴弹炮和加农榴弹炮具有重要的意义。但对于反坦克炮和高射炮而言，直射距离、有效射程、高射性比远射性更有意义。

直射距离（point-blank range）：是指射弹的最大弹道高等于给定目标高（一般为 2 m）时的射击距离。在这个射程内，射手可以不改变瞄准具上的表尺分划而对目标进行连续的射击，保证了对活动目标射击的快速性。直射距离越大，用同一表尺射击时毁伤目标区域的纵深越大，测距误差对目标毁伤的影响越小。它是坦克炮和反坦克炮的战斗威力指标之一。当弹丸一定时，弹丸发射时的初速越大，则直射距离越大，其穿甲能力也就越大。

有效射程（effective range）：是指在给定的目标条件和射击条件下，弹丸能够达到规定毁伤概率的射程最大值。近年来，由于坦克上火力控制系统性能不断提高，使火炮能在大于直射距离的范围内迅速对活动目标射击，且能达到较高的命中概率，加之在实战中，地形或环境条件等与标准条件的差异，即使在直射距离以内，有时仍需随时对射击诸元进行修正，方能命中目标。因此用“有效射程”的标准来取代“直射距离”，更能反映武器火力部分和火控部分的性能，反映射击对目标的作用效果。

高射性（ability in fire altitude）：是指火炮在最大射角射击时弹丸所能达到最大高度的性能。它是高射炮的重要特征量。射高分最大射高和有效射高。有效射高是指保证必要的毁伤概率实施射击的最大高度。影响有效射高的因素比较复杂，与高射炮所担任的具体防空任务、火炮的口径、弹丸初速、弹丸结构、发射速度、瞄准器材和指挥方式（雷达指挥仪或手动瞄准）以及目标航速和目标要害面积的大小等有关。根据经验，高射炮的有效射高与最大射高的关系为：小口径高炮，$H=(0.3\sim0.6)H_{max}$；大口径高炮，$H=(0.6\sim0.85)H_{max}$。

③ 射击精度是射击准确度和射击密集度的总称。它主要取决于火炮系统的性能、射手的操作水平及外界射击条件等因素。

射击准确度：是指平均弹着点与目标预期命中点间的偏差，以两点间的直线距离衡量。射击准确度主要与射手操作火炮及有关仪表的状况有关（如目视测距、装定分划、射击操作的稳定性等）。

射击密集度（火力密集度）：指火炮在相同的射击条件下，进行多发射击，其弹着点相对于平均弹着点（散布中心）的集中程度，即弹丸落点分布在最小面积上的性能。对地面火炮，其射击密集度一般用距离中间偏差E_x与最大射程X_{max}的比值来表示，正常火炮的$E_x/X_{max}=1/400\sim1/200$，平均的$E_x/X_{max}$越小，表示射击密集度越好，击毁目标所消耗的弹药量越少。对坦克炮、反坦克炮和高射炮，常以一定距离的立靶密集度来表示，即以方向中间偏差E_z和高低中间偏差E_y表示，通常其值为$E_z=0.2\sim0.6$ m，$E_y=0.2\sim0.5$ m，数值越小，立靶密集度越好。

射击密集度主要与火炮自身的弹道与结构性能、振动情况有关。为提高射击精度，一方面，应对火炮的弹道性能、结构特点及动态特性进行综合分析，以改善火炮的使用性能；另一方面，应加强对射手的射击训练。

④ 速射性指火炮在不改变瞄准装定量的情况下，单位时间内发射弹丸数量的能力，用射速（发/min）来表示。射速的大小取决于火炮工作方式和自动化程度，与装填、发射等机构和弹药的结构有关。射速一般分为理论射速、实际射速、极限射速和规定射速。

理论射速是指火炮按照其一个工作循环所需要的时间计算得到的射速；实际射速是火炮在战斗使用条件下所能达到的射速；极限射速是指在一定时间内持续射击时，火炮技术性能所允许的最大射速；规定射速是指在规定的时间内，在不影响火炮弹道和技术性能的条件下的射速。规定射击速度的原因是，若火炮以最大射速连续射击，在一定的时间后就会引起身管过热，金属性能下降，膛线磨损加速，从而使火炮很快失去原有的弹道性能；地面压制火炮在急速射击的情况下，不仅身管过热，而且反后坐装置中的液体和气体会产生过热现象，使炮身的后坐、复进运动不正常，甚至会引起零件损坏。所以，对射击速度应有所限定，即根据火炮自身的条件（身管发热或制退机内的液体发热的程度）确定。如美国的 M198 式 155 mm 榴弹炮，在炮身上设置有温度超值显示器，以限制射弹的发射速度。表1－2 为某 122 mm 火炮的规定射速。

表 1-2 某 122 mm 火炮的规定射速

连续射击时间/min	1	3	5	10	15	30	60	120	180	360
该时间内允许发射的弹数/发	8	18	25	35	45	70	100	160	220	350

随着火炮自动装填技术的应用，中大口径火炮常用爆发射速、最大射速、持续射速来表示火炮的速射性能。爆发射速是指火炮在开始射击的最初 10～20 s 内所能发射的弹丸数，一些新型火炮也用最初发射 3 发弹丸所用的时间来表示；最大射速是指火炮、弹药和人员在良好的准备状态下火炮所能达到的射速；持续射速是指在较长的时间段内火炮实际能达到的射速。例如：德国的 PzH 2000 155 mm 自行榴弹炮的爆发射速为 3 发/10 s，最大射速为 12 发/min，持续射速为 3 发/min；法国的 Caesar 155 mm 自行榴弹炮的爆发射速为 3 发/15 s，最大射速为 6 发/min，持续射速为 3 发/min；瑞典的 FH77BW-155 mm 自行榴弹炮的爆发射速为 3 发/20 s，最大射速为 6 发/min，持续射速为 2 发/min。

2. 机动性要求

火炮机动性包括火力机动性和火炮运动性。

火力机动性是指火炮能够快速灵活地大范围变换火力、准确地捕捉、跟踪和毁伤目标的能力。对静止目标（对地面进行压制射击的目标）而言，火力机动性表现在压制范围的确定；对运动目标而言，火力机动性则体现为准确地捕捉和跟踪目标。火力机动性与射距，快速、准确地确定射击诸元，快速、准确地调炮（把射线调至所需位置）有关，主要取决于射界、瞄准速度和装药号等。射界（field of fire）是指炮身俯仰（高低）和水平回转（方向）的最大允许范围。高低射界（elevation limits）是指炮身俯仰的最大允许范围；方向射界（traverse limits）是指炮身水平回转的最大允许范围。瞄准速度指瞄准机或随动系统带动火炮瞄准、跟踪目标时，炮身轴线在水平或垂直平面内的单位时间的角位移。

火炮运动性又可分为战略机动性和战术机动性。战略机动性指火炮远距离转换战场的能力；战术机动性指火炮快速运动、进入阵地和转换阵地的能力。运动性包括火炮在各种运输条件和各种道路或田野上运动的性能，在确定火炮的外形尺寸和质量时要考虑能否在铁道、水上和空中进行运输，能否通过起伏地形、狭窄地区和迅速改变发射阵地。提高运动性的基本措施是牵引机械化、自行化，合理设计炮架及运动体，减小火炮质量等。

火炮行军、战斗转换迅速性以转换时间表示，与火炮质量、炮架结构、火炮类型有关。减小火炮行军、战斗转换时间还可提高火炮的生存能力。

要求火炮机动性的最终目的是准确而迅速地提供火力，有效地保存火炮自身的战斗力，以充分体现火炮的奇袭性。

3. 寿命要求

火炮寿命是指火炮在平时和战时的任何使用条件下，能够较长时间地保持其战技性能的特性（在战场上遭到意外的破坏情况除外）。火炮寿命一般包括身管寿命和运动部分寿命。身管寿命是指火炮按规范条件进行射击，在丧失所要求的弹道性能之前，所能发射当量全装药炮弹数目，以发数表示。火炮运动部分寿命以运行的千米数来表示。因身管是火炮的主要部件，通常都以身管的寿命作为火炮的寿命。

身管寿命取决于弹道性能，而弹道性能取决于炮膛的状态。射击时，膛内的高温高压气体对炮膛壁的化学作用和物理作用以及弹带挤进膛线时的机械作用等，使内膛表面和膛线发生烧蚀和磨损。烧蚀和磨损在膛线起始部位最严重。随着发射弹丸数量的增加，射击前弹丸在膛内的起始位置会向前移动，使药室增大，因而膛压、初速降低。另外，膛线由于烧蚀、磨损而破损，使弹丸运动的特性受到影响，射击密集度下降。所以炮身寿命可以由以下条件来判断。

① 初速的减小。初速的减退带来射程的减小及一系列弹道性能的变化，初速减退量达到一定的程度后，火炮不能完成给定的任务。一般火炮以初速减退量达 10%为寿命终结的标准。对于射击活动目标的坦克炮、反坦克炮、高射炮、海炮等，允许的初速减退量要小一些，为 3%～6%，部队使用中常用测量药室增长量的方法来判断初速减退量。

② 膛压的降低。在正常情况下，膛压使弹丸在膛内加速运动，使引信的保险机构的惯性力达到一定值时解除保险，然后碰着目标才能爆炸。但是如果膛压降低太多，使不解除引信保险的引信超过 30%时，火炮不能继续使用。

③ 射击密集度减小。由于膛线起始部烧蚀、磨损，使弹带嵌入膛线的位置不一致，导转情况恶化，引起弹丸膛内运动不正常，或得不到保证弹丸稳定飞行的旋转速度，射弹散布增大。当距离偏差和方向偏差的乘积超过标准值的 8 倍时，火炮便不宜使用。

以上三个条件只要有一个条件发生，就说明炮身丧失了应有的弹道性能，即认为炮身寿命终了。但往往是三者同时发生的。

4. 反应能力要求

反应能力通常指火炮系统从开始探测目标到对目标实施射击全过程所需要的时间，用反应时间（reaction time）来表示，单位以秒记。反应能力是衡量火炮系统综合性能的一个指标。现代战场由于存在大量快速目标和进攻性武器，且侦察手段和火力控制系统不断精确完善，使得反应慢的一方处于被动挨打的局面，反应快的一方则能避开对方的袭击而充分发挥炮兵火力的作用。

5. 生存能力要求

生存能力是指在现代的战场条件下，火炮能保持其主要战斗性能，在受到损伤后尽快地以最低的物质技术条件恢复其战斗力的能力。提高生存能力的主要措施是提高火炮自身的威力和快速反应能力，力争先敌开火，尽早摧毁和压制敌方装备；加强对火炮系统的防护能力；提高火炮的机动性，并能够快速地更换阵地。火炮除自行外，有的牵引火炮还配备了辅助推进装置（如我国的 PLL01 型 155 mm 榴弹炮、南非的 G－5 等），使火炮在近距离内实行自运。现代战争要求火炮采用打了就跑（shoot and scoot）的战术。例如，一些新装备或研制的自行火炮能够在几分钟内完成一次有效射击，并撤离阵地。此外，为了提高战场生存能力，还应做好伪装和隐蔽，在行军时应降低行军噪声，火炮的阵地应尽量疏散，提高火炮系统的可维修性等。

1.3.2 勤务要求

从勤务方面看，对火炮的要求是性能稳定可靠、操作安全及维修简单、方便，而可靠性与维修性又直接关系到火炮战斗性能的实现。

1. 可靠性与维修性要求

可靠性是指产品在规定条件下和规定时间内，完成规定功能的能力。可靠性的基本任务是为达到产品可靠性要求进行一系列设计、试验和生产工作。由此按照一定的要求和程序编制技术文件就是可靠性大纲。牵引火炮的可靠性指标主要用平均故障间隔弹数表示，自行火炮主要用火力系统平均故障间隔发数、底盘系统平均故障间隔里程、火控系统平均故障间隔时间表示。

维修性是指在武器的寿命期内经过维护和修理可以保持或恢复其正常功能的能力。维修性通常用“维修部位的可达性”“维修方法的简便性”“维修过程的安全性”来衡量。对于火炮，其维修性包括对火炮的维护和修理两个方面。维护本身就是一种日常的可靠性控制过程，根据规定对火炮进行预先检查和保养，如防湿，防腐，按季节更换润滑油和保护油，检查反后坐装置的气、液压状况，等等。修理是指在产品发生故障后进行的工作过程，其目的是用最简单的方法和最短的时间尽快将产品恢复到投入使用时所具有的性能指标与可靠性水平。因此，在火炮设计、制造中应将维修性作为一个重要要求来考虑，要尽量采用标准件、通用件；部件结构力求简单，少采用专用工具或装置，对寿命较短的零件要有必要的备件，等等。

2. 操作使用要求

火炮使用安全，操作简便、轻便、不易疲劳。

1.3.3 经济要求

对火炮的经济性要求，是指在满足战斗与使用要求的前提下，火炮系统的造价和维修费用要低。战争中火炮及其弹药的消耗量是很大的，如果性能先进但造价和维修费用十分高昂，则仍难以采用。因此，研制新火炮要从各个方面降低成本。

① 在设计、制造中应尽量采用国产材料，对贵重的和进口的材料设法采用代用品；同时，选择材料要适当。

② 在设计上要充分考虑制造工艺过程，使产品结构简单、工艺简便，便于快速地大量生产。

③ 尽可能采用标准零件和可以互换的机构。

④ 对炮架和瞄准具等比较复杂的机构和部件，尽量使不同的火炮采用相同的结构型式。

1.4 火炮在现代战争中的地位

自明朝永乐年间我国创建了世界上第一支炮兵部队——神机营以来，火炮在战争的激烈对抗中不断发展壮大，很快就成了战场上的火力骨干，起着影响战争进程的重要作用。

在第一次世界大战中，炮战是一种极其重要的作战方式，主要交战国投入的火炮总数达到7万门左右。第二次世界大战中，苏、美、英、德四个主要交战国共生产了近200万门火炮和24亿发炮弹。在著名的柏林战役中，苏军集中了各类火炮4万余门，在一些重要战役突破地段，每1 000 m进攻正面上达到了300门的密度，充分发挥了火炮突击的威力，炮兵被誉为“战争之神”。大规模战役中如此，在第二次世界大战后的历次局部战争中，火炮的战果依然辉煌。20世纪50年代的朝鲜战争中，我军共击落、击伤敌机12 000架，其中9 800架是被高射炮兵击毁的，约占80%；60年代的越南战争中，美军损失飞机900多架，其中80%也是被高射炮毁伤的；70年代的第四次中东战争中，双方共有3 000辆坦克被毁，50%是被火炮命中的。

90年代，爆发了海湾战争。这场以现代化高技术为主要特征的战争，大量使用了各种飞机、电子装备和精确制导武器。新武器的发展和运用，使作战思想、战场上的火力组成和任务分工发生了深刻的变化。战争初期高强度的空袭和精确打击，尽管战果显著，但耗费惊人，难以持久。在战争后期的直接对抗中，强大的火炮仍具有重要意义，它不仅是战斗行动的保障，而且仍是最终占领阵地、夺取战斗胜利的火力骨干力量。未来战争在空中、海上、地面共同组成的装备体系中，火炮仍然是不可替代的。首先，地面战仍是不可避免的，火炮、火箭炮、枪械可在几十米到几万米的距离内构成地空配套、梯次衔接、大小互补、点面结合的火力网，很少出现火力盲区，而且很可能发展成为未来战争中拦截中低空入侵导弹和近程反导的有效手段之一；其次，火炮是部队装备数量最大的基本武器，占总兵力60%～70%的陆军，更是以火炮为主要装备，这种格局今后仍将持续下去；再次，火炮机动性良好，进入、撤出和转移阵地快捷，火力转移灵活，生存能力和抗干扰能力较强，能够伴随其他兵种作战，实施不间断的火力支援；最后，火炮的经济性良好，无论是火炮的研究、工程开发、生产装备，还是后勤保障，其全寿命周期的总费用都远低于其他技术兵器。由此可见，火炮仍是今后继续大力发展的重要武器装备。

随着高技术的发展和应用，火炮在提高动能、射程、精度和操作控制自动化程度，以及新杀伤和毁伤机理等诸多方面都有较大的潜力；在进一步改善机动性能、增强自身防护、提高生存能力、实现数字化和自主作战功能等方面，也有继续发展的广阔空间；火炮与其他兵器集束化、集成化还有一系列新的发展领域。

1.5 火炮发展简史

火炮是人类武器发展历史上出现最早的热兵器，中国是最早使用火炮的国家。早在春秋时期（公元前772—前481年），我国就出现了抛石机，称为礮，如图1－8所示。它利用杠杆原理，由人力把石块等重物抛射出去，用于攻城或杀伤人员。

7世纪，唐代炼丹家孙思邈发明了黑火药，于10世纪初开始用于武器。此时的抛石机除了抛射石块外，还抛射带有燃爆性质的火器，如霹雳炮、震天雷等。抛射的能源以黑火药代替人力后，“礮”字就被“炮”取代了。宋绍兴二年（1132），陈规镇守德安城时发明了火枪。火枪用竹筒制成，内装火药，临阵点燃，喷火烧敌。宋开庆元年（1259），出现突火枪，它“以巨竹为筒，内安子窠，如燃放，焰绝然后子窠发出，如炮声，远闻百五十余步”。这种竹制抛射火器具备火药、身管、弹丸3个基本要素，可以认为它就是枪炮的雏形。这种身管射击火器的出现，对近代火炮的产生具有重要意义。

图1－8 古代抛石机

至迟在元代，中国已经制造了最古老的火炮——火铳。中国历史博物馆展出的元代至顺三年（1332）制造的青铜铸炮，质量6.94 kg，长35.3 cm，炮口直径105 mm，炮身上有“至顺三年二月十四日，绥边讨寇军，第叁佰号马山”等铭文，如图1－9所示。

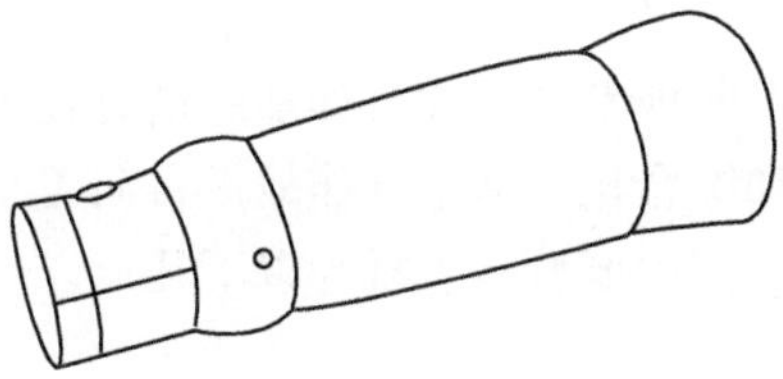

图1－9 元代火铳

13世纪，我国的火药和火器沿着丝绸之路西传，在战争频繁和手工业发达的欧洲得到迅速发展。16 世纪末，伽利略研究地心引力时创立了物体在空中飞行的抛物线理论；17 世纪，牛顿提出了飞行物体的空气阻力定律；18 世纪，罗宾斯发明了测量弹丸初速的弹道摆并于 1742 年出版了《枪炮术原理》专著。这些重要成果奠定了火炮与枪械设计和实践的理论基础。欧洲率先展开产业革命以后，科学技术的进步创造了空前的生产力，同时也推动火炮和枪械在结构上发生了深刻的变革。19 世纪中叶以前的火炮一直采用前装式滑膛身管，发射球形弹丸，威力有限。1823 年，硝化棉火药（即无烟药）出现，火炮和枪械的射程有了大幅度提高的可能。1846 年，意大利 G·卡瓦利少校制成了螺旋线膛炮，发射锥头长圆柱形爆炸弹。螺旋膛线使弹丸旋转，飞行稳定，提高了火炮威力和射击精度，增加了火炮射程。1854—1877 年先后出现的楔式和螺式炮闩，形成了从炮身后部快速装填弹药的新结构，火炮实现了后装填，发射速度明显提高。1872 年以后陆续出现几种带有弹簧和液压缓冲装置的弹性炮架，有效地缓解了威力和机动性之间的矛盾。1897 年，法国制造了装有反后坐装置（液压气体式制退复进机）的 75 mm 野炮，后为各国所仿效。弹性炮架火炮发射时，因反后坐装置的缓冲，作用在炮架上的力大为减小，火炮质量得以减小，发射时火炮不至移位，发射速度得到提高。弹性炮架的采用，缓和了增大火炮威力与提高机动性的矛盾，火炮结构趋于完善，是火炮发展史上的一个重大突破。此后，借助丝紧、筒紧和自紧方式提高身管强度的技术陆续产生，但在当时钢铁冶炼水平不断提高的情况下，这些复杂的技术并未得到广泛的应用。

第一次世界大战期间，为了对隐蔽目标和机枪阵地射击，广泛使用了迫击炮和小口径平射炮。为了对付空中目标，广泛使用高射炮。飞机上开始装设航空炮。随着坦克的使用，出现了坦克炮。机械牵引火炮和自行火炮的出现，对提高炮兵的机动性有重要的影响。骡马拉曳火炮仍被大量使用。当时交战国除大量使用中小口径火炮外，还重视大口径远射程火炮的发展。一般采用的有 203～280 mm 榴弹炮和 220～240 mm 加农炮。法国 1917 年制成的 220 mm 加农炮，最大射程达 22 km。德国 1912 年制成的 420 mm 榴弹炮，炮弹质量 1 200 kg，最大射程 9 300 m。各国还采用了在铁道上运动和发射的铁道炮。

20 世纪 30 年代，火炮性能进一步改善。通过改进弹药、增大射角、加长身管等途径增大了射程。轻型榴弹炮射程增大到 12 km 左右，重型榴弹炮增大到 15 km 左右，150 mm 加农炮射程增大到 20～25 km。改善炮闩和装填机构的性能，提高了发射速度。采用开架式大架，普遍实行机械牵引，减小火炮质量，提高了火炮的机动性。由于火炮威力增大，出现了自紧身管和活动身管炮身，以解决炮身强度不够和寿命短的问题。高射炮提高了初速和射高，改善了时间引信，坦克炮和反坦克炮的口径和直射距离不断增大。第二次世界大战中，由于飞机提高了飞行高度，出现了大口径高射炮、近炸引信和包括炮瞄雷达在内的火控系统。由于坦克和其他装甲目标成了军队的主要威胁，出现了无后坐炮和威力更大的滑膛反坦克炮。

第二次世界大战后，火炮的产品研发和火炮技术仍在不断地发展，并且伴随着信息技术的迅猛发展，火炮正在逐步实现数字化、信息化、机动化和综合化，从单一作战平台向着全方位多功能作战平台转变，具备了更新、更强的作战能力。其主要特点表现为以下几点。

1. 功能多样化

传统火炮，作战功能相对单一，而新型火炮，则具备了多种功能。例如，俄罗斯和我国研制的迫榴炮，兼具迫击炮和榴弹炮功能，既可以发射榴弹、破甲弹等进行直瞄、间瞄射击，也可以发射迫弹类弹药，攻击反斜面的各种目标。美军在配备传统动能弹、中程制导炮弹的基础上，还研制配备了智能子母弹，使火炮具备了打击多种目标的能力，既能够打坦克、步兵，也能够打击无人机、直升机和远程火箭炮等。

2. 打击精确化

随着火炮技术的发展和制导弹药的应用，新型火炮具备了精确打击目标的能力。例如，德国的 PzH 2000 155 mm 自行榴弹炮，能够单炮多发同时打击一个目标，如果使用 5 种不同的弹丸与装药组合，则能以 5 种不同的方式，准确命中 17 km 外的目标。美国的 M109A6 155 mm 自行榴弹炮配备了“神剑”制导炮弹，最大射程达到 40 km，精度小于 10 m。

3. 武器轻型化

现代战争要求火炮具有远程机动和快速转移阵地的能力，火炮武器的远程空运已成为一个普遍的需求。因而，轻量化成为火炮技术的发展趋势。例如，美国的非直瞄火炮 NLOS－C（战斗全重为 27.4 t）、法国的 Caesar 155 mm 自行榴弹炮（质量小于 18 t）、南非的 Atmos 2000 火炮（质量为 22 t）均可以用 C－130“大力神”运输机空运；美国的 M777 轻型榴弹炮（质量为 4.1 t）和新加坡的“飞马”轻型榴弹炮（质量为 5.4 t）均可由直升机吊运。

4. 机动作战快速化

传统火炮展开战斗和撤离战场行动较慢，很容易被对方反炮兵火力压制。新型火炮的反应速度，特别是作战快速转换的能力明显增强。现代火炮多采用先进火控系统，集目标信息获取、战场环境感知、自身定位定向、瞄准射击操作自动化于一体，可具备自主作战的能力。例如，法国的 Caesar 155 mm 自行榴弹炮可以在 2 min 30 s 内进入阵地、发射一组炮弹（6 发）、撤离阵地；我国的 SH2 122 mm 榴弹炮进入阵地、发射一组炮弹（6 发）、撤离阵地的时间为 2 min。

5. 指挥控制及平台信息化

在传统火炮技术基础上，现代火炮广泛采用数字化、信息化技术，可完成预警探测、情报侦察、精确制导、通信联络、战场管理等信息的实时采集、融合、处理、传输和应用，实现指挥控制和火力打击自动化与实时化。信息技术的应用提高了火炮系统的态势感知能力、指挥控制能力、自动操瞄控制能力和系统联合作战的能力，使每个作战单元均能发挥其最大潜能。

随着现代战争模式的变化和火炮技术的发展，火炮正朝着远程机动、快速反应、精确打击、高效毁伤的方向发展，火炮的综合能力将不断加强。

思考题

1. 火炮及火炮系统的组成有何不同？火炮武器系统的特点是什么？
2. 火炮常用的分类有哪些？与火炮的应用有何关系？
3. 与自行火炮相比，牵引火炮有何优点？
4. 现代火炮及其技术的发展有哪些特点？

第 2 章
火炮射击的基本知识

由物理学的知识可知，要将一个物体抛至远处，需使它具有一定的方向，并具有一定的初始能量。火炮工作原理就是赋予弹丸一定的射向和初始速度，使其沿着一定轨迹飞向目标。一般将火炮的整个工作过程称为火炮的射击过程，而将火炮射击过程中赋予弹丸初速的过程称为火炮的发射过程。

2.1　武器的发射原理

按照武器投送战斗载荷的作用方式，现代武器的发射原理可分为火箭推进、身管发射、电磁驱动和其他能源投送几种。

2.1.1　火箭武器发射原理

利用火箭推进技术发射的武器称为火箭武器，通常也称为火箭炮。多数导弹武器也采用火箭推进技术。

火箭（rocket）是以热气流高速向后喷出，利用产生的反作用力推动其向前运动的喷气推进装置。它自身携带燃烧剂与氧化剂，不依赖空气中的氧气助燃，既可在大气中飞行，又可在外层空间飞行。火箭也称为火箭发动机。

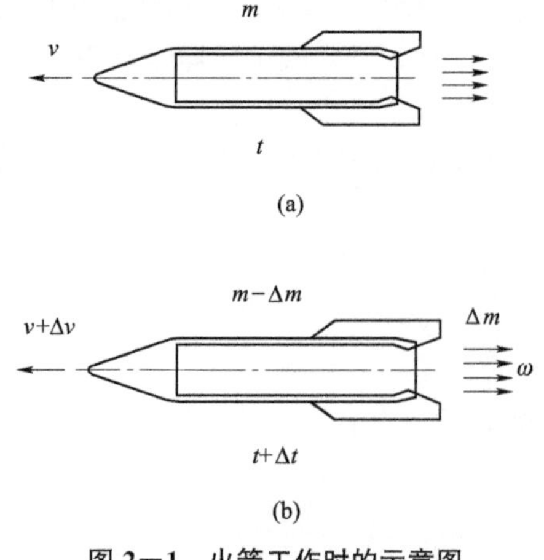

图 2—1　火箭工作时的示意图

当火箭发动机工作时，推进剂燃烧生成大量的燃气向后喷出产生推力，同时火箭发动机的质量不断减小。因此，火箭运动属于变质量物体的运动。利用动量定理，可导出火箭运动的基本公式。图2—1 为火箭工作时的示意图。

设在某一时刻 t 火箭的质量和速度分别为 m、v，经过时间 Δt 后，火箭的质量和速度变为 $m-\Delta m$、$v+\Delta v$，则由动量定理有

$$(m-\Delta m)(v+\Delta v)+(-\Delta m\omega)-mv=\Delta t\sum p_i$$

式中　ω——燃气的绝对速度；

$\sum p_i$——作用在火箭轴向的空气阻力、重力、大气压力以及喷管排气面上燃气压力之和。

将方程的左边变换，可得

$$\begin{aligned}&(m-\Delta m)(v+\Delta v)+(-\Delta m\omega)-mv\\&=(m-\Delta m)(v+\Delta v)-\Delta m[v_{\mathrm{e}}-(v+\Delta v)]-mv\\&\approx m\Delta v-\Delta mv_{\mathrm{e}}\end{aligned}$$

其中　v_{e}——燃气相对于火箭的速度。

因而，有

$$m\Delta v-\Delta mv_{\mathrm{e}}=\Delta t\sum p_i$$

方程两边同除以 Δt，再使其微量趋于无穷小，可得

$$m\frac{\mathrm{d}v}{\mathrm{d}t}=v_{\mathrm{e}}\frac{\mathrm{d}m}{\mathrm{d}t}+\sum p_i$$

上式即为火箭飞行的运动方程，其加速度不但与作用在火箭轴向的外力有关，还与火箭向后喷出燃气的速度成正比。

火箭武器的特点是：

① 威力大，火箭武器多为多管联装，集束发射，一次发射即可覆盖较大的面积，构成强大的火力密度，且战斗部弹径选择范围大，战斗部的威力也大。

② 射程远，火箭弹自带动力装置和推进剂，可以按照射程的需要设计火箭弹，且没有管射武器存在的后坐冲量和烧蚀问题，因而可获得较远的射程。

③ 机动性好，火箭发射装置结构简单，武器多为车炮合一，采用履带式或轮式车辆，可获得良好的运动性。

④ 射击密集度较差、发射特征大（阵地容易暴露）、持续射击能力差。

2.1.2　身管武器发射原理

身管武器是利用火药在半封闭的身管（燃烧室）内燃烧产生高温、高压气体作用于弹丸使其加速的发射装置。身管武器主要是各种火炮和枪械，也包括一些特殊的发射装置。身管武器发射的原理如图 2—2 所示。

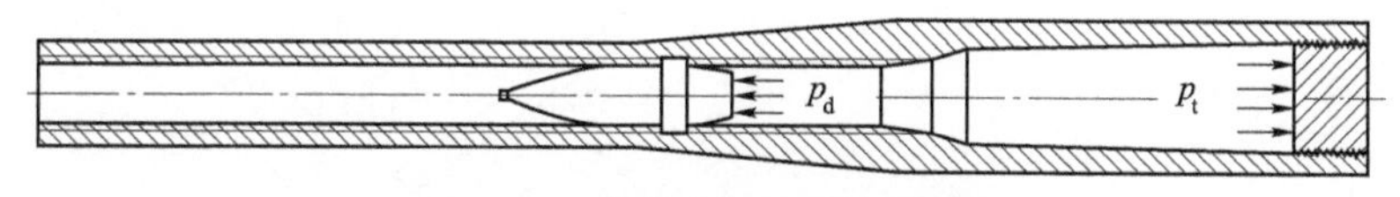

图 2—2　身管武器发射的原理图

发射时，火药在身管内膛燃烧，放出大量的高温高压气体，其状态参量的变化可以用真实气体状态方程来描述：

$$p(w-\alpha)=RT_1$$

式中　p——火药气体的压力；

w——气体的比容；

α——气体余容；

R——与气体组分有关的气体常数；

T_1——火药燃烧时的爆温。

将发射过程中火药燃烧所引起的气体量的变化、弹丸移动导致的容积的改变引入上述方程，则火药气体状态方程可写为

$$Sp(l_{\psi}+l)=\omega\psi RT$$

式中　S——炮膛横截面面积；

l_{ψ}——药室自由容积缩径长；

l——弹丸运动的距离；

ω——火药质量；

ψ——已燃火药的质量分数。

火药燃气所产生的压力 p 作用于弹丸使其加速运动，根据内弹道学的知识，弹丸的运动方程可表示为

$$\varphi m\frac{\mathrm{d}v}{\mathrm{d}t}=Sp$$

式中　φ——考虑弹丸运动的阻力的等效系数（次要功计算系数）。

身管武器的特点是：威力大、精度高、持续射击能力强，缺点是发射时作用在武器架体或平台上的载荷大，导致结构质量大。

2.1.3　电磁发射原理

电磁发射系统是利用流经轨道或线圈的强电流感应产生的磁场来加速物体的装置。其原理源于法拉第电磁感应定律，即位于磁场中的导线在通电时会受到力的作用。

电磁炮就是利用电磁力推进弹丸的一类新型超高速发射装置，又称作电磁发射器。根据电磁炮的工作特点，电磁炮又可分为轨道炮、线圈炮和重接炮。其中，作为武器发射，以轨道炮应用较多。

轨道炮由一对平行的金属导轨、电枢和弹丸组成，故称为轨道炮或导轨炮。电磁轨道炮可看作一个简单的直流直线电动机，其原理如图 2－3 所示。

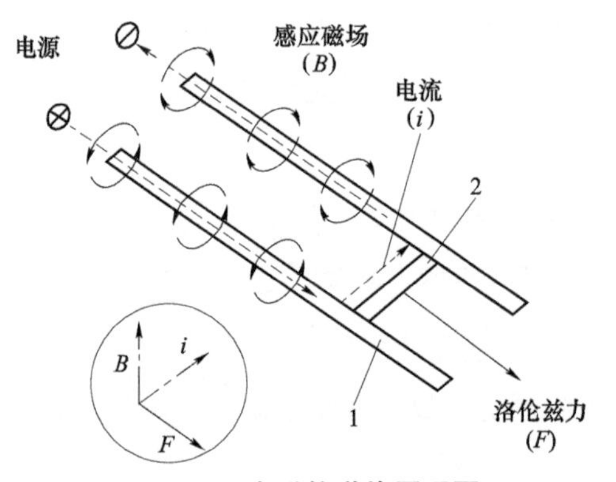

图 2－3　电磁轨道炮原理图

1—导轨；2—弹丸

当连接在两个轨道上的电源接通时，轨道和位于轨道之间的弹丸形成闭合回路，流经两个轨道的电流形成的磁场与通过弹丸的电流作用，产生一个使弹丸远离电源端的力，称为洛伦兹力。该力使弹丸加速运动。

轨道炮中的洛伦兹力可用如下公式表示：

$$F=\frac{\mu_0 I^2}{2\pi}\ln\frac{d-r}{r}$$

式中　μ_0——磁导率常数；

I——流经轨道炮的电流；

d——轨道的距离；

r——导轨的半径。

电磁炮的特点是可获得超高初速，初速可控性好，无火炸药，安全性较高。

2.2　火炮的发射过程及特点

火炮的发射系统主要由身管、发射药、弹丸和相关的机构组成，如图 2－4 所示。

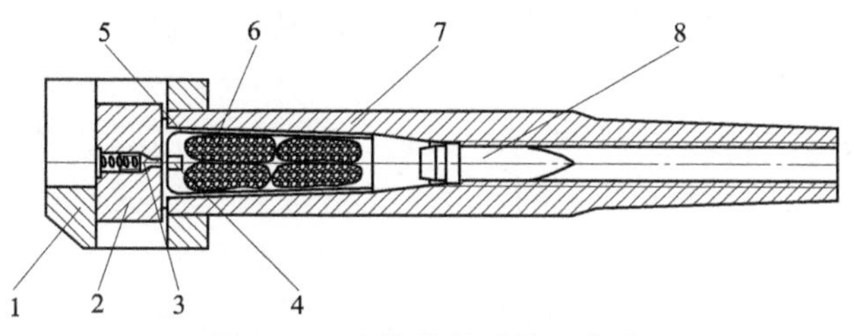

图 2－4　火炮发射系统示意图

1—炮尾；2—闩体；3—击针；4—底火；5—药筒；6—发射药；7—身管；8—弹丸

1. 发射过程

火炮的射击通常有准备、发射、复位等几个阶段。准备射击时，需要将炮弹装入炮膛，弹丸的弹带与膛线的起始部贴紧，药筒底缘抵于身管的后端面，并被炮闩可靠地支撑，与炮闩一起闭锁炮膛。当击针启动、撞击底火后，底火药开始燃烧，并引燃发射药，产生高温高压气体，作用于弹丸使其运动，依次完成点火、发射药定容燃烧、发射药变容燃烧与火药气体膨胀（弹丸加速运动）、火药气体后效作用等发射过程的各个阶段。与此同时，炮身由于火药燃气压力的作用，产生向后的后坐运动，在弹丸离开后炮身逐渐停止运动。

上述的发射过程的环节可归纳如下：

击针击发→引燃底火药→点火药燃烧并传火→发射药燃烧→膛内燃气压力逐渐升高→弹丸弹带嵌入膛线→燃气压力做功→{弹丸边旋转边加速向前运动；炮身及其固连部分向后运动}→弹丸运动至炮口处时获得一定的速度

当弹丸出炮口后，弹丸获得足够的动能，进入大气后依靠惯性沿着一定的弹道飞向目标。而炮身则在复进机的作用下又回到发射前的位置，并进行开闩、抽筒等动作，恢复到发射前的状态。

2. 火炮发射的特点

火炮发射过程实质上是一个能量转换过程，将火药的化学能通过燃烧转变为火药燃气的热能，火药燃气的压力作用到弹丸上使其获得一定的速度，又将火药燃气的热能转换为弹丸和炮身等构件的动能。火炮发射过程的时间很短，产生的瞬时功率很高，热损失大、效率低，火炮承受的冲击载荷大，弹丸出炮口后的冲击波效应明显。火炮发射有以下几个主要特点。

① 温度高。火药在身管内燃烧时的爆发温度一般可达到 3 000～4 000 K。虽然在发射过程中火炮燃气温度会因膨胀做功而逐渐下降，但当弹丸运动到炮口时，燃气温度仍在 1 500 K 左右。身管内壁金属表面温度在发射的瞬间也会达到 1 000 K 以上。在连续发射时，身管外表面的温度可达 373 K 以上。

② 压力高。弹丸之所以能获得高速运动，有巨大的动能，是身管内火药燃气压力做功的结果，因此，发射时，弹丸、身管和炮闩等结构件要承受很大的作用力。火药燃气压力的最大值随火炮类型而异，一般在 50～550 MPa。

③ 初速高。火炮发射时，弹丸可达到很高的初速（一般火炮可达 200～2 000 m/s），并且有极高的加速度（弹丸的直线加速度可达 $(10\ 000\sim30\ 000)g$）。

④ 作用时间短。弹丸在身管内从开始运动到飞出炮口端面所需要的时间也随炮种而异，一般在几毫秒到十几毫秒。

⑤ 热效率低。根据大量试验统计可知，发射药能量的利用率是很低的。一般直接用于推动弹丸直线运动的主要功只占总能量的 30%左右，大约 70%的火药能量成为次要功和其他消耗。

⑥ 工作环境恶劣。火炮是在硝烟弥漫的战场上工作，除应能防御来自敌方火力的破坏外，还应能在酷暑、严寒、雷雨、风沙等各种严酷环境和复杂地形条件下正常射击。

因此，火炮工作的特点决定了其在结构设计、制造、勤务和使用等方面有许多需解决的特殊问题。

2.3 弹丸在膛内的运动规律

研究火药在膛内的燃烧规律、燃气压力变化的规律和弹丸在身管内运动的规律等，属于内弹道学的内容。这里只介绍内弹道学的基本知识。

1. 弹丸的运动方程

当弹丸在膛内运动时，由内弹道知识，可得

$$\varphi m\frac{\mathrm{d}v}{\mathrm{d}t}=Sp \tag{2—1}$$

式中 m——弹丸质量；

φ——次要功计算系数；

S——炮膛横截面面积；

p——膛内平均压力。

将式（2—1）变换，得

$$Sp=\varphi m\frac{\mathrm{d}v}{\mathrm{d}l}\frac{\mathrm{d}l}{\mathrm{d}t}=\varphi mv\frac{\mathrm{d}v}{\mathrm{d}l}$$

积分，得

$$S\int_0^l p\mathrm{d}l=\varphi m\int_0^v v\mathrm{d}v$$

可得

$$v=\sqrt{\frac{2S}{\varphi m}\int_0^l p\mathrm{d}l} \tag{2—2}$$

当弹丸到达炮口时

$$v_g = \sqrt{\frac{2S}{\varphi m}\int_0^{l_g} p\mathrm{d}l}$$

式中　l_g——弹丸在膛内运动的行程。

由式（2—2）可知，弹丸在膛内运动的速度及其在炮口处的速度值取决于火药燃气所做的功$\left(\int_0^l p\mathrm{d}l\right)$、弹丸的质量和炮膛的横截面面积等因素。而火药燃气做功$\left(\int_0^l p\mathrm{d}l\right)$的大小又与火药燃气的压力规律和身管的长度有关。

2. 膛内时期火药燃气压力的变化规律

弹丸在膛内的运动是一个火药燃烧、火药燃气膨胀做功、弹丸加速运动的过程，它涉及许多物理和化学变化（如火药药粒的点火燃烧、火药药粒的分解、火药燃气的热膨胀）、能量的转换（化学能—气体分子的热运动能—身管后坐与弹丸的直线运动、旋转运动的机械能）等。对于这个过程，内弹道学中根据火药燃烧和膨胀做功的特点，将其分为几个阶段。

（1）前期

前期是指从击发底火到弹带全部嵌入膛线的阶段。这一时期开始时，首先底火被击发着火，点火药迅速燃烧，形成一定的压力 p_B，这个压力被称为“点火压力”，其值一般在 2.5～5 MPa。在点火压力下，发射药被引燃，生成火药燃气，建立起膛压，作用到弹丸上。由于火药刚开始燃烧，压力较低，加上弹丸弹带的作用，不足以推动弹丸运动，此时火药的燃烧为定容燃烧。随着火药的继续燃烧，压力逐渐升高，弹丸的弹带产生塑性变形，而逐渐挤入膛线，其变形阻力将随着挤入长度的增加而增大，弹带全部挤入膛线时，阻力值达到最大。此时，弹带上被切出与膛线相吻合的凹槽。当弹丸弹带全部挤入膛线后，弹带不再产生塑性变形，阻力也随之下降。与最大阻力相对应的膛内火药燃气的平均压力称为“挤进压力”，用 p_0 表示。

这一阶段结束时间以 t_0 表示，对应的压力、速度和位移分别为 $p=p_0$、$v=0$、$l=0$ 。

在内弹道学中，常忽略弹丸挤进过程，认为膛压达到挤进压力后弹丸才开始运动。所以，常将挤进压力称为“启动压力”。对于火炮，一般 p_0＝25～40 MPa；而枪械中，因枪械无弹带，靠整个枪弹圆柱表面挤入膛线，其挤进压力较高，一般 p_0＝40～50 MPa。

前期的特点是，发射药在定容条件下燃烧，认为弹丸并未运动。实际上，因弹带有一定的宽度，当它全部嵌进膛线时，有微小的移动。前期火药的燃烧量占总药量的5%左右。

（2）第一时期

第一时期是指从弹丸开始运动到发射药全部燃烧结束的阶段。当弹丸开始移动后，膛内弹后空间开始增大，火药的燃烧为变容燃烧。在这个阶段，一方面火药燃烧不断生成气体，使膛内压力上升；另一方面，弹丸沿炮膛向前运动，弹后空间增加，又使膛压下降。这两个相互矛盾的因素直接影响着膛内压力的变化规律。

在这一时期的开始阶段，由于弹丸是从静止状态逐渐加速，速度不是很快，弹后空间增长的数值相对较小，而此时发射药是在较小的容积中燃烧，气体生成很快，使膛内压力的上升占主导地位（$\mathrm{d}p/\mathrm{d}t>0$），因而膛压急剧上升。随着膛压的增加，弹丸速度不断加快，弹后空间迅速增加，又使火药燃气密度减小；同时，由于火药燃气不断做功，其温度相应地会降低，这些因素都促使膛压下降。此时，发射药虽仍在燃烧，但它所生成的燃气量使膛压上升的作用已经逐渐被膛压下降的因素所抵消。

当影响膛压的两个相反因素作用相等时，出现了一个相对平衡的瞬间 t_m，使得 $dp/dt=0$，膛压达到最大值 p_{max}，称为最大膛压。对应于最大膛压，相应的时间、弹丸行程和弹丸速度分别记为 t_m、l_m 和 v_m。通常 p_{max} 出现在弹丸运动了 2～7 倍口径的行程内。

在弹丸运动到 l_m 点之后，随着弹丸速度的增加，弹后空间的增大更为迅速，燃气密度减小，使膛内压力的下降占主导地位（$dp/dt<0$），膛压逐渐下降，直到发射药燃烧结束。但由于弹丸底部始终受到火药燃气压力的作用，其速度一直是增加的。

该阶段结束的时间记为 t_k，与此相应的膛压、弹丸行程、弹丸速度分别为 p_k、l_k 和 v_k。

该阶段的最大膛压 p_m 是一个十分重要的弹道数据，直接影响火炮、弹丸和引信的设计，对身管强度、弹体强度、引信工作的可靠性、弹丸内炸药应力值以及整个武器系统的机动性都有直接的影响。因此，在鉴定或检验火炮的性能时，一般都要测定 p_m 的数值。现代火炮除迫击炮和无后坐力炮的 p_m 值较小外，一般火炮的 p_m 值在 250～350 MPa。而用于坦克和反坦克的高膛压火炮，最大膛压 p_m 值已超过 700 MPa。

（3）第二时期

第二时期是指从发射药全部燃烧结束的瞬间到弹丸底部离开身管口部断面的阶段。在该阶段，发射药已燃烧完，不再有新的火药燃气生成，而弹丸仍在加速运动，弹后空间仍在增大，因而膛内压力不断下降。在这段时间内，膛内原有的火药燃气仍然有较高的压力，继续在密闭的膛内膨胀做功，弹丸仍在加速。弹丸运动到身管口部断面时，其速度达到膛内时期的最大值，称为"炮口速度"，记为 v_g，对应的膛压称为"炮口压力"，记为 p_g。

该段结束的时间记为 t_g，与此相应的弹丸行程为 l_g。现代火炮的 t_g 值一般都小于 0.02 s，v_g 值可高达 1 900 m/s，p_g 值在 20～100 MPa。

从前期到第二时期结束，称为膛内时期。

（4）后效时期

当弹丸出炮口后，火药燃气从炮口高速流出，在大气中进一步膨胀，并伴随有二次燃烧，在一定的距离上对弹丸有一定的作用。高速喷出的火药燃气同时对身管产生一个反作用力，加速炮身的后坐。弹道学上将这段时间称为后效作用时期。由于火药气体后效时期对弹丸的运动和炮身的后坐运动均有影响，又可分为火药气体对弹丸的后效时期和火药气体对炮身的后效时期。

后效时期是从弹丸底部离开炮口断面的瞬间算起，到膛内火药燃气压力降到使炮口压力保持临界断面（膛口断面气流速度等于当地的声速）时的极限值为止。这个极限值一般接近 0.2 MPa。这个时期的特点是：火药燃气对弹丸的后效作用时间与对身管的后效作用时间是不相同的。后效期开始后，火药燃气从炮口喷出，继续作用于弹底推动弹丸前进，直到火药燃气对弹丸的推力与空气对弹丸的阻力相平衡时为止。使弹丸的速度在炮口前方某一距离处达到最大值 v_{max} 之后，弹丸远离炮口，火药燃气不断四处扩散，对弹丸不再有推动力。而在整个后效时期，火药燃气压力自始至终对身管起作用，使其加速后坐，直至膛压降低到接近 0.2 MPa 时为止。显然，这个作用时间较长。

弹丸在膛内运动时期火药燃气压力、速度的变化规律如图 2—5 和图 2—6 所示。

图 2—5 中，以弹丸装填到位后弹丸底部位置作为坐标原点。图 2—6 中，以膛内压力达到启动压力的瞬间作为时间坐标的原点，图中虚线 1 和 2 代表后效期火药燃气对弹丸和对身

管的压力作用曲线，作用时间分别为 t_1 和 t_2。

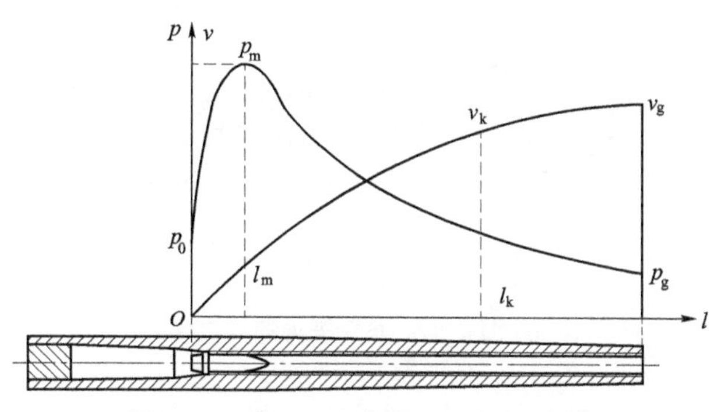

图 2－5　膛压、速度随行程的变化规律

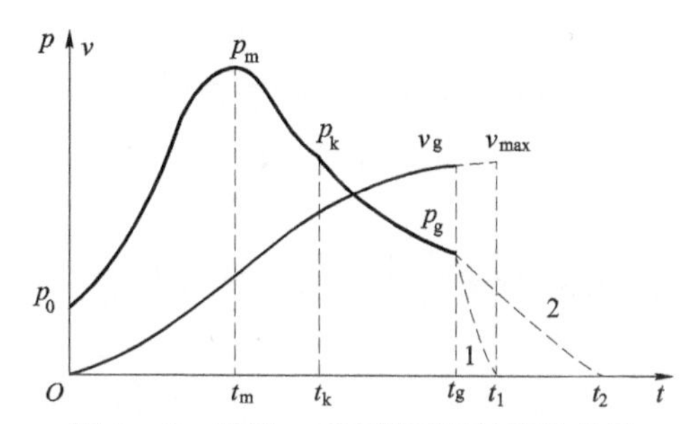

图 2－6　膛压、速度随时间的变化曲线

1—后效期对弹丸的作用；2—后效期对身管的作用

由此可以看出，当火炮的发射过程结束时，弹丸有三个速度：初速 v_0、炮口速度 v_g 和最大速度 v_{max}。其中，初速 v_0 是弹丸相对地面运动的速度，而炮口速度 v_g 是弹丸相对身管运动的速度。发射过程中，由于身管受火药燃气作用向后运动，有一个后坐速度 W，故 $v_0=v_g-W_g$。所以有

$$v_0<v_g<v_{max}$$

但是，由于三者的差别相对弹丸的速度 v_g 都很小，除研究弹丸在炮口点的特性外，一般忽略三个速度的差别，认为近似相等。

2.4　弹丸在空中飞行的特性

当弹丸以一定的速度离开炮口进入大气中，便依靠惯性向前飞行，沿一定的运动轨迹飞向目标。这个轨迹称为弹道。其间，弹丸受到地球和空气的作用，在弹丸上形成重力、科氏惯性力和空气阻力。当不考虑空气阻力时，弹丸飞行的轨迹称为真空弹道，相应地，把考虑空气阻力作用的弹丸飞行轨迹称为空气弹道。

1. 真空弹道的特性

所谓的真空弹道，即是弹丸在真空中运动的一种理想情况，此时弹丸只受重力的作用，是斜抛物体运动，其轨迹为抛物线，如图 2－7 所示。

（1）真空弹道方程

当弹丸以初速 $\boldsymbol{v}_0$、射角 θ_0 飞离炮口时，初速 $\boldsymbol{v}_0$ 可分解为水平方向和垂直方向的两个分

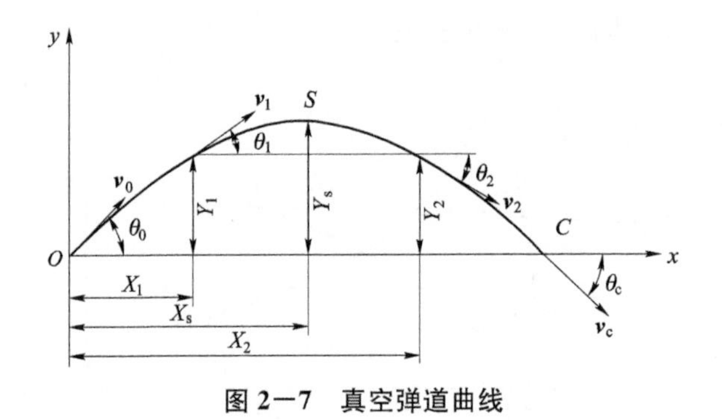

图 2—7　真空弹道曲线

速度（图 2—7），即

$$\begin{aligned} v_{0x} &= v_0 \cos \theta_0 \\ v_{0y} &= v_0 \sin \theta_0 \end{aligned} \tag{2—3}$$

由于真空中水平方向没有力作用，所以水平速度保持不变，即弹丸在水平方向做匀速运动。v_{0y}是垂直方向上的，在该方向上弹丸受到重力作用，产生加速度$-g$，所以弹丸在垂直方向上做匀变速运动。

若经过时间 t，弹丸到达弹道上任意点 M，则速度变为

$$\left.\begin{aligned} v_x &= v_{0x} = v_0 \cos \theta_0 \\ v_y &= v_{0y} - gt = v_0 \sin \theta_0 - gt \end{aligned}\right\} \tag{2—4}$$

弹丸在两个方向的运动路程（即 M 点的坐标）为

$$\left.\begin{aligned} x &= v_x t = v_0 \cos \theta_0 t \\ y &= v_{0y} t - \frac{1}{2} g t^2 = v_0 \sin \theta_0 t - \frac{1}{2} g t^2 \end{aligned}\right\} \tag{2—5}$$

将式（2—5）中的 t 消去，便可求得 y 与 x 的关系

$$y = x \tan \theta_0 - \frac{g x^2}{2 {v_0}^2 \cos^2 \theta_0} \tag{2—6}$$

式（2—6）称为真空弹道方程，它表明了一条弹道上任一点的弹道高 y 与水平距离 x 的关系。对同一条弹道，v_0和θ_0是常数，若以 x 为自变量，则由 x 的值可求得相应的 y 值，并依此可得到弹道曲线。显然，真空弹道是一条二次曲线（抛物线）。

（2）真空弹道主要诸元

1）水平射程 X_c

水平射程 X_c是从起点到落点的水平距离。由于落点 C 的弹道高 $Y_c=0$，所以利用弹道方程式便可求得落点的水平距离 X_c。

令 $y=0$，则由式（2—6），可得

$$0 = x \tan \theta_0 - \frac{g x^2}{2 v_0^2 \cos^2 \theta_0}$$

因而，方程的非零解为

$$\tan \theta_0 - \frac{g x}{2 v_0^2 \cos^2 \theta_0} = 0$$

由此，可解出落点的横坐标 X_c

$$X_c=\frac{2v_0^2\cos^2\theta_0}{g}\tan\theta_0=\frac{v_0^2 2\sin\theta_0\cos\theta_0}{g}=\frac{v_0^2\sin 2\theta_0}{g}$$

从上式可以看出，真空弹道的水平射程取决于弹丸的初速 v_0 和射角 θ_0 。

2）最大弹道高 Y_s

在弹道最高点 S，弹丸在垂直方向的速度 $v_y=0$。由此，令 $v_y=0$，求解式（2—4）可得飞行时间 t_s

$$t_s=\frac{v_0\sin\theta_0}{g}$$

代入式（2—5），得最大弹道高

$$Y_s=\frac{v_0^2\sin^2\theta_0}{2g}$$

从上式可看出，v_0 一定时，最大弹道高 Y_s 随射角 θ_0 增大。当 $\theta_0=90°$ 即垂直向上射击时，Y_s 最大，其值为

$$Y_{s\max}=\frac{v_0^2}{2g}=\frac{1}{2}X_{c\max}$$

3）全弹道飞行时间 t_c

全弹道飞行时间 t_c 是弹丸从起点运动到落点的时间。在此时间内，弹丸在水平方向上运动的距离是 X_c。由式（2—5）知，弹丸在水平距离 x 上的飞行时间为

$$t=\frac{x}{v_0\cos\theta_0}$$

将 X_c 代入此式，便求得全飞行时间 t_c

$$t_c=\frac{X_c}{v_0\cos\theta_0}=\frac{v_0^2\sin 2\theta}{g}\cdot\frac{1}{v_0\cos\theta_0}=\frac{2v_0\sin\theta_0}{g}$$

上式表明，射角 θ_0 和初速 v_0 越大，弹丸在空中飞过的距离越长，飞行时间 t_c 也越长。

（3）真空弹道的特点

根据真空弹道为二次曲线（抛物线）的变化规律，其具有以下的特点：

1）真空弹道是一条升弧与降弧对称的抛物线，弹道最高点在弹道的中央。

2）与弹道高相对应的两点，倾角相等，曲率相等。弹道的落角等于射角。

3）弹道上对称点的速度相等，落速等于初速。弹道最高点 S 是最小的速度点，也是最大曲率点。

4）真空弹道仅取决于初速 v_0 和射角 θ_0，v_0 与 θ_0 一定，弹道亦确定。

2. 空气弹道的特性

火炮射击时，弹丸在大气中飞行将受到空气阻力的作用，使得弹丸的飞行变得复杂起来，在弹道学中把弹丸质心在空气中运动的轨迹称为空气弹道。

（1）空气弹道方程

对于枪炮弹丸而言，一般只考虑空气阻力 $\boldsymbol{R}_x$ 和重力 $\boldsymbol{G}$ 的作用，它们在空中飞行的质心运动方程可写为

$$m\frac{\mathrm{d}\boldsymbol{v}}{\mathrm{d}t}=\boldsymbol{R}_x+\boldsymbol{G}\tag{2—7}$$

或

$$\frac{\mathrm{d}\boldsymbol{v}}{\mathrm{d}t}=\boldsymbol{a}_{\mathrm{x}}+\boldsymbol{g} \tag{2-8}$$

式中 $\boldsymbol{a}_{\mathrm{x}}$、$\boldsymbol{g}$——分别为空气阻力加速度矢量和重力加速度矢量。

将上述矢量方程在直角坐标系上投影，就可得到标量形式的弹丸质心运动方程组。

图 2—8 所示为 xOy 平面（射击面）内弹道上任一点弹丸速度与加速度的投影关系。

将式（2—8）两端分别向 x、y 轴上投影，得

$$\frac{\mathrm{d}u}{\mathrm{d}t}=-a_{\mathrm{x}}\cos\theta$$

$$\frac{\mathrm{d}w}{\mathrm{d}t}=-a_{\mathrm{x}}\sin\theta-g$$

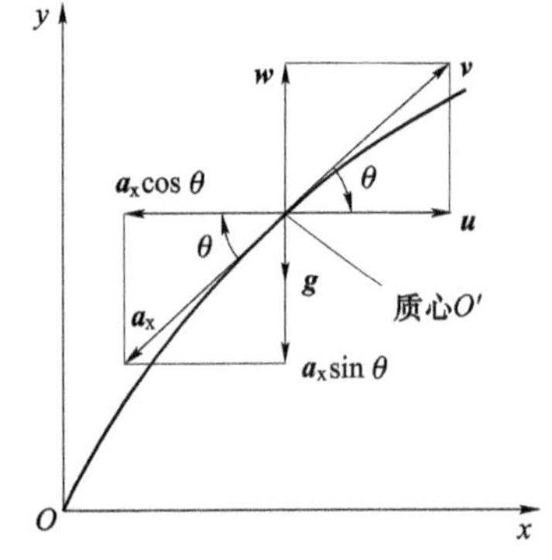

图 2—8　直角坐标系中加速度的分解

再考虑到

$$\frac{\mathrm{d}x}{\mathrm{d}t}=u,\ \frac{\mathrm{d}y}{\mathrm{d}t}=w,\ v^2=u^2+w^2$$

即可得到弹丸质心运动的方程组

$$\begin{cases}\dfrac{\mathrm{d}u}{\mathrm{d}t}=-a_{\mathrm{x}}\cos\theta\\ \dfrac{\mathrm{d}w}{\mathrm{d}t}=-a_{\mathrm{x}}\sin\theta-g\\ \dfrac{\mathrm{d}y}{\mathrm{d}t}=w\\ \dfrac{\mathrm{d}x}{\mathrm{d}t}=u\\ v^2=u^2+w^2\end{cases} \tag{2-9}$$

式中 a_{x}——空气阻力加速度，可表示为

$$a_{\mathrm{x}}=CH(y)F(v) \tag{2-10}$$

或

$$a_{\mathrm{x}}=CH(y)vG(v) \tag{2-11}$$

式中 C——弹道系数，反映了弹丸特性对 a_{x} 的影响，C 值越大，阻力越大，即 a_{x} 越大；

$H(y)$——空气密度函数；

$F(v)$、$G(v)$——阻力函数，是弹速 v 与声速 c 的函数。

(2) 速度沿全弹道的变化

图 2—9 为空气弹道上弹丸速度的变化。

由图 2—9 可以看出，在升弧段 OS 上阻力加速度 $\boldsymbol{a}_{\mathrm{x}}$ 和重力加速度 $\boldsymbol{g}$ 在速度 $\boldsymbol{v}$ 方向上的分量 $\boldsymbol{a}_{\mathrm{x}}$ 和 $\boldsymbol{g}\sin\theta$ 均与 $\boldsymbol{v}$ 反向，弹丸速度 $\boldsymbol{v}$ 一直减小。弹丸飞行过程中的加速度为

$$\frac{\mathrm{d}v}{\mathrm{d}t}=-a_{\mathrm{x}}-g\sin\theta$$

上式也说明，升弧段 $\theta>0°$，$\mathrm{d}v/\mathrm{d}t<0$。在弹道顶点 S，$\boldsymbol{g}$ 在速度 $\boldsymbol{v}$ 方向上的投影为零，但由于 $\boldsymbol{a}_{\mathrm{x}}$ 与 $\boldsymbol{v}_{\mathrm{s}}$ 共线反向，仍有 $\mathrm{d}v/\mathrm{d}t<0$，即在弹道顶点 S 处速度继续减小。

过顶点 S 后，由于 $\theta<0°$，故 $\boldsymbol{g}$ 在 $\boldsymbol{v}$ 方向上的分量 $\boldsymbol{g}\sin\theta$ 的指向与 $\boldsymbol{a}_{\mathrm{x}}$ 共线反向，且 $|\boldsymbol{g}\sin\theta|$ 随时间的增加（θ 角绝对值增大）而增大，至某一时刻可能达到 $|\boldsymbol{a}_{\mathrm{x}}|=|\boldsymbol{g}\sin\theta|$，从而出现 $\mathrm{d}v/\mathrm{d}t=0$，即有 $v_{\min}$ 值。此后，$|\boldsymbol{g}\sin\theta|>|\boldsymbol{a}_{\mathrm{x}}|$，因而有 $\mathrm{d}v/\mathrm{d}t>0$，故速度又

将上升。

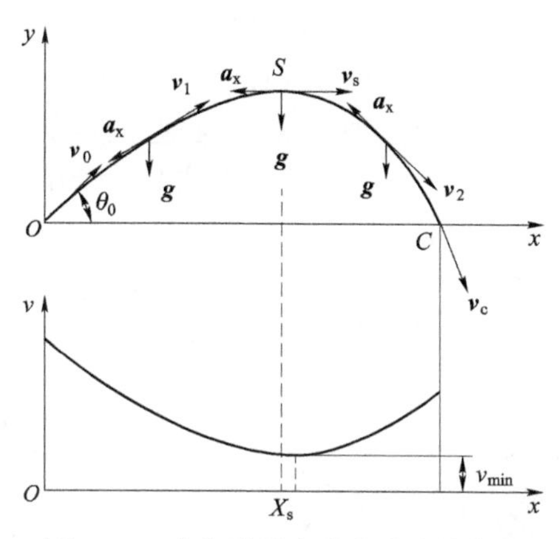

图 2－9　空气弹道上弹丸速度的变化

对于低伸弹道的步枪及反坦克武器弹丸，v_c与 v_{min}接近。对于真空弹道，恒有 $v_c=v_0$，而空气弹道则为 $v_c<v_0$。

（3）空气弹道的不对称性

空气弹道由于受空气阻力的影响，不对称于任何轴线，且有降弧比升弧陡、$t_s>T/2$ 的特点。

（4）空气弹道由 v_0、θ_0和 C 确定

由于存在空气阻力，空气弹道除与初速 v_0 和射角 θ_0 有关外，还取决于表示弹丸对空气阻力影响的弹道系数 C。

（5）最大射程角

对给定的弹丸，用一定的初速进行射击，其全水平射程为最大时所对应的射程角，称为该弹丸在该初速时的最大射程角，记作 θ_{0X_m}。

真空弹道的 $\theta_{0X_m}=45°$。空气弹道由于空气阻力的复杂影响，最大射程角随枪炮弹丸及初速的不同差异较大。表 2－1 所示是几类枪炮弹丸最大射程角。

表 2－1　几类枪炮弹丸最大射程角

弹丸名称	最大射程角/（°）
初速 800 m/s 左右的枪弹	28～35
中口径中速度炮弹	42～44
大口径高速度远射程炮弹	50～55
小速度弹丸（如迫击炮弹等）	～45

2.5　弹丸在空中飞行的稳定性

早期火炮多采用球形弹，在大气中飞行时不存在稳定的问题。为了减小弹丸飞行的阻力，增大射程，火炮逐渐改为发射长圆柱形弹丸。长圆柱形弹丸虽然有利于减小弹丸飞行的

阻力，但随之带来弹丸飞行稳定性问题。

对于火炮来说，弹丸在膛内运动时，是依靠弹带和定心部在炮膛内定向的。为了装填方便及弹丸运动，定心部与身管的阳线之间要留有一定的间隙（经过一定时期使用，炮膛产生磨损，这一间隙会更大）。于是，弹丸在膛内便会对炮膛轴线发生一定偏斜。而且由于制造上的误差，弹丸壁厚薄不均，弹丸质心不在其对称轴上，弹丸做旋转运动时因为惯性离心力的作用，定心部便紧紧压在膛壁上，在弹轴与炮膛轴之间出现一个夹角。当弹丸飞出炮口时，由于炮身的振动和火药燃气的后效作用，夹角 δ 还可能加大（图 2—10）。

所以，一般情况下，弹轴与弹道切线之间有一定的夹角，这一夹角 δ 称为章动角。

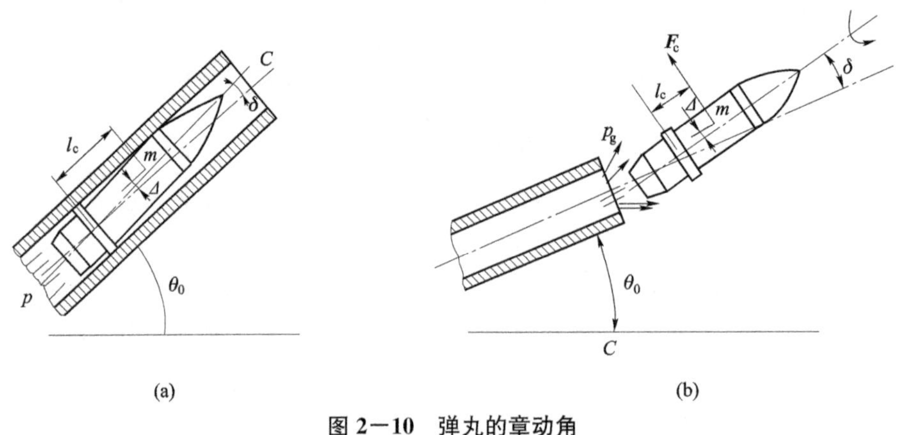

图 2—10 弹丸的章动角

（a）弹丸在膛内时；（b）弹丸出炮口时

此外，在弹丸飞行过程中，由于风的作用、弹丸本身的几何不对称与质量分布不对称、弹道的弯曲等也会引起弹丸的角运动，进一步增大章动角。

由于弹轴与弹道切线（即弹丸飞行速度方向）间有章动角 δ，空气阻力的合力 $\boldsymbol{R}$ 就不再沿着弹轴方向，也不通过弹丸的质心。对一般火炮的长圆柱形弹丸，质心靠近弹底（约在弹长 1/3 处）；同时，弹丸前部为圆锥形，飞行时空气阻力作用面增大，故空气阻力的合力 $\boldsymbol{R}$ 作用在质心的前方。另外，由于弹丸迎风面的气流压力总是大于弹丸背风面的气流压力，所以又使合力 $\boldsymbol{R}$ 的方向不与弹道切线和弹轴平行（图 2—11）。

利用静力等效原理，将空气阻力的合力 $\boldsymbol{R}$ 由其作用中心 P（阻心）向弹丸质心 O' 平移，则可得到一个过弹丸质心的阻力 $\boldsymbol{R}$ 和力偶 $\boldsymbol{M}_z$。

如图 2—11 所示，力偶 $\boldsymbol{M}_z$ 会使章动角 δ 增大，以致使弹丸发生翻转，此力偶称为翻转力矩。

翻转力矩的作用，将导致弹丸产生翻转，引起空气阻力增大，且使得空气阻力的改变不一致，增大射弹散布，并且不能保证弹丸头部着地，导致触发引信不起作用或使弹丸不能产生所需要的毁伤效果。弹道学上，将这种情形称为飞行状态的“不稳定”。

为了消除上述的飞行不稳定状态，必须采取措施使弹丸能够稳定地飞行。所谓弹丸飞行稳定性，是指弹轴由弹底至弹顶的指向与弹丸的质心速度矢量指向趋于一致的性质，即弹丸在飞行过程中弹头始终向前、攻角小于允许范围的性质。

要使长圆柱形弹丸在空中稳定飞行，目前采用的方法有两种：一是给弹丸装尾翼，另一种是使弹丸绕其纵轴高速旋转。相应于这两种方法，弹道学中有两种飞行稳定的理论：摆动理论和旋转理论。

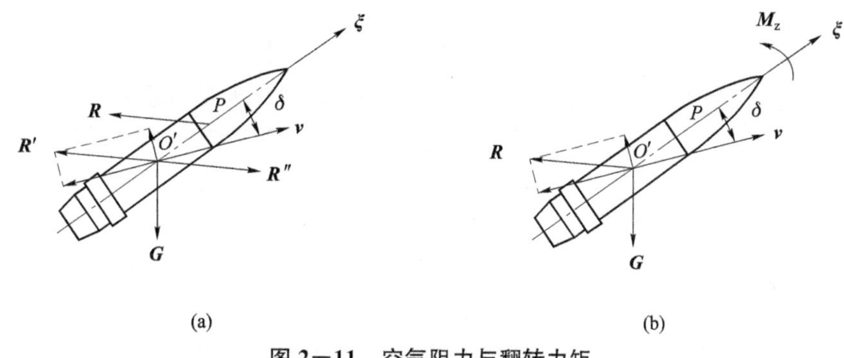

图 2－11　空气阻力与翻转力矩

(a) 弹丸的空气阻力；(b) 等效阻力与力偶

1. 旋转弹丸飞行的稳定原理

(1) 陀螺稳定原理

从生活实践中可以发现，一个高速旋转的陀螺能够竖立于地面而不倒下，当外界对其有一定的扰动时，仍能保持稳定的运动状态。但是，当陀螺的旋转速度较低时，由于陀螺的重力 $\boldsymbol{q}$ 对地面支点产生了力矩，将使其倾倒。

陀螺高速旋转时，同时有三种运动存在：一是陀螺绕其自身轴线高速转动，称为自转；二是陀螺绕着垂直于地面的轴线缓慢地公转，称为进动；三是陀螺轴相对于垂直轴线做摆动，两轴线间的夹角 δ 由大到小，再由小到大，做周期性的变化，此种摆动称为章动，如图 2－12 所示。

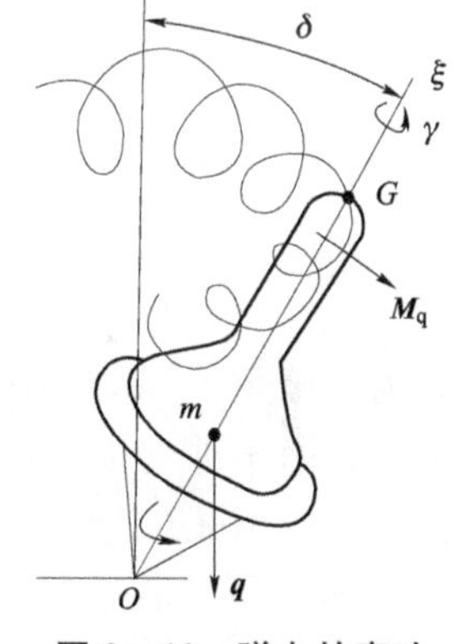

图 2－12　弹丸的章动

如果赋予弹丸一定的旋转速度，则弹丸出炮口后一边靠初速 $\boldsymbol{v}_0$ 做惯性飞行，同时又绕其弹轴高速旋转，其运动状况与旋转的陀螺相似。弹轴相当于陀螺轴，弹道切线相当于垂直轴，使弹丸翻转的力矩 $\boldsymbol{M}_z$ 相当于使陀螺倾倒的重力矩。

这样，当弹丸在空中飞行时，高速自转且绕弹道切线（速度矢量 $\boldsymbol{v}$）公转（进动），弹轴本身在空间一边转动一边摆动，使弹丸在空中不再翻转而做有规律的飞行。弹轴 ξ 与弹道切线（$\boldsymbol{v}$）间的攻角 δ 处于周期性的变化中，而不再是单调增大。这种状态称为陀螺稳定。

高速旋转的弹丸为什么会产生进动？这里可以用理论力学中质点系动量矩定理来说明。设弹丸绕其弹轴的极转动惯量为 $\boldsymbol{J}_x$（kg · m^2），弹丸自转角速度为 $\dot{\boldsymbol{\Gamma}}$（rad/s），则弹丸对其惯性中心的动量主矩 $\boldsymbol{L}=\boldsymbol{J}_x \cdot \dot{\boldsymbol{\Gamma}}$。当弹丸为右旋时，则矢量 $\boldsymbol{L}$ 沿弹轴指向弹头方向；在有攻角 δ 的情况下，产生翻转力矩 $\boldsymbol{M}_z$（由空气阻力提供，如图 2－13 所示），按照右手法则，力矩矢量 $\boldsymbol{M}_z$ 为垂直于攻角平面并指向攻角平面的右侧，如图 2－13 所示。

由动量矩定理

$$\mathrm{d}\boldsymbol{L}/\mathrm{d}t=\boldsymbol{M}_z$$

可知，$\boldsymbol{L}$ 矢量（矢径）的矢端速度 $\mathrm{d}\boldsymbol{L}/\mathrm{d}t=\boldsymbol{u}$ 的方向与 $\boldsymbol{M}_z$ 的方向一致，即 $\boldsymbol{L}$ 矢端总是向着 $\boldsymbol{M}_z$ 矢量所指的方向运动，而 $\boldsymbol{L}$ 矢量总是与弹轴重合的（因为 $\dot{\boldsymbol{\Gamma}}$ 矢量总是与弹轴重合），所

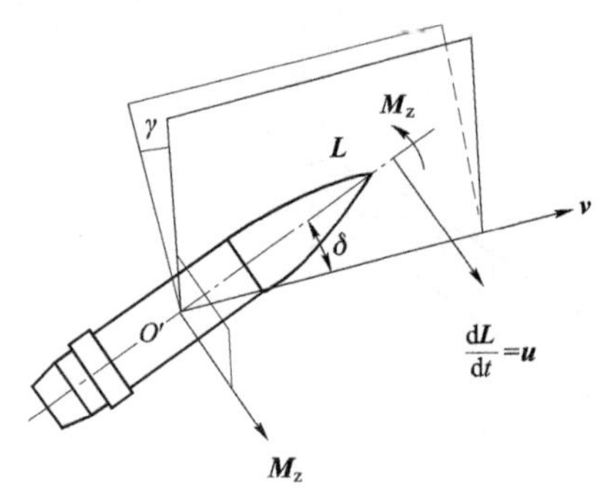

图 2—13 进动的产生

以弹轴矢端总是向着 M_z 矢量所指的方向运动，也就是向着攻角平面的右侧运动。

当弹轴运动到一个新的位置，就与 v 构成一个新的攻角平面。此时，M_z 矢量又垂直于这个新的攻角平面。重复上述过程，使弹轴矢端向着这个新攻角平面的右侧运动。如此类推，弹轴就不断地绕着 M_z 向右转动，这就是进动。

(2) 动力平衡角、追随运动与偏流

弹轴进动的机理是：因有攻角 δ→产生翻转力矩 M_z→高速旋转的弹丸使弹轴矢端朝着矢量 M_z 方向运动。如果弹丸质心速度 v 的方向不变，那么弹轴与 v 的相对位置关系在空间上的各个方向上是相等的，弹轴绕着 v 进行周而复始的进动，或者说是以 v 为平衡位置运动。但是，在重力的作用下，弹道实际上是弯曲的，即 v 在铅直平面内不断地向下偏转，为了使弹轴与弹道切线方向基本一致，也就是要保证弹轴基本上随着弹道切线 v 的下降而向下转动，以使弹头着地，弹轴必须对弹道切线 v 做追随运动，称其为“追随稳定性”。

正是由于弹道切线 v 在铅直平面内不断向下偏转，弹轴在进动过程中，在铅直平面内就会不断地产生一个额外的向上的攻角（与其他方向相比）。由上述机理，就会产生一个额外的指向铅直面侧面的力矩矢量 M_z；进而，弹轴就在不断进动的同时还有一个额外的指向铅直平面右侧的运动。这就使弹轴周期性进动的平均位置向右摆动，弹轴在进动中所围绕的瞬时平衡位置（称为动力平衡轴）就偏向 v 所在的铅直平面的右侧，动力平衡轴与 v 之间的夹角称为动力平衡角 δ_p。由此可见，右旋弹丸的动力平衡角总是偏向 v 的右侧，如图 2—14 所示。

动力平衡角 δ_p 是弹轴进动过程中的一个平均攻角，同样，由于进动机理，这个向右的 δ_p 对应于一个指向下方的力矩矢量 M_{EP}，使弹轴的平均位置总是按照 M_{EP} 向下偏转。这就是弹轴对于弹道切线 v 的追随过程，从而保证了所要求的弹道追随稳定性。

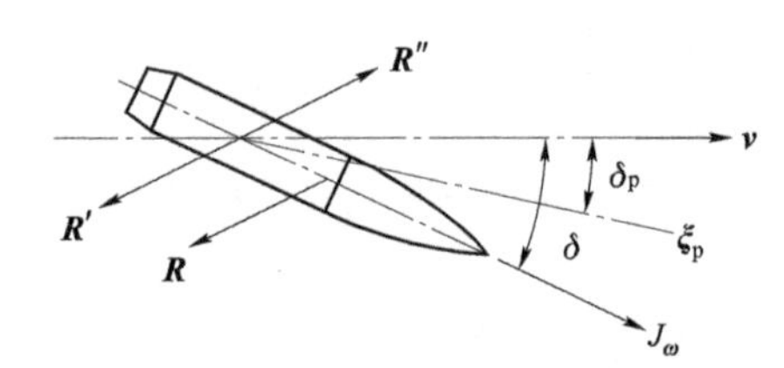

图 2—14 动力平衡轴与动力平衡角

右旋弹丸总是会产生向右的动力平衡角，因而产生向右的升力，在这个升力的作用下，弹丸质心逐渐向右偏移（即弹道曲线向右偏移），弹道上任意点偏离射面的距离称为该点的偏流，落点的偏流常称为定偏 Z_c，如图 2—15 所示。

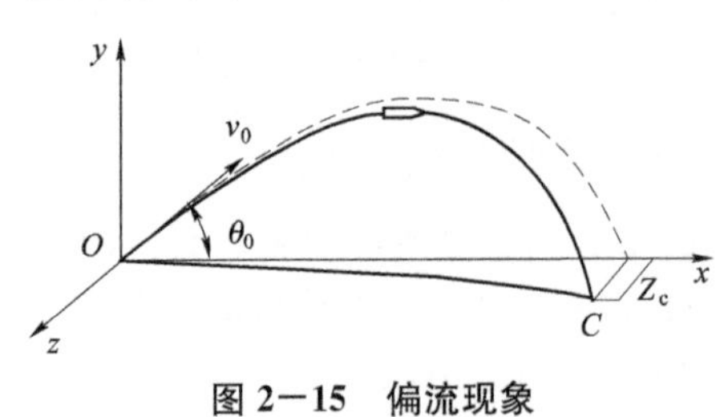

图 2—15 偏流现象

火炮的射程越大，弹丸飞行时间越长，定偏 Z_c 越大。因此，射击时要预先进行方向上的修正（其修正值编制在射表上）。当弹丸是左旋时，其偏流向左。

这样，右旋弹丸在空气中飞行时，在各种因素的综合作用下，形成了一条既向下弯曲又向右偏移的弯曲弹道，如图 2—15 所示。

对弹丸飞行时追随稳定性的要求，只有在弹丸转速适当的条件下才能满足。如果弹丸的旋转速度很大，弹丸陀螺稳定性增强，弹丸定轴性强，弹轴不易随弹道切线下降而下降，追随稳定性变差。如果弹丸旋转速度过小，不能保证弹丸飞行时所需的陀螺稳定性，弹丸的飞行稳定性变差。

（3）弹丸的转速与膛线的缠度

由前面的分析可知，要保证弹丸沿弹道飞行的稳定性，弹丸必须有足够的转速。由于弹道是弯曲的，速度矢量 $\boldsymbol{v}$ 的方向在重力作用下，要不断向下偏转，若转速太低，则如同陀螺会因转速太低而倾倒一样，弹丸会在进动的同时攻角 δ 单调增大，失去飞行稳定性。但是，在弹道弯曲段，要保证弹丸的追随稳定性（即弹轴随弹道切线的下降而下降），转速不能太高，否则弹轴方向不易改变。在 $\boldsymbol{v}$ 不断偏转向下时，前进的弹轴与 $\boldsymbol{v}$ 之间在铅直平面内的攻角会变得越来越大，致使弹丸的飞行姿态变坏，使各种空气动力和力矩对于攻角的敏感度加剧，从而增加落点散度，在严重的情况下，可能使弹丸不能以弹头着地而失效，如图2—16所示。这种现象为“过稳定”。

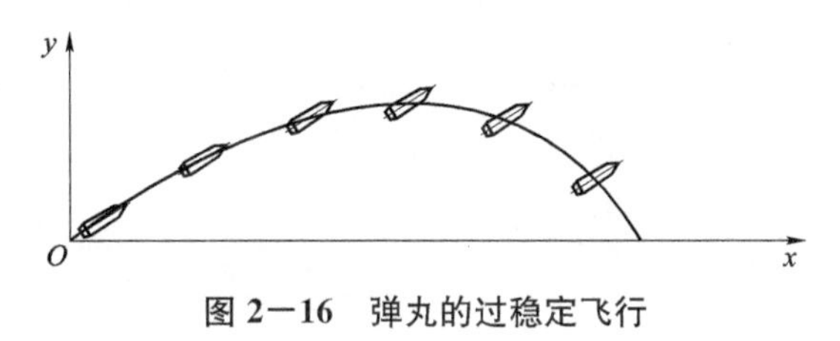

图 2—16　弹丸的过稳定飞行

因此，弹丸需要有一个合理转速。

为使弹丸在出炮口时具有一定的转速，枪炮上常采用在身管内壁加工若干条与身管轴线呈一定倾斜角的相互平行的螺旋槽（称为膛线），使之与弹丸上的弹带相配合。发射时，弹丸在膛内做直线运动的同时，膛线迫使弹丸做一定的旋转运动。

膛线对身管的倾斜角称为缠角，以 α 表示。图 2—17 为膛线展开图。当火炮口径 d 与初速 $\boldsymbol{v}_0$ 确定后，由转动刚体的角速度与切线速度的关系可知，弹丸在炮口处的转速 n（r/min）取决于膛线的缠角 α，有

$$(d/2)\cdot n\cdot 2\pi/60 = v_0\cdot \tan\alpha$$

即

$$n=60v_0\tan\alpha/\pi d$$

这里的缠角 α 就是根据弹丸飞行的稳定性的要求来确定的。

在火炮设计中，引入了一个量纲为 1 的系数 η，称为膛线的缠度。它是指膛线沿炮膛旋转一周所前进的轴向距离与火炮口径的比值。缠度与缠角的关系为

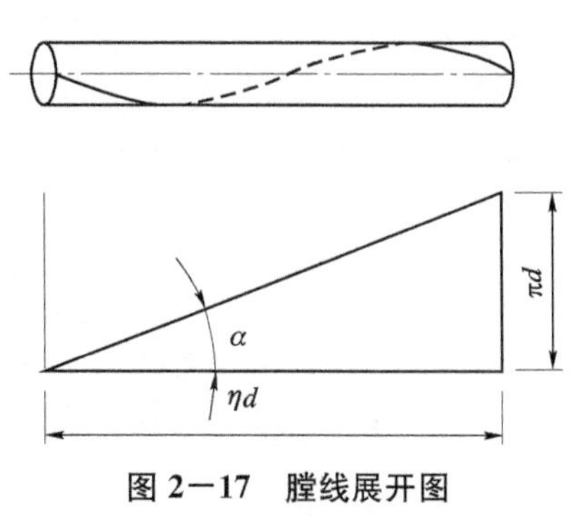

图 2—17　膛线展开图

$$\tan\alpha = \frac{\pi d}{\eta d} = \frac{\pi}{\eta}$$

$$\eta = \frac{\pi}{\tan\alpha}$$

$$\eta = 60v_0/nd$$

由此可见，弹丸的转速 n 与膛线的缠度 η 成反比。η 越小（即 α 越大），则 n 越高。火炮设计的任务之一，就是要确定适当的 η 值，以使弹丸获得合理的转速 n_H。

从保证弹丸飞行的稳定性出发，可以确定弹丸转速的下限值 $n_{下}$，从而得到膛线缠度的上限值 $\eta_{上}$；从保证弹丸飞行时的动力平衡角 δ_{p} 小于规定值（通常为 5°~10°），即保证弹丸在追随速度矢量 $\boldsymbol{v}$ 的过程中的飞行稳定性出发，又可算出弹丸转速的上限值 $n_{上}$，从而得到缠度的下限值 $\eta_{下}$。所以，在弹丸及身管的设计中，合理的转速与缠度应满足

$$n_{上} > n_{H} > n_{下}$$

$$\eta_{下} < \eta_{H} < \eta_{上}$$

合理的缠度 η_{H} 的取值范围如图 2－18 所示。在此范围内，设计时取值尽量靠近 $\eta_{上}$，使其所对应的 α 值较小。在身管制造时，便可根据 α 值来加工膛线，从而从结构上保证了在发射时能赋予弹丸稳定飞行所需要的转速；同时，较小的 α 角也有利于减小膛线磨损和减小对弹丸弹带的侧压力，也有利于减少能量在旋转方面的损失。

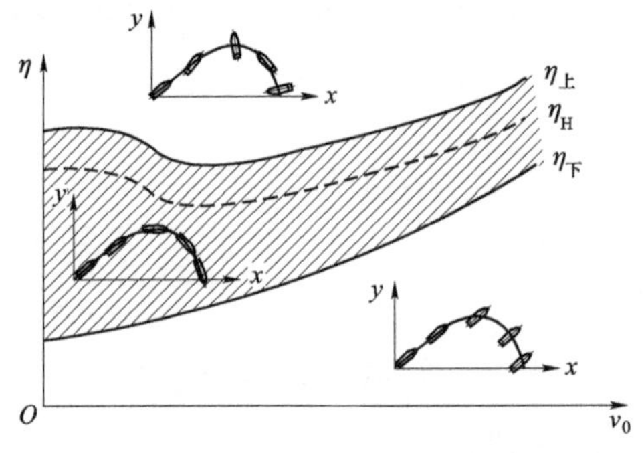

图 2－18　η_{H} 的取值范围

旋转弹丸的长径比不能太大。这是因为弹丸越长，它所受到的空气阻力 R 及阻力力偶臂越大，阻力形成的翻转作用越大，为了保持稳定，需要的旋转速度就越大，初速一定时膛线的缠角也越大，弹带与阳线间的正压力和膛线的磨损都越大，甚至弹带或阳线的强度要求不能满足。所以，弹丸的最大长度一般不超过 5.5～6 倍口径。

2. 尾翼弹丸飞行的稳定原理

尾翼弹丸通过加装尾翼改变了普通长圆柱形弹丸的空气动力特性。利用尾翼增大弹丸后部的面积，因而弹丸所受的空气阻力的分布发生了改变，使得空气阻力 $\boldsymbol{R}$ 的作用中心 P 处于弹丸质心 O' 之后，如图 2－19 所示。

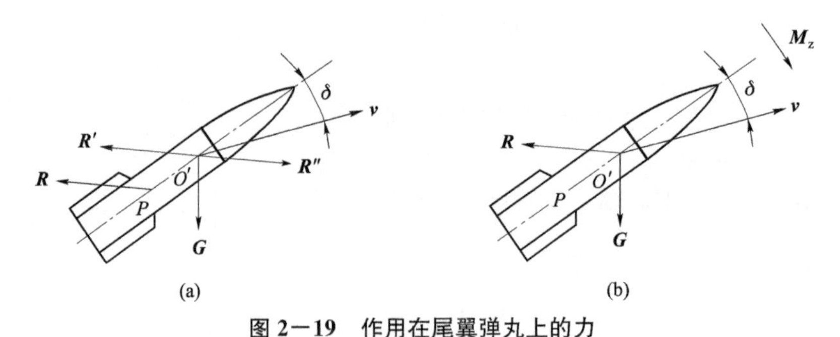

图 2－19　作用在尾翼弹丸上的力

(a) 尾翼弹丸的空气阻力；(b) 等效阻力与力偶

由图可以看出，将作用于 P 点的力 $\boldsymbol{R}$ 移到弹丸质心 O' 之后，可等效为过质心 O' 的力 $\boldsymbol{R}$ 和一个力偶 $\boldsymbol{M}_z$，此力矩使弹轴向弹道切线靠拢，使得弹丸飞行稳定。因此，$\boldsymbol{M}_z$ 成为稳定

力矩。

尾翼式弹丸的应用有多种，如滑膛穿甲弹、滑膛榴弹、破甲弹、迫击炮弹、火箭弹等。这里以迫击炮弹来分析其稳定飞行过程。

迫击炮弹在空气中飞行时，形成空气阻力的主要原因是涡流阻力。为了减小涡流阻力，炮弹常做成头钝尾长的流线形体，因而炮弹的重心靠近头部。在空气中飞行时，迫击炮弹的受力如图 2－20 所示。

炮弹出炮口后，在弹轴与弹道切线间通常有攻角 δ 存在，由于炮弹重心靠前，且后方有面积较大的尾翼，故空气阻力的合力 $\boldsymbol{R}$ 作用于重心后方的某一点 P。将 $\boldsymbol{R}$ 向质心 O' 平移后，得一力矩 $\boldsymbol{M}_z$ 和过质心的力 $\boldsymbol{R}'$。从图中可以看出，力矩 $\boldsymbol{M}_z$ 使弹轴 $\boldsymbol{M}_z$ 向弹道切线靠拢，攻角 δ 减小。

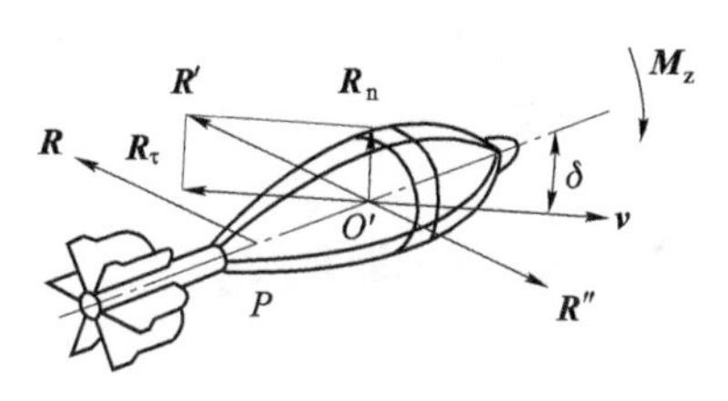

图 2－20　迫击炮弹的受力

炮弹在稳定力矩 $\boldsymbol{M}_z$ 的作用下将在空中绕其重心摆动。在某一瞬时，若弹轴与弹道切线有章动角 δ，则在稳定力矩 $\boldsymbol{M}_z$ 作用下，炮弹摆动使其轴线向切线靠拢；当弹轴摆至与切线重合时，由于具有一定摆动角速度和动能，炮弹将继续向同方向摆动，使弹轴与弹道切线在另一侧出现夹角。此时，空气阻力力矩 $\boldsymbol{M}_z$ 的作用方向与摆动方向相反，因而摆动角速度渐渐减小，直至把摆动动能完全消耗；而后，炮弹又在稳定力矩作用下反方向摆回，上述的过程如图 2－21 所示。

所以，迫击炮弹就如同普通的单摆一样，进行来回摆动运动。因为摆动的能量消耗于克服空气阻力，故经多次摆动后振幅逐渐减小。炮弹在小振幅范围内摆动，保持着头部基本上沿弹道切线方向向前稳定飞行。

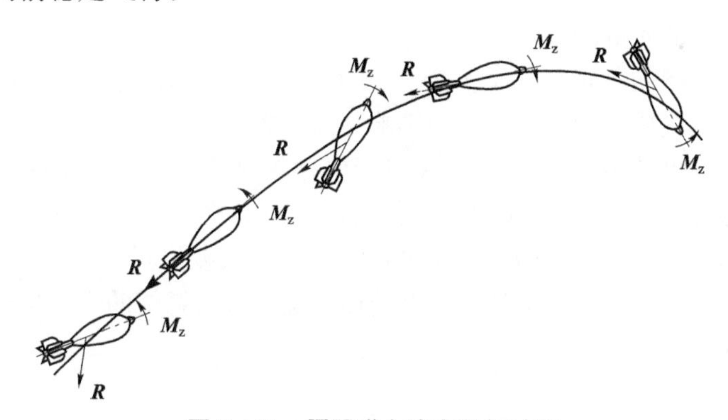

图 2－21　尾翼弹丸稳定飞行过程

在弹丸飞行过程，由于重力的作用，弹道切线不断向下转动，产生了一个在铅垂面内额外向上的攻角，此攻角所产生的相应稳定力矩 $\boldsymbol{M}_z$ 又力图减小这个攻角，这就使得弹轴追随速度矢量而向下转动。所以，弹丸弹轴做往复运动的同时，其平均弹轴的位置总是追随弹道切线。

对于尾翼弹丸来说，保证在全弹道上其阻心始终处于尾翼与弹丸质心之间，是使尾翼弹稳定飞行的必要条件。但是，炮弹的摆动将使空气阻力增大，使射击散布增大。

尾翼弹丸在火炮武器中被较广泛地采用，其特点是：

① 尾翼弹具有比旋转弹大得多的长径比，在满足储存、运输和装填等勤务使用要求的

前提下，尾翼弹的弹长不受限制，因而具备较大的弹腔容积，易满足威力大的要求。

② 弹丸的威力或其终点效应受弹丸转速影响（如空心装药破甲弹）时，采用不旋转或低速旋转尾翼弹的方案，则可使弹丸威力不受影响。

③ 当需要用大射角射击时，如果采用旋转稳定弹丸，则可能由于弹道上出现 δ_p 过大而使射击密集度急剧变坏，但尾翼弹则无此弊端，所以尾翼弹是进行曲射的良好弹种。

尾翼稳定与旋转稳定相比，最主要的优点是发射尾翼弹的低膛压滑膛炮（迫击炮、火箭炮）炮身寿命长，制造维护简单，但尾翼弹一般都存在空气阻力大、射击密集度差的问题，如迫击炮弹、火箭弹的散布就较大。

2.6 射弹散布

同一门火炮，同一种弹药，在相同的条件下由同一射手以相同的射击诸元（初速、射角等）对同一目标射击若干发，各弹丸的弹着点并不会重合在同一点上，而是分布在一定的范围内，形成一个散布区域，这种现象称为“弹射散布”。

空气弹道由初速 v_0、射角 θ_0 和弹道系数 C 三个参量确定。火炮实际射击时，由于各种随机因素使各发弹之间的 v_0、θ_0、C 之间存在着微小的随机差异，使得弹着点不重合。每一发弹丸在射击之前其 v_0、θ_0、C 的准确值是多少，是无法预知的。

影响形成射弹散布的随机量的因素大致有以下几个方面。

1. 弹道系数 C

① 由弹道系数的定义可知，弹丸制造过程中产生的外形、弹径、弹丸质量的误差都会引起弹道系数的误差，而且显然是随机误差。尽管火炮射表中有按弹重分级的修正量，但同一弹重级内的各发弹的质量仍然是随机的。弹丸表面粗糙度和洁净情况、被身管膛线挤切过的弹带的状况，都将影响弹形，从而影响弹道系数。弹丸的质量分布（转动惯量、质心位置）状况将影响弹丸绕质心的运动，从而影响弹道系数。

② 弹丸在发射时的起始扰动使弹丸在飞行中存在攻角，并且攻角在不断变化（绕质心运动），这就影响到弹丸和空气之间的相互作用，从而影响到空气阻力，也就影响到阻力系数，进一步影响到弹道系数。起始扰动是由弹丸的制造误差（尺寸误差和质量偏心）、弹炮间隙、武器系统的零部件的配合精度、弹丸装填状况、火药燃烧的不均匀性等引起的，所以是不可避免的和随机的。

2. 初速 v_0

由于发射药量及性能、药温、弹丸质量、弹带尺寸（线膛炮）、定心部（迫击炮）以及射手装填力等因素的随机性，造成初速的随机性。

3. 射角 θ_0

① 起始扰动，与上述相同，引起弹丸的绕质心运动，并且影响质心运动。从实际飞行弹道来看，相当于射角呈随机性。

② 射手瞄准，赋予武器以仰角的主观误差。

③ 武器高低机空回、武器的跳动、身管的振动等，在各发弹出膛口时这些因素的状况是随机的。

当然，数值 v_0、θ_0、C 的散布只产生弹着点的距离散布与高低散布。在侧向的随机因素

(射手、武器扰动、方向机的空回、横风等）作用下，弹着点产生方向的散布。此外，气象条件的随机变化也会引起弹着点的距离散布、高低散布和方向的散布。

由上可见，影响射弹散布的因素，有直接影响弹丸质心运动的，也有直接影响弹丸绕质心运动，进而通过绕质心运动影响质心运动的。

对于火炮，在水平面上弹着点的散布区域为一个椭圆形（图 2－22)，其长轴沿射程方向，短轴在左右方位上；高射炮对空射击时，其炸点的散布为一椭球，长轴沿射击方向。射弹的散布具有对称性，且在中心区域分布稠密，边缘区域稀疏。

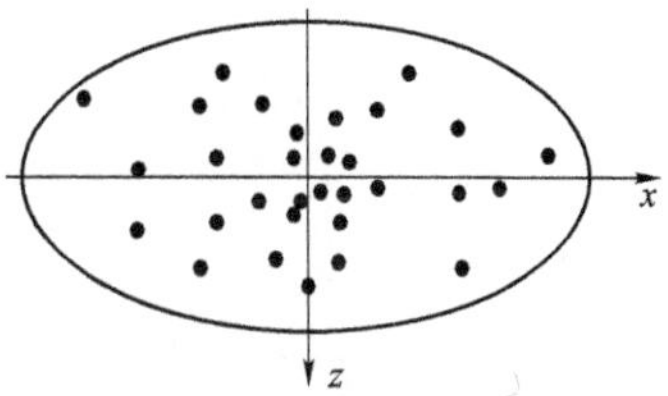

图 2－22　弹着点分布

射弹散布的大小是火力密集度的标志。火力密集度是指弹着点对于平均弹着点（散布中心）的集中程度。射弹散布小，火力密集度高，火炮系统性能好。在武器系统的研制和生产验收中，经常需要检验射弹散布是否满足战术技术要求所规定的指标以及采取措施减小射弹散布。

表征射弹散布大小的程度用统计学的方法来处理。对于一定的样本容量（即射弹数量），计算出样本的算术平均值和方差，即可评价射弹的精确度和密集度。射弹散布大小，一般用中间偏差 E 表示，中间偏差小表示射弹散布小，火力密集度高。中间偏差的计算为

$$E_x = 0.674\,5\sqrt{\frac{1}{n-1}\sum_{i=1}^{n}(x_i - X)^2}$$

$$E_y = 0.674\,5\sqrt{\frac{1}{n-1}\sum_{i=1}^{n}(y_i - Y)^2}$$

$$E_z = 0.674\,5\sqrt{\frac{1}{n-1}\sum_{i=1}^{n}(z_i - Z)^2}$$

式中　n——发射的弹数（样本容量）；

x_i、y_i、z_i——各弹着点的坐标；

X、Y、Z——散布中心，有

$$X = \frac{1}{n}\sum_{i=1}^{n}x_i,Y = \frac{1}{n}\sum_{i=1}^{n}y_i,Z = \frac{1}{n}\sum_{i=1}^{n}z_i$$

每门炮的中间偏差值随该炮射程的增大而增加，在最大射程处中间偏差值最大。所以，火炮的地面密集度常以 $E_x/X_{\max}$、$E_z/X_{\max}$ 表示，如某 85 J 的密集度 $E_x/X_{\max}$ 为 1/270。

2.7　火炮的瞄准和射击

1. 火炮的瞄准

实施火炮射击前必须进行瞄准。瞄准是指根据指挥系统指令，赋予炮身轴线在空间一个正确位置，以保证射弹的平均弹道通过预定目标的过程。瞄准一般包括高低瞄准和方向瞄准。

要赋予炮身轴线在空间一个正确位置，首先需要确定火炮的炮身轴线的初始指向，以及目标相对于火炮的位置和距离。一般将火炮的炮口切面中心作为瞄准起点 O，以火炮的炮身轴线在水平面上的投影与正北方向（ON）的夹角（即初始方位角 β_0）表示火炮指向（初始射向）。瞄准起点 O 与目标 T 的连线 OT 称为炮目线，也称瞄准线。炮目线与炮口水平面的

夹角 ε 称为炮目高低角。目标在炮口水平面以上，炮目高低角为正；目标在炮口水平面以下，炮目高低角为负。

瞄准时，应根据目标位置，给炮身装定炮目高低角。由于射弹受地心引力和空气阻力的作用，其弹道不可能是由炮口指向目标的直线，而呈现为曲线形状。考虑弹道弯曲，为了使弹道通过预定的目标点，射击时，炮身轴线就不能直接指向目标，而应该在炮目高低角的基础上抬高一个角度，对准虚拟的目标点 A'射击，瞄准起点与虚拟目标的连线 OA'称为射击线。射击线也就是弹丸出炮口时的速度方向。瞄准时抬高的角度，即 OA'与 OT 的夹角 α 称为瞄准角，也称为高角。高角的大小取决于弹丸的质量、初速、射程，以及弹丸的其他结构参数。考虑到射击时火炮的跳动等因素，往往对高角进行修正，高角修正量记为 $\Delta\alpha$。实际射击时，炮身轴线与炮口水平面的夹角 φ 称为射角，即炮目高低角、瞄准角与高角修正量的代数和，如图2－23所示。高低瞄准就是赋予火炮射角。

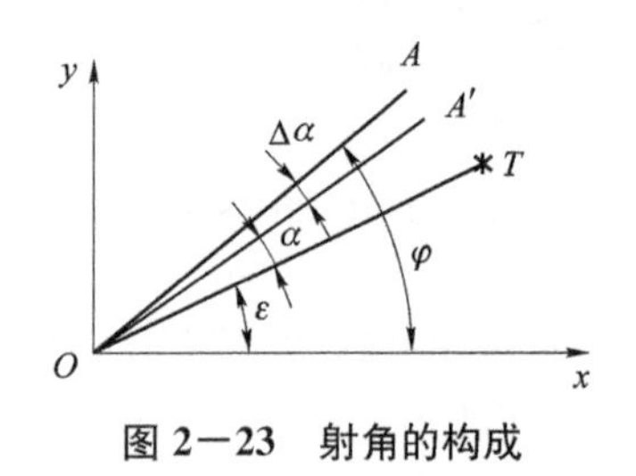

图 2－23　射角的构成

火炮对目标射击，应在方向上对准目标。炮目线在水平面上的投影方向称为基准射向。初始炮膛轴线所在铅垂面与正北方向的夹角 β_0 称为初始方位角，初始炮膛轴线所在铅垂面与炮目线所在铅垂面的夹角 β_{0T} 称为炮目方位角，炮目线所在铅垂面与正北方向的夹角 β_T 称为基准方位角。考虑到偏流、横风等影响，为了使弹道通过预定目标点，射击时，在方向上，炮膛轴线不能只从初始指向移动一个炮目方位角到达基准射向，而应该在基准方位角的基础上，偏离一个角度，即炮目线所在铅垂面与射击时炮膛轴线所在铅垂面（称为射面）之间应该有一个方位偏角 δ，称为侧向瞄准角。射面与正北方向的夹角 β 称为方位角，即方位角为初始方位角、炮目方位角与方位偏角的代数和，如图 2－24 所示。方向瞄准就是赋予火炮方位角。射击准备时，一般事先将初始射向调整到基准射向。进行方向瞄准时，只需赋予火炮侧向瞄准角。

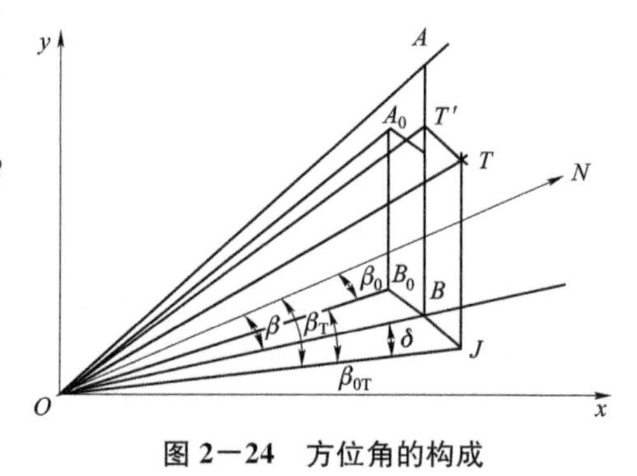

图 2－24　方位角的构成

瞄准就是赋予火炮射角和方位角。根据瞄向目标的方式不同，瞄准方式分为直接瞄准和间接瞄准。直接瞄准是指火炮瞄准时，瞄准线直接指向可见的待射目标；间接瞄准是指火炮瞄准时，瞄准手看不见待射目标，火炮以一个可见的辅助点为基点进行瞄准。

瞄准是通过瞄准装置来实现的。瞄准装置一般包括瞄准具和瞄准机。瞄准具用于给火炮装定瞄准角；瞄准机附属于炮架，通常由高低机和方向机组成，用来赋予火炮准确的瞄准角，使平均弹道通过目标。瞄准具按结构与作用原理，可分为机械瞄准具、光学瞄准具、光电瞄准具、自动电子瞄准具和激光瞄准具等。

2. 火炮的射击

射击是火炮完成战斗任务的基本手段。炮兵射击就是火炮发射炮弹对目标实施火力攻击以达到预定战术目的的过程，它要求射击指挥员和侦察、计算、通信、火炮各专业分队行动协调一致，依据一定的射击规则以最小的损耗，取得最佳的射击效果。

（1）地面炮兵射击

地面炮兵射击可分为射击准备和射击实施两个阶段。射击准备的主要目的是决定参加射击的火炮对目标射击开始用的瞄准装置装定分划（方向、高低和表尺分划），以及用时间引信射击时的引信装定分划。射击准备主要包括侦察目标、校正火炮、准备弹药、组织通信、进行气象探测和决定射击诸元等。对目标的射击实施，传统方法是采取试射和效力射两个步骤。试射是用射击的方法排除或缩小初始诸元的误差，以获取有利于毁伤目标的效力射诸元。效力射是以较精确的射击诸元，对目标进行有效的射击，以达到预期的战术目的。

依据火炮能否直接通视目标，地面炮兵射击又分为直接瞄准射击和间接瞄准射击。直接瞄准射击是将火炮配置在距目标较近且能通视目标的阵地上，用火炮瞄准装置直接瞄准目标，决定射击诸元，实施射击，观察炸点。射击的准备和实施较为简便，命中率高，能以少量弹药在短时间内完成射击任务。直接瞄准射击时，火炮的弹道低伸，对坦克、碉堡等有一定高度的目标射击较为有利。但炮阵地暴露，容易遭到对方火力毁伤。间接瞄准射击是在不能从火炮阵地直接看到目标时采用的一种射击方式，它是将火炮配置在不能通视目标的阵地上，由专设的观察设备或观察员侦察目标，通过解算决定对目标的射击诸元，并传输给火炮。炮手在火炮上装定射击诸元，赋予火炮射角，向瞄准点瞄准以赋予火炮射击方向，实施射击。观察炸点、修正误差均由观察设备或观察员进行。间接瞄准射击能充分发挥火炮射程远、落角大的性能，便于实施火力机动，有利于纵深梯次配置炮兵，是地面炮兵的主要射击方式。但在射击准备和实施阶段的侦察、测地、通信、气象和弹道等技术保障比较复杂。

间瞄射击时，火炮的射击还可分为试射和效力射。

试射是为求得目标的效力射开始诸元或试射点的射击成果诸元而用少量炮弹进行的射击。试射区分为对目标试射和对试射点试射。对目标试射，由射击单位指定少数火炮实施；对试射点试射，通常由炮兵群在每一炮种中指定一门火炮实施。对目标试射是决定效力射开始诸元最精确的方法。只有在火力突然性要求不高，以及所决定的目标射击开始诸元精度不够时，才对目标进行试射。但是试射可能暴露行动意图，给具有机动能力的目标以规避时间而降低毁伤效果，还可能过早暴露炮阵地位置，招致敌方火力袭击。

效力射是为获得预期的目标毁伤效果或完成其他战斗任务而进行的射击，是炮兵射击实施过程的主要阶段。不同情况下的效力射常被赋予特定的名称，如密集射击、集中射击、拦阻射击、逐次集中射击、延伸射击等。迅速、准确、突然、猛烈是对效力射的基本要求。效力射必须使用较精确的射击诸元及与完成射击任务相适应的兵力、弹药、火力分配和火力组成。效力射的开始诸元要达到足够的精度。通常根据较精确的测地诸元和完整的弹道、气象条件通过计算并尽可能利用已有的射击成果进行优化求得，必要时可通过试射求得。在效力射过程中还可修正射击诸元。

20世纪60年代以来，以微型电子计算机为核心的地面炮兵射击指挥系统的使用，提高了决定射击诸元的速度，增强了射击反应能力，射击指挥程式也随之简化。近年来，随着测地、气象探测和测定初速等各种先进测量技术的广泛使用，进一步提高了射击精度，不经试射直接进行效力射的效果有了可靠保证。

（2）高射炮兵射击

高射炮兵射击的主要目标是空中目标，必要时也可射击地面目标和水面目标。现代战场上，高射炮兵需要对付的空中目标除传统固定翼飞机外，主要是各类导弹，尤其是巡航导弹，以及低空和超低空飞行的武装直升机。

现代高射炮兵对空中目标的射击，通常先以雷达、光学仪器、光电跟踪和测距装置搜索、发现和跟踪目标，连续测定目标坐标；通过高射炮射击指挥仪或瞄准具求出射击诸元，并连续传送到火炮；然后，火炮按射击诸元进行发射，使弹丸直接命中目标，或在目标附近爆炸，以破片毁伤目标。

由于目标运动快速，火炮不能直接向目标现在点射击，而应向目标提前点射击。同时，由于弹丸受重力和空气阻力的影响，其弹道向下弯曲，火炮射击时身管还要抬高一个高角。目标提前点是根据目标在弹丸飞行时间内仍按火炮发射前的飞行状态做有规则运动的假定，用外推法确定的；高角是根据弹丸弹道下降量确定的。确定提前点和高角时，必须使弹道与目标航路相交，使弹丸从起点到提前点的弹丸飞行时间与目标从现在点到提前点的目标飞行时间相等。

高射炮兵射击也可分为射击准备和射击实施两个步骤。射击准备主要包括：准备火炮、仪器和弹药，使之处于良好的战备状态；组织对空侦察，保证及时发现目标；根据任务、地形和飞机活动特点等制订射击预案；计算与修正气象、弹道等条件的偏差。射击实施主要包括：搜捕与指示目标；判断情况，选择目标；决定火力运用的方法、射击方法和弹药种类；确定开火时机，适时开始射击；进行射击观察；实施火力机动。

射击方法通常分为指挥仪法射击和瞄准具法射击。指挥仪法射击，是利用指挥仪求取射击诸元的方法进行的射击，是高射炮兵的基本射击方法。指挥仪是比较完善的计算装置，其核心部分是计算机，对目标飞行状态假定接近实际，可修正气象和弹道条件等的偏差，计算诸元的准确性较好。瞄准具法射击，是利用火炮瞄准具求取射击诸元进行的射击。瞄准具对目标飞行状态的假定和计算装置较指挥仪简单，计算诸元的准确性低于指挥仪，通常是在不能用指挥仪法射击时采用的射击方法。

20 世纪 70 年代以来，新型的小口径高射炮系统得到大力发展，通过采用数字式火控系统，能同时进行搜索与跟踪，能在全天候和电子战条件下识别敌我飞机，探测和跟踪低空、超低空快速目标，能同时跟踪多个目标，能迅速、准确地同时计算多个目标的射击诸元和为获得最大毁伤概率所需的连续射击时间，并能同时控制数个火力单位对数个目标射击，使得火炮的效能得到了很大的提高。

2.8 炮兵用的角度单位

由于火炮的射程较远，射击精度高，常用的角度单位“度、分、秒”使用起来并不方便，因而在火炮的操作瞄准中引入一个新的单位——密位（mil）。

在火炮的射表和炮兵作业中，角度单位用密位表示。其定义是，把圆周分成 6 000 等份，每一等份弧长所对应的圆心角就称为“1 密位”，通常用百位数与十位数之间画一短线来表示，如 1 500 密位（90°）写成 15—00，1 密位写成 0—01。

采用密位做角度单位有以下两个主要优点。

① 精度较高。日常的角度单位是“度、分、秒”，度的单位太大，而分和秒都是采用六十进制，计算和下达口令以及进行操作都很不方便，而 1 密位为圆周的 1/6 000，精度较高，又不存在六十进位的问题。

② 便于换算。采用密位很容易计算弧长和角度的关系，便于观测和修正射弹的偏差。

角度（密位）、弧长、距离三者的关系为

$$1\text{密位所对应的弧长}=\frac{2\pi R}{6\ 000}$$

$$\text{任意密位的角度所对应的弧长}=\text{角度密位数}\times\frac{2\pi R}{6\ 000}$$

$$\approx\text{角度密位数}\times\frac{6.283\ 2R}{6\ 000}$$

$$\approx\text{角度密位数}\times\frac{1.05R}{1\ 000}$$

通常为了使用方便，将 1.05 规整为 1，即得

$$\text{弧长}=\text{密位数}\times\frac{R}{1\ 000}$$

式中　R——火炮至目标的距离，m。

由于弧度是弧长与半径的比值，而且在角度很小的时候，近似地有弧长≈弦长。所以，1 mil 可以粗略地看作 1 000 m 外，正对观察者的 1 m 长的物体的角度。

当角度不太大时，弧长接近弦长，于是便可得出如下的公式：

$$\text{间隔}=\text{角度}\times\frac{\text{距离}}{1\ 000}$$

这样已知式中的任意两项，就可求出另外一项。

例如：在炮兵观察所测得的目标宽对应的夹角为 0－40，已知观目距离为 2 000 m，求目标正面是多少米？

$$\text{目标正面}=40\times\frac{2\ 000}{1\ 000}=80\ (\text{m})$$

密位与常用角度单位的换算关系为

$$1\ \text{mil}=0.06°=0.001\ 047\ 2\ \text{rad}\approx0.001\ \text{rad}$$

$$1°=\frac{1}{0.06}\ \text{mil}\approx16.667\ \text{mil}$$

思考题

1. 武器的发射原理有哪些？其特点是什么？
2. 弹丸在膛内运动和空中飞行的特点是什么？运动规律有何不同？
3. 如何保证弹丸在空中稳定飞行？对火炮的结构有哪些影响？
4. 火炮的最大射程角受哪些因素的影响？
5. 火炮为什么需要间瞄射击？

第3章
火炮结构组成

火炮虽然有多种类型，但是其功能是发射弹丸，赋予弹丸一定的速度和方向，使其命中目标，因而火炮的基本结构组成相同。

对于牵引火炮，主要由炮身和炮架两个大的部分组成。炮身主要完成发射弹丸的任务，炮架则实现火炮瞄准、装填、发射控制和运动等功能。炮架通常由反后坐装置、架体、平衡机、瞄准机构、瞄准装置、调平机构和运动体等组成。

对于自行火炮，主要由火力系统、火控系统、底盘等组成。其中，火力系统中用于完成发射的装置由炮身、摇架、反后坐装置、自动装填机构、托架、平衡机、瞄准机构、瞄准装置等组成。

本章以牵引火炮为例来介绍火炮的结构组成。牵引火炮的主要结构关系如图3—1所示。

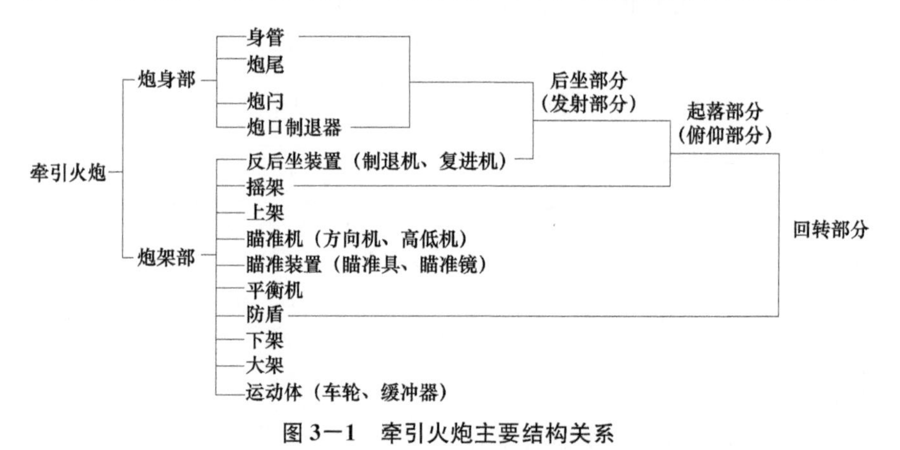

图3—1　牵引火炮主要结构关系

3.1　炮身

炮身是火炮的一个主要部件，其主要作用是承受火药气体压力和导引弹丸的运动。

炮身通常由身管、炮尾、炮闩组成。有的火炮在炮身上还设置有其他装置，例如，炮口装置、抽气装置、热护套及冷却装置等。图3—2为某火炮的炮身结构。

火炮发射时，炮身承受高温、高压火药燃气的作用，其工作时的变形与应力以及其他特性直接影响着火炮的使用安全、射击效果和寿命。为此，对炮身的基本要求是：

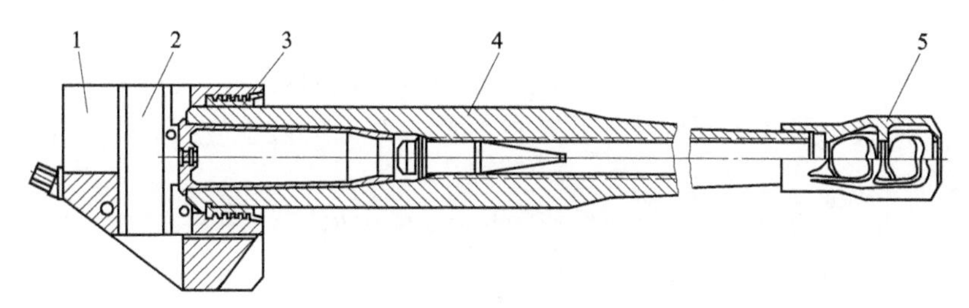

图 3—2　某火炮的炮身结构

1—炮尾；2—炮闩；3—连接环；4—身管；5—炮口制退器

① 满足战术技术要求，性能稳定，工作可靠，使用安全。

② 各构件有足够的强度和韧性，发射时不得产生塑性变形或脆性破坏。

③ 身管的寿命要长。

④ 材料及制造工艺要适应国情，符合经济原则，便于大批量生产。

3.1.1　身管及其内膛结构

身管是发射时赋予弹丸一定速度和射向的管状零件。有膛线的身管还使弹丸在出炮口时获得一定的旋转速度。

身管的内部空间及其内壁结构称为炮膛，也称为内膛。内膛由药室、坡膛和导向部组成，如图 3—3 所示。根据导向部有无膛线，炮膛又可分为线膛和滑膛。

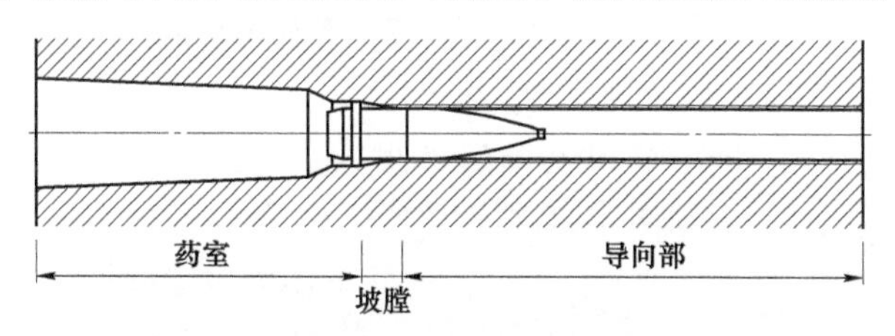

图 3—3　身管内膛结构

身管上弹丸飞出的一端称为炮口部，相对的另一端称为炮尾部。相应的两个端面称为炮口切面和炮尾切面。

身管的外形多为圆柱形与圆锥形的组合，其尺寸主要是根据膛内火药燃气压力的变化规律由强度计算确定，同时还要考虑身管刚度、散热以及与其他部件的连接等，身管外形与膛压曲线的关系如图 3—4 所示。

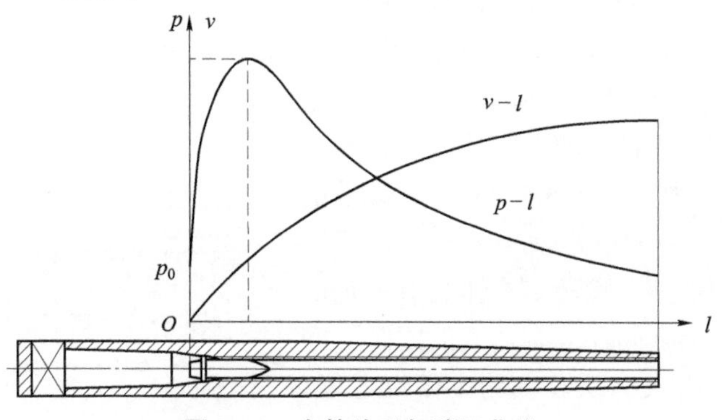

图 3—4　身管外形与膛压曲线

1. 药室

药室是炮膛中放置药筒和发射药的空间，也可以是发射药的燃烧室。它的容积是由内弹道设计决定的，而结构形式主要取决于火炮的性能、弹丸的装填方式和加工工艺性等。对药室的基本要求有：

① 药室空间应符合内弹道设计时所确定的药室容积值；

② 结构要适应装填方式和药筒外形的特点；

③ 制造成型后要满足炮膛同轴度、表面粗糙度及合膛要求；

④ 发射后便于抽出药筒。

目前常见的药室结构有药筒定装式药室、药筒分装式药室、药包装填式药室和半可燃药筒药室四种。

（1）药筒定装式药室

药筒定装式药室即容纳整装式炮弹的药室。对中、小口径火炮，其弹丸、发射药和药筒均较轻，可将它们装配成一整体（图 3－5），射击时只需将整装的炮弹一次装入炮膛，有利于提高发射速度。这种炮弹称为药筒定装式炮弹，其药筒称为定装式药筒。

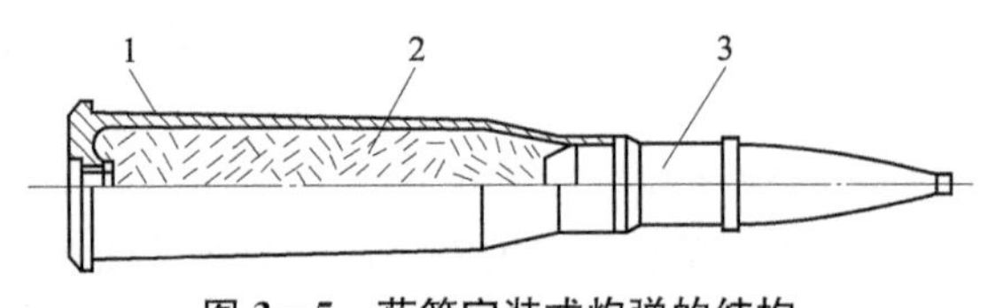

图 3－5　药筒定装式炮弹的结构

1—药筒；2—发射药；3—弹丸

定装式药筒由药筒本体、连接锥和药筒口部组成，如图 3－6 所示，其作用是：存放和保护发射药；密闭火药气体；使弹丸和发射药形成一个整体。

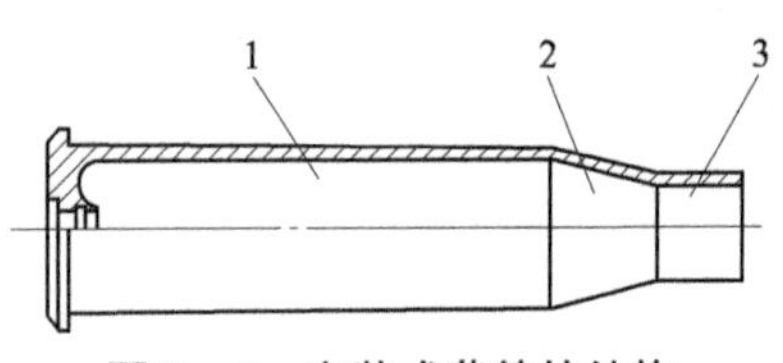

图 3－6　定装式药筒的结构

1—药筒本体；2—连接锥；3—药筒口部

药筒本体为薄壁筒形结构，用以放置发射药。为了便于装填和射击后抽出药筒，药筒本体的外表面通常制成具有 1/120～1/40 的锥度。

连接锥的主要作用是连接药筒本体和药筒口部；锥度的大小与火炮威力、身管的结构尺寸和药筒工艺等有关。常用的锥度范围为 0.1～0.2。

药筒口部的主要作用是连接弹丸，保证射击时药筒口部与药室贴合，防止火药气体从药筒口部漏出。

药筒定装式药室，其形状结构与药筒的外形结构基本一致，如图 3－7 所示，它由药室本体、连接锥和圆柱部（一般圆柱部带有很小的锥度）所组成。为了容纳弹带，药室圆柱部的长度要比药筒口部的长度长些，一般长出约一个弹带的宽度。

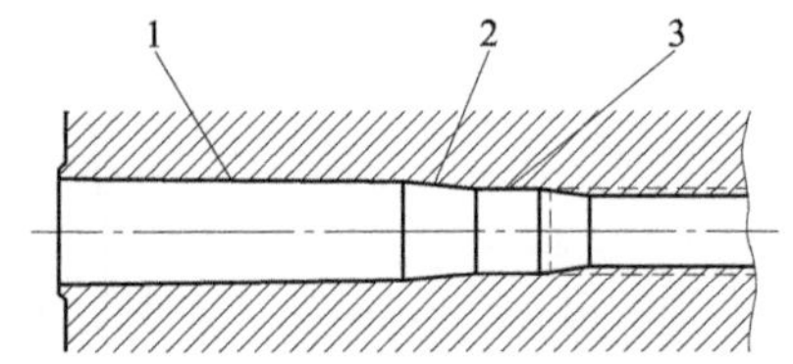

图 3－7　药筒定装式药室的结构

1—本体；2—连接锥；3—圆柱部

为了便于装填和抽筒，除药室本体具有一定的锥度外，在药室和药筒之间还应有适当的间隙，间隙的大小与药筒强度有关。从装填的方便性考虑，希望间隙大些，但间隙过大会使药筒产生塑性变形甚至破裂。

一般在药室底部的径向间隙为 0.35～0.37 mm；连接锥部的径向间隙为 0.2～0.8 mm；圆柱部的径向间隙为 0.2～0.5 mm。

（2）药筒分装式药室

中、大口径加农炮和榴弹炮，要用不同初速来保证覆盖较大的射击区域，为此需要采用多种不同发射药质量的装药（即变装药）。另外，这些火炮的装药、药筒和弹丸的质量较大，如某 122 mm 加农炮的发射药质量为 9.8 kg，药筒质量为 9.25 kg，弹丸质量为 27.3 kg，若把三者结合成一体，则全重为 46.35 kg，一次装填有困难。所以，在大口径火炮中多采用药筒分装式炮弹，此时药筒仅放置发射药（简称分装式药筒）。射击时，先将弹丸装入炮膛，然后再装填药筒。但是，这种装填方式不利于提高发射速度。

分装式药筒仅由一段本体构成，因而药筒分装式药室只有带一定维度的本体和连接锥。

（3）药包装填式药室

大口径火炮，尤其是大口径舰炮和要塞炮的药筒质量较大，使用不便，而且要消耗大量的铜或其他金属材料，在这种情况下，常采用药包装填，对应于这种装填方式的药室，称为药包装填式药室。

这种药室的结构一般由紧塞圆锥、圆柱本体和前圆锥（有的火炮没有这一部分）组成，如图 3—8 所示。

为了防止射击时火药气体从身管后端面泄漏出来，需要采用专门的紧塞具与紧塞圆锥相配合密封火药气体。紧塞圆锥的锥角一般为 28°～30°。当药室扩大系数较小时，可省去前圆锥，药包装填式药室只由紧塞圆锥和圆柱本体组成。

（4）半可燃药筒药室

半可燃药筒是指以硝化棉火药为基本原料制成药筒本体的药筒结构形式。适应于该种装药的药室相应地称为半可燃药筒药室。发射时，药筒本体作为发射药的一部分全部燃烧。为了有效地密闭火药燃气，药筒本体的后部带有金属短底座，因而称为半可燃药筒。其药室由本体、连接锥和圆柱部组成，如图 3—9 所示。这种药室通常容纳尾翼稳定穿甲弹丸，其圆柱部较长。在坦克炮和自行反坦克炮中，采用半可燃药筒可增加弹药的携带量。

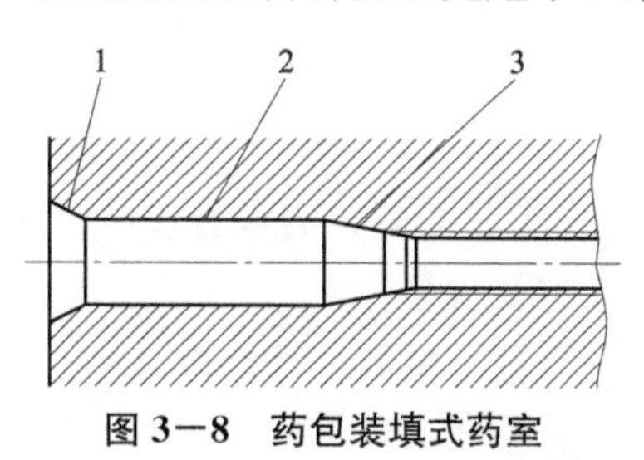

图 3—8　药包装填式药室

1—紧塞圆锥；2—圆柱本体；3—前圆锥

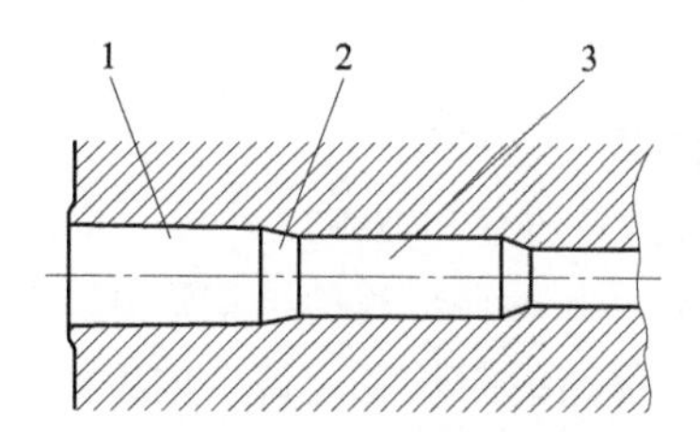

图 3—9　半可燃药筒药室

1—本体；2—连接锥；3—圆柱部

2. 坡膛

炮膛内连接药室与导向部的锥形部分称为坡膛，其主要作用是：发射前确定弹带的起始位置，限制药室的容积；发射时引导弹丸进入导向部。坡膛结构如图 3—10 所示。

对于线膛身管，坡膛就是膛线的起点处，弹带由此切入膛线。坡膛具有一定的锥度，锥度的大小与药室结构、弹带结构和材料等有关。

坡膛按有无膛线可分为滑膛与线膛坡膛；按锥度可分大锥度坡膛和小锥度坡膛；按构成

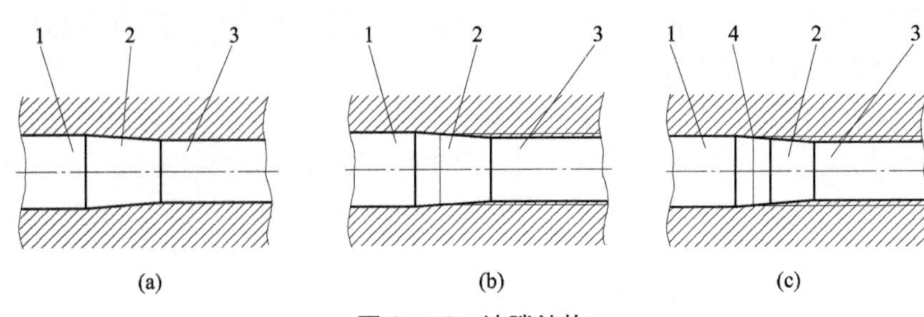

图 3—10　坡膛结构

（a）滑膛坡膛；（b）线膛坡膛；（c）双锥度坡膛

1—药室；2—坡膛；3—导向部；4 —膛线起点

可分为单锥度坡膛和双锥度坡膛。坡膛锥度的范围为 1/60～1/5，常用锥度为 1/10～1/5。

对于定装式炮弹，坡膛多为大锥度。发射时，弹带嵌入膛线所移动的距离短，弹丸定位位置变化小，有利于弹道性能的稳定。但是，由于弹带挤进膛线快，单位长度变形大，温升也快，将加剧坡膛的磨损；锥度大，火药燃气易在此处产生涡流，形成压力波，影响压力的传递。在小锥度坡膛内，情况正好相反。

采用双锥度坡膛，则兼有二者的优点。第一段圆锥锥度较大，以保证弹丸定位可靠，一般取为 1/10；第二段圆锥锥度较小，为 1/60～1/20。一般膛线起点取在第一段圆锥上。

不同坡膛锥度与弹带定位如图 3—11 所示。

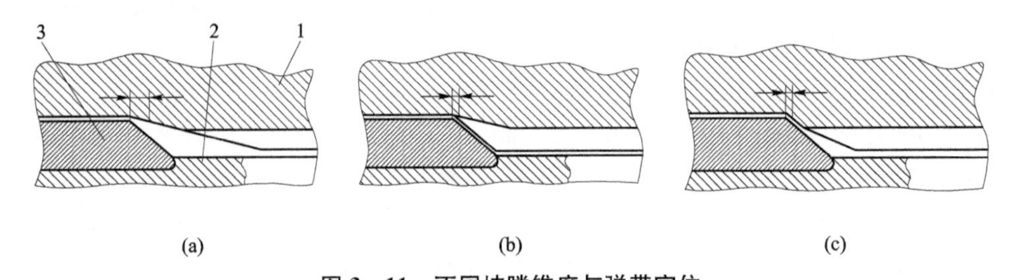

图 3—11　不同坡膛锥度与弹带定位

（a）小锥度坡膛；（b）大锥度坡膛；（c）双锥度坡膛

1—身管；2—弹丸；3—弹带

3. 导向部

身管内膛除药室和坡膛以外导引弹丸运动的部分称为导向部，通常有线膛（rifled bore）和滑膛（smooth bore）两种结构形式。对导向部的基本要求是：

① 导向部的纵向长度应符合内弹道设计所要求的数值，径向尺寸与弹丸结构匹配；

② 保证弹丸在膛内正常运动，有利于弹丸出炮口后稳定飞行；

③ 有利于延长身管寿命和便于勤务维护；

④ 工艺性要好。

对于滑膛导向部，其内径就是火炮的口径（caliber）；对于线膛导向部，则以相隔 180°的两条阳线过炮膛中心的距离为火炮的口径。当导向部为锥膛时，常以炮口直径代表火炮的口径。口径的常用单位为“mm”或“inch”（英寸）。一般用名义尺寸的近似值表示。如某 122 mm 榴弹炮的实际口径是 121.92 mm，某 152 mm 榴弹炮或 6 英寸榴弹炮的实际口径是 152.4 mm。

口径是枪炮技术中的一个重要特征量，常以符号 d 表示。火炮上一些重要零部件的长度多以口径的倍数来表示，质量常以口径立方的倍数来表示。例如，某 122 mm 榴弹炮，其身管的长度可表示为 $30d$，弹丸相对质量为 $C_{\mathrm{m}}=m/d^3=12$（用口径表示的相对值）。这种相对量的表示方法有利于对火炮的性能进行量化比较和便于火炮的方案设计。

若火炮身管导向部由线膛与滑膛组合而成，则称为混合导向部。

根据导向部的形状又可分为直膛和锥膛两种。导向部沿炮膛轴线方向各横截面内径不变的称为直膛，当今火炮几乎都是直膛。导向部沿炮膛轴线呈锥形、炮口部的直径比其他处的直径小的内膛称为锥膛（tapered bore）。对于这种内膛结构，需要采用特殊的弹丸——带有软金属裙边的次口径弹丸。当弹丸在锥膛内运动时，裙边不断被挤压收缩，能可靠地密闭火药燃气，有利于增大初速。锥膛结构曾用于反坦克炮。

内膛的构成及结构特点可归纳如图 3—12 所示。

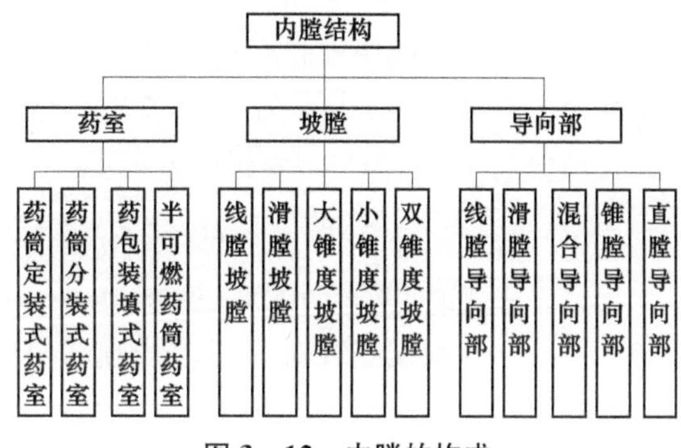

图 3—12　内膛的构成

4. 膛线的结构类型

膛线的作用是赋予弹丸飞行稳定所需要的旋转速度。膛线的种类和结构由弹丸导转部的结构、材料、火炮的威力与身管寿命等因素确定。

（1）膛线的结构

膛线横剖面如图 3—13 所示。凸起的为阳线，用 a 表示其宽度；凹进的为阴线，用 b 表示其宽度。一般，阴线的两侧平行于通过阴线中点的半径。阴线与阳线在半径方向的差叫作膛线深度，用 t 表示。

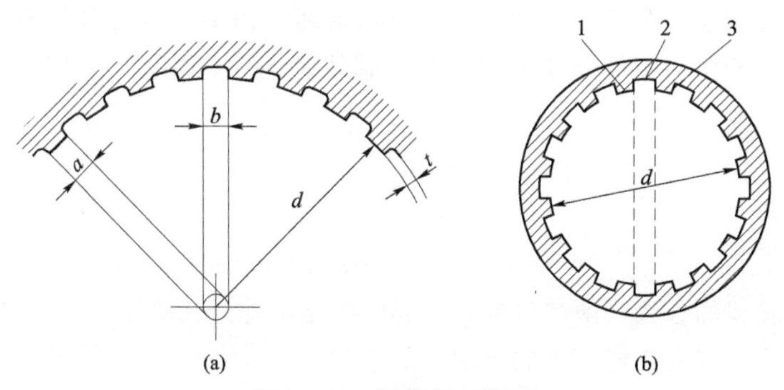

图 3—13　膛线横剖面图

1—阳线；2—阴线；3—导转侧

为了减小应力集中和便于射击后擦拭炮膛，阳线与阴线连接处加工成圆角。用拉削加工膛线时，阳线根部圆角的大小由拉刀刀具的圆角保证；用电解加工膛线时，阳线根部圆角由阴极头与加工膛线间的间隙来控制。加工膛线的过程中，膛线的宽度和直径常用量规（“通”与“不通”）进行检验，而膛线的缠角则由加工的机床来保证。

膛线的数目称为膛线条数，用 n 来表示。为了加工和测量方便，在火炮上一般将膛线做成四的倍数。膛线条数的多少与阴线和阳线的宽度有关，可由下式确定

$$n=\frac{\pi d}{a+b}$$

膛线条数的多少与火炮威力、身管寿命和弹带的结构与材料有关。为了保证弹带的强度，一般阴线宽度大于阳线宽度。

（2）膛线的分类

膛线是在身管内表面制出的与身管轴线具有一定倾斜角度的螺旋槽。膛线相对炮膛轴线的倾斜角叫作缠角，用符号 α 表示，膛线展开图如图 3－14 所示。

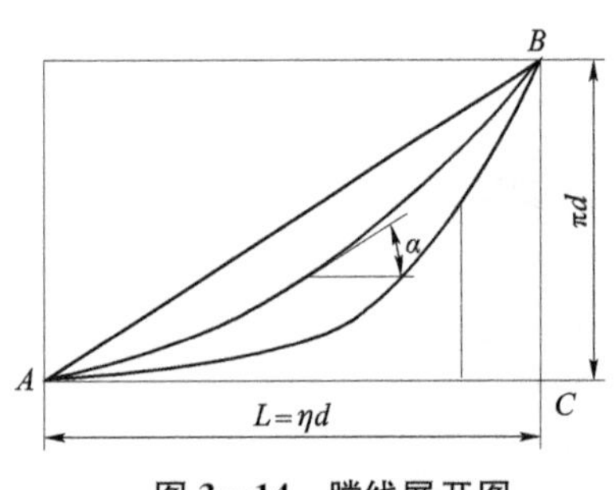

图 3－14　膛线展开图

膛线绕炮膛旋转一周，在轴向移动的长度（相当于螺纹的导程）用口径的倍数表示，称为膛线的缠度，用符号 η 表示。缠角与缠度的关系为

$$\tan\alpha=\frac{BC}{AC}=\frac{\pi d}{\eta d}=\frac{\pi}{\eta}$$

上式说明缠角的正切与缠度成反比，当缠角增大时，缠度减小。

根据膛线对炮膛轴线倾斜角度沿轴线变化规律的不同，膛线可分为等齐膛线、渐速膛线和混合膛线三种。

1）等齐膛线

这种膛线的缠角为常数。若将炮膛展开成平面，则等齐膛线是一条直线，如图 3－14 所示。图中，AB 为膛线，AC 为炮膛轴线，α 为缠角，d 为口径。等齐膛线在弹丸初速较大的火炮（如加农炮和高射炮）中广泛应用。

等齐膛线的优点是容易加工。缺点是弹丸在膛内运动时，弹带作用在膛线导转侧的力较大，并且此作用力的变化规律与膛压的变化规律相同，最大作用力接近烧蚀磨损最严重的膛线起始部，因此对身管寿命不利。

2）渐速膛线

这种膛线的缠角是一个渐变的量：在膛线起始部缠角很小（有时甚至为零）；向炮口方向缠角逐渐增大。若将炮膛展开成平面，渐速膛线为曲线，如图 3－15（a）所示。常用的曲线方程有：

二次抛物线　　$y=ax^2$

半立方抛物线　　$y=ax^{3/2}$

正弦曲线　　$y=a\sin bx$

式中　a、b——膛线的参数，由炮口缠角、起始缠角和膛线长确定。

渐速膛线常用于弹丸初速较小的火炮，如榴弹炮。

渐速膛线的优点是可以采用不同曲线方程来调节膛线导转侧上作用力的大小，减小起始部的初缠角，改善膛线起始部的受力情况，有利于减小这个部位膛线的磨损。缺点是炮口部膛线导转侧作用力较大，工艺过程较为复杂。

3）混合膛线

这种膛线吸取了等齐膛线和渐速膛线的优点：在膛线起始部采用渐速膛线，这样膛线起始部的缠角可以做得小一些，甚至为零，以减小起始部的磨损；在炮口部采用等齐膛线，以减小炮口部膛线的作用力。这种膛线的形状如图 3－15（b）所示，膛线的展开线是由一段曲线和一段直线组成的曲线。例如，某 152 mm 榴弹炮就采用了混合膛线，其起始段的曲线为二次抛物线。

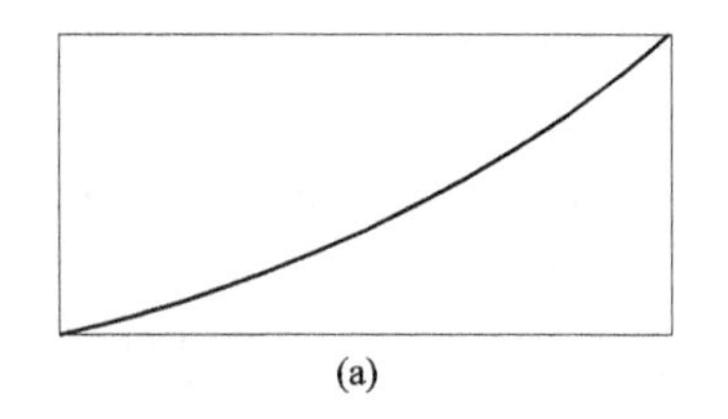

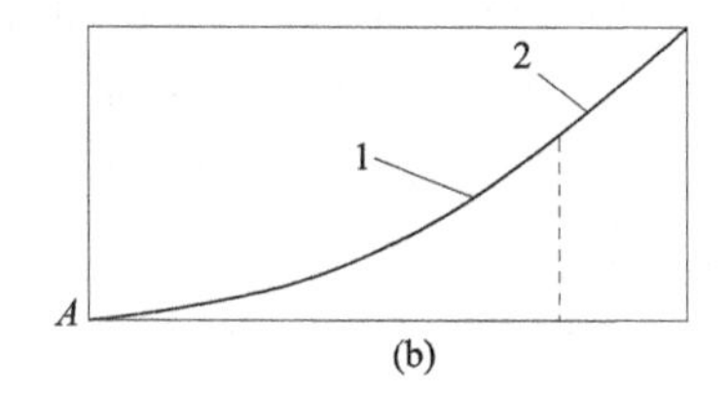

图 3－15　膛线的展开曲线

（a）渐速膛线；（b）混合膛线

1—渐速膛线；2—等齐膛线

另外，根据膛线深度与口径的比值 t/d 不同，膛线又可分为浅膛线和深膛线。

1）浅膛线

膛线深度比为 $t/d=0.010\sim0.015$。浅膛线的优点是弹带切入阻力小，射击后擦净内膛较容易。缺点是导转侧的工作面积小，膛线易磨损，影响身管寿命。一般认为，最大膛压与初速都较低的火炮，宜采用浅膛线。

2）深膛线

膛线深度比为 $t/d=0.02$。其优缺点与浅膛线正好相反。一般认为，最大膛压及初速都较高的火炮，宜采用深膛线，以满足膛线与弹带的强度要求。

根据膛线阴线宽度（或深度）沿炮膛轴线的变化特性，膛线还可分为等宽（或等深）膛线和楔形膛线两种。

目前，多数火炮膛线的宽度和深度沿炮膛轴线全长都是不变的。所谓楔形膛线是指阴线断面向炮口方向逐步减小的膛线，又称为渐紧膛线（tightening rifling）。减小的方法有两种：一是逐渐减小阴线的深度，二是逐渐减小阴线的宽度。后者比前者加工困难。这种膛线的优点是对火药燃气能够起更好的密封作用，但由于加工难度大，已很少应用。

火炮身管由滑膛发展为线膛，是技术上的一大进步。但是，利用膛线导转弹丸增大了炮膛的磨损和烧蚀，影响弹丸的初速，同时旋转弹丸的长度受到一定的限制，影响弹丸威力的提高。所以，需要寻求满足下述要求的、新的导转方法：导转安全，有利于改善弹道性能；弹丸与炮膛结构简单且装填方便；身管寿命较长。

历史上，英国曾在大口径火炮上试用过六角螺旋柱体的导向部，弹丸外表有与之配合的 6 个倾斜平面。试验证明，此种火炮射击精度高，炮膛磨损小，但由于受工艺的限制未能推广。

5. 身管的类型

根据内膛结构的不同，可将身管分为滑膛、线膛、半滑膛、锥膛等。另外，根据身管管壁的层数及壁内应力状况，身管又可分为单筒身管、增强身管、可分解身管等。

（1）单筒身管

单筒身管由一个毛坯制成，只有一层管壁。这类身管结构简单，制造方便，成本低，因而在火炮上广泛使用。

（2）增强身管

这类身管在制造过程中采用某种工艺措施，使身管壁内产生预应力，以改善发射时管壁径向应力分布，能够提高身管承载能力和寿命，提高了身管的强度。按照产生预应力方法的不同，增强身管可分为筒紧身管、丝紧身管和自紧身管。

1）筒紧身管

筒紧身管是由两层或多层同心圆筒通过过盈配合组装而成的一种身管，其结构如图3—16所示。这种组合身管最内部的一层叫内管，外层称为被筒（外筒），中间层称为紧固层（对于两层的筒紧身管，仅有内管和被筒）。紧固层或外层的内径稍小于相邻内筒的外径，相差量称为紧缩量或过盈量。

制造时需要采用热装配的工艺方法，即将外筒加热到700 K左右，然后迅速套在内管上。在冷却过程中，外筒要恢复原来尺寸，内筒要阻止其变形，从而形成外筒受拉、内筒受压的状态，在层间产生预应力，其方向与发射时膛压对管壁产生的应力方向相反，从而提高了身管强度。

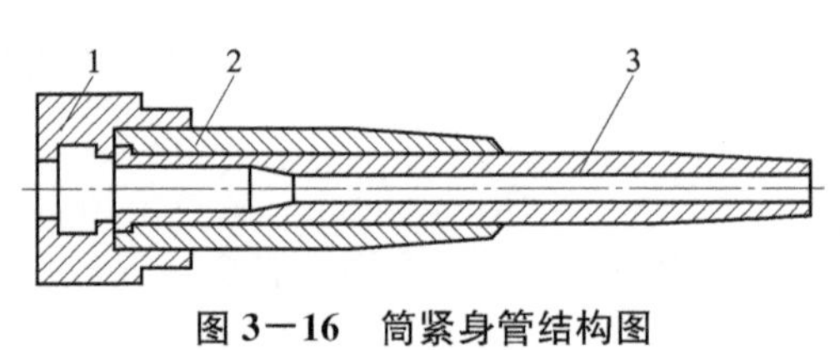

图3—16 筒紧身管结构图

1—炮尾；2—外筒；3—内管

2）丝紧身管

在制造身管时，在身管的外表面缠绕具有一定拉力的钢丝或钢带所形成的身管结构，称为丝紧身管，如图3—17所示。由于钢丝或钢带的紧固作用，身管处于压缩状态，在管壁产生切向压缩预应力，因而可提高身管发射时的强度。另外，为增强身管的抗弯刚度，缠绕钢丝时常使其与身管剖面成一定的倾角，并在外面套一被筒。

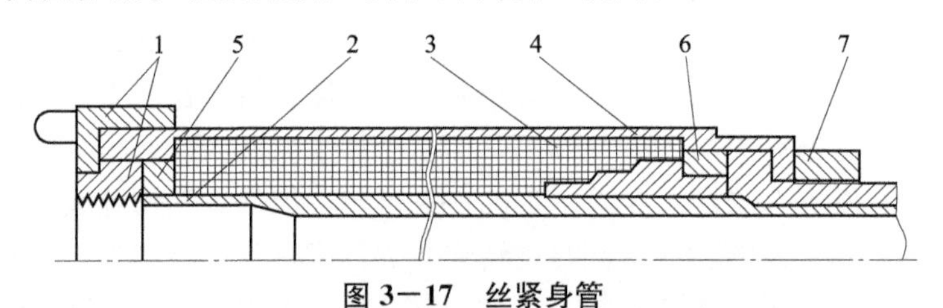

图3—17 丝紧身管

1—炮尾与连接环；2—身管；3—矩形钢带；4—被筒；5，6—钢带固定环；7—螺环

3）自紧身管

自紧身管是在单筒身管内壁通过特殊工艺手段，使管壁材料由内向外产生一定的塑性变形，在管壁内形成有利的残余应力的自增强身管。通常是在身管半精加工后对内膛施加高压，在高压卸载后，因内层金属塑性变形大，内层金属阻止相邻外层金属恢复到原来的位置，造成外层对内层加压，形成外层受拉、内层受压的状态，从而改变发射时身管壁的应力分布，相当于提高了身管的强度，并可延长寿命。

(3) 可分解身管

可分解身管是由两个同心圆筒按一定的间隙组合而成的。外面的圆筒叫被筒，里面的筒叫内管。内管壁较薄，内外筒间隙根据身管的强度要求和拆装的方便性确定。当炮膛烧蚀磨损不能满足弹道要求时，可及时更换内管。

1) 活动衬管

衬管和被筒之间的间隙一般在 0.02～0.3 mm。火炮射击时，由于火药燃气压力的作用，衬管膨胀，间隙消失，衬管与被筒共同承受压力。射击结束后，衬管、被筒冷却，其间隙恢复。

为了便于更换衬管，通常在其外表面镀铜或涂以石墨润滑剂，有时也将其外表面加工成圆锥面。

活动衬管的特点是：衬管壁薄，一般厚度为口径的 10%～20%；衬管的全长由被筒覆盖，以增强身管的强度；因衬管壁薄，加工与装配时应防止弯曲和扭转变形。

2) 活动身管

活动身管的结构和工作原理与活动衬管的基本相同，其特别主要有：活动身管的管壁较厚，一般为口径的 20%～50%；被筒比活动身管短，只覆盖身管后部烧蚀严重段。

(4) 带被筒的单筒身管

这种结构形式的特点是被筒与身管之间留有较大的间隙，被筒不参与承载，被筒材料等级要求较低。发射时间隙不消失，被筒不承受压力。被筒的作用主要是增加后坐部分的质量，以减小射击时炮架的受力；其次是与摇架配合，作为后坐部分运动的导向部分。

(5) 其他结构形式的身管

1) 组合式变口径身管

德国 1941 年式 75/55 mm 反坦克炮身管即采用组合式变口径身管，如图 3－18 所示，其炮膛由药室部、线膛部、滑膛锥形部与滑膛圆柱导向部组成。滑膛锥形的大端直径为 75 mm，逐渐过渡为 55 mm，然后是直径为 55 mm 的滑膛圆柱导向部。该身管配用的是带裙边的缩径弹丸，如图 3－19 所示。裙边用软金属制造，运动到滑膛锥形部时，裙边逐渐收缩，可密闭火药气体。这种缩径弹丸直径随膛内、外运动而改变，能获得较大的初速和落速，穿甲性能大幅度提高。这种线膛与滑膛结合的组合身管，有利于提高弹丸的密集度。但由于加工工艺复杂，未得到广泛使用。

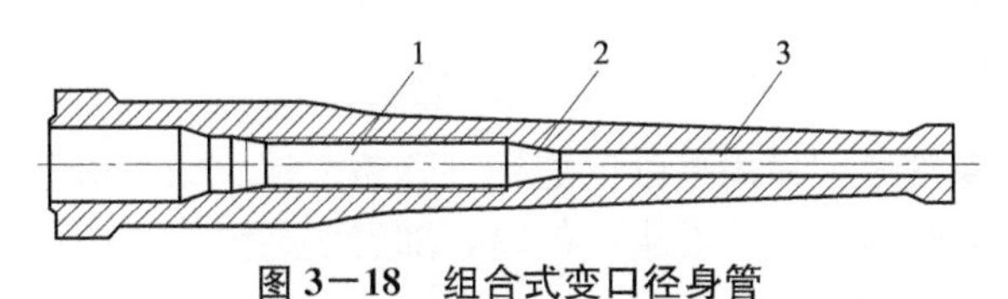

图 3－18　组合式变口径身管

1—线膛部；2—滑膛锥形部；3—滑膛圆柱导向部

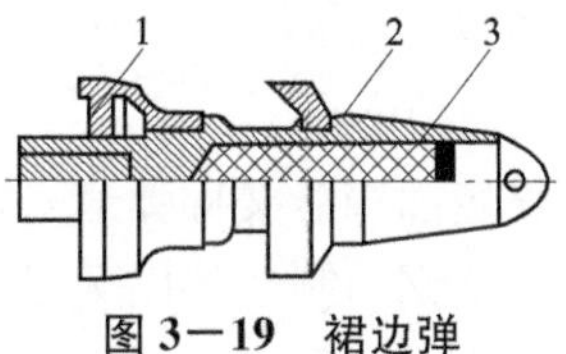

图 3－19　裙边弹

1—裙边；2—本体；3—炸药

2) 辅助装药身管

传统火炮发射时，其膛压曲线沿身管轴线迅速衰减，不利于提高弹丸初速。而辅助装药身管在身管的长度方向上安装多个装药，通过控制身管上辅助装药的点火时机，控制燃烧速度，使膛压曲线平滑丰满，有利于改善内弹道性能，提高初速。该技术的关键是点火时机的控制。

3）复合材料身管

复合材料在身管上的应用，可使火炮得到传统炮钢达不到的综合性能。

国外从20世纪80年代开始研究复合材料身管。美国弹道研究所研制的M68型105 mm身管是由10层铝箔和4层13 mm厚的玻纤增强复合材料交替排列组成，质量小、性能好。美国陆军材料与力学研究中心采用树脂基纤维增强复合材料制成了大口径炮身管，经实弹射击试验，弹着点的散布仅是金属身管的1/3。该所同时采用石墨纤维/环氧复合材料制造了75 mm火炮身管的延伸部分并进行了射击试验。

国内从20世纪90年代开始研究复合材料身管。目前，公开的相关材料无工程上的应用及突破。

4）多（复）药室身管

为了充分利用同一身管，使同一种弹丸获得更大的射程或各种初速，除在普通身管药室内改变装药结构外，还出现过多（复）药室结构。如图3－20所示。

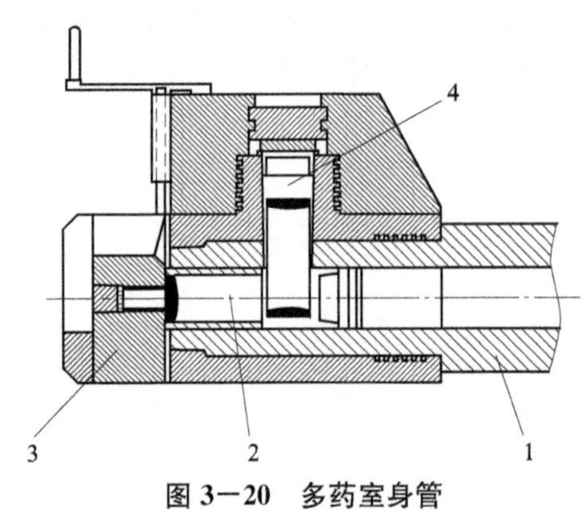

图3－20　多药室身管

1—身管；2—主药室；3—闩体；4—侧药室

身管的尾部轴向有主药室，身管的周向设有侧药室（也可有几个）。火炮需要对远程目标射击时，可同时启用主药室与侧药室，在各药室中装入相应的发射药量，进行发射。需改变射程时，可适当关闭侧药室，这样可保证在不改变装填密度的情况下，通过变化装药量和药室而获得不同的初速。

6. 身管的寿命

火炮发射时，其身管处于高温、高压的环境中，并且受到弹丸挤进、火药燃气冲刷、高应力冲击等物理化学作用，身管的磨损很快，身管的寿命成为影响火炮工作的一个重要指标。由于身管是火炮的主要构件，有时就以身管寿命作为火炮寿命。

身管的寿命是指火炮按规定的条件射击，身管在弹道指标降低到允许值或疲劳破坏前，当量全装药的射弹总数。

根据射击使用过程中身管失效条件的不同，一般可用烧蚀寿命和疲劳寿命两种方法来衡量身管的寿命。

（1）烧蚀寿命

身管烧蚀寿命又称弹道寿命。火炮身管通常采用高强度炮钢（含铬、镍、钼、钒等多种元素的合金钢）制造，以满足其工作强度和可靠性的要求。但是，随着发射弹数的增加，内膛的烧蚀磨损是不可避免的。影响烧蚀磨损的主要原因有：

① 火药燃气的高温作用。发射时膛内火药燃气温度高达2 500～3 800 K，与膛壁接触，使金属温度迅速升高，造成烧蚀磨损。

② 高温高压火药燃气的冲刷作用。由于膛面的烧蚀磨损，使弹丸与炮膛之间出现空隙。特别是当身管温度升高后，由于膨胀，内径增大，更使弹带与膛面的空隙增大，因此，火药燃气高速（可达1 400 m/s，甚至更高）从弹带与膛面的空隙中冲出，也使膛面磨损。

③ 弹丸对膛面的摩擦作用。弹丸在膛内运动，弹带及定心部与膛壁发生摩擦，使膛面

磨损，尤其是膛线导转侧磨损更为严重。

④ 火药燃气的化学作用。火药燃气在高温高压下与炮膛金属化合，渗入金属组织内，使膛面金属变得更脆，易于剥落而被弹丸和火药燃气冲刷带走。

以上各种作用是同时发生、互相影响的。通常把膛面金属层在反复冷热循环和火药燃气物理化学变化作用下，金属性质的变化及龟裂剥落现象称为烧蚀；将炮膛尺寸、形状的变化称为磨损。实际上，两种现象是相伴而生的，在身管导向部起始处和最大膛压处最为严重。当炮膛烧蚀磨损达到一定程度，就会丧失所要求的弹道性能。

实用中，常以下列几项条件之一作为身管烧蚀寿命终止的界限：

① 初速下降量超过规定值；

② 射弹密集度超过一定范围；

③ 发射弹数引信不起作用的百分数超过规定值；

④ 膛压下降的百分数超过规定值；

⑤ 膛线起始部磨损量超过规定值。

（2）身管疲劳寿命

火炮射击过程中，身管内膛逐渐烧蚀，微裂纹因疲劳逐渐扩大，直至突然破裂时的当量全装药炮弹总发数即为身管疲劳寿命。身管材料疲劳发展是一个复杂过程，包括裂纹起始、裂纹扩展和疲劳裂纹达到临界尺寸时身管最终破裂三个阶段。

身管经过最初的实弹射击在内膛即产生细小的裂纹，在以后的重复射击中，裂纹沿身管壁径向不断扩展，某部分身管裂纹深度达到一定程度时，就会导致突然断裂破坏。20 世纪 60 年代以后，随着高膛压大威力火炮的出现，高强度炮钢引起的身管突然脆性断裂的事故时有发生。例如，1966 年 4 月美军某 175 mm 加农炮射击到 373 发时突然发生膛炸，身管断裂成 29 块。目前身管疲劳破坏的各种理论与模型仍处于研究阶段，对身管疲劳寿命试验方法尚无统一标准。在正常情况下，身管疲劳寿命大于身管烧蚀寿命。

影响身管寿命的因素较多，一般与火炮种类、身管材料、弹道参数、装药性质、内膛与弹丸结构、制造工艺、射击条件和维护保养状况等有关。采用新材料、新工艺等技术措施，身管寿命可以得到有效的提高，如炮膛镀铬、在装药中加入有机和无机的添加剂（护膛剂），合理的弹、膛结构。实践证明，采用无药筒装药结构、渐速膛线、小锥度坡膛，增加膛线数，皆有利于减小烧蚀磨损；改进弹带结构，提高对燃气的密封性及减小弹、膛间隙，也都有利于身管寿命的提高。

3.1.2　炮闩

1. 炮闩的组成及分类

（1）炮闩及其组成

炮闩是指发射时用于闭锁炮膛、击发底火，发射后抽出药筒的机构。一般由关闩机构、闭锁机构、击发机构、开闩机构、抽筒机构、保险机构和复拨器等组成。在小口径武器上，常将炮闩称为机芯。

炮闩的主体构件是闩体，其作用是承载火药气体的作用力、闭锁炮膛。火炮发射时，闩体直接承受膛底火药燃气的压力，并将其传给炮尾；同时，闩体与药筒或紧塞具等共同封闭炮膛，使燃气不得后溢。此时闩体与炮尾达到暂时的刚性连接，这个过程称为闭锁；反之，使闩体与炮尾解脱刚性连接的过程，则称为开锁。用于完成开锁或闭锁动作的各机构称为闭锁机构；使闩体由开闩位置达到封闭炮膛位置并进行闭锁的机构称为关闩机构；使闩体开锁并由关闩位置从身管或炮尾处移开一段距离，足以装填炮弹的机构称为开闩机构；发射时用于引发炮弹底火的机构称为击发机构；而将发射后的药筒或半可燃药筒的底座或未发射的炮弹从药室中抽出炮膛的机构称为抽筒机构；在炮闩及与其相连的构件上，为保证火炮安全发射的机构称为保险装置；当炮弹入膛关闩到位完成击发动作未发火时，在不开闩的状态下使击发机构复位以进行再次击发的装置，称为复拨器。

（2）对炮闩的要求

为了使火炮正常工作，对炮闩要求有：

① 闭锁确实。发射时闩体与炮尾、身管结合可靠；不能因火药燃气压力作用而自行开闩；燃气不应后溢。

② 动作可靠。在各种射击条件下，各机构动作应灵活、正确、可靠；各零件不应产生大的变形或折断。

③ 操作安全且轻便。关闩未到位不能击发；瞎火或迟发火时，用一般操作不能开闩；坦克炮或自行火炮在行进间装填后，不能因车体振动而引起击发，操作开、关闩机构应轻便且装填方便。

④ 结构简单，分解结合容易，维修方便，重要零件应有备件并能进行完全互换。

（3）炮闩分类

按照炮闩的动作原理和结构特点，可将炮闩分成如图 3－21 所示类型。

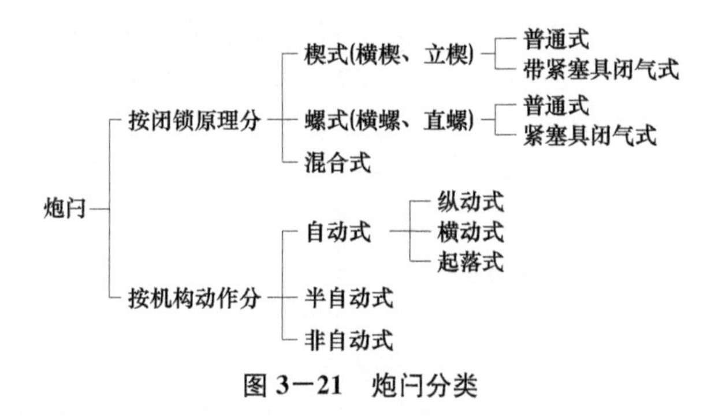

图 3－21　炮闩分类

一般自动炮闩用于小口径高射炮和航炮；半自动炮闩多用于中、小口径地面火炮；非自动炮闩曾用于大、中口径火炮，现在应用较少。在地面火炮中广泛采用楔式炮闩和螺式炮闩。

2. 楔式炮闩

楔式炮闩的闩体为楔形块状，工作时垂直于炮膛轴线做直线运动，进行闭锁、开锁等动作，因而也称为横动式炮闩。楔形炮闩按闩体运动方向可分为横楔式（在水平面左右运动）和立楔式（在垂直面上下运动）两种；按闭气方式又分为普通式与带紧塞具闭气式两种。

图 3－22 是一种半自动立楔式炮闩与炮尾装配关系示意图。该炮闩由闭锁、击发、抽筒、保险和开关闩机构等组成。

（1）闭锁机构

闭锁机构的作用是通过闩体闭锁炮膛，并且在发射时保证闩体不能在火药燃气和冲击振动的作用下自行开闩。闭锁机构主要由闩体、曲臂、曲臂轴和闩柄等构件组成，如图 3－22 所示。

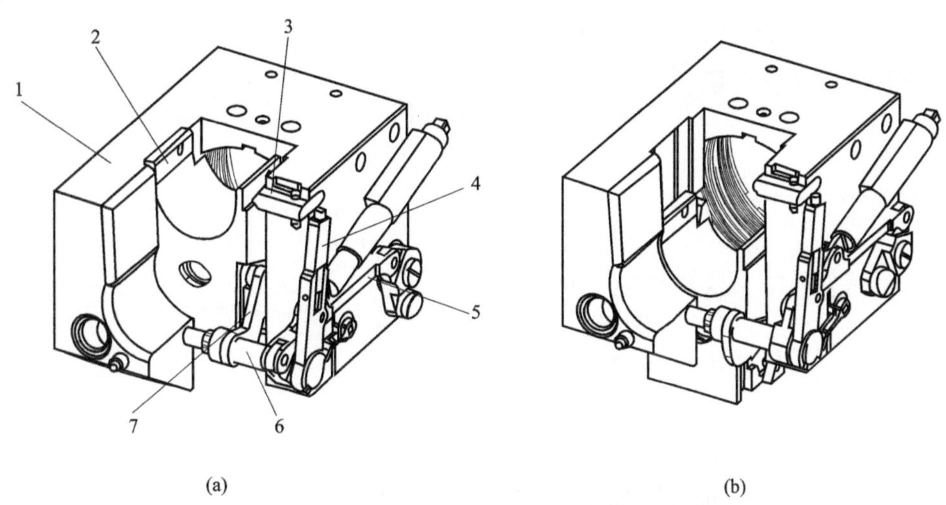

图 3－22　半自动立楔式炮闩与炮尾装配关系示意图

(a) 关闩状态；(b) 开闩状态

1—炮尾；2—闩体；3—闩体挡板；4—开闩手柄；5—开关闩机构；6—曲臂轴；7—曲臂

闩体是一个楔形体，射击时用于承受火药燃气形成的炮膛合力。闩体的后端面有一个倾斜角，与炮尾配合；前端面为闩体镜面与药筒配合；右侧有供曲臂滑轮运动的凸轮槽，如图 3－23 (a) 所示。当火炮关闩时，曲臂轴带动曲臂逆时针转动，曲臂上的滑轮在闩体上凸轮槽的直线段Ⅱ滚动，使闩体向上移动到关闩位置 [图 3－23 (b)]；曲臂继续转动，曲臂上的滑轮在闩体上凸轮槽的曲线段Ⅲ滚动到最高点，使闩体处于闭锁位置，闭锁炮膛，如图3－23 (c) 所示。

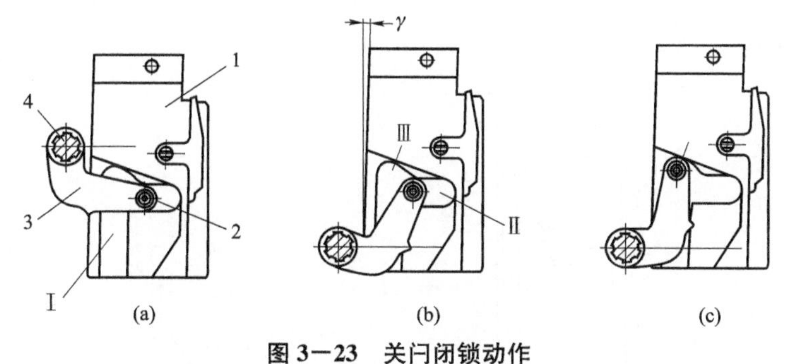

图 3－23　关闩闭锁动作

1—闩体；2—曲臂滑轮；3—曲臂；4—曲臂轴

在火炮射击时，楔形炮闩保证闭锁的作用由闩体的楔形面的倾斜角 γ 和曲臂的结构尺寸来实现。

楔式炮闩实现闭锁确实需要满足以下两个条件。

1) 闩体自锁条件

图 3－24 (a) 为闩体受力示意图。发射时作用于闩体的力有：火药燃气形成的炮膛合力 F_{pt}、炮尾支承面对闩体的支反力 F_N、闩体镜面 A 与药筒底面之间的摩擦力 T_1、闩体后

斜面 B 与炮尾支承面间的摩擦力 T_2。其中，摩擦力 T_1 和 T_2 可表示为

$$T_1 = f_1 F_{pt}, \quad T_2 = f_2 F_N$$

式中　f_1，f_2——分别为闩体与药筒和闩体与炮尾的摩擦系数。

由闩体的平衡条件，有

$$F_{pt} = F_N \cos\gamma + f_2 F_N \sin\gamma$$
$$f_1 F_{pt} = F_N \sin\gamma - f_2 F_N \cos\gamma$$

若闩体自锁，则

$$f_1 F_{pt} \geqslant F_N \sin\gamma - f_2 F_N \cos\gamma$$

将平衡条件代入，并略去高阶微量，可得

$$\sin\gamma \leqslant (f_1 + f_2)\cos\gamma$$

因而，可得闩体的自锁条件为

$$\gamma \leqslant \arctan(f_1 + f_2)$$

2）闭锁装置的自锁条件

图 3－24（b）为作用在曲臂上的力示意图。发射时闩体作用于曲臂的力有：闩体作用于曲臂滑轮上的力 F_{N1}（垂直于凸轮曲线接触点的切线）、曲臂滑轮上的摩擦力 $f_3 F_{N1}$。其中，f_3 是闩体与曲臂滑轮的摩擦系数。

当有外界因素使闩体有开闩的趋势时，为了可靠地闭锁炮膛，闩体对曲臂作用的力所产生的力矩应有以下的关系：

$$F_{N1} \cdot l_k \sin(\psi - \theta) \leqslant f_3 F_{N1} \cdot l_k \cos(\psi - \theta)$$

式中　l_k——曲臂的滑轮中心到曲臂轴中心的距离。

即有

$$\psi - \theta \leqslant \arctan f_3$$

因此，要保证自锁，曲臂的初始角 ψ 应取得小一些，当 $\psi = \theta$ 时，通过曲臂轴线，闭锁更可靠。

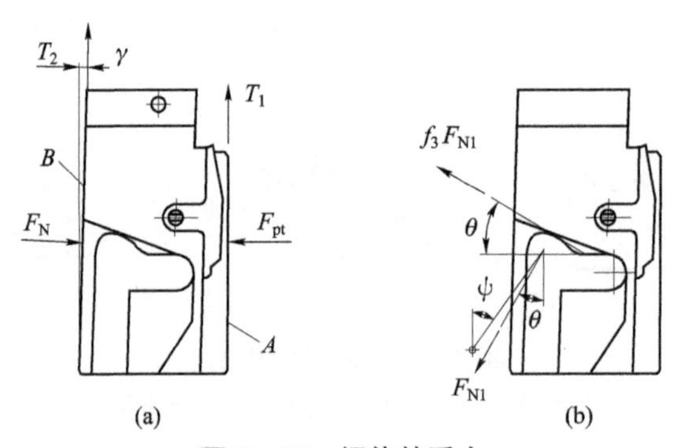

图 3－24　闩体的受力

（a）闩体受力示意图；（b）作用在曲臂上的力示意图

（2）击发机构

击发装置一般由击发机和发射机组成。根据引燃底火的能源不同，击发装置可分为电热式和机械式两种。前者是用电流加热金属丝引燃底火；后者用构件运动的撞击动能引燃底火。在地面火炮上多采用机械式，其分类如图 3－25 所示。

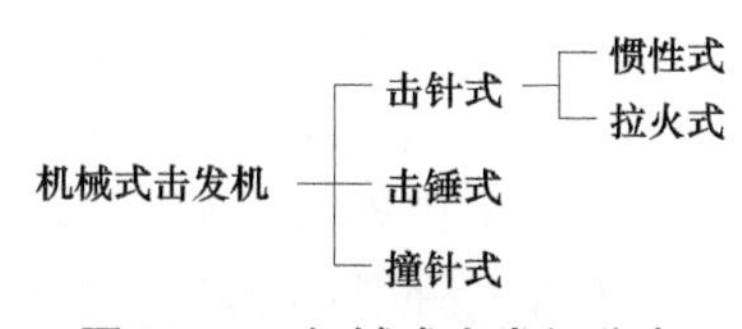

图 3－25　机械式击发机分类

（3）抽筒机构

对于半自动楔式炮闩的抽筒机构，除要求能及时抽出射后的药筒外，还应在开闩后将闩体固定在装填位置上。一般要求如下：

① 抽筒动作可靠，抽出后应保证抛射至一定距离（地面火炮 1.5～2 m），以免影响炮手的操作；

② 有足够的强度和刚度；

③ 结构简单，易于制造，使用和维修方便。

抽筒机构一般分为纵动式炮闩抽筒机构与横动式炮闩抽筒机构。前者由炮闩上的抽筒钩抓住药筒，随炮闩向后运动抽出药筒；后者则需要设置抽筒子类的构件，利用杠杆原理作用于药筒，完成抽筒动作。根据抽筒子构造和抽筒过程，又可分为杠杆冲击作用式和凸轮均匀作用式两种。其中，杠杆冲击作用式抽筒装置在中、小口径火炮的炮闩上得到广泛应用。

（4）炮闩保险机构

要使炮闩可靠工作，应针对不同的情况设置保险装置。例如：闭锁不确实时，不得击发；迟发火或瞎火时，人力用普通动作不能开闩；炮身、反后坐装置、摇架相互连接不正确时，不得击发；炮身复进不到位时，不能继续发射等。最常见的保险装置是关闩不到位、闭锁不确实限制击发的机构。

（5）关闩、开闩机构

在半自动炮闩和自动炮闩中，需要设置独立的关闩机构和开闩机构。关闩机构多采用弹簧式，依靠开闩时压缩弹簧而储存能量。进行关闩工作时，靠弹簧伸张带动相关构件驱动闩体完成关闩闭锁动作。

关闩机构与炮闩结构有关，一般分为以下两种。

① 纵动式炮闩关闩机构。其特点是关闩的同时完成输弹动作，开闩时直接抽出药筒。关闩动力是关闩弹簧力或炮闩复进簧力，直接作用于闩体上完成相关动作。这种结构多用于小口径自动炮。

② 横动式炮闩关闩机构。其特点是关闩弹簧力需通过曲臂连杆机构将其传给闩体。这种结构多用于半自动楔式炮闩。

（6）复拨器

复拨器的作用是发射时出现迟发火或不发火时，不需要开闩便可将击针复位，进行再次击发。楔式炮闩上复拨器的工作原理是利用杠杆和凸轮机构使安装击针的轴转动，将击针拨回到待发状态。通常在摇架的防危板上装有握把和杠杆，炮尾左侧装有杠杆轴，杠杆轴与拨动子轴作用。转动握把，杠杆带动杠杆轴进而使拨动子轴转动，拨动子轴将击针拨回到待发状态。

3. 螺式炮闩

螺式炮闩是利用螺纹配合来实现关闩闭锁的机构，由闩体上的外螺纹与炮尾闩室中的内螺纹啮合与分离，实现炮闩的闭锁炮膛和开锁开闩动作，如图3－26所示。由于用整体螺纹与炮尾结合，闩体旋入或旋出炮尾闩室时，动作复杂且费时，因此，现代火炮螺式炮闩均采用断隔螺纹。将闩体外螺纹和炮尾闩室中的内螺纹交叉对应地沿纵轴方向对称地切去若干部分，被切后的光滑部将螺纹隔断，如果剩余的螺纹部所对的圆心角为30°或90°，则闩体进入炮尾闩室后只需旋转30°或90°就能与闩室对应的断隔螺纹啮合以进行闭锁。螺式炮闩在西方国家的火炮上应用较多。

断隔螺纹闩体由于削去了部分螺纹，削弱了闩体的强度。如果增加螺纹的外径和圈数，则会增加闩体的质量和长度，而当闩体长度大于1倍口径时，又会使开、关闩困难。因此，在大口径火炮上多采用阶梯式断隔螺纹闩体，使其与炮尾闩室的啮合面增加。例如，某130 mm单管海军炮就采用了二阶梯式螺闩，如图3－27所示。其光滑部与螺纹部构成高低三个阶梯，螺纹与光滑部所对的圆心角各为40°，闩体进入闩室后，旋转40°即可闭锁。

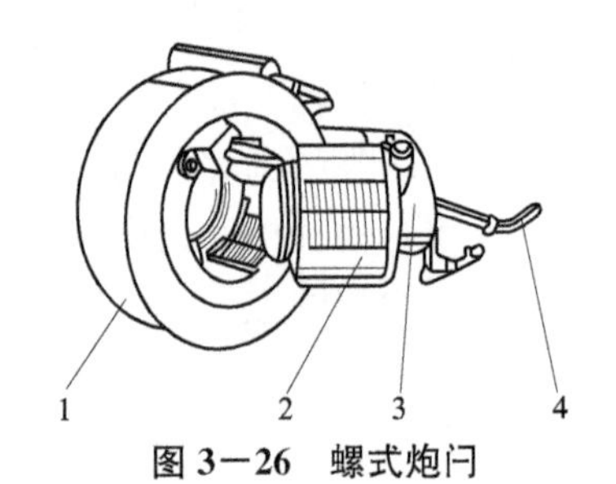

图3－26　螺式炮闩

1—炮尾；2—闩体；3—锁扉；4—操纵杆

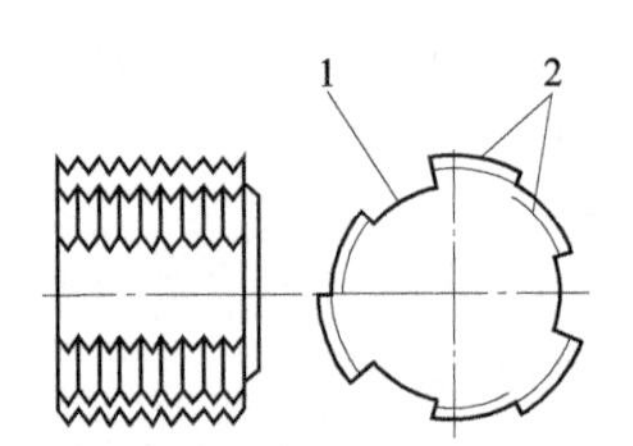

图3－27　阶梯式断隔螺闩体

1—光滑部；2—螺纹部

有的火炮还采用锥形断隔螺炮闩，即闩体的外径由前向后逐渐加大，可缩短闩体长度和增加闩体强度。但因加工较复杂，应用较少。

楔式炮闩与螺式炮闩是中大口径火炮上应用较多的典型结构，在实际应用时应结合火炮的总体方案和特点来定，脱离火炮种类与火炮总体设计是很难评价孰优孰劣的。在火炮口径相同的情况下，楔式炮闩与螺式炮闩的特点可做如下分析。

楔式炮闩的动作简单，有利于快速装填，易于实现自动、半自动装填。而螺式炮闩结构紧凑，质量较小（同口径相比，可减小质量30%～35%），易于安装闭气装置，有利于药包装填的火炮应用。因而，楔式炮闩在坦克炮、高射炮、加农炮上得到了广泛的采用。而螺式炮闩则在药包分装式的中大口径火炮和小口径自动炮上应用较多。

图3－28是一种较典型的螺式炮闩与炮尾装配关系示意图。该炮闩由闭锁装置、击发装置、抽筒装置、保险装置、挡弹装置等组成。

(1) 闭锁装置

图3－29所示为该螺式炮闩的闭锁装置。闭锁装置由闩体、锁扉、闩柄、诱导杆和驻栓等组成。开闩时，转动闩柄，闩柄带动诱导杆在锁扉上滑动，诱导杆便带动闩体转动。开闩的第一阶段，闩体旋转90°，闩体上的螺纹与炮尾闩室中的螺纹错开（这个动作称为“开锁”）；开闩的第二阶段，闩体随着锁扉一起转动，离开闩室。关闩时，各构件的动作与开闩时相反。关闩的第一阶段，闩体、锁扉、闩柄和诱导秆一起转动，直至闩体完全进入闩室为止；关闩的第二阶段，锁扉不动，闩柄继续转动，带动诱导杆使闩体旋转90°，闩体螺纹与闩室螺纹相啮合而闭锁。

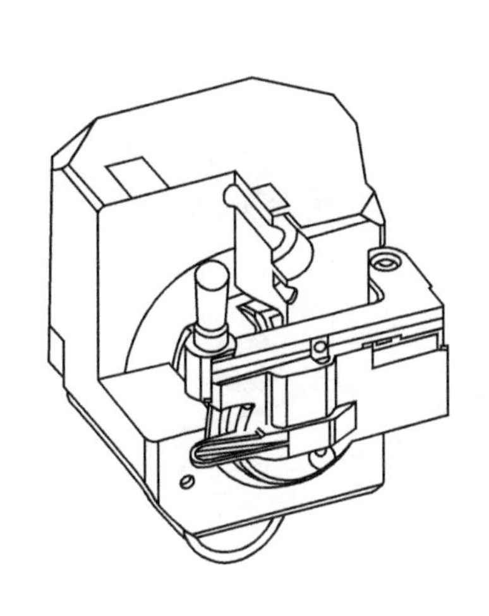
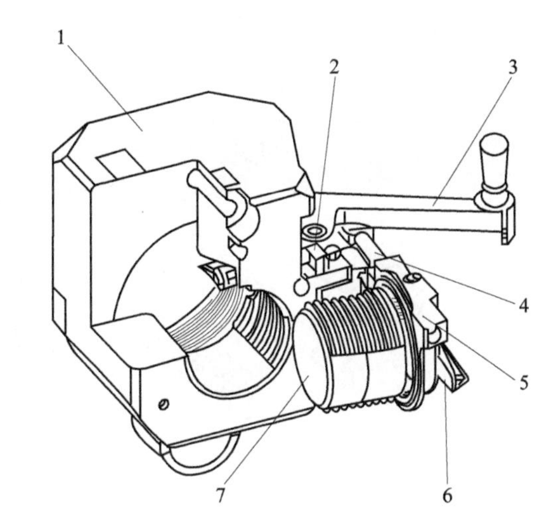

(a)　　　　　　　　　　(b)

图 3－28　较典型的螺式炮闩与炮尾装配关系示意图

(a) 关闩状态；(b) 开闩状态

1—炮尾；2—挡弹板轴；3—闩柄；4—诱导杆；5—锁扉；6—引铁；7—闩体

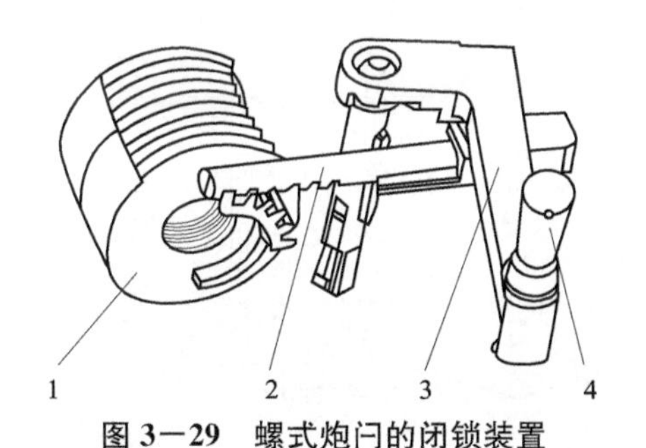

图 3－29　螺式炮闩的闭锁装置

1—闩体；2—诱导杆；3—闩柄；4—闩柄握把

(2) 击发装置

击发装置的作用是击发炮弹，由击发机和拉火机两部分组成。

① 击发机。击发机装在锁扉的连接筒内，其组成如图 3－30 (a) 所示。击针装在击针套筒里，支耳用来连接支筒。击针弹簧被预压在支筒与套筒之间。击针后端的逆钩用来与引铁的钩脱板相连接，支筒上的键和套筒上的键槽相配合，防止支筒在套筒里旋转。

② 拉火机。拉火机装在锁扉后端，其组成如图 3－30 (b) 所示。引铁用引铁轴装在锁扉上，其滑轮压在击针套筒的支臂上，引铁上的钩脱板钩住击针的逆钩。

击发装置的动作如图 3－31 所示。发射时，拉动引铁，引铁上的挂钩（钩脱板）通过逆钩使击针向后移动，击针带动支筒向后压弹簧，同时引铁滑轮迫使击针套筒向前移动，所以击针弹簧被压缩。但由于引铁上的挂钩向后做圆弧运动，而逆钩连同击针向后做直线运动，所以当引铁拉到一定程度时，逆钩便与引铁上的挂钩脱离，于是弹簧伸张，使击针向前运动。刚开始是支筒和击针一起向前运动，当支筒被闩体上的衬筒挡住后，击针簧不再伸张，然后击针便依靠惯性向前运动而击发底火。当引铁被释放后，击针弹簧伸张，使支筒向后运动，套筒支臂经滑轮使引铁恢复原状；同时套筒带着击针向后，所以逆钩又与引铁上的挂钩钩住。

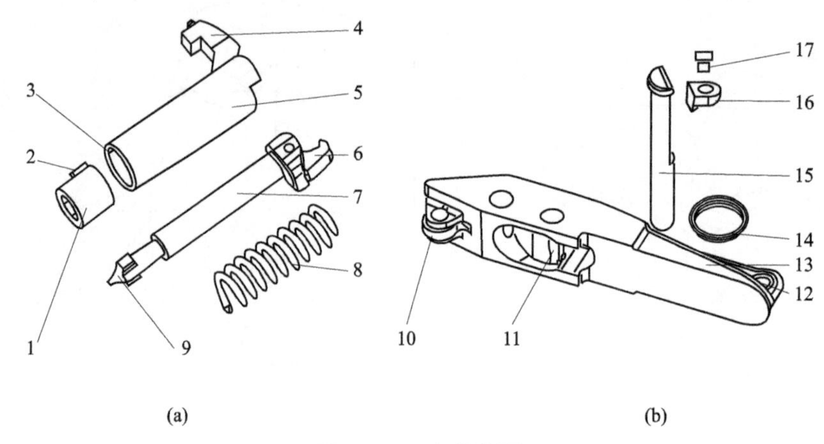

图 3－30　击发装置

(a) 击发机的组成；(b) 拉火机的组成

1—支筒；2—键；3—键槽；4—支臂；5—击针套筒；6—逆钩；7—击针；8—击针弹簧；9—支耳；10—滑轮；11—钩脱板；12—拉火绳挂环；13—引铁；14—环形锁；15—引铁轴；16—挡板；17—螺钉

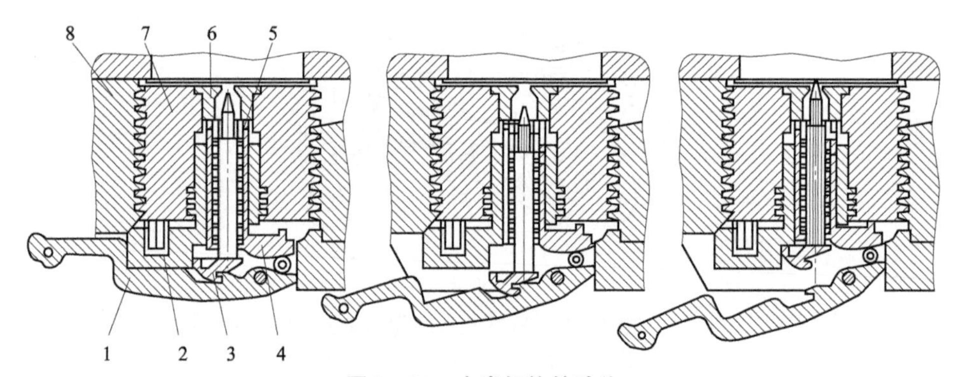

图 3－31　击发机构的动作

1—引铁；2—锁扉；3—击针逆钩；4—套筒支臂；5—支筒；6—衬筒；7—闩体；8—炮尾

(3) 抽筒装置

抽筒是用来抽出发射后的药筒。抽筒装置采用单个抽筒子，布置于炮尾的侧面，伸入药筒底沿之前。发射后，利用开闩机构驱动抽筒子对药筒施加作用力，将药筒抽出身管的药室。

(4) 保险装置

保险装置用来当炮弹延迟发火时，防止炮手过早开闩，以免发生危险。这种结构的炮闩上使用的是惯性保险。主要组成零件是保险栓。

(5) 挡弹装置

挡弹装置用来在装填时挡住弹丸和药筒，防止掉出。挡弹装置位于炮尾的闩室中，由挡弹板和挡弹板轴组成。挡弹板在输弹和输药时可抬起，输弹和输药后落下，用于阻止弹丸和药筒滑出炮尾。

3.1.3　炮尾

炮尾是用于安装炮闩，发射时与炮闩一起闭锁炮膛，并连接身管和反后坐装置的构件。炮闩上完成关闩、闭锁、击发、开闩和抽筒等各种动作的机构中，有些零件需要装在炮尾上。因此，在炮尾上加工有不同的平面、孔、凸起部和凹槽等。采用分装式炮弹的火炮炮尾内还设有挡弹与托弹装置，有的炮尾上还配有一定质量的金属块，以调整火炮起落部分的质心。

炮尾一般都制成一个独立的零件，通过螺纹或其他构件与身管连接；口径较小的自动炮其炮尾也可与身管制成一体。如 57 mm 高射炮的炮尾即属此类，其特点是结构紧凑，但加工工艺性较差。

炮尾的结构形式随闩体的结构而定，如迫击炮与无后坐炮的炮尾结构就比较简单。一般地面火炮常用的炮尾可分成两类：楔式炮尾与螺式炮尾。

（1）楔式炮尾

楔式炮尾与楔式炮闩相配合使用，共同实现闭锁炮膛的功能。这种炮尾根据闩体在开、关闩时运动方向的不同可分为立楔式和横楔式两种，如图 3－32 所示。

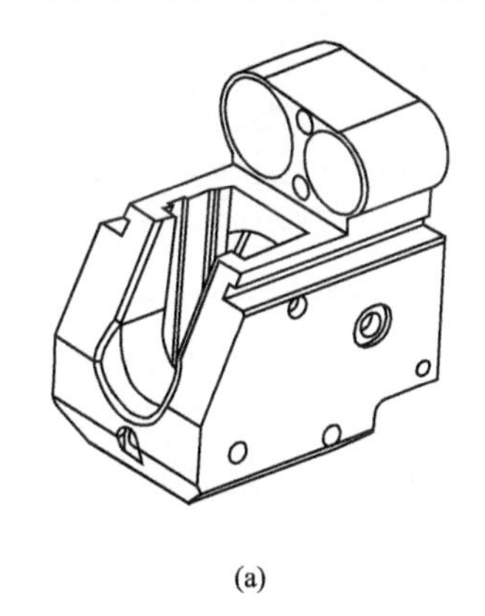

(a)

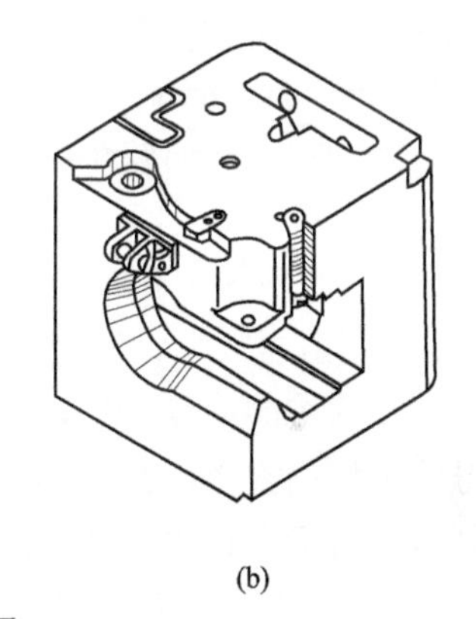

(b)

图 3－32　楔式炮尾

（a）立楔式炮尾；（b）横楔式炮尾

一般楔式炮尾的外形为尺寸较大的长方体，比较笨重。但也有外形为短圆柱体、形状简单的楔式炮尾。例如，美 M102 式 105 mm 榴弹炮炮尾的径向尺寸就比较紧凑。

（2）螺式炮尾

螺式炮尾用于配合螺式炮闩一起使用，多用在药包装填的大口径火炮上，中口径药筒分装式火炮上也常采用，其结构如图 3－33 所示。在西方国家的火炮上，有的螺式炮尾结构简单、紧凑，外形为短圆柱体，又称为炮尾环。例如，GC－45 式 155 mm 榴弹炮的炮尾。

图 3－33（b）所示为一种结构更简单的炮尾。炮尾由其外螺纹旋入被筒中，被筒外面有套箍，用于连接反后坐装置，炮尾与身管间装有紧塞环，炮尾内有断隔螺纹与螺式炮闩配合。这种炮尾制造较简单，对采用活动身管或活动衬管的结构，装配、固定都比较方便。

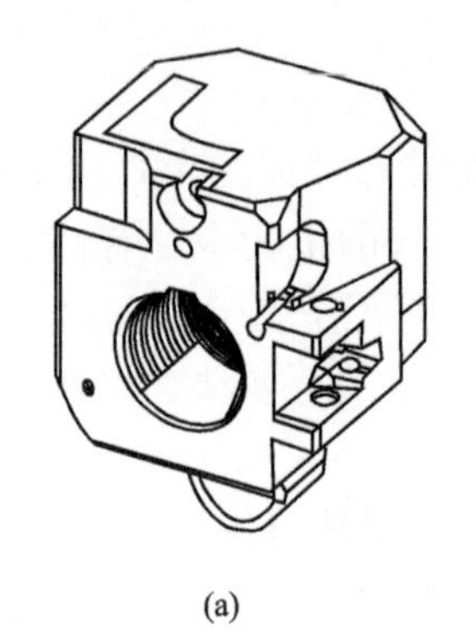

(a)

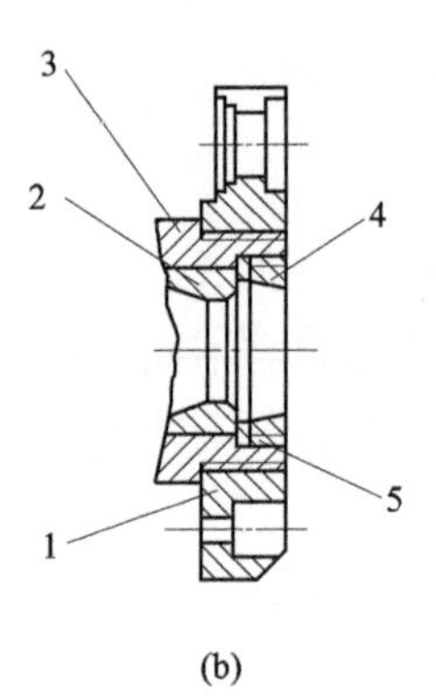

(b)

图 3－33　螺式炮尾结构

(a) 普通型；(b) 特殊型

1—套箍；2—身管；3—被筒；4—炮尾；5—紧塞环

3.1.4　炮身上的其他装置

根据炮种的要求不同，在不同的炮身上会配有其他的一些特殊装置。

1. 炮口制退器

炮口制退器（muzzle brake）是一种控制后效期火药气流方向和气体流量的排气装置，其目的是减小后坐动能，从而减小炮架受力、减小炮架质量，以提高火炮的机动性。

早在弹性炮架发明之前，1842 年法国就研制了第一个炮口制退器。这种简单的炮口制退器是在炮口区域开一组斜孔，后经过试验，射击精度比原来提高一倍，后坐长减至正常情况的 25%，实现了炮口制退器减小后坐能量的目标，后来由于弹性炮架的发明而未被推广。20 世纪 30 年代以后，对火炮的威力与机动性要求日益提高，使炮口制退器在火炮上得到了广泛应用。

炮口制退器的作用大小以其效率 η_T 来表示，即火炮上装炮口制退器后所减少的后坐动能与无炮口制退器时最大自由后坐动能的百分比：

$$\eta_T = \frac{E_0 - E_E}{E_0} \times 100\% = \frac{W_0^2 - W_E^2}{W_0^2} \times 100\ \%$$

式中　E_E、E_0——有、无炮口制退器时自由后坐动能；

W_E、W_0——后效期结束时，有、无炮口制退器时自由后坐速度。

η_T 的一般范围为 20%～70%。大口径火炮为 20%～40%，中、小口径火炮取值较大。

炮口制退器的采用也带来一些不利影响。一是增大了炮口冲击波和噪声，阵地烟尘也加大，危害炮手健康，影响射击瞄准，当噪声声压值超过 140 dB 时，必须给炮手配备护耳和护胸等防护器具。二是加大了炮身质量，特别是增加了起落部分的重力矩，增大了平衡机的负担和随动系统设计的难度，也会增加身管弯曲，引起射击时的振动等不利现象。同时，带有炮口制退器的火炮对弹丸在后效期间的飞行也会产生不良的作用。所以，坦克炮很少采用炮口制退器。

炮口制退器按结构与工作特点可分为如下的类型。

(1) 冲击式炮口制退器

冲击式炮口制退器的特点是具有较大的腔室直径（$D_K/d \geqslant 2.0$）、大面积侧孔和反射挡板，如图 3－34 所示。

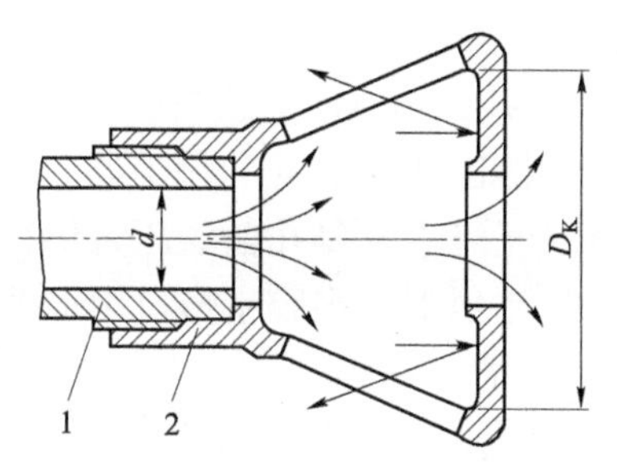

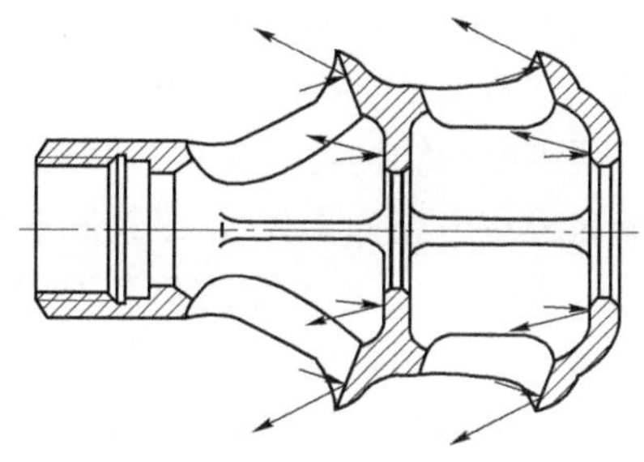

图3－34 冲击式炮口制退器

1—身管；2—炮口制退器

弹丸出炮口后，身管内的高压火药燃气流入内径较大的制退器腔室，突然膨胀，形成高速气流，除中心附近的气流经中央弹孔喷出外，大部分气流冲击炮口制退器的前壁或挡板并偏转而赋予炮身向前的冲量，形成制退力，然后经侧孔排出。这种炮口制退器利用大面积的反射挡板和大侧孔获得较大的侧孔流量及较大的气流速度。为了进一步利用火药燃气的能量，有的炮口制退器采用多腔室结构。冲击式炮口制退器的特点是在相同的质量下，其效率比其他结构的炮口制退器高。

(2) 反作用式炮口制退器

反作用式炮口制退器的特点是腔室直径较小（$1.0 \leqslant D_K/d \leqslant 1.3$），侧孔为多排小孔，如图3－35所示。为了保证气体较好地膨胀，有时将侧孔加工成扩展喷管状。

弹丸出炮口后，身管内的高压火药燃气流入内径较小的制退器腔室，膨胀较小，仍然保持较高的压力。其中，一部分气体继续向前从中央弹孔流出外，另一部分气体则经侧孔二次膨胀后高速向后喷出，其反作用力作用于炮口制退器形成制退力。

当制退室的内径与火炮口径相等时，称为同口径炮口制退器。

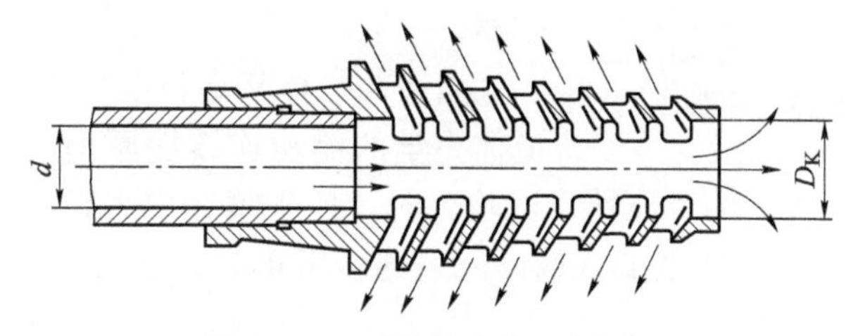

图3－35 反作用式炮口制退器

(3) 冲击反作用式炮口制退器

冲击反作用式炮口制退器的腔室直径介于上述两种结构之间（$1.3 < D_K/d < 2.0$），侧孔多为分散的圆形或条形孔，如图3－36所示。

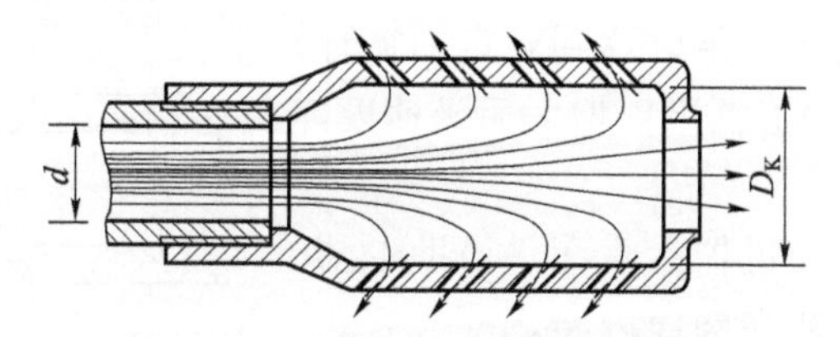

图3－36 冲击反作用式炮口制退器

由于制退器腔室的横截面积不是足够大，火药燃气进入制退器腔室膨胀并不充分，经过侧孔时继续进行二次膨胀和加速。因此，该种结构兼有冲击式与反作用式两种炮口制退器的特点。火药燃气对前反射挡板的冲击和侧孔气流的反作用共同构成向前的制退力。

此外，还可根据结构特点对炮口制退器进行分类。例如，开腔式炮口制退器（侧孔面积很大，气流在腔室内充分膨胀），半开腔式炮口制退器（气流进入侧孔前的压力仍很高，经侧孔时将进一步膨胀）；单腔室炮口制退器，双腔室炮口制退器，多腔室炮口制退器；大侧孔炮口制退器，条形侧孔炮口制退器，圆侧孔的炮口制退器；等等。

有的炮口制退器内还制有膛线，目的在于提高射击精度，如南非研制的 105 mm 轮式自行火炮的炮口制退器。

炮口制退器一般以左旋螺纹拧在身管上。原因是：射击时，身管受到弹丸给予的反作用力矩的作用，将会向左扭转，而炮口制退器因本身的惯性不转，因此，身管与炮口制退器有相对旋转的可能，如采用左旋螺纹连接时，则可以防止炮口制退器松动。

2. 炮口消焰器

炮口消焰器（flash hider）用以减弱或消除射击时火炮的炮口火焰，防止暴露射击位置和避免影响炮手的瞄准，又称为防火帽或灭火罩。

炮口焰的产生主要是由于射击时发射药在膛内燃烧不完全，弹丸出炮口后，从炮口喷出的火药燃气（CO 和 N_2 等）与膛外的空气混合，在高温下再次燃烧。为了抑制这种现象，通常采取两种措施：一种措施是在发射药中增加适量的氧化剂，使发射药在膛内燃烧完全，或在发射药中加入惰性物质，提高混合气体的燃点温度。这种做法虽有一定效果，但使炮口烟粒增加，弹道性能变坏。另外一种措施是设置炮口消焰器，其原理是用机械方法阻止或破坏与炮口焰有关的激波边界，控制混合气体区的温度，使它的温度低于着火点。图 3－37 为一种锥形炮口消焰器。

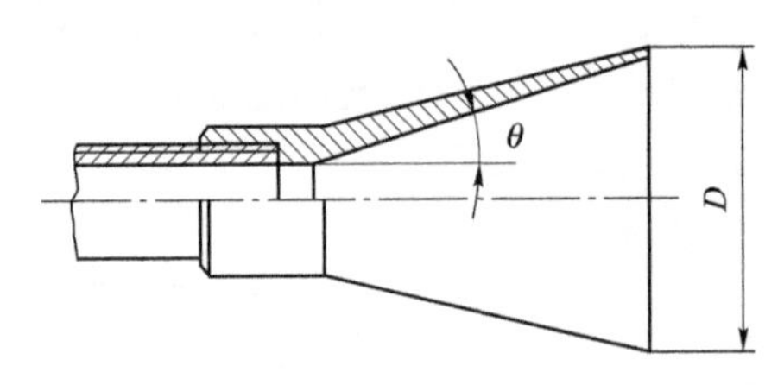

图 3－37　锥形炮口消焰器

当火药气体从炮口沿扩张的喷管流动时，根据流体力学的流动连续性原理，流体的速度、压力、温度下降，从而减小了燃烧的可能性。试验表明，扩张喷管由直径为 d 的截面扩大至 $2d$ 时，气流的绝对温度降低 40%以上。炮口消焰器多用于小口径高射炮上。如海 25 mm 高炮、37 mm 高炮等。

消焰器常见的结构类型有锥形、叉形、圆柱形等。

3. 炮口助退器

炮口助退器（muzzle recoil intensifier）是利用后效期火药燃气来增加身管后坐能量而使自动机高速工作的装置，多用于小口径高射速自动武器。当炮身的后坐能量不足以达到规定的循环时间的需要时，采用炮口助退器可以增大后坐速度，提高射频。

图 3－38 是一个炮口助退器示意图。该助退器由一个半封闭圆筒和一个装在圆筒内与之配合且与炮口固连的活塞组成。圆筒固定于自动炮的架体上，活塞可与炮身一起在圆筒内沿轴向滑动。

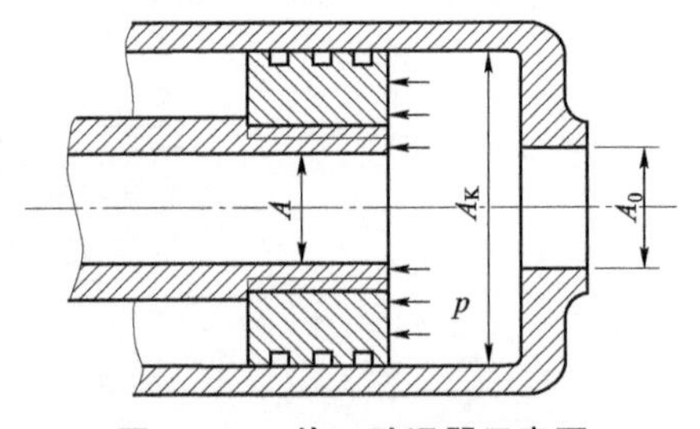

图 3－38　炮口助退器示意图

发射时，当弹丸出炮口而未离开炮口环之前，流出膛口的火药燃气进入助退器腔内，膨胀速度及压力都较高，部分燃气对炮管前端面作用，使身管加速后坐，部分燃气从炮口环的中央弹孔流出。助退器助退力的大小与炮口环中央弹孔的直径、助退器内腔的容积和身管前端面的横截面面积有关。中央弹孔的直径越小，内腔容积越小，身管前端面的横截面积越大，则助退力越大。

4. 冲击波偏转器

冲击波偏转器（blast deflector）用以偏转炮口冲击波的方向，减小冲击波对射手或武器载体运动影响的炮口装置，多用于小口径武器上。航炮上也将其称为炮口补偿器或稳定器。

冲击波偏转器通过控制炮口火药燃气的流向，达到偏转冲击波的目的。其结构形式较多，有不同形状的排气孔口、气体通道与导管。图 3－39 是某航炮上的一种炮口补偿器。火炮射击时，火药燃气在其腔内产生一垂直于身管的补偿力，此力对飞机质心的力矩与航炮射击时的后坐力对飞机质心的力矩方向相反，可以抵消或减小航炮后坐力对飞机飞行姿态的扰动，从而提高航炮的射击精度。

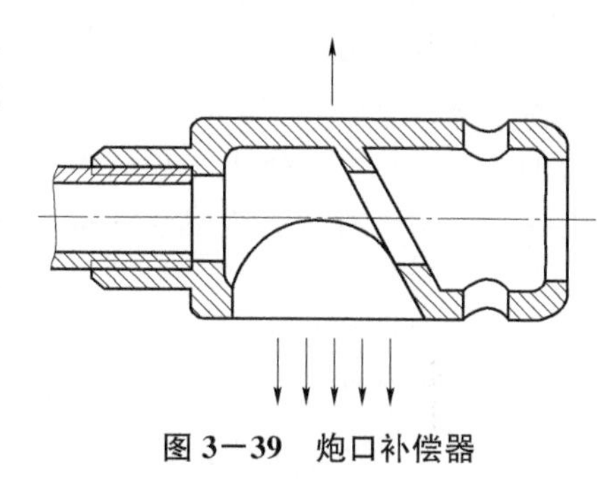

图 3－39　炮口补偿器

各种炮口装置有其特性，但是其功能往往是综合的，如消焰器有助退的作用，而制退器也同时具有消焰和使冲击波偏转的功能。

5. 初速测量装置

现代高炮为了提高命中概率，需要修正炮口初速偏差带来的误差，因而在高炮上出现了炮口测速装置。这种测速装置固定在身管炮口处，由两个相距一定距离并与炮膛轴线同心的耦合线圈组成。当弹丸通过两线圈时，带电线圈依次产生脉冲，经放大和计算，即可得到实际的初速值，传输给火控计算机进行射击诸元的修正。

6. 排气装置

在弹丸出膛后，膛内残存的火药燃气或燃烧不完全的火药分解物，有相当一部分随着开闩而向后冲出膛外，使炮手周围或封闭式的战斗室中出现 CO 等有毒气体，有时遇氧气后还会继续燃烧，发射后的药筒也带有一定的燃气。为此，有炮塔的坦克炮，中、大口径自行加榴炮或舰炮多采用排气装置将射击后炮膛内残留的火药燃气从炮口排出，或与电风扇配合，用以降低战斗室内有害气体的浓度。常见的排气装置有以下三种类型。

（1）炮膛抽气装置

炮膛抽气装置（bore evacuator）利用引射原理将膛内的火药残气排出炮膛，其结构如图 3－40 所示。这种排气装置在身管上距炮口端面一定距离处安装有储气筒，储气筒腔通过身管上若干个小喷气孔与炮膛相通，喷气孔与炮膛轴线成一定倾角（一般为 10°～20°），并均匀分布在身管的同一个剖面上。

火炮射击时，弹丸经过喷孔剖面后，部分火药燃气进入储气筒内，并具有一定的压力。当筒内的压力与膛内压力相等时，燃气不再进入储气筒内。弹丸出炮口后，膛内压力很快下降，储气筒内火药燃气经过喷孔高速冲入炮膛，膛内在此高速气流的后部形成一个压力很低的稀薄气体的区域，残留的火药燃气及残渣便被吸引向前方，喷射到炮口外面。这种抽气装置结构简单，作用可靠，在大、中口径坦克炮和自行火炮中得到广泛应用。

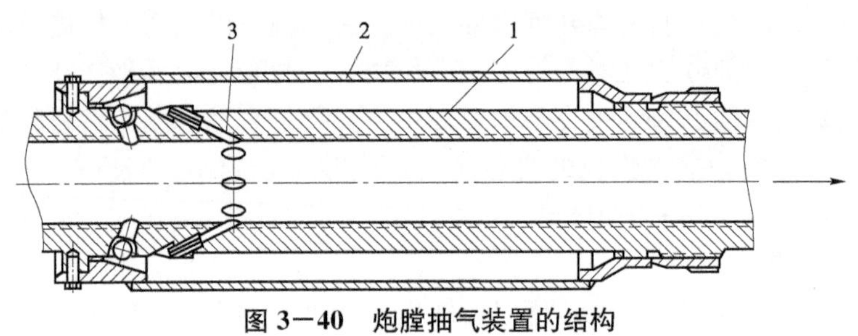

图 3－40　炮膛抽气装置的结构

1—身管；2—储气筒；3—喷气孔

（2）吹气装置

吹气装置（blowing device）是在射击后利用压缩空气直接从炮尾端向炮膛内吹气，将膛内的残存物从炮口排出，其结构如图 3－41 所示。这种吹气装置还能同时起到部分冷却身管的作用。由于所需的压缩空气瓶或空气压缩机占地空间较大，一般多用在大、中口径的舰炮上。

（3）炮口抽气装置

炮口抽气装置（muzzle gas evacuator）的结构如图 3－42 所示。这种装置在抽出膛内残留物的同时，还用来清除炮口附近的烟尘。但抽气效果不如炮膛抽气装置，多用在小口径自动炮上。

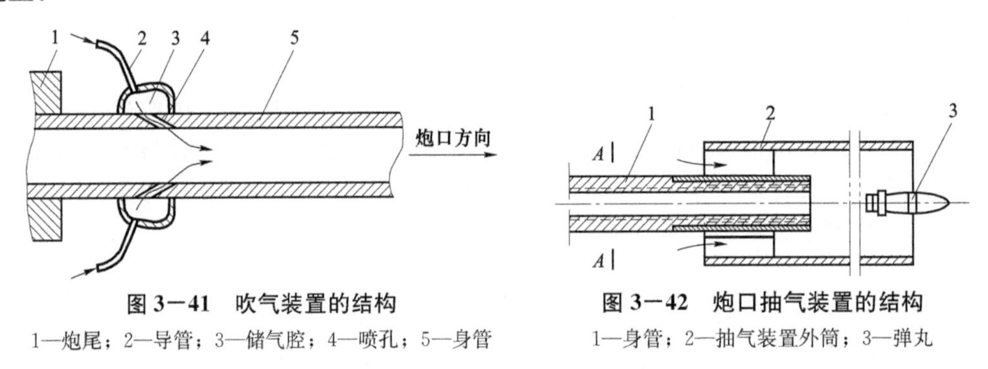

图 3－41　吹气装置的结构

1—炮尾；2—导管；3—储气腔；4—喷孔；5—身管

图 3－42　炮口抽气装置的结构

1—身管；2—抽气装置外筒；3—弹丸

7. 身管热护套

为了减小身管热弯曲变形而装在身管外表面的由绝热或导热材料制作的包覆物称身管热护套（thermal jackets）。火炮置于露天，受风吹、雨淋和日晒等外界气候的影响，引起身管周向温度分布不均匀，可能导致产生热弯曲变形，对于长身管则更为严重。这种变形会导致炮口角的变化，直接影响坦克炮首发命中率。

身管热护套主要用于坦克炮和自行反坦克炮，按作用机理可分为以下三类。

① 隔热型热护套。用石棉、玻璃钢等绝热材料制成，可减轻外界对身管局部加热或冷却作用，从而减小身管断面温差和热弯曲变形量。

② 导热型热护套。多用铝板等导热性好的材料制成。利用材料的导热作用，先使外界对热护套局部的加热或冷却作用沿周向均匀分布，再通过热护套与身管的热交换，使身管受热均匀，断面温差和热弯曲变形量减小。

③ 复合型热护套。将导热性好的材料和绝热材料相间制成的多层结构装到身管上。这类热护套具有导热型的匀热效应和隔热型的隔热效应双重作用，防护效果较好。在各种复合

型热护套中，双层铝板空气夹层型热护套是一种质量小、防护效果好、较为理想的热护套。

3.2　反后坐装置

3.2.1　概述

1. 弹性炮架与刚性炮架

火炮发射时，膛内火药燃气压力的轴向合力（称为炮膛合力）使炮身及其固连部分产生与弹丸运动方向相反的运动。这个动作称为“后坐”。通常将炮身及与之一起向后运动的构件统称为“后坐部分”。后坐运动是射击中能量守恒定律的体现。后坐能量是随火炮威力的提高而增加的。因此，在提高火炮威力的同时，研究后坐运动规律，优化后坐能量的匹配，是火炮设计中的一个重要内容。

19 世纪末以前的火炮，炮身通过其上的耳轴与炮架直接刚性连接，炮身只能绕耳轴做俯仰转动，与炮架间无相对移动。发射时，全部后坐力通过炮身直接作用到炮架上，使得炮架的承受载荷很大，火炮十分笨重。对于非固定火炮的射击，在弹丸向前运动的同时，火炮整体要向后移动，若再次发射，需要将火炮推回原处，发射速度很低。这种火炮的炮架称为刚性炮架。

19 世纪末期，火炮上采用了“反后坐装置”（recoil mechanism），它相当于一个弹性缓冲器件，将炮身与炮架连接起来，将供炮身做俯仰运动的耳轴设在炮架上。射击时，允许炮身沿炮架做一定距离的相对移动，炮身所受的炮膛合力经过反后坐装置缓冲后，转化为变化平缓且数值较小的力再传给炮架，使炮架受力大大减小；而这个力对炮身后坐起制动作用，称为“后坐阻力”。后坐阻力沿后坐长度做功，用以消耗大部分后坐能量，使得火炮后坐部分在一定的后坐长度上停止运动，然后在反后坐装置的弹性恢复力的作用下回到射前的位置上。这种火炮的炮架称为弹性炮架。

反后坐装置的出现使火炮炮架的受力大大减小，火炮的质量可大幅度地减小，提高了发射速度，较好地解决了火炮威力提高与机动性下降的矛盾，是火炮技术上的一次飞跃。现代火炮除迫击炮和无后坐炮外，一般都是弹性炮架火炮。

刚性炮架火炮与弹性炮架火炮射击时的受力分析如图 3—43 所示。图中，F_{pt}为身管内膛火药燃气压力作用于炮身的合力（称为炮膛合力），$m_z g$ 为全炮的重力，m_h为后坐部分的质量，F_{NA}、F_{NB}、F_{TB}为地面对火炮的约束反力。

由图 3—43（a），对于刚性炮架火炮对 B 点列力矩平衡方程，可得

$$m_z g L_z - F_{pt} h - F_{NA} L_D = 0$$

显然，火炮保持射击稳定性的条件是

$$F_{NA} = \frac{m_z g L_z - F_{pt} h}{L_D} \geqslant 0$$

或

$$m_z g L_z - F_{pt} h \geqslant 0$$

随着火炮威力的提高，炮膛合力 F_{pt}可达几百万牛，若仍采用刚性炮架，则满足上述稳定性条件所需要的火炮质量或架体尺寸急剧增大。以某 85 mm 加农炮为例，其基本参数为 F_{pt}=1 454 320 N、m_z=1 725 kg、h=0. 935 m，由前式可计算得

$$L_z \geqslant \frac{F_{pt}h}{m_z g} = \frac{1\ 454\ 320 \times 0.935}{1\ 725 \times 9.8} = 80(\mathrm{m})$$

即若使火炮射击时不跳动，大架长度将长达 80 m，显然这种武器是不适用的。如果允许 L_z 为 4 m，则保持火炮射击稳定所需的火炮质量为 34.6 t，这种火炮也过于笨重而难以使用。

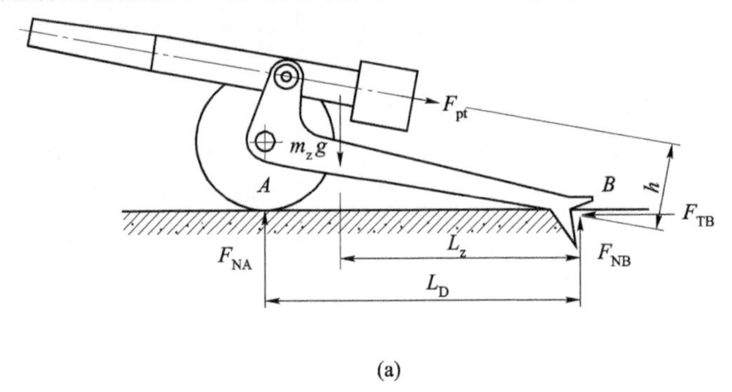

(a)

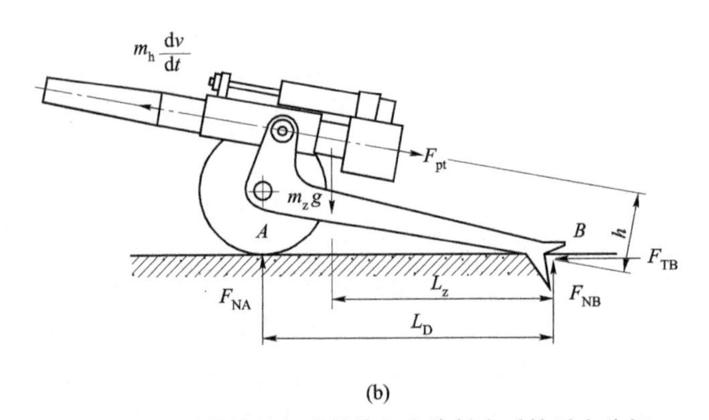

(b)

图 3－43　刚性炮架与弹性炮架火炮射击时的受力分析

(a) 刚性炮架火炮受力分析；(b) 弹性炮架火炮受力分析

弹性炮架在火炮的炮身与架体之间设置反后坐装置，使得炮身与炮架弹性地连接起来，其力学模型和力的关系如图 3－44 所示。射击时，炮身在炮膛合力 F_{pt} 的作用下相对于架体做后坐运动，而反后坐装置提供后坐阻力对后坐运动进行制动，并耗散大部分的后坐能量。由图 3－43（b）可知，弹性炮架作用到架体上的力为

$$F_R = F_{pt} - m_h \frac{dv}{dt}$$

因而，通过反后坐装置的作用，使得炮架的受力大为减小。

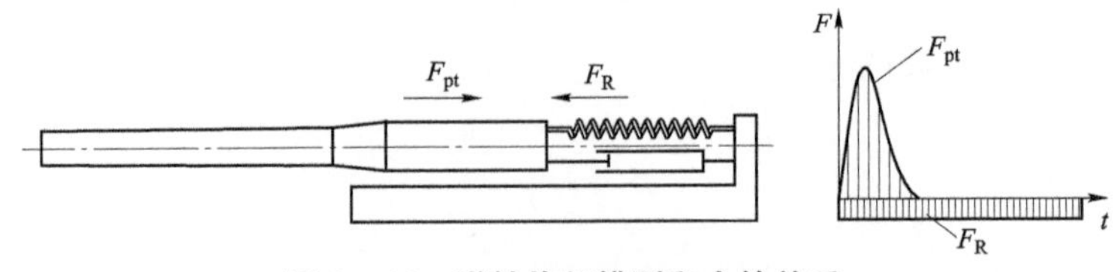

图 3－44　弹性炮架模型和力的关系

反后坐装置的缓冲作用并未改变火药燃气作用于火炮的全冲量 $\int_0^{t_k} F_{pt} dt$，只是将数值很大的炮膛合力 F_{pt} 转换为数值较小、变化平缓、作用时间较长的后坐阻力 F_R，即

$$\int_0^{t_k} F_{pt}\,dt = \int_0^{t_h} F_R\,dt$$

式中 t_k——火药燃气作用时间；

t_h——火炮后坐总时间。

由于 $t_h \gg t_k$，因此，可以使 $F_{Rm} \ll F_{ptm}$。对于一般火炮，有

$$F_{Rm} = (1/30 \sim 1/15) F_{ptm}$$

几种常见的火炮的后坐阻力与炮膛合力见表3－1。

表3－1 几种常见的火炮的后坐阻力与炮膛合力

火炮	最大膛压 p_m/MPa	最大炮膛合力 F_{ptm}/kN	炮架最大受力 F_{Rm}/kN	F_{Rm}/F_{ptm}
37G	280	～308	～20	1/15
57G	310	～825	～51	1/16
85J	255	～1 485	～75	1/20
130J	315	～4 325	～230	1/19

2. 后坐阻力的组成

F_R为炮架（非后坐部分）对后坐部分作用的一个综合阻力。根据作用与反作用原理，炮架也受到一个大小与F_R相等、方向与之相反的力。F_R是由反后坐装置提供的力和摩擦力等构成，通常由制退机力$F_{\Phi h}$、复进机力F_f、各种摩擦力F和后坐部分重力$m_h g$的分力所构成，其表达式为

$$F_R = F_{\Phi h} + F_f + F + F_T - m_h g \sin\varphi$$

F_R的变化规律及其数值究竟取多大，应在反后坐装置设计以前，根据火炮总体技术要求进行选定。

通常要求力F_R变化应平缓，其平均值F_{Rpj}在规定的后坐长度L_λ内所做的功应与最大后坐动能相当。F_R数值不能太大，否则火炮的翻转力矩会增加，导致火炮射击时的稳定性遭到破坏。所以，在一定射角下，F_R值的变化规律有一个界限，称为"后坐稳定界"；F_R值也不能太小，如太小，又将使后坐长度增加，或不能有效地消耗后坐能量。一般将理想的F_R值随时间t或随后坐行程x的变化规律的图形，称为后坐制动图，如图3－45（a）所示。后坐阻力各组成分量的关系如图3－45（b）所示。

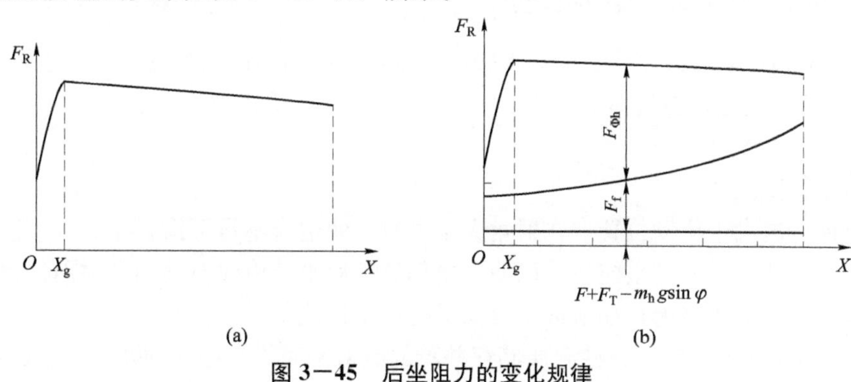

图3－45 后坐阻力的变化规律

（a）后坐制动图；（b）后坐阻力各组成分量的关系

3. 反后坐装置的组成及分类

火炮反后坐装置按照其所实现的功能可以分为以下三个部分。

① 后坐制动器（recoil brake）。其作用是在后坐过程中提供一定的阻力，以消耗后坐部分的后坐能量，将后坐运动限制在一定的行程上。

② 复进机（recuperator）。其作用是在后坐过程中储存能量，当后坐结束时使后坐部分自动回到射前位置，并在任何射角下保持这一位置，以待继续射击。

③ 复进制动器（buffer）。其作用是在复进过程中提供一定的阻力，控制后坐部分的复进运动，使复进平稳、无冲击地复进到位。

所以，反后坐装置是后坐制动器、复进机和复进制动器三者的总称。在结构上，这三者之间可有以下不同的组合。

① 后坐制动器与复进制动器组合成一个部件，称为制退机，复进机为单独部件。这种类型在火炮上最为常见。

② 后坐制动器与复进机组合成一个部件，称为制退复进机，复进制动器为单独部件。

③ 后坐制动器、复进机和复进制动器组合在一起成为一个部件。例如，美国一些坦克炮上采用了这种结构。

反后坐装置的一般分类如图 3－46 所示。

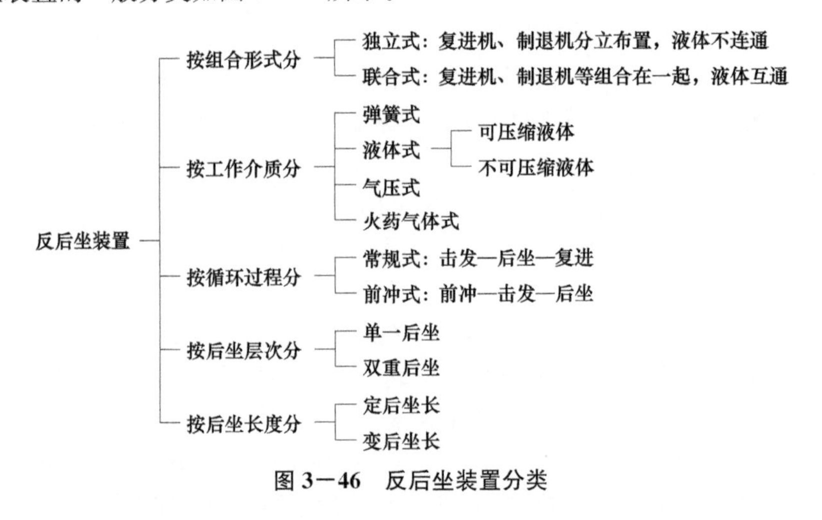

图 3－46　反后坐装置分类

3.2.2　反后坐装置的结构原理

火炮反后坐装置能够按照一定的规律吸收和消耗火炮射击时的后坐能量，了解其工作原理，有助于分析和熟悉各类具体的结构。

1. 复进机的工作原理

复进机的作用是：

① 平时保持炮身于待发位置，在射角大于零时，使炮身不得下滑；

② 发射时，储存部分后坐能量，以使后坐部分于后坐结束时自动回到射前位置；

③ 在有些火炮上还需为自动机或半自动机提供工作能量。

复进机的工作原理是利用弹性介质储存并释放能量来完成复进的动作。火炮射击时，炮身在后坐过程中压缩弹性介质而储存能量，在复进过程中弹性介质释放能量，推动炮身复进到位。

2. 制退机的工作原理

制退机的作用是在射击过程中产生一定的阻力用于消耗后坐能量，将后坐运动限制在规定的长度内，并控制后坐和复进运动的规律。其原理是利用液体流动的阻尼力形成阻力。

为便于理解制退机的工作原理，现以最简单的结构形式为例来说明，如图 3－47 所示。

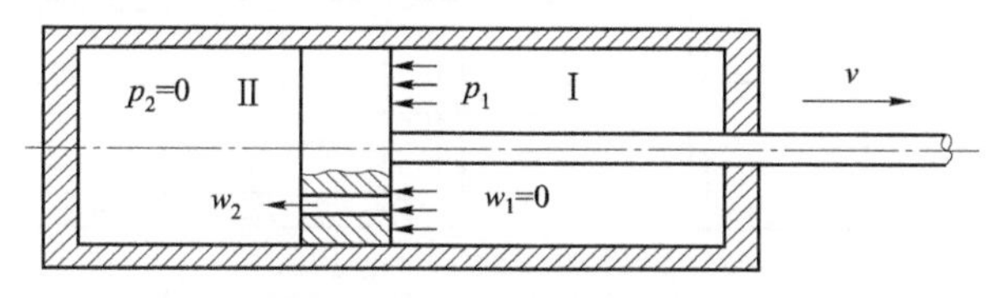

图 3－47　制退机的工作原理

在图 3－47 中，活塞筒固定在架体上不动，活塞杆随炮身一起后坐。筒内充满不可压缩的液体。设活塞的工作面积为 A_0，其上开的小孔（称为流液孔）面积为 a_x。当活塞杆以速度 v 随炮身后坐时，Ⅰ腔（称为工作腔）的液体受到挤压，产生压力 p_1。

若在一定的时间 dt 内，活塞移动的位移为 dx，则有体积为 $A_0\mathrm{d}x$ 的液体受到排挤，通过 a_x 进入Ⅱ腔（称为非工作腔），流速为 w_2。根据液体流动的连续方程，有

$$A_0\mathrm{d}x=a_xw_2\mathrm{d}t$$

即有

$$w_2=\frac{A_0}{a_x}\cdot\frac{\mathrm{d}x}{\mathrm{d}t}=\frac{A_0}{a_x}\cdot v$$

上式表明，A_0 一定时，w_2 随 v 与 a_x 而变化，通常 A_0/a_x 为 50～150，当炮身最大后坐速度 v_{max}＝8～15 m/s 时，经小孔的液流速度 w_2 可在 1 000 m/s 左右。显然，要使静止的液体在极短的时间内（如 0.1 s）达到如此高速，其加速度可达重力加速度 g 的 1 000 倍以上，活塞必须对液体提供足够的压力 p_1 来克服液体的惯性力。当然，液体对活塞也施加一个大小相等、方向相反的反作用力；另外，活塞要移动还要克服各种摩擦阻力。制退机就是利用液体流经小孔高速流动形成的上述液压阻力 $F_{\Phi h}=A_0p_1$ 来做功，消耗后坐能量，起到缓冲作用。

从能量转化过程看，制退机与复进机不同，它没有弹性贮能介质，只是将后坐部分的动能转化为液体动能，以高速射流冲击筒壁和液体，而产生涡流，转化为热能。同时，运动期间的摩擦功也变为热能致使制退液的温度升高，最后散发至空气中。这种能量转换是不可逆的。

$F_{\Phi h}$ 是后坐阻力 F_R 中的主要组成部分。因 F_R 的规律是选定的，当复进机选定后，$F_{\Phi h}$ 的变化规律也随之确定了，根据后坐速度 v 的变化，相应地改变流液孔的面积 a_x，就可控制 $F_{\Phi h}$ 的变化使之符合预先选定的后坐阻力 F_R 的规律。

形成变截面的流液孔 a_x 的方法有多种，从而出现了不同类型的制退机。常见的结构形式有以下几种。

① 键式。活塞上加工一定面积的矩形槽与制退筒内镶嵌的沿长度方向变高度的键配合。当活塞移动时，二者相对运动形成 a_x 变化的流液孔，如图 3－48（a）所示。

② 沟槽式。外径一定的活塞与在制退筒上沿长度方向变深度的沟槽配合。当活塞移动时，二者相对运动形成 a_x 变化的流液孔，如图 3－48（b）所示。

③ 节制杆式。采用定直径环（称节制环）与变截面的杆（称节制杆）配合，相对运动时，形成变化的流液孔面积 a_x，如图 3－48（c）所示。

④ 活门式。用液压和弹簧抗力来控制活门的开度，以形成所要求的流液孔面积 a_x，如图 3－48（d）所示。

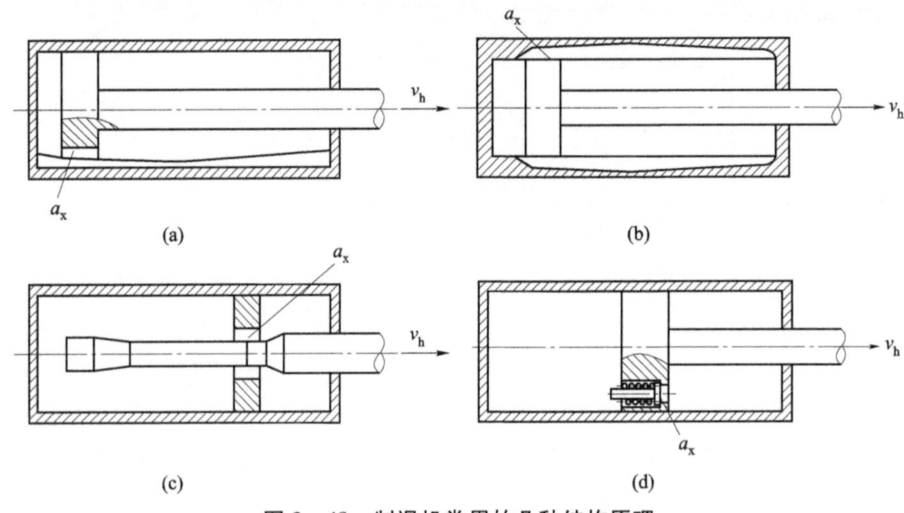

图 3－48　制退机常用的几种结构原理

（a）键式；（b）沟槽式；（c）节制杆式；（d）活门式

3. 复进制动原理

后坐部分在复进机力作用下产生复进运动。可是，复进机释放的能量除了克服后坐部分重力与摩擦力做功外，还有相当大一部分多余的能量，称为复进剩余能量。此能量较大，会使后坐部分在复进到位时产生严重冲击，影响复进稳定性。复进剩余能量是射角的函数，小射角时，因克服后坐部分重力分量所做的功小，剩余能量大（图 3－49 中 $abcd$ 面积）；大射角时则相反，剩余能量就小（图 3－49 中 $ab'c'd$ 面积）。

为了消耗上述剩余能量以确保火炮平稳无撞击地复进，需要设置复进制动器，使其在复进过程中产生一定的阻力。这种在火炮复进中对后坐部分施加制动力以消耗复进剩余能量的过程称为复进制动。

复进制动器也称为复进节制器，其工作原理也是利用液体流动的阻尼力提供制动力，结构形式多为沟槽式。

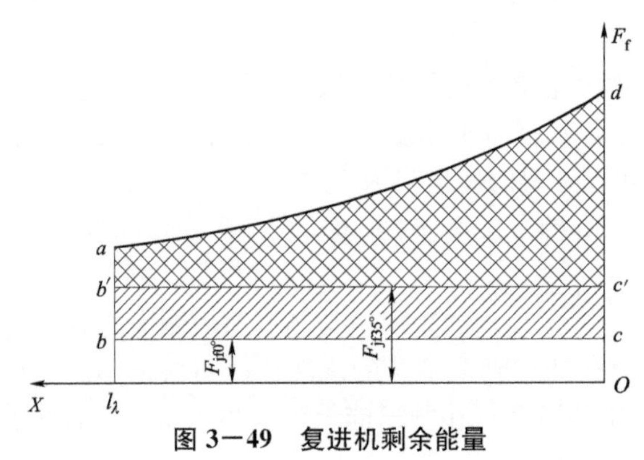

图 3－49　复进机剩余能量

3.2.3　复进机的结构类型

复进机根据其弹性贮能介质的不同，一般其分类如图 3－50 所示。

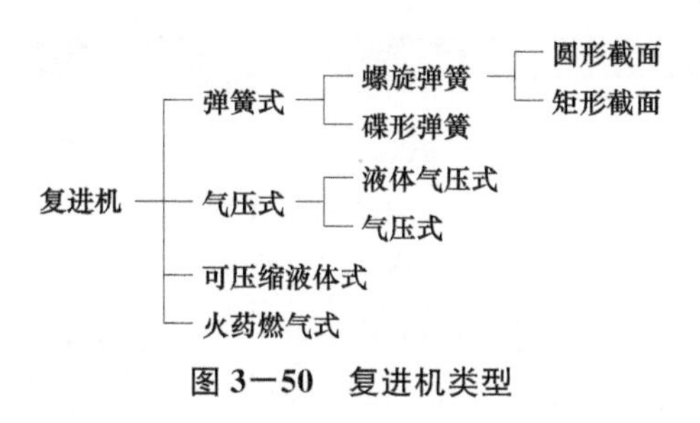

图 3－50　复进机类型

1. 弹簧式复进机

典型的弹簧式复进机如某高射炮的复进机（图 3－51），该复进机的弹性元件为圆柱螺旋弹簧，同心地套在身管上，前端顶在与身管连接的螺环（螺环可以在摇架内滑动）上，后端支撑在摇架上。炮身后坐时，身管带动螺环压缩弹簧，弹簧的抗力使后坐部分减速并停止运动；此后，后坐部分在弹簧张力的作用下反向运动，使炮身恢复到射前位置。弹簧在安装时预置有预压力，可以克服炮身在高射角时下滑分力的作用，射击前使炮身始终保持在待发位置。

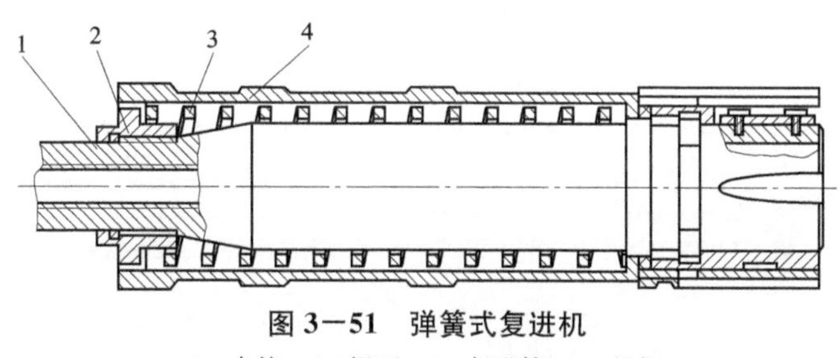

图 3－51　弹簧式复进机

1—身管；2—螺环；3—复进簧；4—摇架

弹簧式复进机中的弹簧多为圆柱螺旋弹簧，其断面有圆形和矩形两种，前者多用于小口径火炮，后者用于口径较大的火炮。

弹簧式复进机的特点是结构简单、动作可靠，复进机力不受环境温度的影响，但质量较大，长期使用易产生疲劳断裂。

2. 气压式复进机

气压式复进机是利用气体压缩储能的特性工作的。该种复进机中除储存有一定体积的气体外，还有一定的液体以密封气体。根据液体在复进机的作用，气压式复进机又可分为液体气压式和气压式两种。

（1）液体气压式复进机

液体气压式复进机中的液体不仅用来密封气体，而且还起传递复进活塞对气体压力的作用。

典型的液体气压式复进机如某榴弹炮的复进机（图 3－52）。该复进机以气体为贮能介质（气体多为氮气），用液体（液体充满内筒）来密封气体并传递压力。液体气压式复进机是目前地面火炮广泛采用的一种复进机。

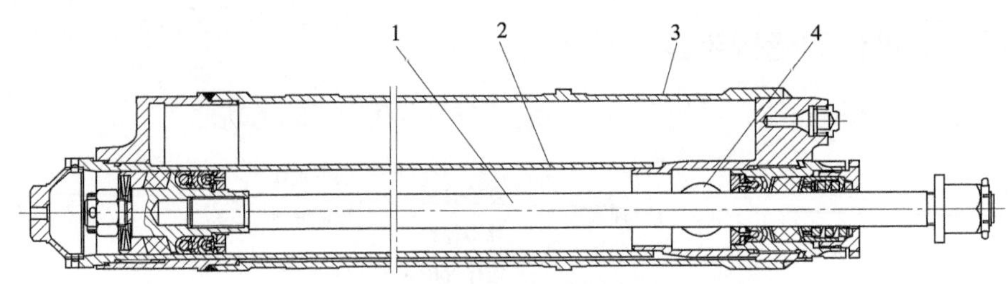

图 3－52　液体气压式复进机

1—复进杆；2—内筒；3—外筒；4—通孔

根据参加后坐运动的部件的不同，复进机又可分为杆后坐和筒后坐两类。

对于杆后坐的液体气压式复进机，为了保证任何射角下液体都能可靠地密封气体，通常采用两个筒，如图 3－52 所示。外筒储存高压气体，称为储气筒；内筒中放置有液体和带复进活塞的复进杆，称为工作筒。储气筒内也有部分液体用以密封气体，并通过工作筒的后端下方或侧方开通孔与工作筒中的液体连通。这种结构的特点是工作筒的通孔及连接处在任何射角下都埋入液体中，可有效地保证复进机在任何射角下的气体密闭性。

对于筒后坐的液体气压式复进机，由于复进活塞处后方，为了保证在任何射角下液体都能有效地密封气体，一般都采用三个筒套装的结构，如图 3－53 所示，在内筒和外筒中间增加一后方开有通孔的中筒。为使液量尽量少，结构紧凑，常将内筒或中筒相对外筒偏心配置。

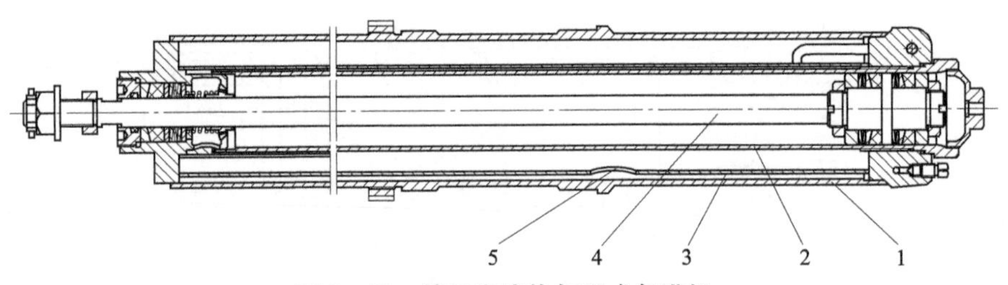

图 3－53　筒后坐液体气压式复进机

1—外筒；2—内筒；3—中筒；4—复进杆；5—通孔

筒后坐的液体气压式复进机采用三筒套装结构的原因是：在大射角时，如果没有中筒，内筒的开孔就会暴露在外筒的气体中，导致复进机中气体直接与复进机的密封结构作用，易造成气体的泄漏。设置中筒后，内筒的开孔被中筒中的液体覆盖，而中筒的通孔置于后方，这样就保证了大射角时外筒中的气体不会进入内筒。

液体气压式复进机的特点是：结构紧凑，质量较弹簧式复进机小，通过控制液流通道可以调节复进速度。但是，其工作性能受温度影响较大，复进机中所用的液量较多，约占总容积的一半以上，此外，需要定期检查复进机中的气压和液量。

（2）气压式复进机

气压式复进机的筒中储存高压气体，只在复进活塞和复进杆的密封装置中使用了少量的液体，形成对复进机中气体的可靠密封。图 3－54 是某火炮所采用的一种气压式复进机。

如图 3－54 所示，为了可靠地密闭复进机中的高压气体，在复进杆的密封结构中采用增压器，而复进活塞处的密封结构中的液体用管路与增压器中的液体连通（图中未画出）。增压器的工作原理是利用活塞两边面积不等而使液体压力增高，活塞面积大的一边与复进机内

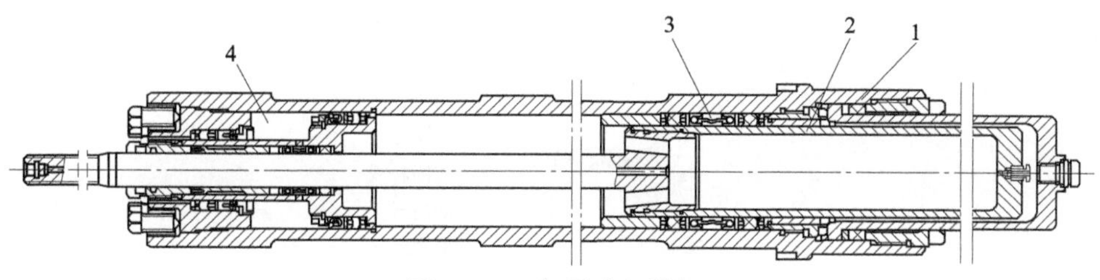

图 3－54　气压式复进机

1—外筒；2—活塞；3—密封结构；4—增压密封结构

气体接触，面积小的一边与液体接触，液体压力始终高于气压，起到对高压气体较好的密闭作用。在有的火炮上，对复进活塞和复进杆分别设置增压密封结构，使结构更为紧凑。

由于增压器中的液体远少于液体气压式复进机中的液体，气压式复进机结构更为紧凑，质量较小，但密封结构比较复杂。

3. 火药燃气式复进机

火药燃气式复进机是一种特殊的复进机，其结构原理如图 3－55 所示。其原理是在发射时将炮膛内的高压火药燃气引入复进筒作为贮能介质。复进开始阶段火药燃气膨胀推动炮身复进，复进末期将工作腔的排气孔打开，放出残余的火药燃气。

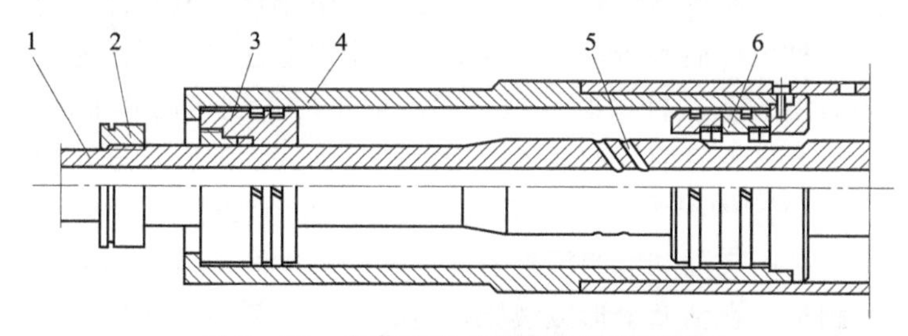

图 3－55　火药燃气式复进机结构原理图

1—身管；2—螺环；3—活塞；4—复进筒；5—导气孔；6—阀座

如图 3－55 所示，在火炮的发射过程时，当弹丸越过身管上的导气孔后，膛内的火药燃气由导气孔进入复进机的工作腔。与此同时，身管进行后坐。随着身管后坐，复进筒上的阀座与身管后部的圆柱部接触并越过导气孔，将复进机工作腔密闭；身管继续后坐，身管前部的螺环与复进机中的活塞作用，带动活塞向后运动压缩火药燃气，储存能量；后坐运动停止后，火药燃气膨胀，推动活塞并带动身管复进，直到活塞被复进筒肩部挡住，火药燃气的作用停止；随后，身管依靠惯性继续复进，身管的导气孔、身管后部的圆柱部与阀座脱离接触，火药燃气从导气孔和排气通道排出。身管继续复进，复进到位后由卡锁固定在待发位置，完成射击循环。

火药燃气式复进机的优点是结构简单，所占空间比较小，质量小，能提供较大的复进力，有利于提高发射速度。其缺点是高温高压的火药燃气作为工作介质，导气孔烧蚀较大。同时活塞的磨损、身管的温升都比较严重，使密封元件的寿命低，维护与擦拭比较困难。该种复进机主要用于射速较高的航炮上。

3.2.4　制退机的结构类型

制退机的结构类型较多，常见的分类如图 3－56 所示。

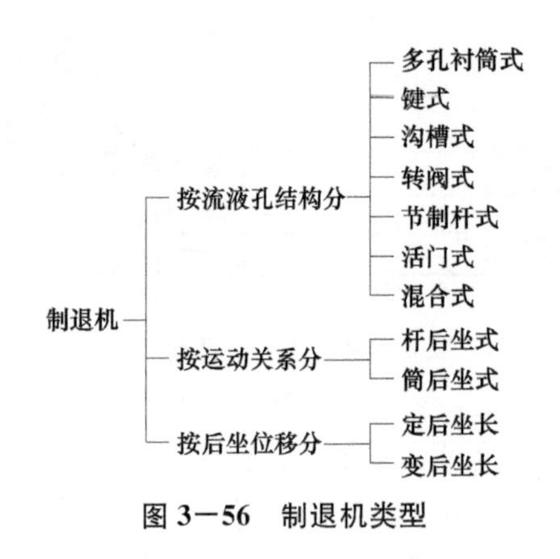

图 3－56　制退机类型

沟槽式、转阀式和多孔衬筒式制退机，出现于早期火炮上。由于加工工艺和结构复杂或缓冲性能不易控制等原因，目前已很少应用。活门式和节制杆式制退机具有结构简单、缓冲性能易于控制等优点，因此广泛应用于现代火炮上。

(1) 节制杆式制退机

节制杆式制退机的流液孔由一个变截面杆（节制杆）与定内径环（节制环）之间所形成的间隙构成。其主要构件有制退筒、制退杆、活塞套、节制环、节制杆和密封装置等。若制退杆与后坐部分连接，称为杆后坐式；若制退筒与后坐部分连接，则称为筒后坐式。

图 3－57 所示为典型的节制杆式制退机。火炮射击时，制退筒和节制杆一起随炮身后坐，空心制退杆上的活塞挤压其前方的液体，使液体从活塞上的斜孔进入活塞内腔，然后分成两股液体流动，大部分液体经节制杆与节制环形成的间隙面积（流液孔）进入活塞的后方，另外的液体经制退杆内表面和节制杆外表面之间的环形间隙流入制退杆的内腔。由于液体流过小孔节流产生阻尼，在活塞上形成液压阻力，用以消耗后坐能量。

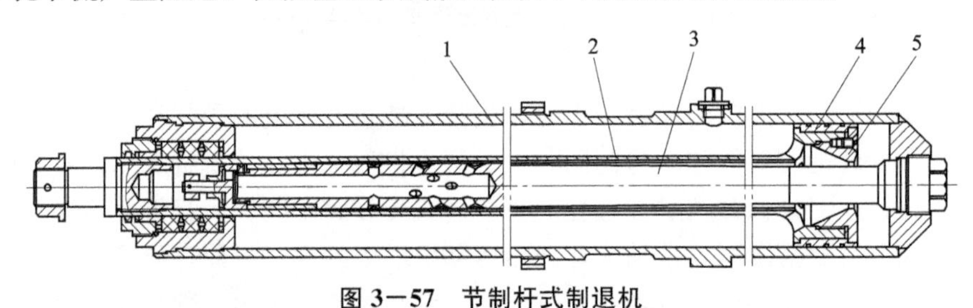

图 3－57　节制杆式制退机

1—制退筒；2—制退杆；3—节制杆；4—活塞套；5—节制环

(2) 沟槽式制退机

沟槽式制退机的流液孔是在制退筒内壁上加工数条变深度的沟槽与活塞外圆表面构成。通常与针形杆式复进制动器组合为一体，如图 3－58 所示。

复进制动器流液孔由针式节制杆上的斜面与安装在活塞内的节制环构成，制退杆与炮身连接。后坐时Ⅰ腔内的液体受到挤压，经制退筒壁的沟槽（制退流液孔）流入Ⅱ腔，产生液压阻力，同时Ⅱ腔内出现真空。复进初期，活塞向前运动，由于Ⅱ腔中有真空存在，液体不流动，复进阻力为零。随着活塞继续运动，Ⅱ腔的真空消失，此时Ⅱ腔的液体从制退筒壁的沟槽流入Ⅰ腔，相应地产生一定阻力，对复进运动进行制动。当复进快要到位时，针式节制杆进入制退杆的节制环内孔，排挤Ⅲ腔内的液体，产生较大的复进液压阻力，使复进运动停止。

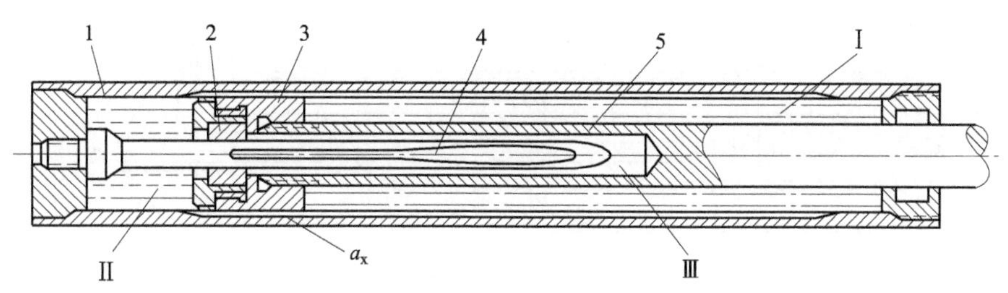

图 3—58　沟槽式制退机

1—制退筒；2—节制环；3—活塞；4—针式节制杆；5—制退杆

这种结构的制退机结构简单，复进为非全程制动，复进时间短，有利于提高火炮的发射速度，常用在高射炮上。

（3）混合式节制杆制退机

某榴弹炮制退机的流液孔是由沟槽式与节制杆式并联组合而成，如图 3—59 所示。该制退机的特点是复进节制沟槽不开在制退杆内腔而开在制退筒内壁上。该沟槽在后坐和复进时均构成流液孔的一部分，顾名思义，称为混合式节制杆式制退机。

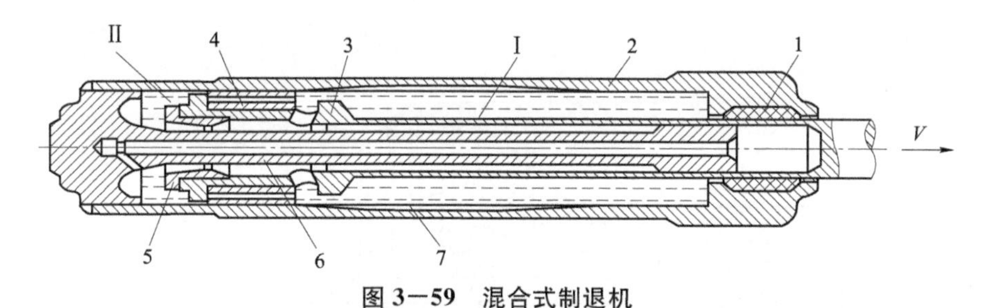

图 3—59　混合式制退机

1—紧塞具；2—制退筒；3—制退杆；4—浮动活塞；5—节制环；6—节制杆；7—制退筒沟槽

后坐时，工作腔Ⅰ中的液体推动浮动活塞打开活塞头上的斜孔，液体可沿节制环与节制杆构成的环形流液孔流入非工作腔Ⅱ，同时，另一路液体经制退筒壁上的六条沟槽与活塞套形成的流液孔也流入非工作腔Ⅱ。而非工作腔的部分液体可通过节制杆根部的两斜孔经节制杆内孔与制退杆内腔相通。因此，后坐时内腔中液体不可能充满。复进时，在非工作腔真空排除过程中，该制退机基本上提供很小的复进阻力。当真空消失后，非工作腔液体推动浮动活塞关闭活塞头上的斜孔，使液体不能沿节制环与节制杆构成的环形流液孔流回，只能沿制退筒内壁上的沟槽和浮动活塞上的两个纵向小孔流回工作腔，从而产生对复进的液压阻力。此时非工作腔成为复进节制工作腔。

（4）活门式制退复进机

这种制退复进机是将制退机和复进机组合成一个部件，其流液孔由一个单向活门构成。流液孔的大小由弹簧作用下的活门开度来控制，结构原理如图 3—60 所示。

后坐时，活塞杆随炮身后坐挤压Ⅰ腔内的液体，液体推开后坐活门压缩活门弹簧，形成后坐流液孔，活门的开度由液体压力和弹簧的抗力决定，液体流入Ⅱ腔后推动浮动活塞，压缩Ⅲ腔内的气体而贮能。复进时，后坐活门关闭，Ⅲ腔的气体膨胀，推动浮动活塞迫使Ⅱ腔内的液体经复进活门流回Ⅰ腔，推动活塞，带动炮身复进。

活门式制退复进机的特点是：结构简单、紧凑；因其液体中始终存在压力，后坐时筒内

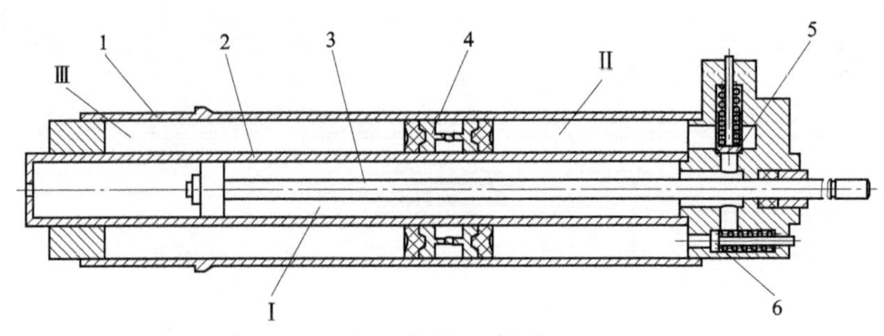

图 3—60　活门式制退复进机结构原理图

1—外筒；2—内筒；3—活塞杆；4—浮动活塞；5—后坐活门；6—复进活门

不会产生真空；流液孔能自动随压力变化而调整其大小，液压阻力受制造公差及温度的影响较小，后坐阻力变化较平缓，但对活门弹簧的要求较高，其抗力应稳定精确且弹簧不易疲劳。另外，由于复进时采用定流液孔，如要保证一定的复进速度，流液孔不能太小，这样复进能量必然较大。为保证复进到位时不产生撞击，需要安装复进液压缓冲器。

（5）同心式制退机

同心式制退机是外筒套在炮身上，其中心轴线与炮膛轴线重合的制退机，其结构原理如图 3—61 所示。

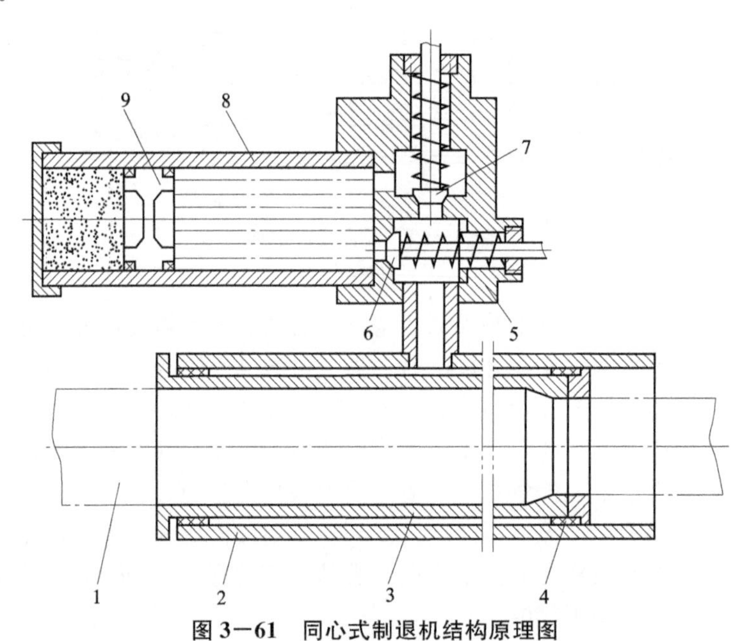

图 3—61　同心式制退机结构原理图

1—炮身；2—外筒；3—内筒；4—活塞；5—活门座；6—复进活门；7—后坐活门；8—储气筒；9—浮动活塞

这种结构形式可以利用筒形摇架作为制退机的外筒，储存液体；在炮身的外表面安装有带活塞的内筒，作为活塞杆。另外设有一个复进机，通过活门座将制退机与复进机有机地结合起来。活门座上有调节液压阻力的后坐流液孔（称为后坐活门）和复进流液孔（称为复进活门）。火炮射击时，炮身带着内筒和活塞一起后坐，液体进入活门座，打开后坐活门流入复进机，通过活门的开度对液体流动的阻尼形成所要求的液压阻力。然后进入复进机的液体推动浮动活塞运动，压缩气体以储存能量。后坐到位后，后坐活门复位，复进机内的气体膨胀，推动浮动活塞反向运动，液体打开复进活门流入制退机内，形成一定的复进制动力。进入制退机内的液体推动制退活塞运动，带动炮身复进。

另外一种同心式制退机的结构是将制退机外筒（摇架）内表面加工一些变深度沟槽，它与活塞间形成可变流液孔。后坐时产生液压阻力。复进机采用弹簧式，复进弹簧套在身管外面，并位于制退筒内。

同心式制退机因其轴线与炮膛轴线重合，可有效地消除射击时动力偶的影响使火炮总体布置紧凑，也有利于减小火炮的质量，曾用于坦克炮上，可降低炮塔高度。但是，同心制退机对身管散热和制退液的温升有不良的影响。

（6）短节制杆式制退复进机

这是一种由复进机、制退机和复进制动器有机结合的反后坐装置，特点是节制杆工作长度小于后坐长度，其结构原理如图3－62所示。这种制退复进机的储液筒与储气筒中的液体由导管或通孔相连，储液筒中布置有制退杆与制退活塞，控制后坐制动与复进节制的机构布置在储气筒。其中，后坐流液孔由固连于浮动活塞上的短节制杆与节制环构成，复进制动流液孔由节制杆后端的复进调速筒与制退杆内壁变深度沟槽构成。

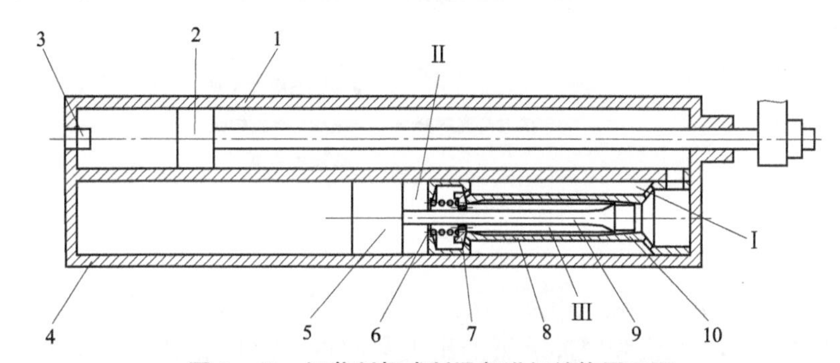

图3－62　短节制杆式制退复进机结构原理图

1—储液筒；2—制退杆活塞；3—呼吸器；4—储气筒；5—浮动活塞；6—节制环；7—单向活门；8—带沟槽的制退杆；9—短节制杆；10—复进调速筒

后坐时，制退杆活塞迫使储液筒中的液体经孔道流入Ⅰ腔，然后推动单向活门，从节制环和短节制杆形成的后坐流液孔流过（形成一定的液压阻力），进入Ⅱ腔，进一步推动浮动活塞而压缩气体；复进时，气体膨胀，推动浮动活塞反向运动，使Ⅱ腔液体在经过后坐流液孔以后从单向阀的小孔流入制退杆内腔（Ⅲ腔），经复进制动流液孔（沟槽）经孔道流回储液筒，推动活塞而带动炮身复进。在复进末期，由呼吸器进行最后的缓冲。

这种制退机工作时腔内也不会产生真空，且结构紧凑，动作平稳可靠；由于浮动活塞的工作面积较制退杆活塞的工作面积大，其行程短，可以缩短节制杆的长度，避免加工细长杆和细长管。但结构复杂，且复进速度不能太大。

3.3　架体

炮架（carriage）是支撑炮身、赋予火炮不同使用状态的各种机构的总称。其作用是支撑炮身、赋予炮身一定的射向、承受射击时的作用力和保证射击稳定性，并作为射击和运动时全炮的支架。

炮架的结构组成随火炮种类、特点而异。以一般牵引式加农、榴弹炮的炮架为例，通常包括反后坐装置、三机（高低机、方向机、平衡机）、四架（摇架、上架、下架和大架）、瞄准具、运行部分（车轮、调平与缓冲装置、制动器）及其他辅助装置等。狭义地讲，炮架的基本部分包括摇架、上架、下架和大架等。迫击炮的炮架只含简单的支架和座板；无后坐炮的炮架只有一个支架，在射击时受力很小，结构简单且轻；对于固定在地面上的海岸炮和安装在较大基座上的火炮（如坦克炮、舰炮、航空炮、自行炮等），其炮架结构需根据各自的作用及载体特点而定。

炮架的类型如图 3—63 所示。

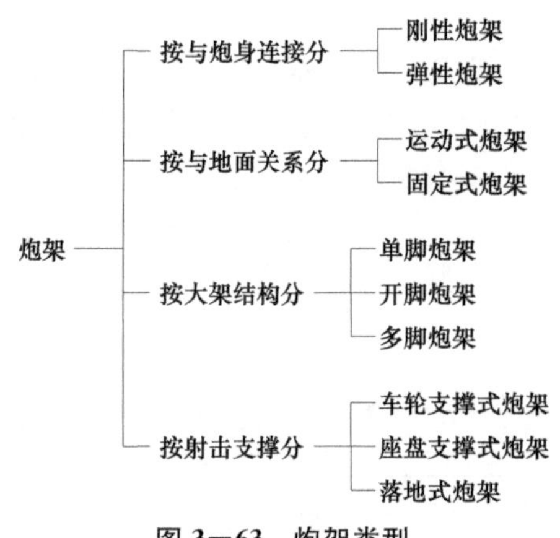

图 3—63　炮架类型

现代火炮除迫击炮和无后坐炮外，基本上都采用弹性炮架。早期的野战火炮采用的是单脚炮架，靠移动架尾改变方向射界。第一次世界大战以后，炮架由单脚过渡到开脚（两脚），随着方向机、高低机、平衡机和缓冲装置的出现与改进，开脚炮架的结构逐步完善。20 世纪 60 年代，美、英等国设计的 105 mm 轻型榴弹炮采用了鸟胸骨式和马蹄形架体，与前座盘配合实现了 360°环射。同一时期，苏联在 122 mm 榴弹炮上采用了三脚炮架，具有 360°方向射界。美国的 M777 式 155 mm 轻型榴弹炮采用了四脚炮架。现代高射炮、坦克炮、舰空炮与舰炮，为适应对活动目标射击，炮架上采用了机械、液压和电气传动技术，可实现自动操作。

3.3.1　摇架

1. 摇架的作用及组成

摇架（cradle）用作支撑炮身，为炮身的后坐和复进运动提供导轨，为炮身的俯仰提供回转轴，射击时将载荷传递到其他架体上。摇架是连接炮身与反后坐装置的主要构件，并与炮身、反后坐装置等组成火炮的起落部分（或称俯仰部分）。它与高低机和瞄准具配合赋予炮身高低射角。有些火炮的摇架上还安装有瞄准具、半自动炮闩的开闩装置或自动机构等。

摇架的主要组成部分有：供炮身作后坐与复进运动的导向部分；供炮身作俯仰的回转轴，一般称其为炮耳轴；赋予炮身俯仰运动的传动机构，如高低齿弧等；为连接或安装其他机构提供支臂或空间。

2. 摇架的类型

根据摇架本体剖面的形状，一般可分为槽形摇架、筒形摇架和混合型摇架三类。

（1）槽形摇架

槽形摇架的本体横剖面呈槽形，如图 3－64 所示。

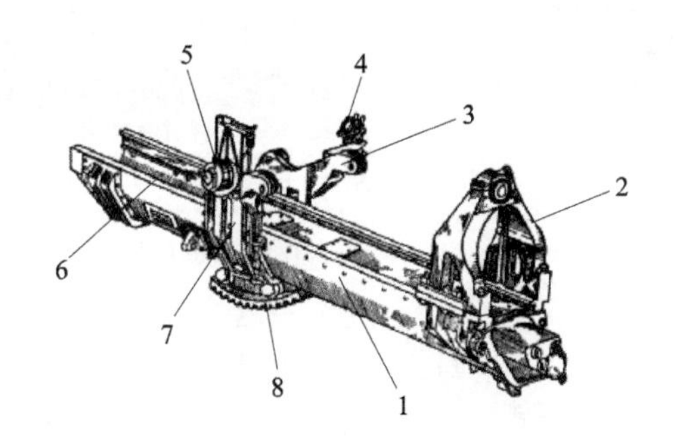

图 3－64　槽形摇架

1—摇架框；2—前托箍；3—平衡机支臂；4—瞄准具支臂；
5—耳轴；6—导轨；7—耳轴托箍；8—高低机齿弧

摇架由槽形本体框、两条互相平行的长导轨、耳轴托箍、前托箍、高低齿弧和各种支臂组成。两条平行的长导轨与炮身前后托环的卡槽（或炮尾上的卡槽）配合，以约束炮身后坐、复进运动的方向，并承受由弹丸回转力矩引起的扭矩。

这类摇架的 U 形槽内可容纳反后坐装置、变后坐长度的机构、开闩机构等，开放结构有利于发射过程中身管的散热。缺点是结构复杂，加工平行的长导轨难度大；刚度较差，故通常采用铸钢毛坯，并在槽内加焊隔板或支撑板。

（2）筒形摇架

筒形摇架的本体剖面呈圆形，如图 3－65 所示。这种摇架的本体为长圆筒结构，内部安装有铜衬瓦，外部有耳轴、反后坐装置支座、定向栓室、护筒及各种支臂等。本体内的前、后铜衬瓦，用于与身管的圆柱面配合，提供对炮身的支撑，为炮身的后坐与复进导向。定向栓室与炮尾上的定向栓配合，承受弹丸在膛内旋转产生的扭矩，防止炮身转动。这种摇架有较大的刚度，但炮身散热条件差，擦拭清理不方便。因其结构紧凑、便于布置，筒形摇架在坦克炮、自行火炮和舰炮上应用较多。

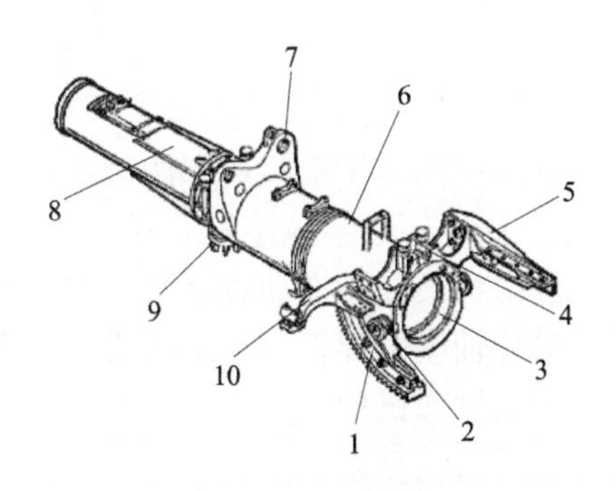

图 3－65　筒形摇架

1—高低机齿弧；2—耳轴；3—铜衬瓦；4—定向栓室；5—开闩板支臂；6—本体；
7—支座；8—护筒；9—行军固定爪；10—瞄准具支臂

（3）混合型摇架

混合型摇架，又称组合摇架，它兼有槽形摇架和筒形摇架的结构特点。其主要优点是可

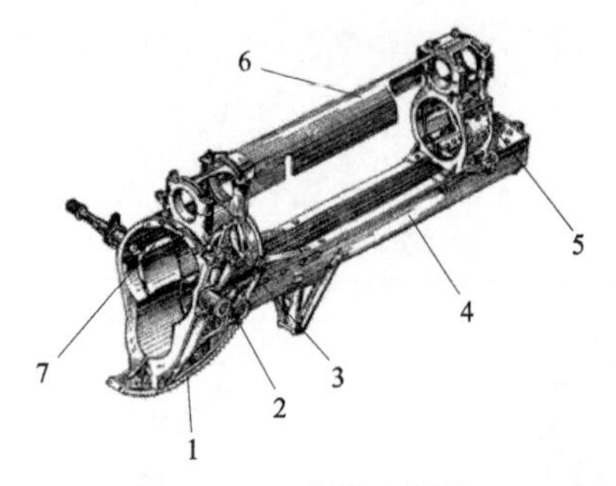

图 3－66　混合型摇架

1—高低齿弧；2—耳轴；3—后托箍；4—槽形框；5—前托箍；6—复进机护盖；7—导轨

以省去摇架的本体。

图 3－66 是某火炮所采用的混合形摇架。该摇架本体的后部为槽形结构，其导轨与被筒配合滑动，前部有前托箍，它与炮身上的圆柱部配合并规正炮身滑行方向。由于射击时制退机发热而膨胀，会使摇架结构发生变形，因此，在有的火炮上用槽形框作为连接体将前后托箍连在一起。

上述几种摇架的特点比较见表 3－2。实际的火炮上，摇架结构有不同的变形。

表 3－2　摇架特点

序号	槽形摇架	筒形摇架	混合型摇架
1	外廓尺寸较大，质量大	外廓紧凑，质量较小	外廓紧凑，质量较小
2	有长滑轨，加工工艺性较差	工艺性较好	一般
3	射击时受力大，刚度较差，滑轨易变形	强度及刚度较好	复进筒承载，改善了本体受力
4	可抗弹丸回转力矩	不能抗弹丸回转力矩，需设置定向栓	可抗回转力矩
5	槽中可容纳反后坐装置并起防护作用，便于安装变后坐机构等	不能容纳反后坐装置，但有利于降低火线高	可部分容纳反后坐装置
6	炮身散热较快	炮身散热条件差，需设油箱润滑炮身	炮身散热较快
7	维护保养容易	射击时，摇架内易吸尘土	维护保养较容易

3. 摇架上的其他构件

1）耳轴

耳轴是摇架上的重要零件，对称地固定于摇架后部两侧，是火炮起落部分做俯仰运动的回转中心，发射时通过它将载荷传递给其他架体。按直径可将耳轴分为小耳轴和大耳轴两类。小耳轴一般为实心圆柱体，按结构又分为滑动轴承耳轴和滚针轴承耳轴。小耳轴多为锻造的耳轴体，以过盈配合装到摇架耳轴座内焊接后加工而成。大多数火炮采用小耳轴。大耳轴直径较大，且为空心，以便于容纳供弹机构，或安装击发传动机构等，如苏联双管57 mm自行火炮即采用大耳轴。这种耳轴的结构复杂。

火炮的耳轴一般都装在摇架上，但也有将它装在上架（托架）上，而把耳轴的轴承座装在摇架上，如某海 25 mm 火炮。也有的火炮在耳轴上装有指针，用于显示炮身的俯仰角度。

2）后坐标尺

后坐标尺用于指示火炮每发射击后的实际后坐长度，又称后坐长度指示器。通常由装在摇架上的刻度尺与游标或指针组成。发射时，后坐部分带动游标或指针同步后移。后坐结束，复进时游标或指针留在后坐的最终位置，从刻度尺上便可读出火炮后坐的实际数值。

3）防危板

防危板是摇架上防止后坐部分运动时撞伤炮手的一种护板。通常固定在摇架后端的左侧或右侧。炮手操作火炮时，其身体的任何部分都应在防危板的外侧，以免在炮身后坐、复进时被撞伤。由于防危板靠近炮尾，其上一般装有击发操纵机构、复拨器等。有的还装有复进机的液量检查表。在坦克内，因战斗室空间较小，防危板后端通常还连有挡壳板，以挡住发射后高速抛出的药筒，以免伤及炮手和损坏零部件。

此外，在摇架上还固定有高低齿弧，与高低机主齿轮配合赋予火炮起落部分的俯仰运动；连接平衡机上支点的支臂、安装瞄准具的支臂、开闩板支臂等。

3.3.2　上架

1. 上架的作用与组成

上架（top carriage）是连接起落部分与下架的构件。上架借助于方向机绕垂直轴转动，赋予炮身方位角；借助各种支臂连接和安装高低机、方向机、平衡机及防盾等。高射炮的上架称为托架，海军炮的上架称为回旋架（含托架与回旋基座），坦克炮的上架作用由炮塔承担。

通常将起落部分、上架、瞄准机（高低机和方向机）、瞄准装置、平衡机和防盾等可绕垂直轴转动的部件，统称为回转部分。

根据上架的作用，上架应由下述部分组成：支撑摇架的支架（侧板）及耳轴室；供起落部分等构件在水平面回转的垂直轴（称为立轴或立轴孔）；连接其他构件的支臂。

上架一般由左右侧板、底板、立轴和各种支臂组成。

2. 上架的类型

上架与下架的连接形式决定了上架的结构特征，因而常以连接结构的特点来区分上架的类型，上架常见的几种结构类型如图3－67所示。

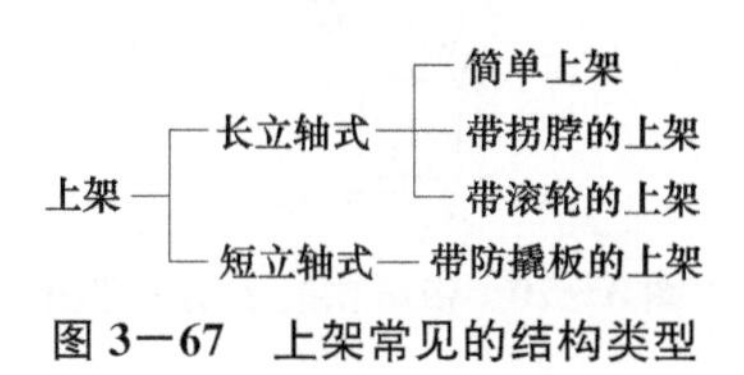

图3－67　上架常见的结构类型

1）简单上架

这种上架用一个简单的长立轴与下架配合，立轴有上、下两个轴颈，分别与下架的上、下轴室配合，如图3－68所示。这种结构多用于中小口径野战火炮上。这种上架结构虽较简单，但立轴与上架为一整体，工艺性差。

2）带拐脖的上架

这种上架的架构特点是立轴不在上架上，而设在下架上，增加了一个拐脖，只有立轴孔，如图3－69所示。这种结构的立轴可分成上、下两部分，单独加工后再压入下架孔内，然后焊接固定，工艺性好；由于立轴是单独制造的，可采用较好的材料，轴颈尺寸较小，上架转动时的摩擦力矩也小，从而减小了方向机手轮力。此外，这种结构的上架有利于降低火炮的火线高。

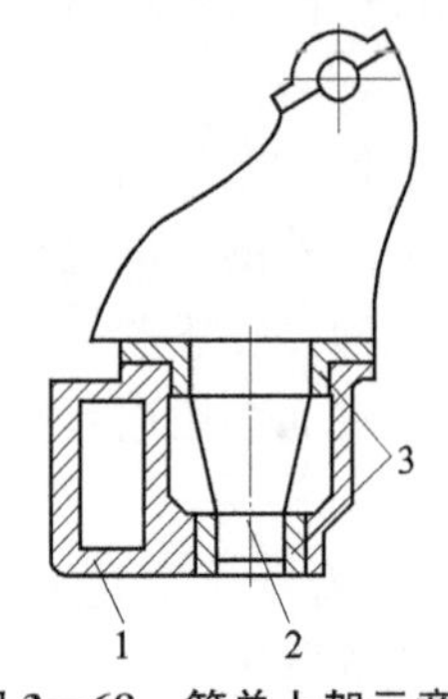

图 3－68　简单上架示意图

1—下架；2—上架立轴；3—衬筒

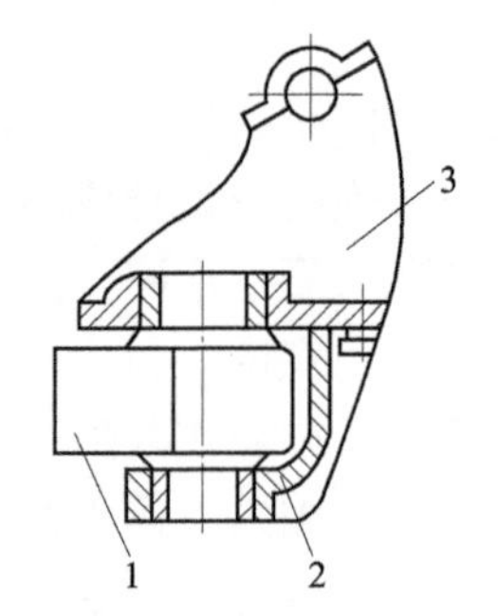

图 3－69　带拐脖的上架示意图

1—下架；2—上架拐脖；3—上架

3）带滚轮的上架

这种上架立轴的下面安装有止推轴承和蝶形弹簧与下架配合，并设置滚轮，二者共同支撑回转部分，如图 3－70 所示。由于蝶形弹簧有一定的刚度，可使上下架之间保留一定的间隙 Δ，从而使得回转部分转动时上下架之间为滚动摩擦，可有效地减小方向机手轮力。当火炮射击时，发射载荷使得蝶形弹簧被压缩，上下架之间的间隙消除，上下架的端面贴合在一起承受发射载荷。为了使上下架的端面贴合时不产生较大的冲击，两端面之间的间隙必须适当，一般 Δ=0.2～0.4 mm。

滚轮的作用是平衡回转部分的重力矩，以保持上下架之间的间隙均匀。

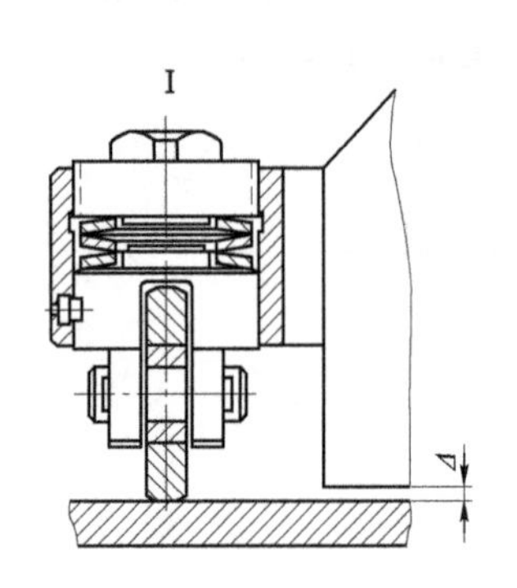

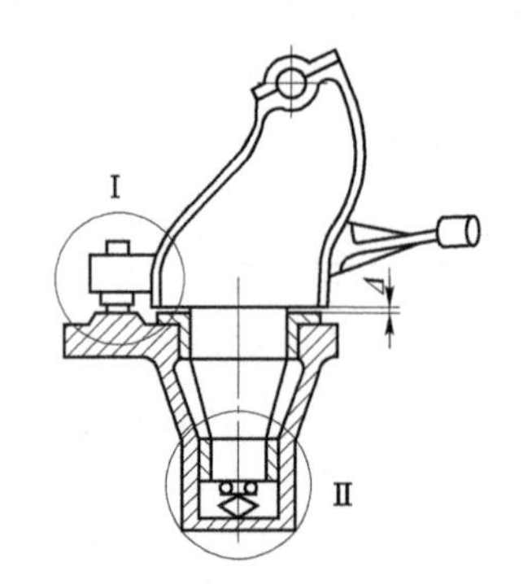

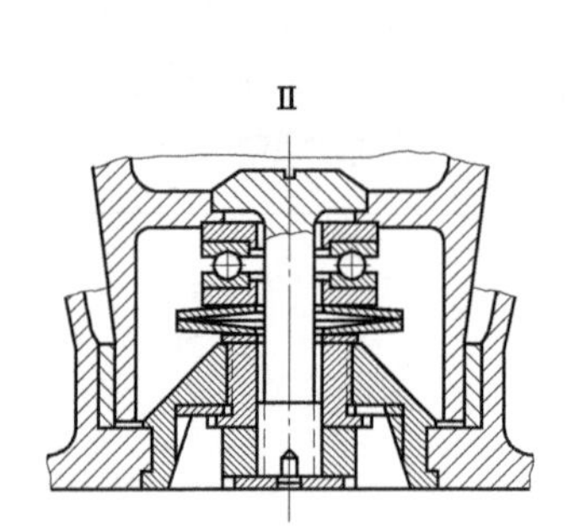

图 3－70　带滚轮的上架示意图

4）带防撬板的短立轴上架

在大口径火炮上，为了降低火线高，减小下架厚度，使全炮结构紧凑，上架一般采取短立轴。由于立轴很短，它只起回转轴作用，能承受水平作用力而不能抵抗外力矩。为了防止火炮射击时上架因发射载荷作用产生的力矩向后翻转，在上架的前端安装有防撬板，如图 3－71所示。为了减小摩擦力矩，也采用带止推轴承与蝶形弹簧的立轴和带蝶形弹簧的滚轮，使上下架之间及防撬板与下架之间保留一定的间隙 Δ，一般 Δ=0.1～0.3 mm。

火炮射击时，在发射载荷作用下防撬板与下架贴合，并产生一个反力。与此同时，上下架之间后部的间隙也消除，并产生一个接触反力。这两个反力对立轴中心形成力矩来抵抗射击产生的力矩，如图 3－72 所示。

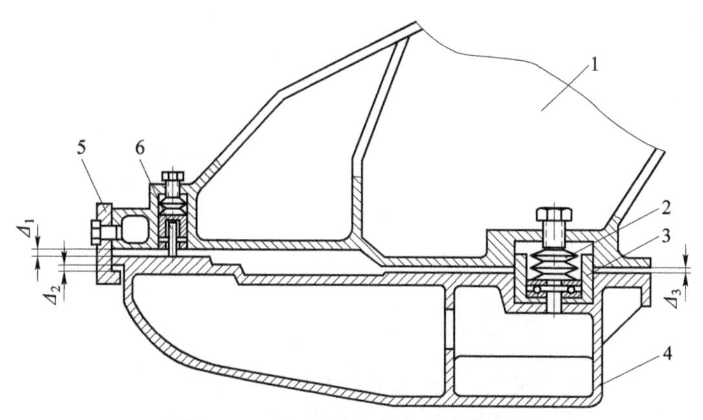

图 3—71　短立轴上架与下架的连接

1—上架本体；2—蝶形弹簧组件；3—短立轴；4—下架；5—防撬板；6—滚轮

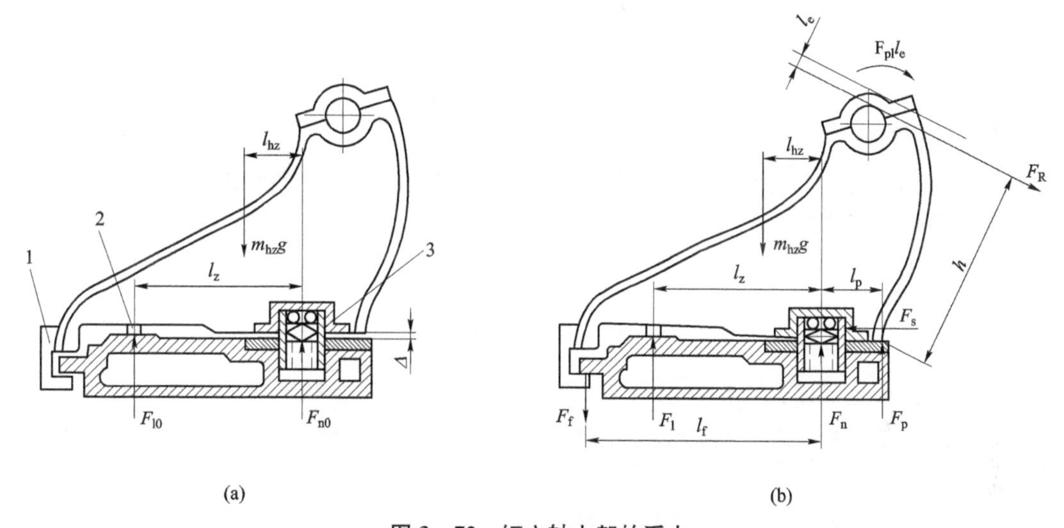

图 3—72　短立轴上架的受力

(a) 发射前；(b) 发射后

1—防撬板；2—滚轮；3—短立轴

图中，F_R、$F_{pl}l_e$ 分别是火炮射击时传递到上架的后坐阻力、动力偶矩；$m_{hz}g$ 是火炮回转部分的重力；F_{l0}、F_{n0} 分别是火炮发射前下架对滚轮、止推轴承对上架的支反力；F_l、F_n 分别是火炮射击时下架对滚轮、止推轴承对上架的支撑力、F_f、F_p 分别是下架对防撬板、下架对上架底板的支反力。其中，F_f 和 F_p 构成的力矩可以抵消射击产生的力矩。

5）高射炮上架结构

高射炮的上架通常称作托架。托架由上部托架（带炮床踏板）和下部托架组成。上部托架包括托架支座和托架底盘。托架支座由左、右侧板和横筒焊接成一体。左、右侧板上有摇架耳轴托座（耳轴室）。下部托架包括方向齿环、滚珠基座和防尘环。因为高射炮主要是射击空中目标，要求托架在整个圆周内能轻便、自由、平稳地回转，以获得较快的方向跟踪速度。为实现这一点，托架和炮床之间通常采用滚珠座环，由固定在托架上的活动座环、固定在炮床上的固定座环和中间的滚珠圈构成。

某 57 mm 高炮上部托架是一种既能使火炮回转轻便，又能防止射击时火炮回转部分翻转的典型结构，如图 3—73 所示。它的内座环成 90°的 V 形槽，外座环由上、下对称的，内表面呈 45°斜面的两个环合成。在上、下环之间有调整垫片，装配时根据滚珠与座环的配合要求决定垫片的多少（厚薄）。

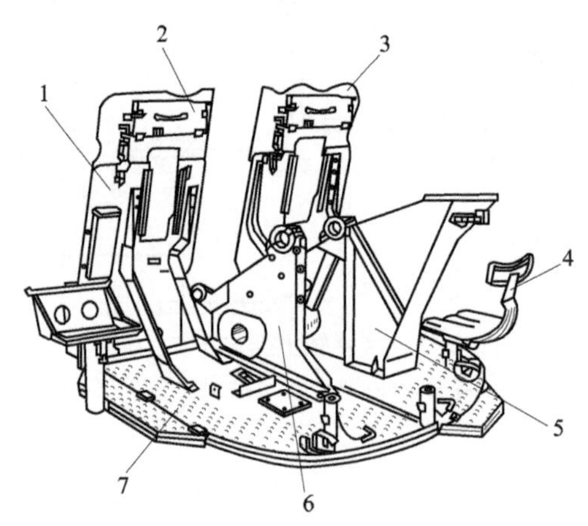

图 3—73　高射炮上部托架

1—左防盾；2—活动盾板；3—右防盾；4—瞄准手座；5—右侧板；6—左侧板；7—炮床踏板

火炮上架的结构比较复杂，一般采用铸造法和焊接法。前者造型较困难，且铸钢毛坯较笨重，后者多用钢板焊接，质量较小，目前也有采用混合法制造上架，即将复杂的结构分别铸造，然后再焊接成一体。

3.3.3　下架

牵引式地面火炮的下架（bottom carriage）是支撑回转部分和连接大架及运动体等的构件，是整个炮架的基础。高射炮的炮车本体（或炮床）及海军炮上的回旋支撑装置都起着类似下架的作用。

下架的结构形式取决于它与上架、大架、运动体的连接方式。下架必须具有供回转部分转动的立轴室或立轴、与大架连接的架头轴或连接耳、有容纳行军缓冲装置或车轴的空间和有关的支座等。

下架按其外观形状的不同，一般有以下三种形式。

1. 长箱形下架

长箱形下架的典型结构如图 3—74 所示。下架箱形本体为空心铸钢件。中部有上下立轴，上立轴套着铜垫圈，其前面焊有方向限制铁，以限制上架转动的范围。两端有连接大架的架头轴孔及限制大架转动范围的凸起。左前方有连接方向机的支座，下架本体内腔用于安装行军缓冲器和调平装置。本体正前方有方孔，用于安装调平装置的齿轮，并被盖板盖住。盖板中央有卡铁，用于在行军状态时固定下防盾。

这种下架的特点是结构很紧凑，适用于扭杆缓冲器横向布置的火炮，在中口径牵引火炮上应用广泛。

2. 碟形下架

碟形下架的典型结构如某 122 mm 榴弹炮的下架，如图 3—75 所示。这种下架的立轴室在中部，前面安装车轴与行军缓冲器，后侧有大架驻栓和支撑器，大架驻栓用于将大架固定在开架位置，支撑器用于将摇架和上架固定成行军状态。

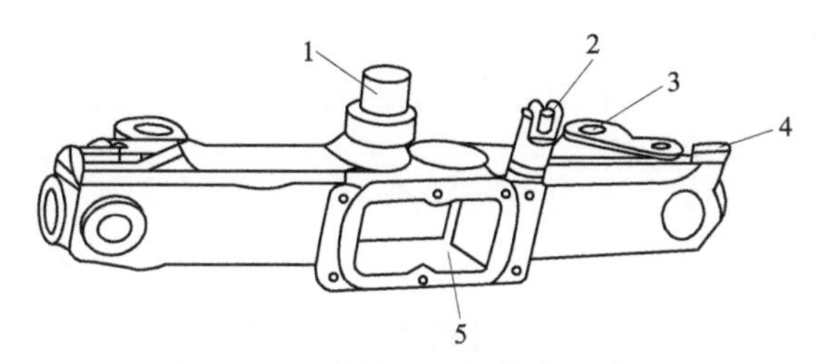

图 3—74　长箱形下架的典型结构

1—上立轴；2—方向机支座；3—架头轴孔；4—限制铁凸起；5—齿轮室

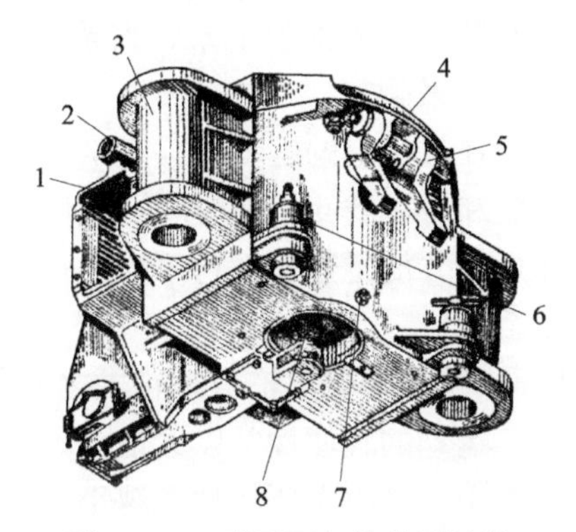

图 3—75　碟形下架的典型结构

1—车轴室；2—方向机支座；3—连接耳；4—方向分划标尺；5—行军支撑器；
6—大架驻栓；7—注油嘴；8—立轴室

这种下架结构较复杂，架体较高，不利于降低火炮的火线高。

3. 扁平箱形下架

对于大口径火炮，为了减小火线高，采用了短立轴带防撬板式上架。此时下架演变成扁平箱体，扭杆可做纵向布置，以达到减小车轮辙距的要求。

扁平箱形下架的典型结构如图 3—76 所示。为了适应短立轴上架和齿弧式方向机的需要，下架本体横向尺寸较大，垂直高度较小，呈扁平箱形。本体的上面有前后支撑面，用于射击时支撑上架，前支撑面的前侧是定向凸缘，与上架防撬板配合。

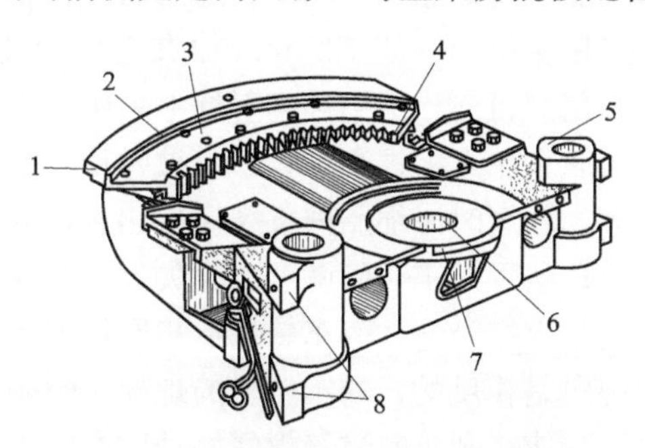

图 3—76　扁平箱形下架的典型结构

1—定向缘；2—定向弧；3—方向齿弧；
4—限制板；5—连接耳；6—立轴孔；7—方向分划标尺；8—限制铁

本体内部为空心，用以安装行军缓冲器、制动器和储气瓶。本体后方有方向分划标尺，用于进行方向角的概略瞄准。

这种下架结构复杂。因其上、下架配合的镜面面积大，立轴孔也大，射击时能承受较大的载荷，一般多用于大口径牵引火炮。

3.3.4 运动部分

火炮运行部分是牵引炮或自行炮运行机构和承载机构的总称。牵引式高射炮的运行部分称为炮车，自行炮和车载炮的运行部分称为车体或底盘，牵引式地面火炮的运行部分常称为运动体。运动体主要由车轮、车轴、行军缓冲器、减振器、刹车装置等部件组成，对于自走火炮，还包括辅助推进装置。这些部件与火炮的下架、大架连接，和牵引车配合牵引全炮。其具体结构则由火炮种类、口径大小来确定。

运动体的性能将直接影响火炮在战场上的运动性，它是火炮机动性的一个重要方面。火炮运动性主要包括火炮的运行速度和行军战斗变换时间。现代战争要求火炮具有良好的运动性，也就是具有在战场上能快速运动并能迅速变换行军战斗状态的性能。一般对火炮运动性有如下要求。

① 运动轻便。减小运动阻力，包括减小车轮与车轮轴之间的摩擦阻力和地面对车轮的滚动阻力。对于一般牵引式火炮，运动的轻便性常以火炮在等速运动中所需的总牵引力与全炮质量的比值大小来表示。其值越小，牵引车所耗功率越小，就可实现快速运动。

② 能通过各种道路。各轮的载荷分布均匀，并能减小车轮对地面的单位面积压力。最低点离地高和火炮外形尺寸应能使火炮通过一般的道路与桥梁。

③ 能高速牵引。提高运动体的缓冲及减振性能，以保证火炮在高速牵引中能经受不断的冲击，平稳行驶。

④ 使用操作轻便。设计的行军战斗固定装置在行军战斗转换时，操作轻便、迅速而安全。

⑤ 工作可靠。各机构的动作灵活，并有足够的强度储备，耐磨性好，能有效地防尘。

1. 车轮

车轮是火炮运动体的主要部件，应尽量选用国家统一标准。根据火炮工作特点，火炮上多采用橡胶车轮，一般分为实胎、海绵胎和气胎（普通气胎与自补气胎）几种。

设计年代较早的火炮有采用实胎的（如 122 mm 加农炮），实胎构造简单，但缓冲性能很差，其他轮胎出现后已不采用。目前，地炮和高射炮上采用最广泛的是海绵胎车轮，海绵胎车轮的优点是缓冲性能较实胎车轮大大提高，且不易被弹片、枪弹击中而丧失作用，故其使用寿命长。其缺点是质量大，行军时海绵胎内部摩擦生热多，可能将海绵胎融化；在长期受压或高温影响下易失去弹性；超过规定时间就会老化失效。为减少摩擦阻力，这种车轮多用锥形滚柱轴承装在车轮轴上。火炮上左、右车轮构造相同，但不能左、右互换。因为车轮轮盘上的螺栓、螺帽的螺纹旋向是相反的，左车轮上的螺栓、螺帽螺纹为左旋，右车轮上的为右旋，为了避免行军中突然减速或刹车时连接螺帽松动，在轮盘上都按牵引方向注有“左轮”和“右轮”的标记。

气胎车轮体积小，质量小，缓冲性能好，甚至不用专门的缓冲装置，散热性好。但普通气胎被弹片击中后易丧失作用。目前发展了一种低压自补气胎，当被弹片、枪弹击中或硬物刺透后能自行修补，延长了使用寿命，西方国家已将其成功地用在自行火炮上，显示了其优于履带车体的性能。

一般根据每个车轮的允许载荷 $[Q]$ 来确定车轮的数目 n，即 $[Q] \geqslant (1.12\sim1.15)Q/n$。$Q$ 为火炮加在车轮上的总载荷。车轮的直径应根据火线高、最低点离地高等因素决定。车轮直径大，行军阻力小，越野性能好，但质量也大。

2. 运动体缓冲器

（1）概述

为了提高火炮的牵引速度，必须设法减小炮架在牵引过程中的受力和振动。解决方法是对炮架进行缓冲及减振。缓冲及减振的性质不同，下面分别说明其作用实质。

当火炮在牵引中由于地面不平或碰到石块等障碍时，车轮就要受到冲击。如果炮架与车轮之间为刚性连接（假如车轮也是刚性的），则炮架亦要受到同样大小的冲击，这种冲击产生的作用力很大。

如果炮架与车轮间通过弹性构件相连，车轮受到的冲击通过弹簧传到炮架上，炮架受力大为减小，它只是弹簧受压后的抗力，弹性缓冲器如图 3－77 所示。缓冲作用实质上就是将车轮所受的瞬时冲击转化为较长时间内赋予炮架较小作用力的过程。

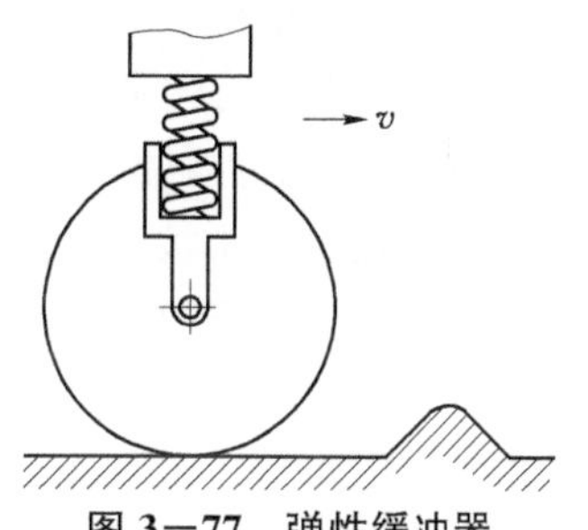

图 3－77 弹性缓冲器

另外，车轮受冲击后在垂直方向上获得的动能变为弹簧的变形能，一次冲击后弹簧要伸张，它所吸收的能量又变为炮架的动能，造成炮架在垂直方向上的自由振动。因地面的冲击是随机的，有时可能出现共振现象，于是炮架振幅增大，构件相互碰撞使架体冲击加剧。因此，在有些高速行驶的火炮上（尤其在现代坦克上）一般都设有减振装置。其作用就是增大阻尼，衰减并消除炮架的振动，使炮架在垂直方向因冲击而获得的机械能通过摩擦不可逆地转化为热能散失于空气中。

缓冲是使炮架受力减小；减振是加大阻尼，衰减炮架的振动。两者的综合作用，其结果是既减小了炮架的受力，又提高了火炮的行驶平顺性，从而提高了火炮高速牵引的性能。

对于牵引式地面火炮，一般行驶速度不高，因此，除靠车轮或缓冲簧起一定减振作用外，不另设减振器，而只设缓冲器。有的牵引炮连缓冲装置也不另设，只是靠车轮的气胎进行缓冲。例如，奥地利 GHN45 式 155 mm 自运榴弹炮。

（2）缓冲器分类

现有的缓冲器可分为弹簧式、橡胶式和气压式三类。气压式多用在坦克炮和自行炮上。

地面火炮的缓冲器为采用弹簧式，主要有三种类型：扭杆式、叠板簧式及圆柱螺旋弹簧式。

1）弹簧式缓冲器

① 扭杆式缓冲器。

扭杆式缓冲器如图 3－78 所示。此缓冲器由构造相同的左右两部分组成，每一部分有扭杆、半轴、杠杆、曲臂、扭杆盖、锥形齿轮和开闭器。通过中间齿轮将左右两边的锥形齿轮连接起来。扭杆装在管状的半轴内，扭杆盖固定在曲臂上。半轴装在下架本体内，内端外表面以花键安装锥形齿轮，外端的光滑圆柱部套着曲臂。曲臂可相对于半轴转动，但不能移动。前端焊有车轮轴，安装车轮。外侧用螺栓与扭杆盖连接。杠杆以花键与半轴连接，杠杆上设有开闭器，用于开闭缓冲器。

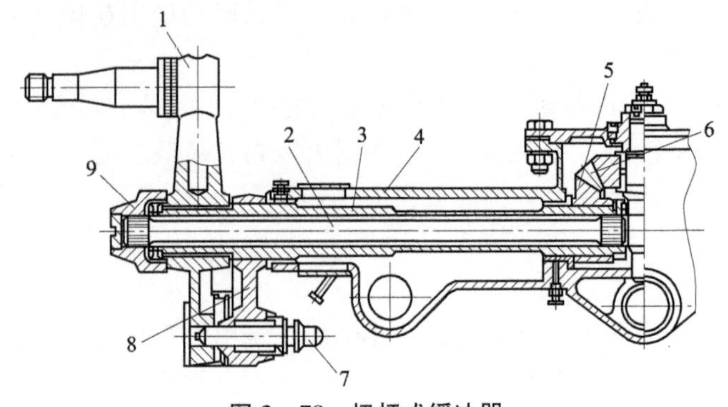

图 3－78　扭杆式缓冲器

1—曲臂；2—扭杆；3—半轴；4—下架本体；5—锥形齿轮；6—中间齿轮；7—开闭栓；8—杠杆；9—扭杆盖

火炮处于行军状态时，开闭栓从曲臂孔中拨出。当车轮在不平的道路上运动时，相对于下架运动，使曲臂绕半轴摆动，带动扭杆旋转，以扭转变形来缓冲火炮的冲击。

如果车轮遇到较大的凸、凹地势，会剧烈跳动，如不从机构上加以限制，扭杆会扭断，所以在杠杆上设有限制铁，限制扭杆的最大扭转角。为减小冲击，在限制铁上装有橡胶缓冲垫。

火炮处于战斗状态，如果缓冲器还起作用，在射击时炮架会产生振动，影响射击精度。因此，杠杆上的开闭栓插入曲臂孔后曲臂就不能相对于杠杆和半轴转动，扭杆不再被扭转，缓冲作用被解除。此时，两边的半轴便可借三个齿轮相对转动，而使火炮四点切实着地，并起调平作用。

扭杆式缓冲器外形简单，便于精加工和强化表面，抗疲劳性能好；能与调平装置结合而置于下架体内；结构紧凑。扭杆可横向布置，也可纵向布置；扭杆刚度较大，内摩擦阻力小，阻尼小。因而减振作用较差，扭杆需合金钢制造；为防止灰尘磨损机件，应注意采用防尘措施。

扭杆式缓冲器目前被广泛用于各类牵引炮和自行火炮。

② 叠板簧缓冲器。

图 3－79 为某 122 mm 榴弹炮的叠板簧缓冲器示意图。该装置和车轴一起装在下架本体前方的车轴室内，叠板簧两端吊在车轴上。钢板套箍套在叠板簧的中段，插入下架本体，由前、后连接筒插入套箍两侧板的孔中与下架连成一体。行军时，整门火炮上部的质量作用在叠板簧的中部，再经过弹簧两端作用在车轴上。车轮受地面冲击时，车轴相对于架体上下移动，引起钢板弹簧弯曲变形而起缓冲作用。

火炮在战斗状态时，开闭栓通过前、后连接筒的内孔而插入车轴中部的孔内，使下架本体与车轴直接相连，既可起到调平作用，又可关闭缓冲器，以保证射击精度。

叠板弹簧容易制造，但表面疵点不易避免，因此容易折断，质量较大。板簧在工作时，各片之间有相对滑动而产生摩擦，工作时能吸收一部分缓冲能量，故其减振性能较好。但其摩擦力不稳定，而且由于摩擦的存在，加大了板簧的刚度，因而降低了缓冲性能。故扭杆式缓冲器出现后，火炮上很少采用此结构。

③ 圆柱螺旋弹簧缓冲器。

图 3－80 为某 37 mm 高射炮的圆柱螺旋弹簧缓冲器示意图。车轮轴通过缓冲器与车轴

连接，行军颠簸时，弹簧受压缩，而起缓冲作用。

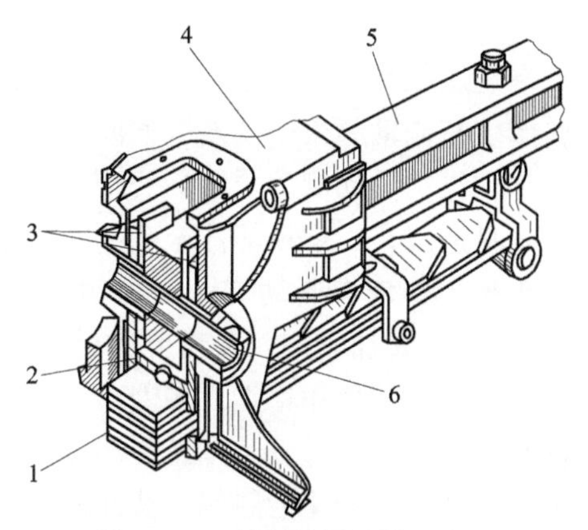

图 3－79　叠板簧缓冲器示意图

1—叠板簧；2—钢板套箍；3—铜滑板；4—下架；5—车轴；6—连接筒

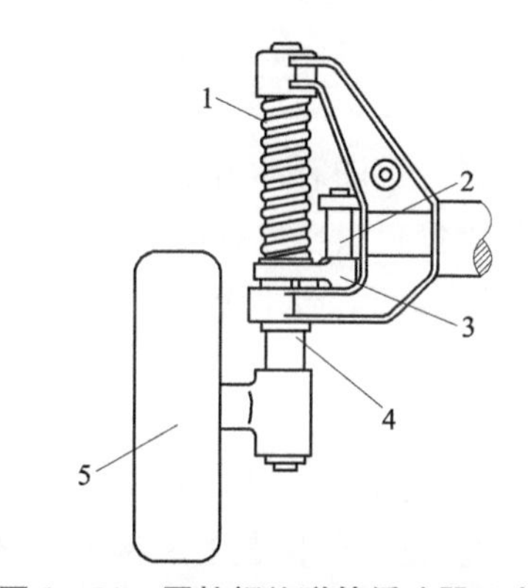

图 3－80　圆柱螺旋弹簧缓冲器示意图

1—缓冲簧；2—定向轴；3—托板；4—缓冲器轴；5—车轮

这种结构较简单，制造与维修都较容易。由于内摩擦阻力小，故阻尼小，振动衰减慢。其轮廓尺寸随着火炮质量加大而加大，故多用于小口径火炮上。

2）橡胶式缓冲器

在旧式火炮中曾采用过橡胶式缓冲器，这种缓冲器由于行军速度的提高，早已被弹簧式缓冲器代替了。但由于一方面它结构简单，另一方面，新型橡胶材料的出现，使其近来又引起人们的注意，有很多新方案出现。图3－81所示是一种有代表性的橡胶缓冲器，曲臂与被缓冲部分用一个很厚的橡胶管连接起来。曲臂的半轴、被缓冲部分都与橡胶管用花齿配合，可传递扭矩。在缓冲时，橡胶管受到扭转载荷。

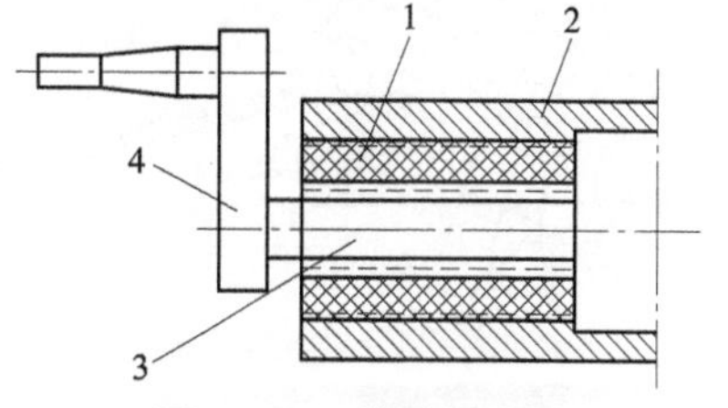

图 3－81　橡胶缓冲器

1—橡胶弹簧；2—下架；3—半轴；4—曲臂

3）气压式缓冲器

气压式缓冲器的弹性元件是气体，它有很多优点：首先，解决了弹性元件的疲劳问题；其次，可改变气压来调节缓冲性能，使它符合不同载荷和不同路面的需要；气压通过活塞作用在车轴上。

气压式缓冲器的特点是缓冲性能好，但结构复杂。当气体有泄漏时，缓冲器失效，因此需要定期检查，且检查维护复杂，故在火炮上应用较少。

3. 制动装置

现代机械牵引的火炮，行军速度较高。在高速行军中，当遇到坑洼、障碍、转弯、桥梁或险情时都要降低速度，因此牵引车制动频繁。从安全方面考虑，对于质量较大的火炮，应设有与牵引车同步的制动装置和独立的手动制动装置。否则，当牵引车紧急制动时，火炮则会以较大的惯性力冲撞牵引车，易造成车、炮损坏甚至翻倒的事故。另外，为保证人力推炮时的安全和射击时的静止性，火炮上也应有制动装置。20 世纪中期的火炮上没有制动装置或仅有手动制动装置。例如，某 85 mm 加农炮，没有制动装置，某 122 mm 榴弹炮上只有手制动装置而没有气制动装置，都给部队使用增加许多困难。

制动装置包括车轮制动器和操纵系统两部分。车轮制动器一般是利用机械摩擦使火炮运行时的动能在很短时间内变为摩擦功，再转化为热能，从而使火炮减速或停止。火炮上多采用蹄片式车轮制动器。操纵系统用于控制车轮制动器，使之产生制动动作，一般都是牵引车与火炮共用气压式操纵系统，以保证车、炮同时制动。

通常火炮上应设置手制动和气制动两套操纵系统，分别控制车轮制动器。手制动主要用在推炮时及发射时制动车轮。

制动装置应该结构简单；能提供足够的制动力矩；动作要灵活可靠，既能与牵引车同步制动，又能及时解脱；便于调整与维修；具有良好的散热性与防尘性。对于手制动，还应有控制左、右车轮同时制动的联动装置和左、右车轮独立制动的机构。

3.3.5 大架

牵引式地面火炮的大架（trails）是指在战斗状态下，支撑火炮以保证射击静止性和稳定性的管状或矩形剖面的长构件。它在行军状态下又构成车体的一部分，起着牵引火炮的作用。

大架有单脚、开脚和多脚式三种。早期的火炮为单脚，现代牵引式地面火炮多为开脚式，多脚式大架常用于高射炮，如图 3－82 和图 3－83 所示。

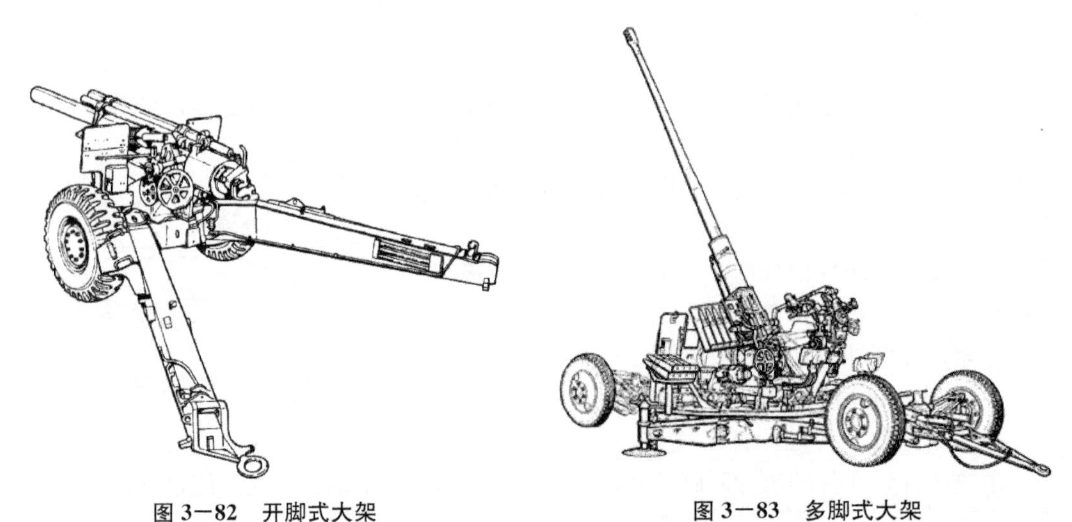

图 3－82　开脚式大架　　**图 3－83　多脚式大架**

一些地面火炮也采用多脚式大架，其目的是将火炮方向射界增大至 360°，如苏联的 122 mm

榴弹炮采用了三脚式大架（图 3－84）。近年来，有的地面火炮上采用四脚式大架，以适应新型火炮总体的要求，如美国的 M777 式 155 mm 轻型榴弹炮（图 3－85）。

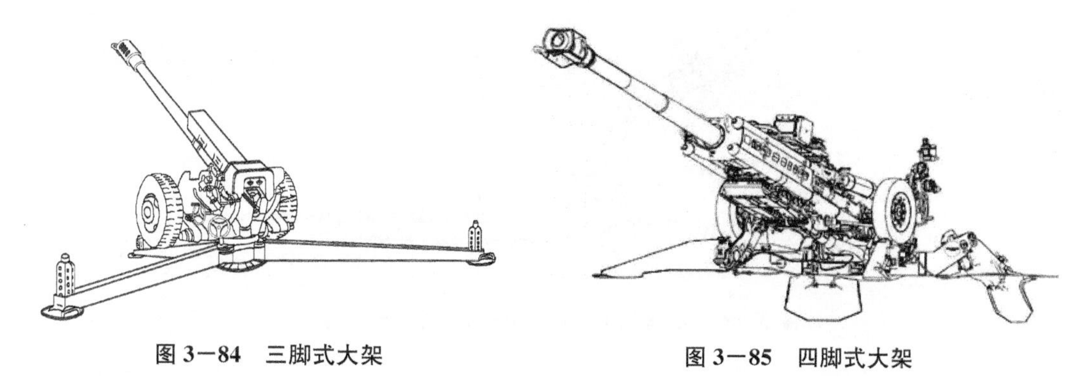

图 3－84　三脚式大架　　**图 3－85　四脚式大架**

另外，有的火炮采用变形的组合式大架。例如，美国的 M102 式 105 mm 榴弹炮采用了一种组合式的单脚式大架（图 3－86），称为鸟胸骨式大架。该大架将上架、下架和大架三者合为一体，由铝合金焊接而成。大架的前端分开，中部为弓形，便于炮手操作和避免影响大射角下炮身的后坐；大架后端又合并在一起，装有滚轮，全炮能绕前座盘的球轴转动，方向射界可达 360°。英国的 L118 式 105 mm 榴弹炮将大架制成马蹄形状（图 3－87），其结构特点与美国的 M102 式 105 mm 榴弹炮大架相同。

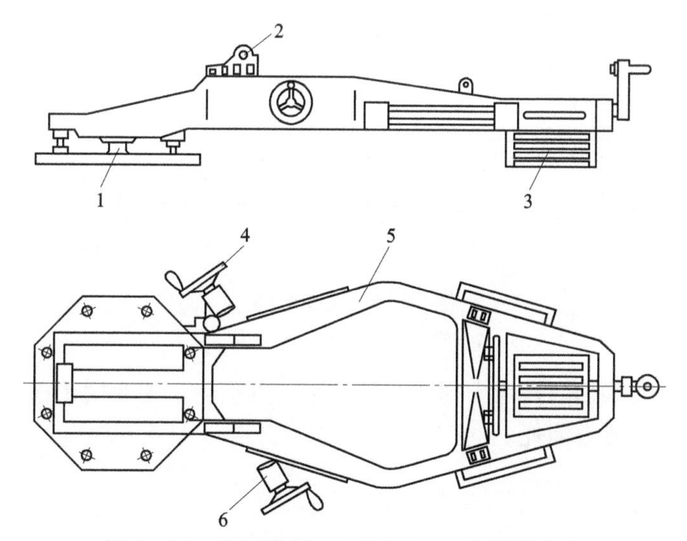

图 3－86　美国的 M102 式 105 mm 榴弹炮大架

1—前座盘球轴；2—炮耳轴座；3—滚轮；4—高低机手轮；5—大架本体；6—方向机手轮

大架架体一般由架头、本体和架尾构成，如图 3－88 所示。架头有铰链轴孔，通过架头轴与下架相连。架尾一般有驻锄、牵引杆和抬架杆等。大架本体多做成矩形或圆形截面的变截面构件。

驻锄是限制火炮移动的构件，主要作用是发射时将作用在炮架上的水平载荷和部分垂直载荷传给地面。其面积的大小与火炮的威力、地面土壤的比压有关。驻锄按操作方式可分为放入式驻锄和打入式驻锄，按安装方式可分为活动式驻锄和固定式驻锄。有的火炮还配置有冬用驻锄和夏用驻锄。

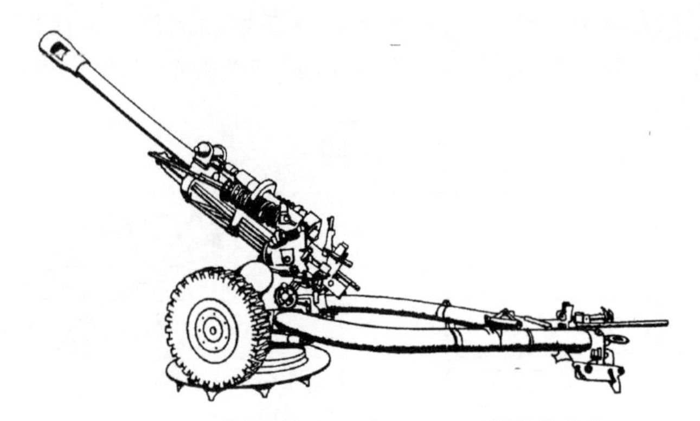

图 3－87　英国的 L118 式 105 mm 榴弹炮大架

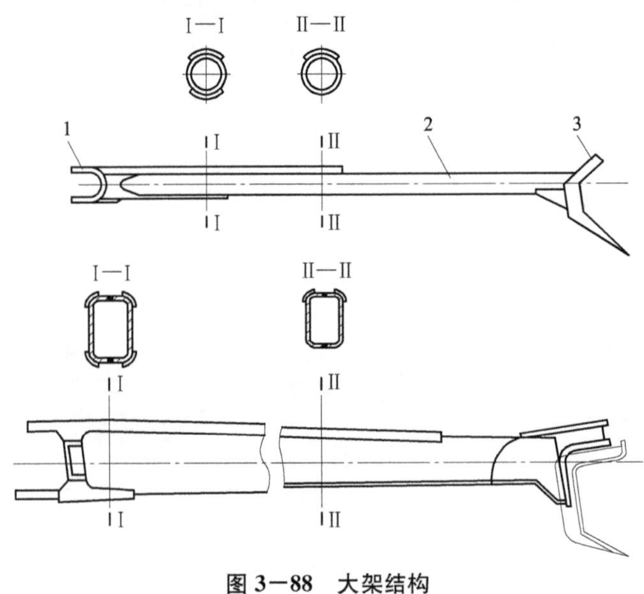

图 3－88　大架结构

1—架头；2—本体；3—架尾

架尾轮是装于大架尾端的作为支撑架尾的一个支点滚轮，主要用于移动火炮位置和变换火炮状态时减小炮手的体力消耗。

3.3.6　调平装置

调平装置（equalizer）的作用是使火炮的各支点在射击时都能与地面接触，并在一定条件下使下架基座平面保持水平。

双脚式和四脚式炮架的火炮有 4 个接地支点。射击时必须四点确实着地，炮架才不会左右摇摆，耳轴不至于倾斜。如地面不平，就很难使四点同时着地，难以保证良好的射击密集度。因此，对有 4 个接地点的火炮，必须设有调平装置。

调平装置一般依附于下架，其结构与下架及缓冲器的结构形式有关。其调平方式有如图 3－89 所示几种。

1. 三点法调平装置

三点法调平装置在地面火炮中被广泛采用，它可分为车轮调平、架尾调平和球轴调平三

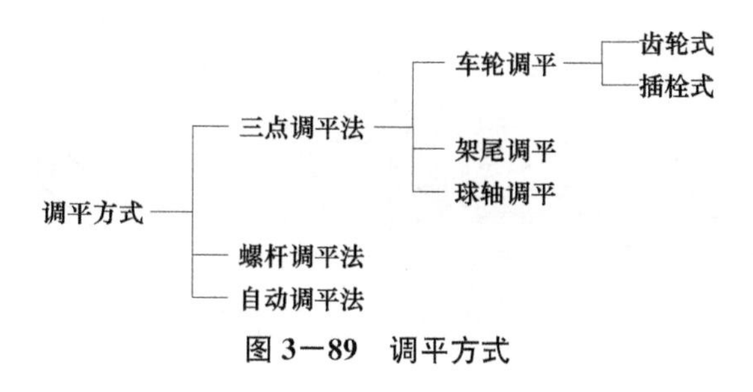

图 3－89　调平方式

种。从结构形式来看，调平装置有插栓式、齿轮式和球轴式等。

车轮调平是让车轮在一定的限度内适应任意倾斜的地面，两车轮着地的左右支点通过调平机构转化为支撑炮架的一个支点。这样下架就可不受车轮倾斜的影响，并可保证四点确实着地。

(1) 插栓式车轮调平机构

某 122 mm 榴弹炮采用插栓式车轮调平机构，如图 3－90 所示。它将插栓插入下架与车轴中间，使车轴可绕插栓相对于下架转动，将车轮的两个支点转化为一个支点，这样就保证了四支点确实着地，并且在驻锄水平时，可保持炮耳轴水平。如果架尾两支点不在同一水平面上，下架平面仍会倾斜。此种结构插栓一般与整体车轴联用，目前应用较少。

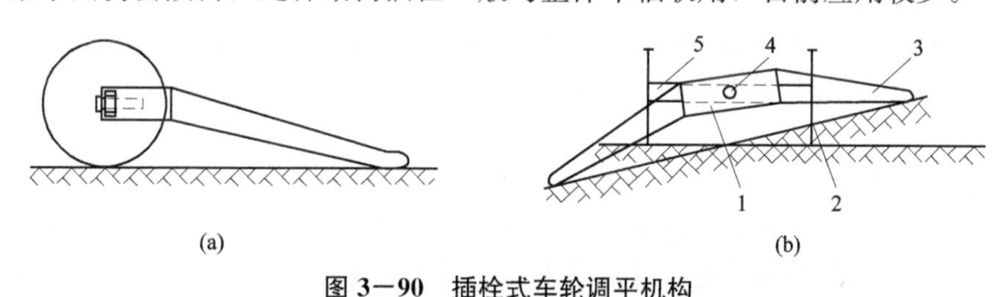

图 3－90　插栓式车轮调平机构

(a) 四点着地下架已平；(b) 四点着地下架不平

1—下架本体；2—车轮；3—大架；4—插栓；5—车轴

(2) 齿轮式车轮调平机构

齿轮式车轮调平机构如图 3－91 所示。此种结构多与扭杆式下架缓冲器联合使用，由装在下架本体内的半轴代替了整体车轴，调平动作是由一边的曲臂带动半轴回转，经中间齿轮使另一边的半轴、曲臂转动，此时缓冲装置不起作用。因此，当地面不平时，两边的半轴可以相对转动。这种机构在车轮和驻锄处的地面相互倾斜 5°～6°的范围内能自动调整到四点着地。

(3) 架尾调平机构

架尾调平机构又称连杆式调平机构，其原理图如图 3－92 所示。当两架尾处于不平地面时，一个大架可绕下架回转，通过连杆带动另一个大架转动，使两个架尾着地简化为一点，以使火炮稳定着地。此结构能在调平范围内（大架左右偏转 6°）使两车轮处于同一水平面内，而两架尾处于高低不平时，火炮仍能保持下架水平。此结构操作方便，也有利于改善大架受力情况。在保证连杆强度的前提下，连杆不宜离下架太远，以防射击时或行军时碰弯。

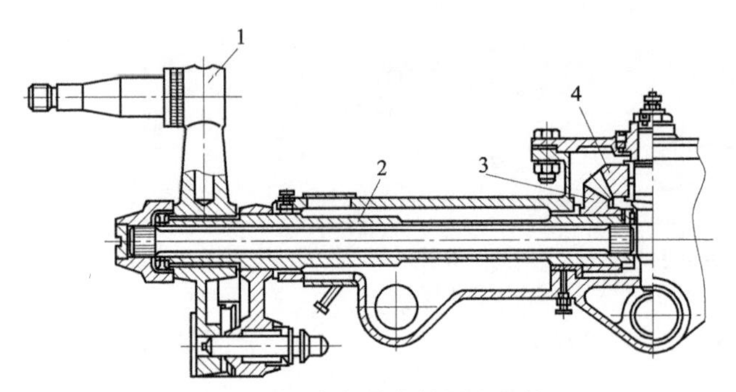

图 3－91　齿轮式车轮调平机构

1—曲臂轮轴；2—半轴；3—扇形齿轮；4—中间锥齿轮

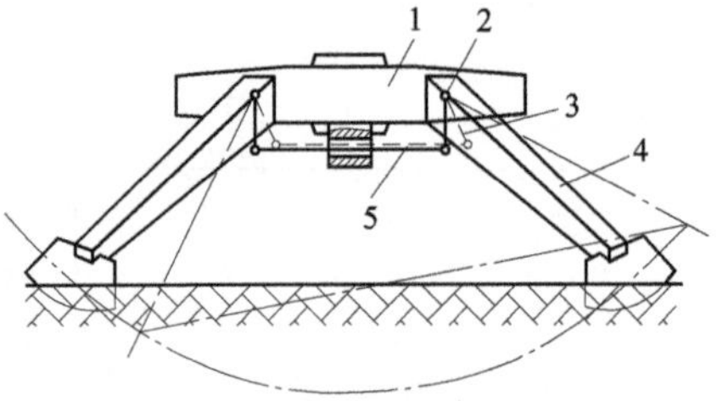

图 3－92　架尾调平机构原理图

1—下架；2—架头插轴；3—插臂；4—大架；5—连杆

（4）球轴调平机构

球轴调平机构通过球轴承使火炮前支点着地，并适应地形的变化，如图 3－93 所示。具有前座盘的牵引式地面火炮，射击时座盘着地，座盘与其上的支架以球轴连接，支架支撑着下架。车轮被抬起离开地面，自然形成三点着地，不需另设专门的调平机构。

这种调平方式有下列优点：射击时车轮离地，免除了轮胎的弹性作用，对提高射击稳定性有利；射击时车轮不承载，有利于减小车轮尺寸和质量；有利于解决复进稳定性和抬架力之间的矛盾。这是因为，可以将座盘支在车轮的前面，增大了射击时前支点到全炮质心的距离，从而提高了复进稳定性。当车轮着地时，由于车轮靠近全炮质心，因而减小了抬架力。

这种机构的缺点是需用千斤顶抬起火炮，才能变换战斗状态与行军状态，转换的时间较长。

2. 螺杆调平装置

螺杆调平方式广泛用在高射炮中。它利用 3～4 个相同的杠起螺杆，在射击时作为火炮的支撑点，各支点均能确实着地，并借助水平仪调节炮车达到水平，以保持炮耳轴的水平。图 3－94 是某高射炮的杠起螺杆。杠起螺杆应能自锁，以防火炮自动下落。

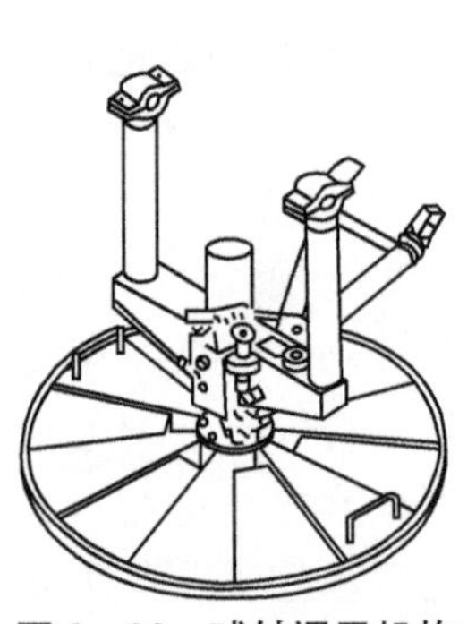

图 3－93　球轴调平机构

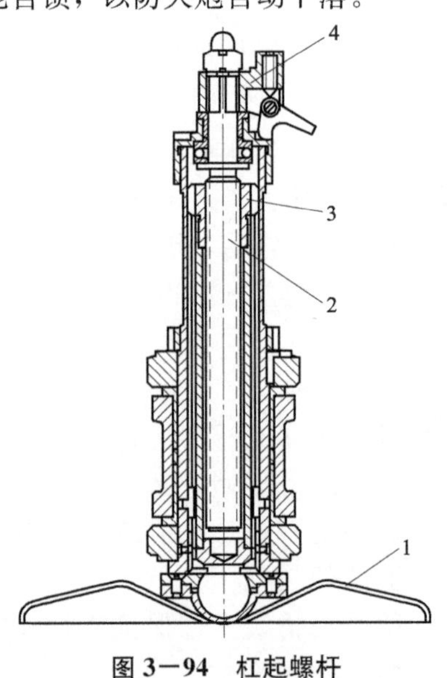

图 3－94　杠起螺杆

1—座板；2—螺杆；3—螺筒；4—转把

螺杆调平操作费力，传动效率较低。目前在大口径高炮上有采用滚珠丝杠结构的杠起螺杆，将丝杠的滑动摩擦变为滚动摩擦，可提高传动效率，操作省力。

3. 自动调平装置

瑞士 GDF 式 35 mm 双管高射炮上装有由电力一液压控制的支点升降系统，按下调平按钮，火炮可自动调整到水平位置，自动调平操作十分方便，但结构比较复杂。

3.3.7　平衡机

1. 平衡机的作用原理

威力较大的地面火炮，身管都较长。为了降低火线高，增大后坐长度，以及便于装填炮弹和安装其他机构等原因，火炮的耳轴一般靠近炮尾布置，使得起落部分的质心不与耳轴重合，而是相对于耳轴前移，产生一个起落部分对耳轴的重力矩 $M_q=m_q g l_q \cos\varphi$，起落部分受力如图 3—95 所示。其中，$m_q$为起落部分的质量，$l_q$是射角 $\varphi=0°$时起落部分质心至耳轴的距离。

在此情况下，起落部分的重力矩 M_q传递到高低机齿弧上，对其产生一个相当大的作用力 F_g，形成力矩 $F_g \cdot \rho$（ρ 为耳轴至齿弧节圆的半径）。这样，当需赋予炮身高射角时，则十分费力，以至人力不能胜任；而需小射角时，由于重力矩 M_q作用，将在高低机齿轮、齿弧间产生冲击和振动。

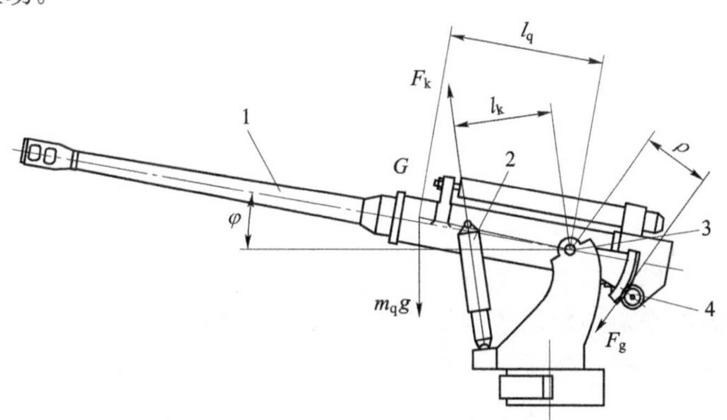

图 3—95　起落部分受力图

1—起落部分；2—平衡机；3—耳轴；4—高低机齿轮

为避免上述情况，需在耳轴前方（或后方）对起落部分外加一个作用力（推力或拉力）F_k，形成对耳轴的平衡力矩 $M_k=F_k \cdot l_k$，其方向与重力矩 M_q相反，使两力矩相等或接近，保持差值 ΔM（$\Delta M=M_q-M_k$）为一个较小的值，从而使 F_g保持在一定的范围内，这样就可以使人力转动高低机赋予炮身高射角时轻便，向下赋予炮身小射角时平稳无冲击。

提供平衡力的方式一般有两种：配重平衡和平衡机平衡。

（1）配重平衡法

配重平衡法是在火炮耳轴的后方（炮尾或摇架上）添加适量的配重，使起落部分相对耳轴完全平衡。这样，不但可使火炮高低机转动时手轮力很小，而且还可避免安装火炮的平台颠簸、振动对其的影响。缺点是增加了火炮的质量。该方法多用在坦克炮和舰炮上。

（2）平衡机平衡法

平衡机平衡法需用专门的机构或装置来施加一个与火炮起落部分重力作用相反的力来平

衡起落部分的重力矩。与配重平衡相比，平衡机的结构紧凑、质量小，缺点是结构复杂、不能保证火炮所有射角范围完全平衡。这种方法广泛应用于各类火炮（除坦克炮、舰炮等外）上。

由于起落部分的重力矩是射角的余弦函数，而平衡力矩则随平衡机构或装置的不同而变。如果在火炮的整个射角范围内平衡力矩与重力矩相等，称为完全平衡；如果只在特定的射角位置上平衡力矩与重力矩相等，则称为不完全平衡。显然，配重平衡是完全平衡的，而采用平衡机平衡只能做到不完全平衡。

平衡机（equilibrator）的结构类型较多，一般可分类如图 3－96 所示。

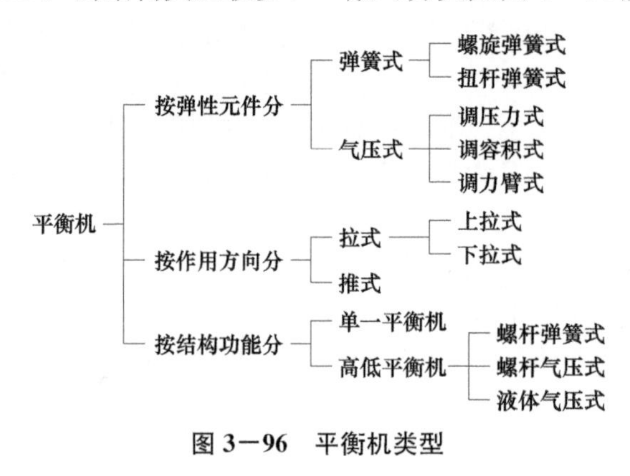

图 3－96 平衡机类型

2. 弹簧式平衡机

弹簧式平衡机（spring equilibrator）的结构简单，性能不受环境温度的影响，维护方便，但质量较大，多用于中小口径的火炮上。按照弹簧力施加的位置，又可分为推式和拉式两种结构类型。

（1）推式弹簧平衡机

这种平衡机提供的平衡力作用于火炮耳轴的前方，方向向上，支撑起落部分，其示意图如图 3－97 所示。这种结构多用于地面火炮，如某 122 mm 榴弹炮的平衡机。

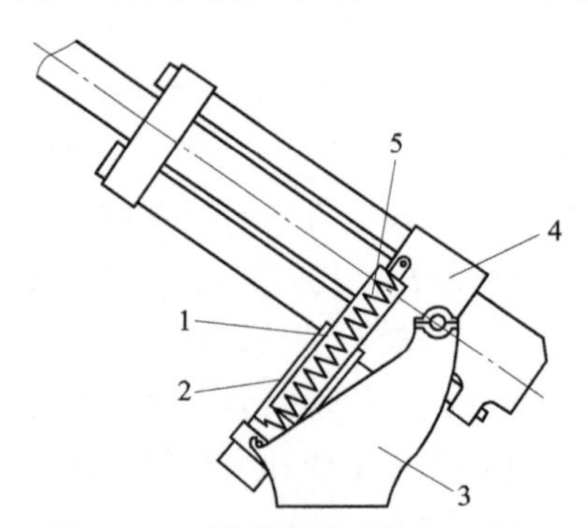

图 3－97 推式弹簧平衡机示意图

1—内筒；2—外筒；3—上架；4—摇架；5—弹簧

平衡机通常由内筒、外筒、螺杆、弹簧等组成。弹簧两端支撑在内、外筒的端盖上，外筒装在上架的支臂上，内筒上的螺杆与摇架相连。射角增大时，弹簧伸长，推力减小；射角减小时，弹簧压缩，平衡机推力增大。如需调整弹簧的初始力，可拧动内筒盖上的调整螺母。

（2）拉式弹簧平衡机

该种平衡机提供的平衡力对起落部分施加一个拉力，以平衡其重力矩。拉式平衡机又可分为上拉式（图3—98）和下拉式（图3—99）两种。其中，下拉式结构多用于高射炮上。

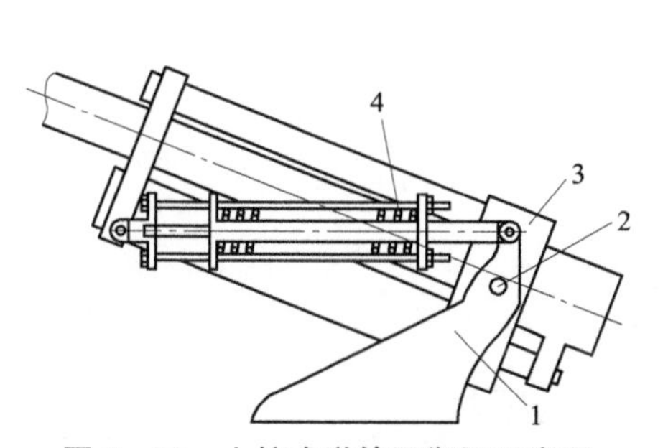

图3—98　上拉式弹簧平衡机示意图

1—上架；2—耳轴；3—摇架；4—弹簧

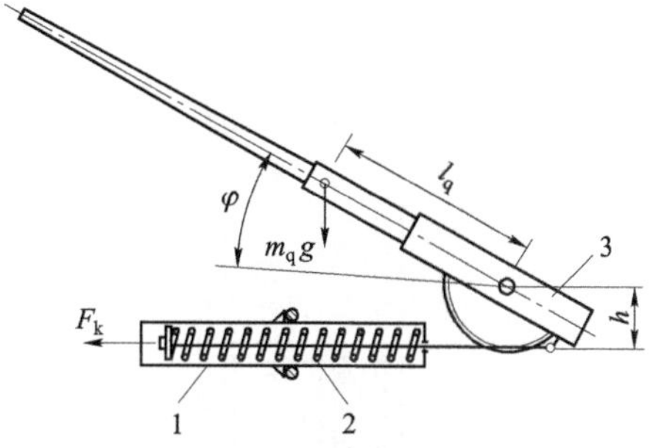

图3—99　下拉式弹簧平衡机示意图

1—外筒；2—弹簧；3—摇架

弹簧式平衡机的另外一种类型是扭杆式平衡机。该种平衡机是利用弹性杆件的扭转变形能来产生平衡力矩，其特点是结构简单、质量小、维护方便。德国的PzH 2000式155 mm自行榴弹炮就采用了扭杆式平衡机。

3. 气压式平衡机

气压式平衡机（pneumatic equilibrator）以气体为弹性元件，由压缩气体产生抗力来提供平衡力。这种平衡机多为由内外筒组成的气缸结构，内外筒的一端通过球轴分别与上架和摇架相连。筒内充有一定压力的空气或氮气，用密封装置和少量的液体密封，其液量需保证在任何射角时液体都能盖住紧塞具。图3—100所示是一种典型的气压式平衡机。

火炮起落部分俯仰时，内外筒发生相对移动，筒内的容积发生变化，气体压强随之而变。对于推式平衡机，火炮射角减小时，气体压强增大；火炮射角增大时，气体压强变小。如此，气体压力通过外筒铰接点作用于摇架，对耳轴形成平衡力矩，用以平衡起落部分的重力矩。图3—101为某榴弹炮气压式平衡机的工作特性曲线，其中，M_q为起落部分的重力矩，M_g、M_d分别为打高射角和打低射角时的平衡力矩，M_g和M_d不同是由于摩擦力的影响。

气压式平衡机的特点是结构紧凑，质量小。缺点是平衡力矩易受环境温度的影响，因而气压式平衡机通常需要设置温度调节或补偿器。温度补偿的方法有：调压力法、调容积法和调力臂法。其中，调容积法需要在平衡机的外部增设一个调节容积的装置，通常是一个可移动的活塞，当环境温度改变超过一定范围时，驱动活塞移动，即可改变平衡机的容积，从而调节气体压力，使得平衡力矩满足工作要求；调压力法需要设置高压气源或液压源，通过进、排气（或液体）调节平衡机的气压；调力臂法则是通过上（或下）支点的位置调整，从而改变平衡力的力臂，对温度的影响进行补偿。

对于射角变化范围较大的火炮，为了适应火炮在最大或最小射角两端对平衡力矩的要求，有的火炮平衡机设置了补偿弹簧，以便在射角超过某一个值时，改变平衡机的平衡力。

如果采用两个平衡机对称布置，应将左右平衡机用导管连通，使它们的气压相等。有的火炮为了补充气体方便，附带气瓶，气瓶用导管与平衡机连接。

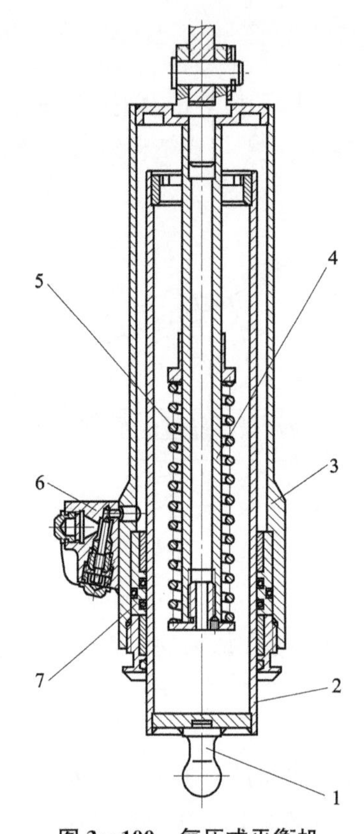

图 3－100　气压式平衡机

1—球轴；2—内筒；3—外筒；4—导杆；
5—补偿簧；6—开闭器；7—密封装置

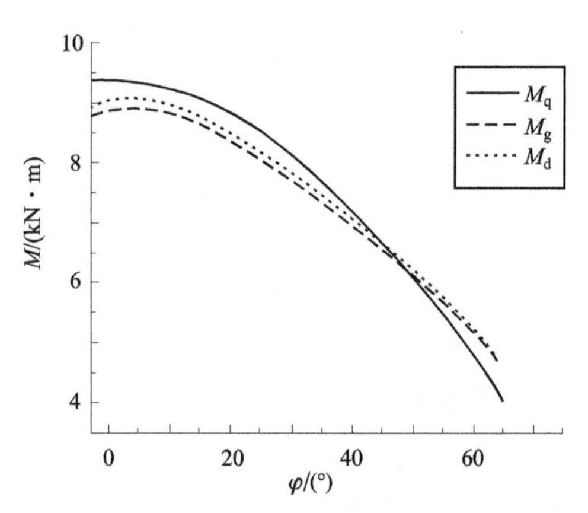

图 3－101　气压式平衡机的工作特性曲线

高低平衡机是兼有平衡机和高低机双重作用的装置，多用于一些轻型火炮中。美国的 M102 式 105 mm 榴弹炮采用了由螺杆式高低机与弹簧式平衡机组合形式，是一种典型的高低平衡机结构。另外，也可以将螺杆式高低机与气压式平衡机组合成螺杆气压式高低平衡机，将液压缸与气压式平衡机组合成液体气压式高低平衡机。

3.3.8　瞄准机

1. 瞄准机的作用

火炮在发射前必须进行瞄准。瞄准就是赋予炮身轴线在水平面内和垂直面上处于正确位置的动作过程，以使射击时弹丸的平均弹道通过预定的目标。在水平面上进行的瞄准称为方向瞄准，在垂直面内进行的瞄准称为高低瞄准，完成这两个动作的动力传动机构分别称为方向机和高低机。火炮瞄准机是方向机和高低机的总称，是火炮瞄准系统的一个组成部分。它按照火炮瞄准装置或指挥仪所设定的射击诸元来赋予炮身一定的俯仰角和方位角。

2. 高低机

高低机是驱动火炮起落部分转动、赋予炮身俯仰角的动力传动装置。通常由手轮、传动链、自锁器及有关辅助装置等组成。在有外能源驱动的情况下，还设置有手动与自动转换装置及变速装置等。

高低机布置在起落部分与上架之间。其传动链末端构件中的一部分与摇架相连，另一部分应固定在上架上。

根据传动链末端驱动起落部分的构件不同，高低机可分为螺杆螺母式（简称螺杆式）、齿轮齿弧式（简称齿弧式）和液压式三种类型。

齿轮齿弧式高低机是火炮中最常见的结构形式，图3—102是该类高低机的一种典型结构形式。这种高低机在其传动链的末端有齿轮齿弧副。为保证自锁，常采用一对蜗杆蜗轮副。另外，在传动链中，还可采用锥齿轮或圆柱齿轮传动，以调整手轮位置，便于炮手操作。

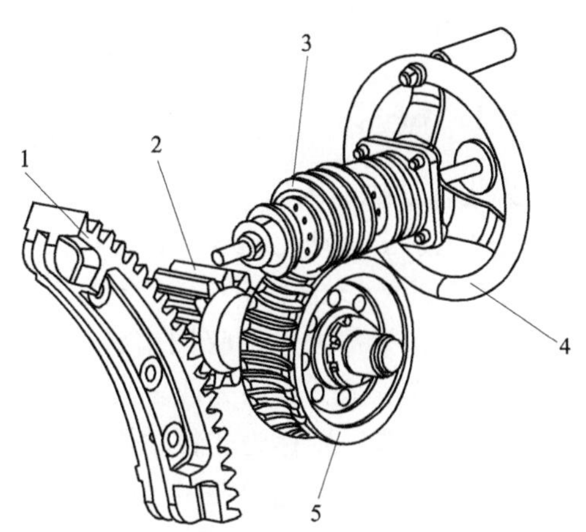

图3—102　齿轮齿弧式高低机典型结构形式

1—齿弧；2—主齿轮；3—蜗杆；4—手轮；5—蜗轮

采用蜗轮蜗杆传动的特点是结构简单且具有自锁功能，传动中只能由蜗杆带动蜗轮旋转，而不能反向传动，这样可以使瞄准后炮身的轴线不会自行改变。为保证自锁可靠，蜗杆螺旋角取得较小，一般为3°～6°。但是，保证了自锁性能会使摩擦力增大，传动效率较低。

3. 方向机

方向机是驱动火炮回转部分转动、赋予炮身方位角的机械传动装置。通常由手轮、传动链、自锁器、空回调整器及有关的辅助装置等组成。在有外能源驱动的情况下，还设有手动与自动转换装置及变速装置等。

方向机布置在回转部分与下架之间。其传动链末端构件中有一部分与上架相连，另一部分应固定在下架上。根据传动链末端驱动回转部分的构件不同，方向机一般分为螺杆螺母式、齿轮齿弧式（或齿轮齿圈式）两种类型。另外，还有一种适于特殊架体的地面滚轮式方向机。

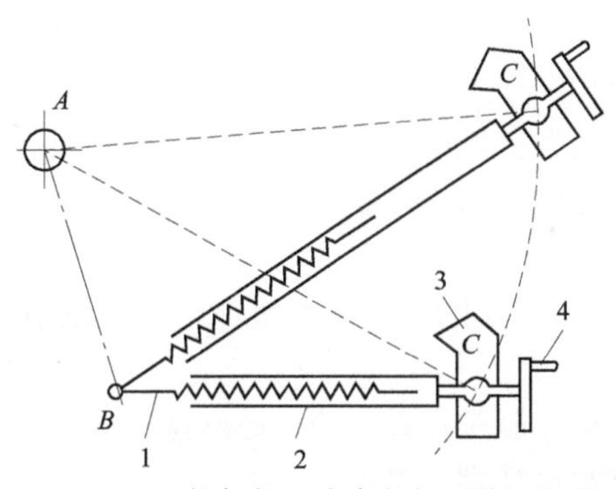

图3—103　螺杆螺母式方向机工作原理图

1—螺杆；2—螺筒；3—上架支臂；4—手轮

常见的方向机多为螺杆螺母式。这是一种利用螺杆、螺筒（螺母）相对转动而带动回转部分转动的机构，是方向机中最简单的一种结构形式，其工作原理如图3—103所示。

螺杆以叉形接头与下架本体上B点铰接，螺筒以球形轴装在上架支臂C点上。螺杆与螺筒啮合。A点是回转部分立轴的中心，转动手轮时，带动螺筒旋转，但螺杆不能转，只能绕B点做方向摆动，螺筒在螺杆上轴向移动，使BC间的距离变化，迫使上架的C点以A点为圆心、AC为半径做弧形运动，从而带动回转部分绕A点在水平面上转动，获得所需要的方位角。

为了操作方便，常将螺杆倾斜布置，即A、B两点不在同一平面内，这也有利于提高瞄准速度。

3.4 火炮自动机

3.4.1 概述

1. 火炮自动机的组成

根据火炮射击自动化的程度，可将火炮分为自动炮、半自动炮和非自动炮三类。

自动炮（automatic gun）是指能自动完成重新装填和发射下发炮弹的全部动作的火炮。这些动作一般包括：击发、收回击针、开锁、开闩、抽筒、抛筒、供弹、输弹、关闩和闭锁。若上述动作一部分自动完成，另一部分由人工完成，则此种火炮称为半自动炮。若全部动作均由人工完成，则称为非自动炮。自动炮能进行连续自动射击，直至射手停止射击或弹夹（弹匣或弹带）内的炮弹耗尽（或剩一发）为止，而半自动炮和非自动炮则只能进行单发射击。

火炮自动机（automatic mechanism of gun）是指自动完成重新装填和发射下发炮弹，实现连发射击的各机构的总成。通常应包括以下机构（装置或构件）。

炮身：包括身管、炮尾和炮口装置。与非自动炮一样，身管的作用是赋予弹丸一定的飞行方向和炮口速度，并使其具有一定的自转角速度。

炮闩：包括关闩、闭锁、击发、开闩和抽筒等机构。与这些机构相对应，它将完成开闩和关闩、开锁和闭锁、击发、抽筒等动作。

供弹和输弹机构：用来依次向自动机内供给炮弹，并把最前面的一发输入炮膛。

反后坐装置和缓冲装置：用以吸收未被自动机工作所消耗的后坐动能，控制火炮的后坐与复进运动，并减小射击时作用于炮架的力。

发射机构：用以控制火炮的射击。

保险机构：用于保证各机构可靠地工作和正确地相互作用，以及保障勤务操作的安全。

除上述主要机构外，自动机还有若干辅助机构或装置。例如，首发启动或装填、为更换身管以及分解结合自动机等操作所设置的机构。采用这些机构可以减少操作和减轻炮手的负担。

自动机的这些机构通常连接或固定在炮箱（或摇架）上组成一个整体，并安装在炮架上。

自动炮按其用途又可分为陆用自动炮、航空自动炮和舰载自动炮等。虽然这些自动炮的自动机由于使用条件不同而有所差异，但在结构原理和设计理论是基本一致的。

2. 火炮射速与自动机的射频

对于自动炮来说，火炮发射速度是其主要战术技术指标。发射速度（rate of fire）又称射速，是指火炮在单位时间内能够发射的弹丸数量。

火炮的理论射速取决于自动机的循环频率，即射击频率（射频）。

现代空中目标的飞行速度不断提高，目标位置变化极快，使得每发弹丸的命中概率变得很低。为了抓住战机消灭目标，必须增加射击时的火力密度，即增加单位时间内对目标的射弹数，亦即提高自动机的射频。

火炮自动机有固定一种射频的，也有两种射频或多种射频的。通常将有一种射频以上的自动机称为变射频自动机。变射频是根据战术上的使用要求而提出的。现代火炮自动机具有多用途性，既可对付空中的快速飞行目标，也可对付地面上慢速运动的目标。对付空中目标无论从提高毁歼概率的角度出发，还是从提高武器系统生存能力的角度出发，都要求火炮自动机具有较高的射频。当自动炮对地面目标射击时，为了更有效地利用炮弹，提高射击精度，可降低射速使用。

高射速是获得对飞行目标高毁歼概率所追求的。但同时高射速又给自动机带来高的运动速度和高的撞击速度，最终加大身管的炮口振动。弹丸始终在炮口振动中射出，影响射击密集度，加大了射弹散布。这样的射速对首发命中率要求较高的地面装甲目标射击效果显然是不好的。降低射速主要是为了减小火炮振动对射击精度的影响，以提高命中率，同时又能有效地减少弹药的消耗。

为了提高射击效果，对不同运动速度和性质的目标采用不同的射速，是变射频的基本设计指导思想。如某 25 mm 战车炮，射击条件相同，只改变射频，立靶密集度值就有明显的改变：

射频 100 发/min 时，立靶密集度小于 1.0 mil×1.0 mil；

射频 400 发/min 时，立靶密集度为 2.0 mil×3.0 mil。

例如，某采用变射频技术的双联 30 mm 舰炮，自然射频 1 000 为发/min，控制射频为 250～400 发/min。用自然射频对付空中目标，用控制射频对付海（岸）上目标。国外较早采用变射频的火炮有美国 M163 式 20 mm 六管自行高炮、M167 式 20 mm 六管牵引高炮，对空射击射频为 3 000 发/min，对地面目标射击射频为 1 000 发/min。3 000 发/min 射频时，后坐阻力为 7 170 N；1 000 发/min 射频时，后坐阻力为 2 390 N。减小后坐阻力，同样有助于提高射击密集度。

3.4.2　自动机工作原理及分类

随着科学技术发展，为了满足不同战术和不同作战条件的需要，产生了各种形式的火炮自动机。根据自动机所利用能量的不同和结构的特点，把火炮自动机分为内能源自动机和外能源自动机。

内能源自动机包括：导气式自动机；炮闩后坐式自动机；炮身后坐式自动机；复合式自动机（前三种方式中任两种组合的自动机）；转膛式自动机；内能源转管式自动机。

外能源自动机包括：外能源转管式自动机；链式自动机。

1. 炮闩后坐式自动机

图 3－104 所示为炮闩后坐式自动机结构原理图。这种自动机的炮身与炮箱为刚性连接，炮闩在炮箱中后坐和复进，并作为带动各机构工作的基础构件。

发射时，作用于药筒底部的火药燃气压力推动炮闩后坐，抽出药筒，并压缩炮闩复进簧以储存能量。炮闩在其复进簧作用下做复进运动的同时，把炮弹推送入膛。这种自动机的供弹机构通常利用外界能源驱动，如弹匣或弹鼓中的弹簧能量，当然也可利用炮闩的能量。

炮闩后坐式自动机根据炮闩运动的特点还可分为自由炮闩式自动机和半自由炮闩式自动机。

自由炮闩式自动机的炮闩在发射过程中不与身管连接，在炮膛轴线方向可以近似自由运动，它主要依靠本身的惯性起封闭炮膛的作用。击发后，当火药燃气作用于药筒向后的力大

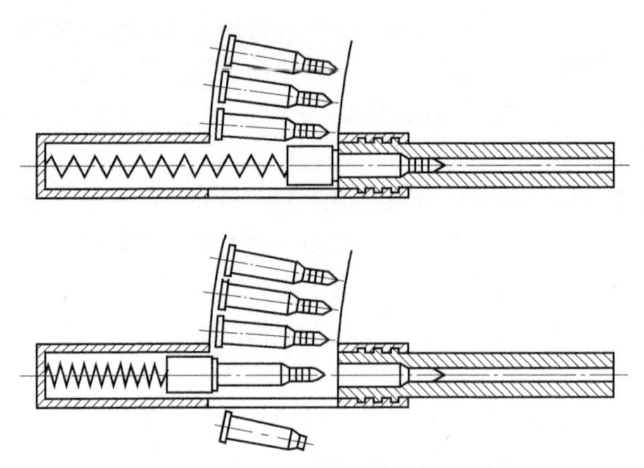

图 3－104　炮闩后坐式自动机结构原理图

于药筒与药室间的摩擦力和附加在炮闩上的阻力时，炮闩就开始后坐并抽筒，因此，这种自动机抽筒时膛内压力较大，容易发生拉断药筒的故障。为了减小炮闩在后坐起始段的运动速度，需要增大炮闩的质量。可见，具有笨重的炮闩是自由炮闩式自动机的特点。

自由炮闩式自动机的优点是结构简单，理论射速高。缺点是抽筒条件差、故障多，炮闩质量大。这种结构过去曾应用于小威力的火炮自动机，如瑞士厄利空（Olerlikon）20 mm 高射炮就采用这种结构，现在已很少采用。

采取某种机构来制动炮闩在后坐起始段运动的自动机称为半自由炮闩式自动机，这种结构在火炮自动机中较少采用。

2. 炮身后坐式自动机

炮身后坐式自动机又分为炮身短后坐式自动机和炮身长后坐式自动机。

（1）炮身短后坐式自动机

这种自动机结构原理是利用炮身后坐（炮身的后坐长度小于炮闩的后坐长度，且小于一个炮弹长度）来带动自动机其他机构工作，完成射击循环，如图 3－105 所示。这种自动机的身管与炮尾在炮箱或摇架内后坐与复进。炮身是带动各机构工作的基础构件。击发后，炮身与炮闩在闭锁状态下一同后坐一短行程（占炮闩行程的 1/2～2/3）；在随后的后坐或复进过程中，利用开闩机构完成开锁、开闩和抽筒。图 3－105 中，λ_{ps}是炮身后坐长度，λ_{st}为炮闩后坐长度。炮身短后坐式自动机的优点是：可以控制在后效期末时开锁、开闩和抽筒，所以抽筒条件好，后坐阻力较小；循环时间短，理论射速高。这种自动机的缺点是结构较复杂。

在火炮自动机中，炮身短后坐结构应用得很广泛。几乎各种中、小口径的火炮自动机都有采用炮身短后坐结构的例子，如瑞士苏罗通－20、苏－23，我国的 37、57 mm 高射炮，等等。

炮身短后坐式自动机，根据炮身和炮闩运动不同的相互关系，还对应有多种循环图。

（2）炮身长后坐式自动机

图 3－106 所示是炮身长后坐式自动机结构原理图。这种自动机的基础构件是炮身和炮闩。击发后，炮身与炮闩一起后坐（其后坐长略大于炮弹长）；开始复进时，炮闩被发射卡锁卡在后方位置，炮身继续复进完成开锁、开闩和抽筒动作。炮身复进终了前，通过专门机

构解脱炮闩，炮闩便在复进簧作用下输弹入膛，并进行闭锁和击发。

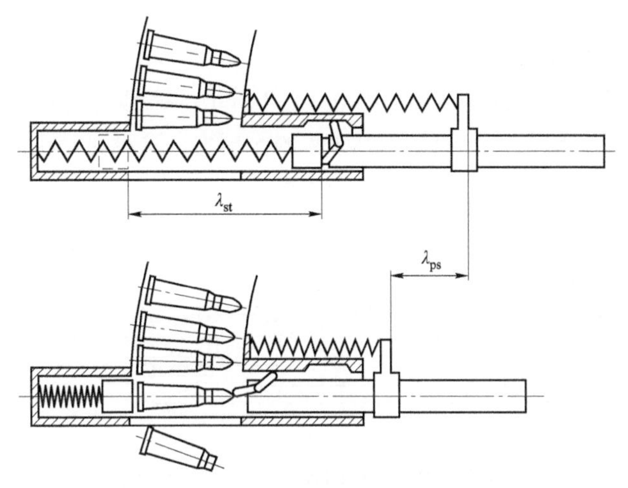

图 3－105　炮身短后坐式自动机结构原理

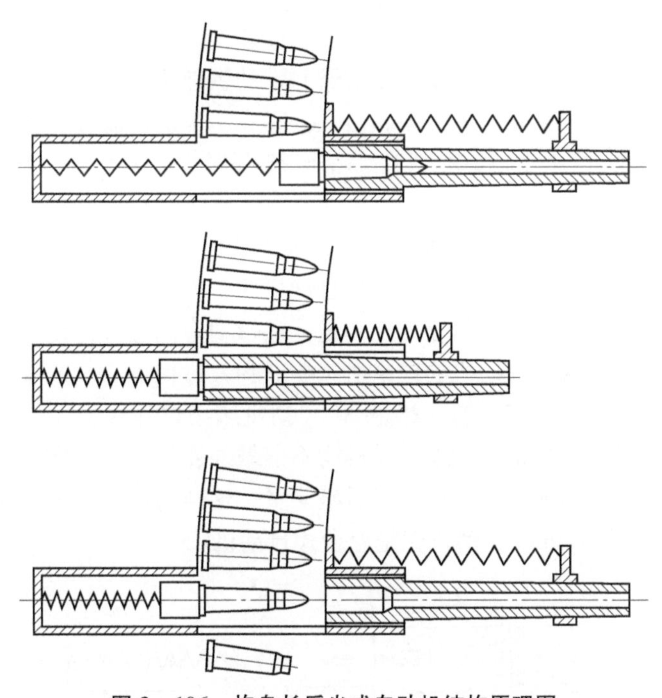

图 3－106　炮身长后坐式自动机结构原理图

这种自动机的优点是后坐阻力小，结构比炮身短后坐式的简单。缺点是理论射速低，其原因是后坐长度增大后，炮身后坐和复进时间就长，加上各机构又依次动作，所以自动机循环时间就比短后坐式自动机要长得多，理论射速也就低得多。例如，德国克鲁伯－37 自动机的理论射速仅 120 发/min，维克斯－37 自动机的理论射速仅 100 发/min。正因为如此，长后坐式自动机未被广泛采用。

3. 导气式自动机

这种自动机又称气退式自动机。它是利用由炮膛内导出的火药燃气的能量来驱动自动机各机构工作。根据炮身和炮闩运动关系的不同，可把此类自动机分为两种：炮身不动的导气式自动机、炮身运动的导气式自动机。

（1）炮身不动的导气式自动机

炮身不动的导气式自动机结构原理如图 3－107 所示。这种自动机的炮身与炮箱为刚性连接，不产生相对运动。但是，为了减小对架体的作用力，这种自动机通常都在炮箱与摇架间设有缓冲器。这样，整个自动机会产生缓冲运动。

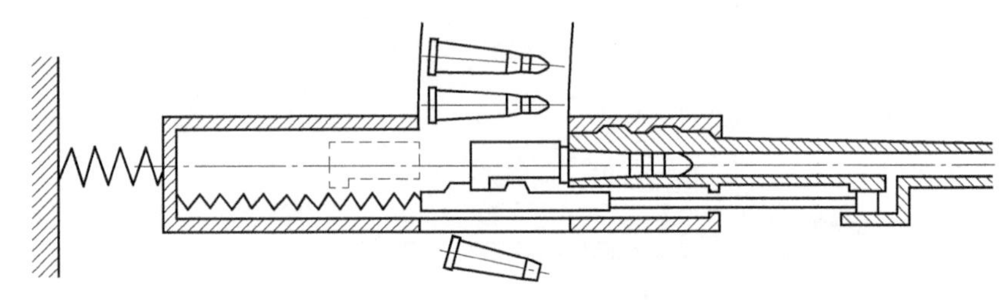

图 3－107 炮身不动的导气式自动机结构原理

击发后，当弹丸经过身管壁上的导气孔后，膛内的高压火药燃气通过导气孔进入导气装置的气室，推动气室中的活塞运动，活塞带动活塞杆并使自动机活动部分向后运动，进行开锁、开闩和抽筒等动作。与此同时，压缩复进簧并带动供弹机构工作。炮闩后坐停止后，在复进簧作用下复进并推弹入膛，而后闭锁、击发，完成一个射击循环。属于此类的自动机有英国的 MK－20，苏联的 Б－20、BЯ－23、AM－23 等。

（2）炮身运动的导气式自动机

炮身运动的导气式自动机结构原理如图 3－108 所示。这种自动机的炮身可沿炮箱后坐与复进，而炮箱与摇架之间为刚性连接。这种自动机的工作情况与炮身短后坐式自动机有些相似，不过，这时起加速机构作用的是导气装置，它带动炮闩进行开锁、开闩，并使供弹机构工作。与第一种相比，这种自动机的理论射速要低些，机构也要复杂些，因此，在导气式自动机中应用得较少。法国哈其开斯－25 和 37 自动机属于这种形式，它的供弹方式是弹匣供弹，亦即供弹利用了外界能量。如果供弹机构不依靠外界能量而由炮身运动来带动，那么自动机工作既利用了导气的能量，又利用了后坐能量，这样的自动机称为混合式自动机，德国 41 式 50 mm 和 43 式 37 mm 自动机就是混合式自动机。

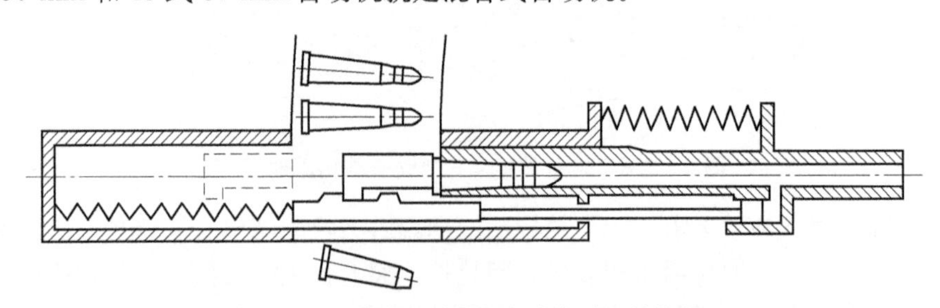

图 3－108 炮身运动的导气式自动机结构原理

导气式自动机和混合式自动机还可采用复进击发（浮动）原理来减小后坐阻力，提高理论射速和改善射击密集度。

导气式自动机活动部分质量较小，通过调整导气孔的大小可以大幅度地改变火药燃气对活塞作用冲量的大小，因此导气式自动机的理论射速较高，而且自动机机构也比较简单。但由于火药燃气对活塞作用的时间较短，所以活动部分必须在很短时间内获得所需的后坐动能，这样，活动部分运动初期的速度和加速度就比炮身短后坐式的大得多，而且容易产生剧烈的撞击。

导气式自动机通常应用于口径小于 37 mm 的自动炮上。口径越小，导气式自动机的优点越显著。现代 20 mm 口径的自动炮绝大部分是采用导气式自动机，并且应用了浮动原理。例如，德国 MK20Rh202 及瑞士 GDF－003 型双管 35 mm 自动炮等。

4. 转膛式自动机

转膛式自动机（图 3－109）的特点是炮身由两段所组成，后段具有多个能旋转的药室（一般 4～6 个药室），每发射一次，药室转动一个位置。药室转动和供弹机构的工作，可以利用炮身后坐能量，也可利用火药燃气的能量。由于这类自动机具有多个药室，所以自动机各机构的工作在时间上可以互相重叠或同时进行。例如，在第二个药室发射的同时，其他药室可进行输弹和抽筒。

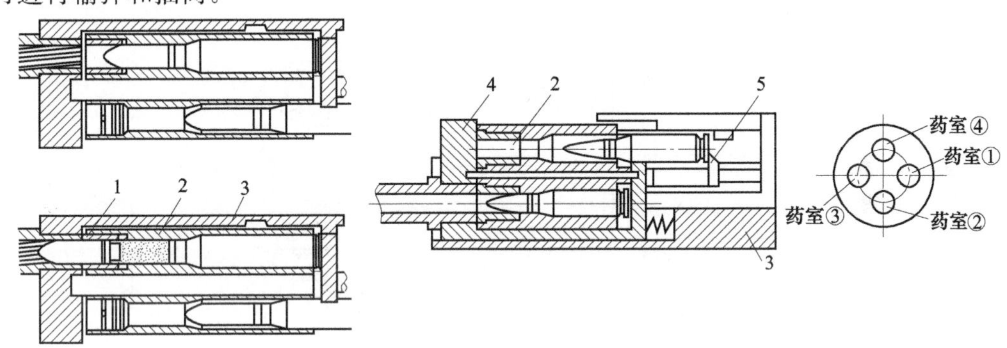

图 3－109　转膛式自动机结构原理

1—衬套；2—药室；3—炮箱；4—炮尾；5—输弹器

转膛式自动机的身管和旋转的药室可在炮箱内后坐与复进，以减小后坐阻力。为了缩短点燃发射药的时间并提高可靠性，可采用电底火。发射时，药室②的电路接通，电底火点燃发射药，火药燃气推动弹丸运动；弹丸的弹带在挤入衬套内的膛线时，使衬套向前移动，紧紧抵住身管进弹口，以便弹丸能顺利地通过两段炮膛的连接处；在弹带进入身管进弹口后，由于火药燃气对衬套后端面的压力，迫使衬套紧紧抵住身管进弹口，减少了火药燃气的泄漏；炮身后坐时，带动输弹器向后运动，并使供弹机构工作，药室③则进行抽筒（利用导气的能量）；炮身后坐停止后，在复进簧的作用下复进，并带动药室旋转一个位置；在炮身复进到位和药室旋转到位后，药室③电路接通，电底火点燃第二发炮弹的装药，开始第二个循环；在复进末期，开始第三发炮弹的输弹，直到第二次后坐末期炮弹完全进入药室④。图 3－110 是转膛式自动机位移－时间循环图，图中清楚地显示了上述动作过程。

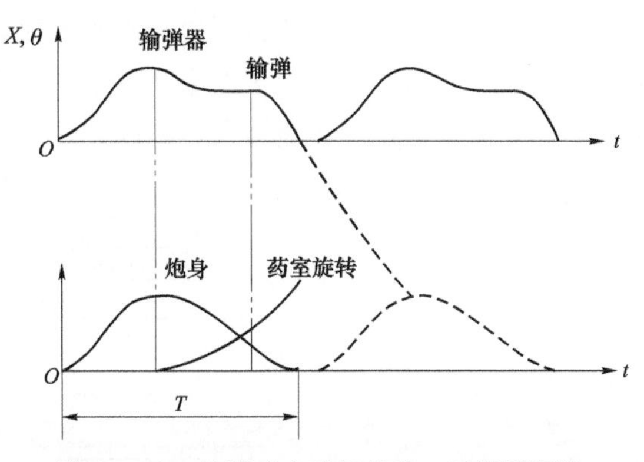

图 3－110　转膛式自动机位移－时间循环图

转膛式自动机的优点是理论射速高。例如，某 30 mm 舰炮理论射速达 1 050 发/min，美国 MKⅡ双管 20 自动炮理论射速为 4 000 发/min。缺点是：横向尺寸大；质量大；炮膛连接处漏气，从而使初速下降；人员不能靠近。因此，这类自动机多应用于遥控操作的航炮和舰炮上。

5. 转管式自动机

转管式自动机动机主要由身管、机芯匣、机芯组、炮箱、拨弹机等部分组成。其炮身由多根身管组成，这些身管围绕着同一轴线平行地安装在一个圆周上，发射时身管都围绕着这一轴线旋转，一次只有一根身管发射，而其他身管按顺序分别进行装填、闭锁和抽筒等动作。

转管式自动机按驱动能源可分为外能源自动机、内能源自动机和内外能源耦合转管自动机三种。

外能源转管自动机的能源驱动装置有微型大功率电动机、气动马达、液压马达等，用齿轮传动带带动身管组转动。图 3－111 所示为外能源转管自动机示意图。

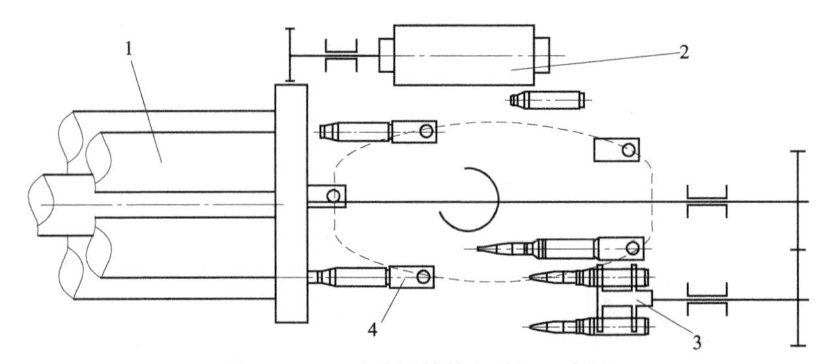

图 3－111　外能源转管自动机示意图

1—身管组；2—驱动机构；3—拨弹机构；4—机芯组

外能源转管自动机具有精度高、反应灵敏的特点，但其所需能量巨大，常规的野战装备难以提供足够的能源，因此使用范围受限。

内能源转管自动机也称为导气式转管自动机，如图 3－112 所示，是利用导气装置，导出发射时膛内的一部分火药气体能量，驱动身管组件产生旋转运动。其关键在于将一个瞬时性的强冲量转化为身管组件的旋转动量。

另外，内能源转管武器首发启动需要外部能源驱动，常见的首发启动驱动装置有火药弹启动装置、冷气启动装置、微型小功率电动机启动装置等。内能源转管自动机反应时间慢，射击时前几发弹射速变化比较大，精度较低，因此作战效率较低。

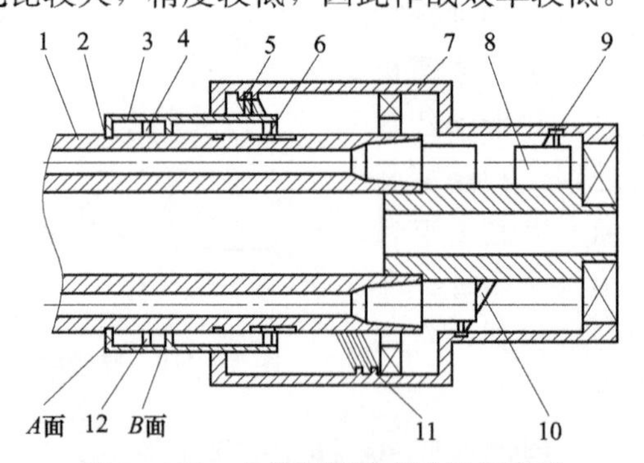

图 3－112　内能源转管自动机示意图

1—身管组件；2—排气槽；3—活塞筒；4—固定隔环；5—外滚轮；6—内滚轮；7—炮箱；8—炮闩；9—炮闩滚轮；10—炮闩凸轮槽；11—身管凸轮槽；12—单向导气孔

这种类型的转管自动机的传动机构由身管组件、活塞筒、炮箱螺旋线槽凸轮、活塞筒内滚轮和活塞筒外滚轮等组成。身管组件上的固定隔环将活塞筒内腔隔为活塞筒前腔和活塞筒后腔，身管组件还有前、后排气槽及身管组件导引槽。炮箱及炮箱螺旋线槽为不动构件。对于六管转管武器，间隔的 3 根身管导气孔位于固定隔环前，另 3 根身管的导气孔位于固定隔环后。

射击时，身管组件按逆时针方向旋转，每根身管依次转到同一位置击发。击发后，膛内火药燃气从单向活门导气孔导出流入活塞筒前腔（或后腔），作用于活塞筒工作面 A（或 B），推动活塞筒相对于身管组件做直线往复运动。由于活塞筒的外滚轮嵌入炮箱螺旋槽内，通过螺旋槽对滚轮的强制作用，使活塞筒前后运动的同时，又产生回转运动，而活塞筒可相对于身管滑动，故身管组件就受到活塞筒内滚轮的作用做单纯的转动。

内外能源耦合转管自动机集合了两者的优点，取长补短，发挥优势。该转管自动机驱动源是火药气体能源和电源，是在内能源转管自动机的基础上加以改进的。它使用电动机启动，电动机先带动身管组转动到一定速度，再通过离合器带动供弹机开始供弹，完成射击动作。然后火药气体能量通过导气孔与活塞等的作用驱动自动机做循环运动。同时，电动机也继续驱动自动机运动，达到内外能源耦合驱动的效果。这样既解决了首发启动射击的精度问题，射击时所需电动机的功率也大大下降了，并且保证了射击一开始就持续在一个稳定的转速下，提高了启始几发炮弹的射击精度。同时，可以通过控制电动机实现对整个自动机的控制。

转管式自动机的优点是：

① 理论射速很高。内能源式转管炮以俄罗斯 AK－6－30、ГШ－6－23 为代表，前者最大射击频率达 5 000 发/min，后者射频达 10 000 发/min。外能源式转管炮以美国“伏尔肯”20 mm 六管航空炮为代表，理论射速达到 6 000 发/min。外能源式转管炮通过改变传动装置的速比可方便地改变理论射速。例如，美国“伏尔肯”20 mm 六管牵引高射炮，对空射击时理论射速为 3 000 发/min，对地射击时为 1 000 发/min。

② 在相同的威力条件下，转管武器总的体积及质量比同样门数的单管武器的体积及质量之和要小。

③ 工作可靠，机构协调紧密，不易出故障。

④ 寿命长，多个炮管和机芯共同承受射弹总数量，可比单管炮寿命高得多。

转管式自动机的缺点是：

① 对外能源转管自动机，必须有迟发火的保险装置。由于自动机工作与炮弹发火情况无关，因此，当由于弹药受潮等原因引起迟发火时，可能在膛压很大时开锁和开闩，发生事故。因此，必须设置保险装置，在迟发火时使炮闩延迟开闩。

② 弹道质量差。由于炮管高速旋转，弹丸散布较大。

③ 全炮质量集中，外场维护不便。

6. 链式自动机

链式自动机是一种外能源式自动机，采用了一种新型的自动机循环方式，其结构原理如图 3－113 所示。

这种自动机通过链条来带动闭锁机构工作，主要结构是由一根双排滚柱链条与 4 个链轮组成的矩形传动轨道。直流电动机通过一组螺旋伞齿轮带动装在炮箱前方的立轴，然后直接

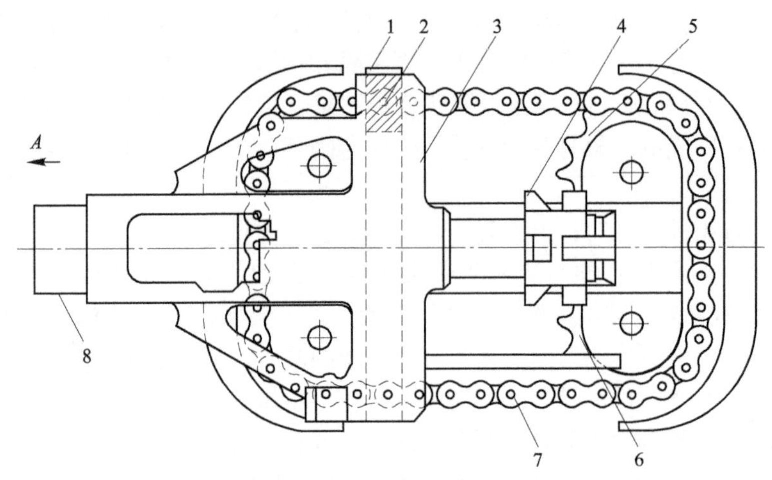

图 3—113　链式自动机结构原理图

1—炮闩滑块；2—主链节；3—炮闩支架；4—炮闩；5—惰轮；6—主动链轮；7—链条；8—纵向滑轨

A—炮口方向

驱动主动链轮和供弹系统。链条的主链节上固定有一垂直短轴，上面装有炮闩滑块（T 形），与炮闩支架下部滑槽相配合。当链条转动带动滑块前后移动时，闩体支架也同时被带动在纵向滑轨上做往复运动。

当闩体支架到达前方时，迫使闩体沿闩体支架上的曲线槽做旋转运动而闭锁炮膛。闩体支架向前时完成输弹、闭锁、击发动作；闩体支架向后时，完成开闩、抽壳等动作。炮闩滑块横向左右移动时，将在 T 形槽内滑动，闩体支架保持不动。支架在前面时为击发短暂停留时间，在后面时为供弹停留时间。链条轨道的长度和宽度根据炮弹的长度与循环时间的关系确定，射手可在最大射速范围内，根据需要控制直流电动机实现无级变射速发射。

链式自动机的主要特点如下：

① 链式自动机简化了自动机本身的结构，即无输弹机、无炮闩缓冲器、无反跳锁机构，但增加了供弹系统的动力传动机构和控制协调机构。

② 炮闩通过炮尾直接与身管连接，炮箱不受力，使炮箱这个结构最复杂的部件得到简化，易加工，寿命长。这是与一般结构自动机的明显区别。

③ 链驱动炮闩复进、闭锁、击发、开闩、抽壳、供弹，运动平稳，撞击小，既可提高自动机零部件寿命，使得火炮的可靠性提高，又有助于提高射击密集度。

3.4.3　供弹机构

自动炮所用的炮弹都是定装式炮弹。要实现自动连发射击，必要条件之一就是实现炮弹的自动装填，即将炮弹依次从弹箱或炮弹储存器中自动送到炮膛中。

1. 供弹方式

自动炮的供弹方式主要有无链供弹与有链供弹之分。

目前，37 mm 以下小口径自动炮广泛采用有链供弹，如 HP—23 航炮、AM—23 航炮、25 mm 高炮等。弹链由弹节组成。装有炮弹的弹链称为弹带。

根据结构不同，弹节可分为开口式弹节和封闭式弹节。开口式弹节依靠弹节的大半个圆弧夹持炮弹，剩余的小半个圆弧开口用于炮弹从弹节上向前推出（如 AM—23 航炮）或向侧方挤出（如 HP—23 航炮）。这种弹节经射击使用后容易产生塑性变形，一般使用 5～8 次就需更换。封闭式弹节依靠弹节的整个圆弧夹持炮弹，炮弹只允许从弹节后方抽出，这就限制了封闭式弹节的广泛应用。从弹链上取出炮弹所需的最大力称为脱链力，封闭式弹节脱链力较小，开口式弹节脱链力较大。脱链力应满足一定要求，脱链力过小容易引起窜弹，脱链力过大需消耗较大自动机能量，降低射速，影响强度。弹带长度可以在较大范围内变化，因而便于实现较长时间的连射。弹链供弹自动机的轮廓尺寸比较小，但是更换弹带的时间较长，将炮弹装入弹链和弹箱较麻烦。当弹箱不随起落部分起落时，还应考虑采用软导引将弹链和炮弹顺利地引入自动机。

无链供弹又可分为弹夹供弹、弹鼓（舱）供弹、弹槽供弹、传送带供弹、智能式供弹（机械手）等。

37 mm 以上小口径自动炮广泛采用弹夹供弹，如 57 mm 高炮、37 mm 高炮等。为了便于操作，一般每夹炮弹不大于 30 kg，因此。弹夹上的炮弹数量是极其有限的，一般只有 4～5 发。为了保证能连续射击，需人工及时地供给炮弹，因此容易发生“卡弹”等故障，还会因为炮手来不及供给炮弹而造成停射。

弹鼓（舱）供弹应用于 30 mm 以上小口径自动炮。弹鼓（舱）内炮弹的容量比较大，因此可以实现较长的连射。弹鼓（舱）供弹主要是采用外能源供弹，自动机的结构比较简单，故障率小，更换弹鼓（舱）容易，尤其适用高射速自动炮。

弹槽供弹、传送带供弹、智能式供弹（机械手）主要用于中大口径自动炮。

输弹方式主要有强制输弹与惯性输弹之分。强制输弹，指输弹过程是在外力作用下进行的，炮弹的运动是强制的。惯性输弹，指输弹过程是在炮弹获得一定速度之后依靠惯性进行的，炮弹的运动是惯性的。

2. 供弹机构的结构类型

供弹机构是自动机中比较复杂的机构，结构形式多种多样。常见的类型如图 3—114 所示。

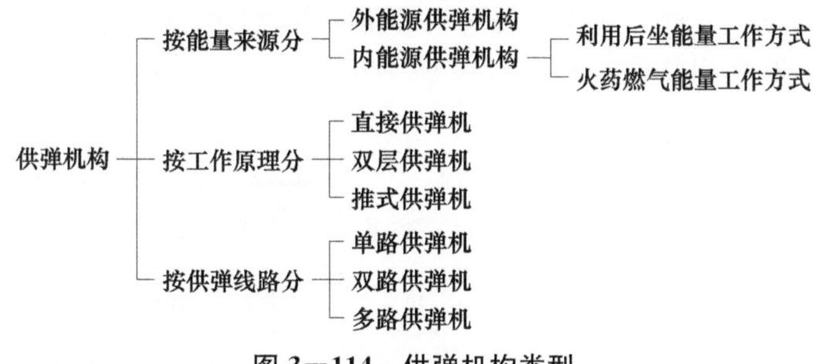

图 3—114　供弹机构类型

1）按利用能量来源分类

供弹机构按驱动能源的不同可分为两类，即内能源供弹机构和外能源供弹机构。

把发射时利用火药燃气能量进行工作的供弹机构称为内能源供弹机构。现有自动炮的供弹机构大多采用内能源供弹机构，利用的能源可以是后坐动能，也可以是直接利用火药燃气的能量。内能源供弹机构的工作稳定性直接影响自动机的工作稳定性。比如，随着射击的持续，弹带越来越短，弹带阻力会发生变化，而弹带阻力的变化将引起自动机运动变化，导致射速变化。

把利用外部能源进行工作的供弹机构称为外能源供弹机构。利用能源的方式可以是事先储存的势能（弹簧储能、气体储能等），也可以是直接利用电能等外部能源。外能源供弹机构的工作对自动机工作影响小，但额外能源的加入，将使机构设计复杂，尤其是内、外协调性应特别注意，必须采取确实有效的措施。

为了扬长避短，现在越来越多地采用内、外能源相结合的混合能源供弹机构。一般采取利用外能源拨弹、利用内能源压弹的方式。

2）按工作原理分类

根据供弹机构工作原理的不同，可把供弹机构分为三类，即直接供弹机构、阶层供弹机构和推式供弹机构。

在拨弹和压弹的过程中，炮弹轴线始终在过炮膛轴线的一个平面内运动的供弹机构称为直接供弹机构。直接供弹机构的拨弹和压弹同时进行。直接供弹机构的结构比较简单，但自动机的横向尺寸较大，炮闩要停留在后方等待压弹，影响射速的提高。直接供弹机构一般用于无链供弹。直接供弹机构又可分为两种：一种是依靠炮身后坐时压缩压弹弹簧而储存的能量进行拨弹和压弹，炮身与供弹机构间的联系是单面约束，如俄 C－60 式 57 mm 高射炮（图 3－115）；另一种是直接利用炮身后坐和复进带动供弹机构工作，进行拨弹和压弹，炮身与供弹机构间的联系是双面约束，如 37 mm 高射炮（图 3－116）。

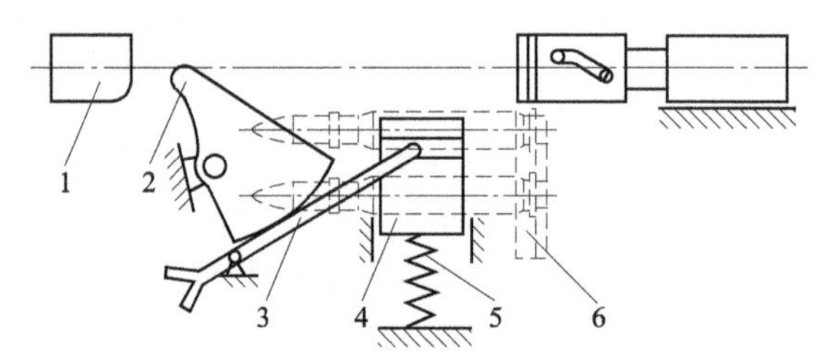

图 3－115　单面约束的直接供弹机构

1—炮身卡板；2—凸轮杠杆；3—拨动杠杆；4—拨弹板；5—压弹弹簧；6—弹夹

在拨弹和压弹过程中，炮弹轴线不在同一平面内运动的供弹机构称为阶层供弹机构，也称为双层供弹机构，其结构原理如图 3－117 所示。

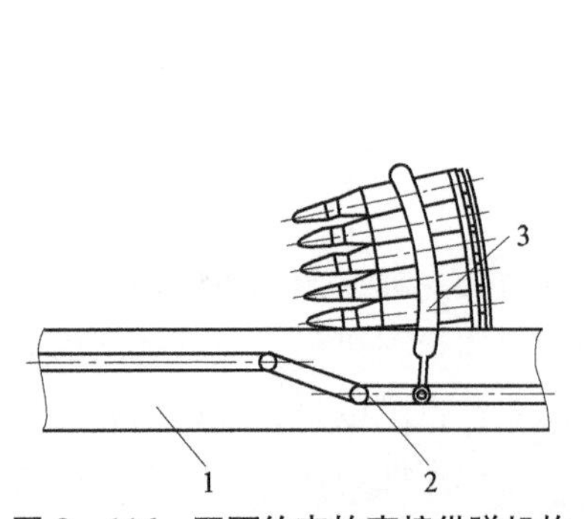

图 3－116　双面约束的直接供弹机构

1—输弹机体；2—拨弹曲线槽；3—活动梭子

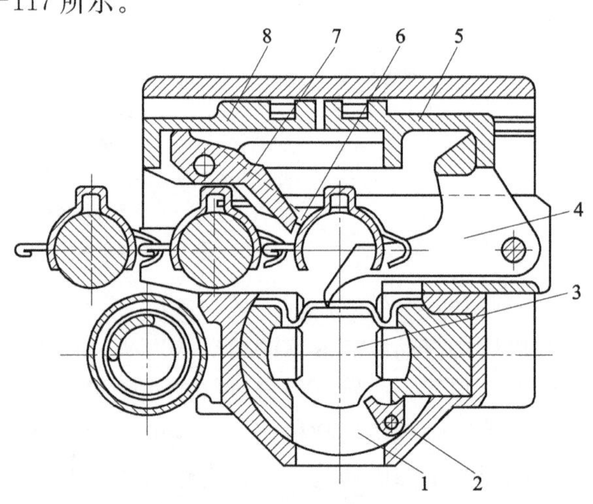

图 3－117　双层供弹机结构原理图

1—炮身；2—炮箱；3—炮闩；4—压弹器；5—后坐拨弹滑板；6—后坐拨弹齿；7—复进拨弹齿；8—复进拨弹滑板

阶层供弹机构的拨弹和压弹明显分为两个阶段。阶层供弹机构的结构比较紧凑，占用的空间较小，容易实现左右供弹互换，但结构比较复杂。一般用于弹链供弹。阶层供弹机构的拨弹机构和压弹机构通常是分开的。压弹机构根据弹节不同可分为两种。对用于封闭式弹节的压弹机构，是利用装在炮闩上的取弹器，在炮闩后坐时将进弹口上的炮弹从封闭式弹节中向后抽出，并通过固定的压弹板的作用将炮弹压到输弹线上。这种压弹机构是在炮闩后坐的同时进行压弹，炮闩不必在后方停留，但炮闩的后坐行程一般要比炮弹全长大许多。对用于开口式弹节的压弹机构，是利用压弹器的作用，将进弹口上的炮弹从弹链侧方直接压到输弹线上。这种压弹机构是在炮闩后坐完毕之后进行压弹的，炮闩必须停留在后方等待压弹，炮闩的后坐行程一般只需略大于炮弹全长。

推式供弹机构是指在拨弹到位后，推弹臂（或炮闩）从进弹口（亦输弹出发位置）直接将炮弹向前推送，同时借助导向面的作用使炮弹倾斜进入药室的一种供弹机结构形式，如图 3－118 所示。推式供弹机构把压弹和输弹两个动作合二为一，没有明显的压弹过程与输弹过程之分。推式供弹机构结构比较简单，占用的空间较小，推弹臂（或炮闩）不必在后方停留，但推弹行程较长。

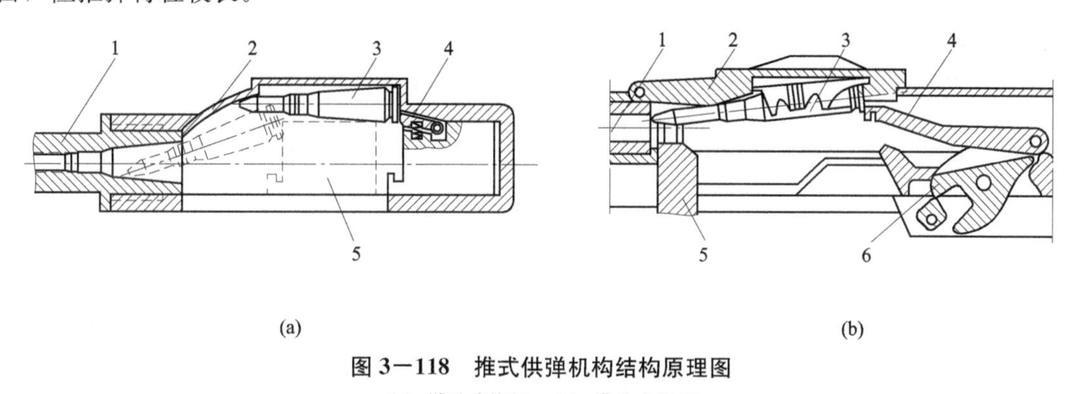

图 3－118　推式供弹机构结构原理图

（a）纵动式炮闩；（b）横动式炮闩

1—炮身；2—导向板；3—进弹口处的炮弹；4—推弹臂；5—闩体；6—加速臂

3）按供弹路数分类

根据供弹路数的不同，可把供弹机构分为三类，即单路供弹机构、双路供弹机构和多路供弹机构。

单路供弹机构是指供弹线路只有一路的供弹机构。

双路供弹机构是指能分别提供两种炮弹，并且可根据目标特性，人为迅速选择，进行弹种更换，从而发射所需弹种的供弹机构。双路供弹机构的炮弹分别装在各自的供弹箱内，对付不同目标可选用不同弹种进行射击。从自动机的一侧能分别提供两种弹的双路供弹机构称为单向双路供弹机构；从自动机的两侧分别提供两种弹的双路供弹机构称为双向双路供弹机构（也可简称双向供弹机）。按供弹机构在转换弹种时的运动方式，双路供弹机构又分为不动式双路供弹机构、移动式双路供弹机构、摆动式双路供弹机构等。

多路供弹机构指能分别提供三种及三种以上炮弹，并且可根据目标特性，人为迅速选择，进行弹种更换。发射所需弹种的供弹机构称为多路供弹机构。多路供弹机构的炮弹分别装在各自的供弹箱内，对付不同目标可选用不同弹种进行射击。

思考题

1. 火炮有哪些部分和基本构件?
2. 炮身的作用是什么? 为了实现这些功能，炮身内膛结构有哪些组成部分和特点?
3. 身管的寿命受到哪些因素的影响? 提高身管寿命措施是什么?
4. 炮闩常见的结构类型有哪些? 其与火炮的特点有什么关系?
5. 反后坐装置对火炮有哪些影响? 其工作原理是什么?
6. 按照自动机的工作原理，自动火炮可分为哪几类?

第 2 篇
典型火炮介绍

第 4 章
地面牵引火炮

地面火炮包括各种加农炮、榴弹炮、加榴炮、迫击炮和火箭炮等，主要用于压制和破坏地面目标，是为地面作战部队提供直接火力支援和间接火力支援的主要兵器，在地面战争中具有不可替代的作用。

牵引火炮曾经是大量装备的武器，但是由于自行火炮的出现及发展，牵引火炮装备数量有所减少。传统的牵引火炮与自行火炮相比，其缺点是进入和撤出战斗慢，易受敌方反炮兵火力的打击。新型的牵引火炮，上述问题得到了很大的改善，如美国的 M777 式 155 mm 轻型榴弹炮的机动性能有了显著的提高。牵引火炮由于其结构简单、性能可靠、质量小、成本低、维护方便以及良好的战略机动性等特点，仍然是火力压制与支援的重要装备。

4.1 85 mm 加农炮

4.1.1 概述

85 mm 加农炮在生产之初主要装备于师炮兵和反坦克炮兵。该火炮的战斗任务是：

① 击毁敌人的坦克、装甲车辆和登陆工具；

② 破坏敌人的土木工事，射击敌人永备发射点和破坏敌人的混凝土工事；

③ 压制或歼灭敌人暴露的有生力量和技术兵器；

④ 破坏敌人的铁丝网障碍物和迷惑敌人的观察（发射烟幕弹）。

该火炮的主要用途是作为反坦克火炮使用，其具有以下的特点。

① 有较强的穿甲能力。击毁坦克、装甲车辆的装甲一般可以采用两类弹丸：一类是穿甲弹，它依靠弹丸的撞击动能来贯穿装甲；另一类是空心装药破甲弹，它依靠炸药爆炸时，炸药和药型罩形成的高密度（气流密度可达 2.2 g/cm^3）、高速度（8 000～10 000 m/s）、高温度（可达 4 000 ℃～5 000 ℃）、高压强（10～100 GPa）的金属射流集中向前冲击装甲而使装甲破坏。穿甲弹的穿甲能力，在很大程度上取决于撞击目标瞬间弹丸的比动能（单位面积上的动能，即撞击动能除以弹丸横截面积）的大小，所以穿甲弹的初速要大。破甲弹不依靠撞击动能，不要求很大的初速，所以适合于初速小的火炮用来射击坦克、装甲车辆。

85 mm 加农炮用气缸尾翼破甲弹时的破甲能力，在命中角为 60°时（与装甲法线的夹角为 30°）可贯穿 250 mm 厚的装甲，命中角为 30°时（与装甲法线夹角 60°）可贯穿 100 mm 厚的装甲。

② 直射距离较大。直射距离是指弹道高为 2 m 时，弹丸能够达到的射程。因为一般坦

克的高度都超过 2 m，所以坦克目标在直射距离以内都可以被击中，如图 4－1 所示。在直射距离以内可以用固定表尺对坦克进行连续、迅速、及时的射击（固定表尺一般等于直射距离减 200 m 所相应的表尺分划），并且这时弹道很低伸，对目标的命角大，因而穿甲能力也大。所以，直射距离是反坦克火炮战斗威力的主要指标之一。

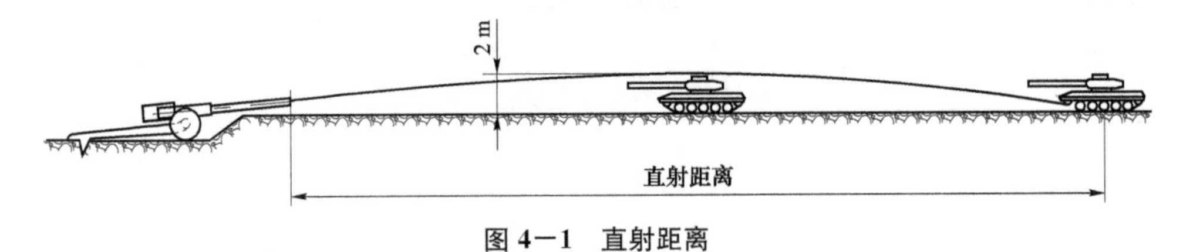

图 4－1　直射距离

③ 射击精度好，散布小。

④ 瞄准迅速，发射速度较快。

⑤ 结构紧凑、质量小、机动性好，便于接近敌人和迅速变换阵地。

85 mm 加农炮的主要诸元见表 4－1。

表 4－1　85 mm 加农炮的主要诸元

<table>
<tr><td>口径/mm</td><td>85</td><td>火炮宽/mm</td><td>1 730</td></tr>
<tr><td rowspan="4">初速/（m·s^{−1}）</td><td>793（杀伤榴弹全装药）</td><td rowspan="2">行军状态火炮长/mm</td><td rowspan="2">8 440</td></tr>
<tr><td>655（杀伤榴弹减装药）</td></tr>
<tr><td>800（尖头曳光穿甲弹）</td><td rowspan="2">火炮高/mm
（至防盾上切面）</td><td rowspan="2">1 420</td></tr>
<tr><td>1 050（曳光超速穿甲弹）</td></tr>
<tr><td>最大膛压/MPa</td><td>255</td><td>辙距/mm</td><td>1 434</td></tr>
<tr><td>最大射程/m</td><td>15 650</td><td>最低点离地高/mm</td><td>350</td></tr>
<tr><td rowspan="3">直射距离/m</td><td>970（被帽曳光穿甲弹）</td><td>战斗全重/kg</td><td>1 725</td></tr>
<tr><td>1 100（曳光超速穿甲弹）</td><td>发射速度/（发·min^{−1}）</td><td>15～20</td></tr>
<tr><td>945（汽缸尾翼穿甲弹）</td><td>行军战斗转换时间/s</td><td>40/60</td></tr>
<tr><td>高低射界/（°）</td><td>−7～+35</td><td rowspan="2">运动速度/（km·h^{−1}）</td><td>60（公路）</td></tr>
<tr><td>方向射界/（°）</td><td>54</td><td>15（越野）</td></tr>
</table>

4.1.2　炮身

85 mm 加农炮炮身的作用是赋予弹丸正确的飞行方向并使其旋转。发射时，火药在炮身内膛燃烧产生的火药燃气压力使弹带嵌入膛线内，并且推动弹丸沿炮膛内向前运动，速度逐渐增加，同时阳线作用于弹丸弹带迫使弹丸旋转。于是，弹丸在出炮口时便具有一定的飞行速度（初速）和旋转速度，从而保证了弹丸在空中飞行时的稳定性。

炮身通常由身管、炮尾、连接环和炮口制退器等部分组成，如图 4－2 所示。

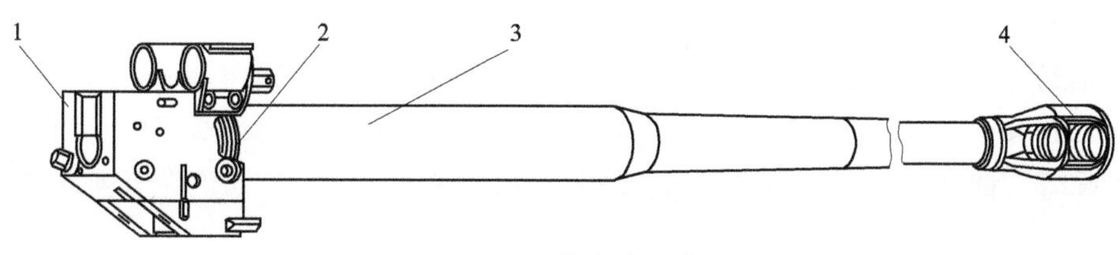

图 4—2　炮身的结构

1—炮尾；2—连接环；3—身管；4—炮口制退器

1. 身管

85 mm 加农炮的身管为单筒身管，如图 4—3 所示。发射时承受高温、高压火药燃气压力的作用，其外形取决于膛压的变化曲线和其与摇架、反后坐装置的连接方式。

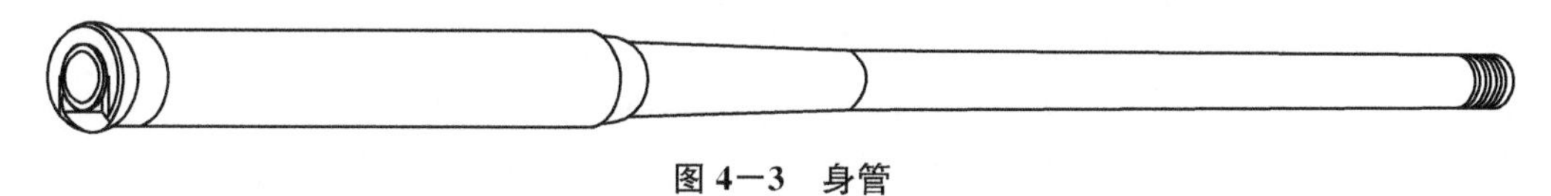

图 4—3　身管

身管外部前端有左旋螺纹，用来连接炮口制退器，后端有环形凸起部，顶在炮尾内，并且用键防止它们相对旋转。身管后段是光滑的圆柱形，是炮身后坐与复进运动的导向部分，在后坐、复进时使炮身在摇架上按确定的方向运动。按照身管承受最大膛压时的强度要求，最大膛压（p_m）处断面至身管尾端都承受最大压力，这段的身管做成圆柱形（图 4—4 中 AB 段）。另外，为了安全起见，通常将把圆柱部从最大膛压的部位向前延长 2～3 倍口径（图 4—4 中 BC 段）。

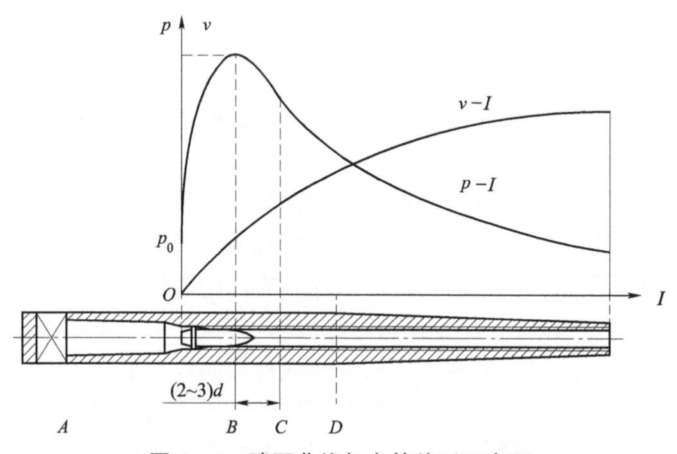

图 4—4　膛压曲线与身管外形示意图

此外，由于后坐、复进时，身管的圆柱部要在筒形摇架内滑动，因此，圆柱部的长度应大于摇架长度与后坐长度之和，这样在后坐末了时，身管的圆柱部不至于脱离摇架的前定向衬板，因而将圆柱段延长至 D 点（图 4—4）。身管前段由于膛压逐渐变小而制成锥形。

身管内部称为炮膛。炮膛分为导向部、药室和坡膛。该火炮身管的导向部为线膛结构，因而也可称为膛线部。

药室用来容纳药筒。药室通常由 3 段圆锥或圆柱部组成，如图 4—5 所示的Ⅰ、Ⅱ、Ⅲ段。其中，Ⅰ段为圆锥形（与药筒配合），以便射击后容易抽出药筒；Ⅱ段是过渡圆锥部；

Ⅲ段呈圆柱形，以适应药筒口部的外形。

坡膛是药室和膛线部的连接部，弹带在嵌入膛线以前即顶在坡膛上。它的作用是：使弹带容易嵌入膛线；确定弹丸在膛内的起始位置，以保证一定大小的药室容积（药室容积是指弹带嵌进膛线之前火药燃烧室的容积，对定装式炮弹来说，就是药筒内除去弹丸尾部以外的容积）。

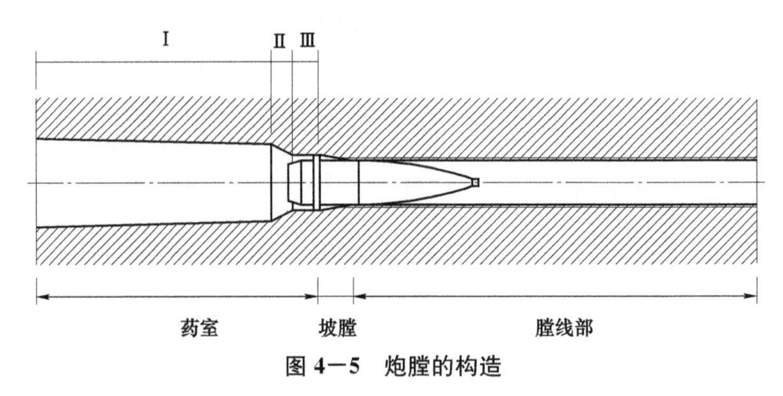

图 4—5　炮膛的构造

随着火炮发射弹数的增加，坡膛和膛线起始部被烧蚀、磨损，因而弹丸在嵌入膛线时的起始位置前移，药室容积增大。药室容积增大会引起膛压下降和初速减小。初速减小到一定程度，身管便不能继续使用，即炮身寿命告终。药室容积的增大与膛压、初速的减小有一定的数量关系，在实际使用当中可以通过测量药室的增长量来判定初速的减小量及身管等级。

导向部内加工有膛线，其作用是使弹丸旋转。膛线就是炮膛内表面的螺旋线，其中凸起的是阳线，凹槽是阴线。两阳线相对的内径就是火炮的口径。射击时弹带嵌入膛线，阳线的导转侧迫使弹丸旋转。该火炮的膛线展开线是直线，称为等齐缠度膛线（又称等齐膛线）。弹丸在膛内旋转一周所前进的行程 L 用口径 d 的倍数表示，即 $L=\eta d$。倍数 η 称为膛线的缠度，膛线的倾角 α 称为缠角。等齐膛线的 α 和 η 都是常数。

2. 炮尾

炮尾用来安装炮闩，并与反后坐装置和身管连接，如图 4—6 所示。该火炮炮尾的前部有螺纹，用来与连接环配合，固定身管。中部有闩体室，用以与闩体配合。后部有导弹槽，装填时引导炮弹的运动方向。两侧的各孔用来安装炮闩的零件。

炮尾上面安装套箍，用来连接制退筒和复进筒。套箍上面设置检查座，用来作为火炮技术检查时放置水准仪或象限仪的平面。套箍上有炮身定向栓，后坐的开始阶段，它在摇架的炮身定向栓室内滑动，防止炮身因弹丸旋转的反作用力导致其相对于摇架转动。

炮尾后端有行军固定栓，与大架上的行军固定器配合，在行军时固定起落部分。炮尾的右下方布置防撬板，用来在自动开闩时防止炮身转动。炮尾下面固定着平衡铁，用来使后坐部分质量的分布尽可能对称于炮膛轴线，这样有利于减小射击时使火炮跳动的力矩，以提高火炮的射击精度和减小射击对炮架的作用力。否则，由于制退筒和复进筒都在炮尾的上方，使后坐部分的质心偏于炮膛轴线之上，射击时火药燃气形成的膛底合力沿炮膛轴线作用，对后坐部分的质心形成一个力矩，使后坐部分绕它的质心转动，从而引起火炮跳动或振动。此外，平衡铁还使后坐部分的质量增加，有利于减小射击时对炮架的作用力，并且还有利于起落部分对摇架耳轴的平衡。

炮尾与身管的连接通过连接环实现。身管后端面顶在炮尾闩室前端的凸缘面上，连接环顶在身管后端的环形凸起部上，通过与炮尾前部锯齿形螺纹配合将身管固定在炮尾上。身管与炮尾之间安装键，炮尾与连接环之间安装驻板，限制它们相互间的转动。

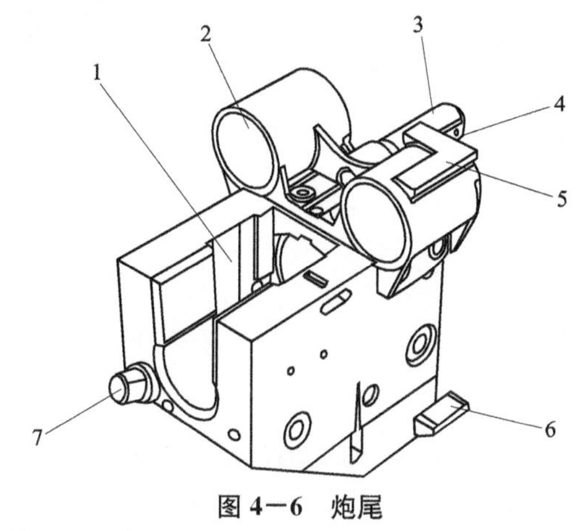

图 4-6　炮尾

1—闩体室；2—套箍；3—炮身定向栓；4—定向板；5—检查座；6—防撬板；7—行军固定栓

3. 炮口制退器

炮口制退器的作用是消耗炮身的一部分后坐能量，以减小后坐长度或减小射击时作用在炮架上的力。该火炮炮口制退器为双腔室、大侧窗的结构（图 4－7），效率较高，可达 58%。

炮口制退器的基本原理是炮口制退器使部分火药气体从侧孔喷出，产生以下的作用：减少了向前喷出的气体量，因而减小了向前喷出的气流对炮身的反作用力；气流冲击炮口制退器的前壁，并向侧后方喷出，它作用在前壁上的力有向前的轴向分力，阻止炮身后坐，而垂直于炮膛轴线的分力，两侧互相抵消。

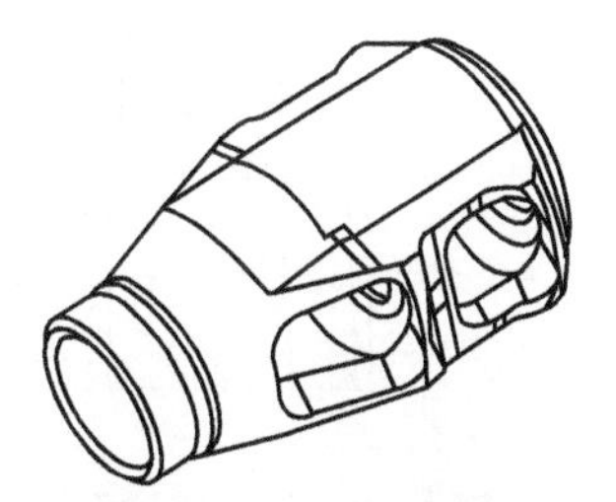

图 4-7　炮口制退器

炮口制退器一般用左旋螺纹固定在身管上。为了避免从侧孔喷出的气流冲击地面，卷起尘土，以及对人员和器材的影响，炮口制退器的侧孔应呈水平布置。因此，炮口制退器旋紧到身管上时，需要有定位键或用定起点螺纹。该火炮的炮口制退器与身管的连接采用定起点螺纹。

4.1.3　炮闩

该火炮采用半自动立楔式炮闩，其作用是闭锁炮膛、击发炮弹的底火和抽出发射后的药筒。其中，闭锁炮膛由炮闩和药筒来完成，炮闩的开闩（包括拨回击针和抽筒）、关闩动作依靠来自炮身复进的能量自动完成，而装填炮弹和击发需要人工操作。

为了完成上述任务和保证半自动工作，炮闩由以下机构组成：闭锁机构、开关闩机构（包括开闩板和关闭机）、击发机构（包括击发机和发射机）、抽筒机构、保险机构以及复拨器等。

1. 结构和动作原理

(1) 闭锁机构

闭锁机构的作用是闭锁炮膛，主要由闩体、曲臂、曲臂轴等组成，其组成示意图如图

4—8所示。

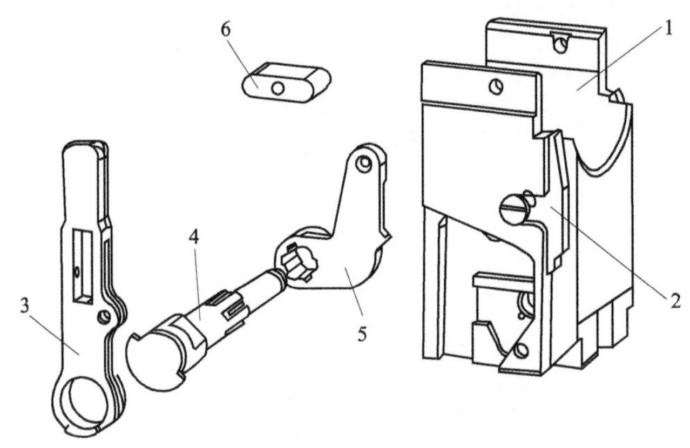

图 4—8　闭锁机构组成示意图

1—闩体；2—抽筒子挂臂；3—闩柄；4—曲臂轴；5—曲臂；6—闩体挡板

闩体：安装在炮尾闩室内，射击时抵住药筒，承受火药燃气压力的合力。闩体内部的各孔用来安装击发装置的零件。上端有输弹槽、提把孔，前面有抽筒子挂臂，右侧有定形槽。

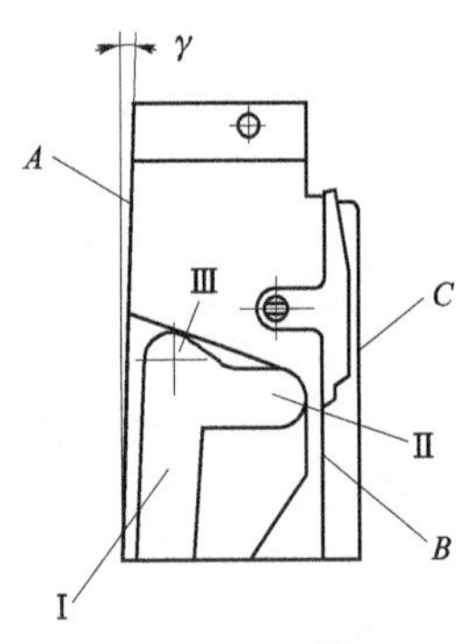

图 4—9　闩体结构示意图

Ⅰ—纵槽；Ⅱ—横槽；Ⅲ—圆弧槽

A—后端面；B—导向棱；C—闩体镜面

定形槽由纵槽Ⅰ、横槽Ⅱ和以曲臂轴中心为圆心的圆弧槽Ⅲ组成（图 4—9）。纵槽Ⅰ用于分解结合炮闩时，让曲臂滑轮通过；横槽Ⅱ用于开关闩时使滑轮在其中运动，带动闩体上下运动，完成开关闩动作；圆弧槽Ⅲ用于使闩体可靠闭锁，并且在开闩时供曲臂滑轮在其中运动，以便曲臂完成拨回击针和解脱保险的动作。

闩体是一个楔形体，其后端面 A 与炮膛轴线的垂线呈 γ 角，前面两侧的导向棱 B 与 A 面平行，而闩体镜面（前面）C 与炮膛轴线垂直。面 A、B 与炮尾闩体室内的两个倾斜导向面相配合，开闩时，闩体向下运动，并且向后移动 Δl；关闩时，闩体向上运动，并且向前移动 Δl，如图 4—10 所示。楔形闩体的优点是：关闩时，闩体可以把炮弹向前推移，使炮弹装填确实；开闩时，闩体镜面离开炮弹底面，减小闩体镜面与药筒之间的摩擦力，便于开闩。

火炮射击时，闩体将承受火药燃气形成的炮膛合力和冲击振动，因此需要从结构上保证其闭锁的可靠性。图 4—10 所示为闩体在火炮发射时的受力分析，由各力的关系可知，只要闩体的楔形角 γ 和曲线槽Ⅲ与曲臂的几何角（$\psi-\theta$）满足自锁条件，即可保证闩体的闭锁可靠性。

曲臂：用花键套在曲臂轴上，如图 4—11（a）所示。转动时，曲臂上的滑轮在闩体的定形槽里运动，产生开关闩的动作。曲臂齿的作用是开闩时拨回击针、关闩到位时解脱保险杠杆。

曲臂轴：用于开关闩时带动曲臂转动，如图 4—11（b）所示。右端用来安装闩柄，并且有一个缺口，缺口用来使闩柄带动曲臂轴转动。两个平面用来装关闭机的杠杆。左端的凹槽被驻栓卡住，防止曲臂轴从炮尾脱出。右端的环形凸起部用来限制闩柄在曲臂轴上转动的范围。

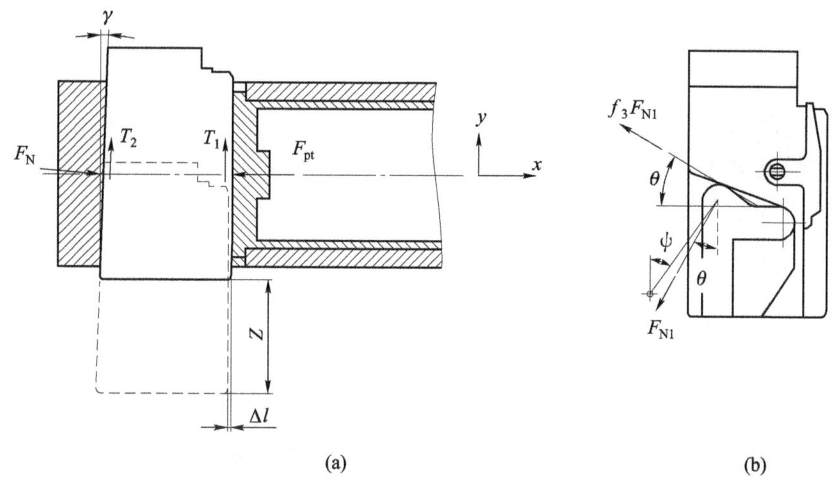

图 4－10　闩体在火炮发射时的受力示意图

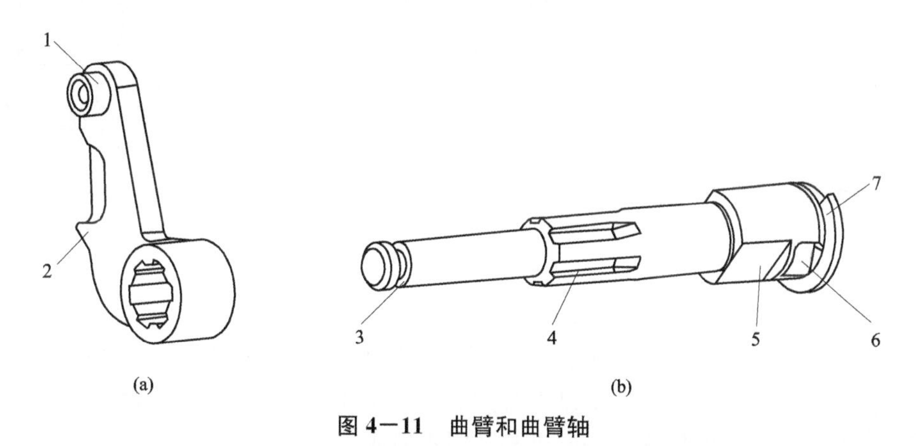

图 4－11　曲臂和曲臂轴

（a）曲臂；（b）曲臂轴

1—滑轮；2—曲臂齿；3—环形沟槽；4—花键；5—平面；6—缺口；7—环形凸起部

闩柄：用于人工开闩。其套在曲臂轴上。人工开闩时，杠杆顶在曲臂轴的缺口上，带动曲臂轴转动。上端有压杆、压杆弹簧和活动栓，用于自动开闩时将闩柄固定在炮尾的定向弧上。结构如图 4－12 所示。

闩体挡板：其装在炮尾右侧上方，用来在关闩时限制闩体向上运动的位置。

闭锁机构的动作：开闩时，曲臂轴及曲臂顺时针转动，曲臂滑轮先在闩体定形槽的圆弧段滚动，完成开锁、拨回击针、释放保险杠杆动作；曲臂继续转动，曲臂滑轮进入闩体定形槽的横槽段，曲臂驱使闩体向下运动至开闩位置，此时曲臂呈水平位置，如图 4－13 所示。关闩时，曲臂轴及曲臂逆时针转动，曲臂和闩体的动作与开闩时相反，闩体向上运动处于关闩闭锁位置，曲臂至垂直位置。

闩柄的作用是进行人工开闩。其动作是：压下闩柄顶部的压杆，使活动栓脱离炮尾上的定向弧，向后转动闩柄，直到中部的杠杆在弹簧的作用下卡入曲臂轴的缺口内；然后，向前转动闩柄，闩柄带动曲臂轴转动，通过曲臂转动使闩体到开闩位置；开闩到位后，杠杆上端顶在定向弧上，杠杆下端便离开曲臂轴的缺口，闩柄与曲臂轴解脱，与此同时，活动栓在弹簧的作用下卡入定向弧的缺口内，闩柄被固定在定向弧上。

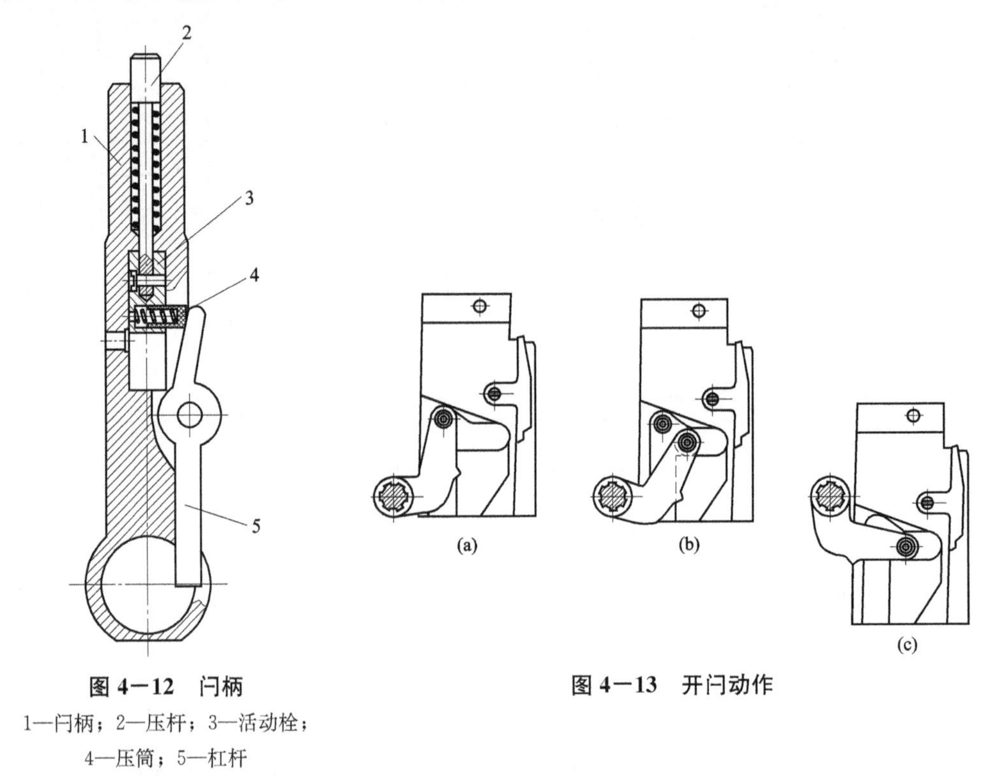

图 4－12　闩柄

1—闩柄；2—压杆；3—活动栓；4—压筒；5—杠杆

图 4－13　开闩动作

（2）开关闩机构

开关闩机构的作用是在发射完成后打开炮膛，装填弹药后闭锁炮膛。该火炮的开关闩机构是以半自动方式工作的，利用炮身复进时的能量自动开闩并压缩弹簧储存能量、装填弹药后自动关闩。半自动开关闩机构由关闩机和开闩板组成。

关闩机：用来自动关闩，由平行四连杆机构、弹簧筒和关闩簧等组成，如图 4－14 所示。

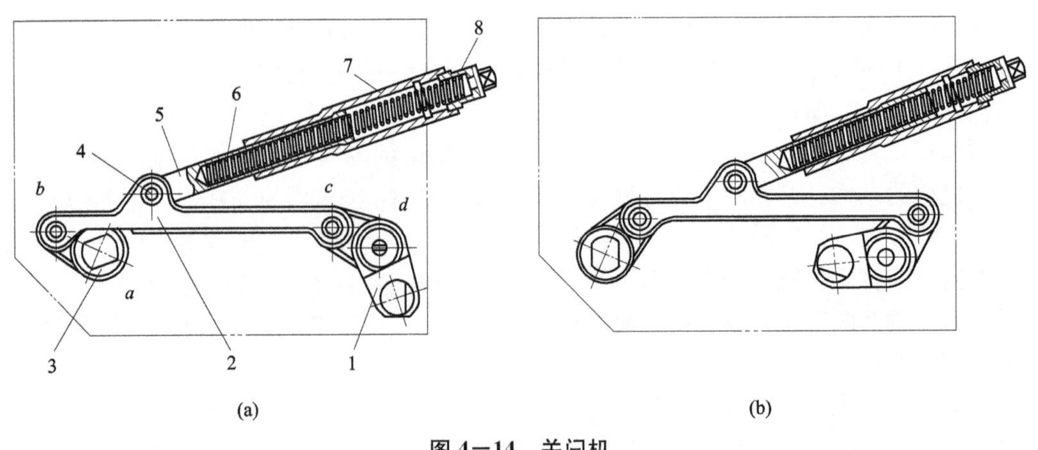

图 4－14　关闩机

（a）关闩状态；（b）开闩状态

1—曲柄；2—拉杆；3—杠杆；4—小轴；5—压筒；6—关闩簧；7—支筒；8—调整螺帽

平行四连杆机构（图中的$abcd$）由杠杆（ab边）、拉杆（bc边）、曲柄（cd边）和炮尾上的两个轴心连线（ad边）构成，各杆相互以销轴连接，其中a点的轴为曲臂轴。弹簧筒由支筒、压筒和调整螺帽等构成。支筒用带凸缘的轴铰接在炮尾上，可以在炮尾侧面摆动；压筒用销轴与拉杆连接，可推动拉杆使四连杆机构转动；调整螺帽可以调整弹簧的压缩程度；关闩簧置于压筒和支筒中。

开闩板：用于自动开闩，如图4—15所示。

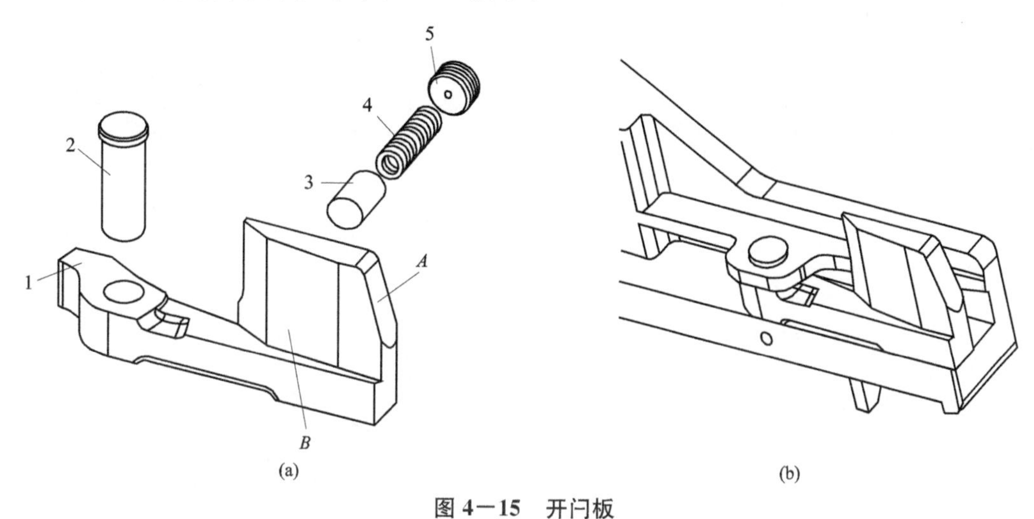

图4—15　开闩板

1—开闩板；2—销轴；3—压筒；4—弹簧；5—螺塞

开闩板用销轴安装在摇架的支臂上，可绕此销轴在水平方向摆动。开闩板后端的斜面是工作斜面（图4—15中的A），左侧的斜面是侧斜面（图4—15中的B）。侧斜面的作用是在炮身后坐时让开曲柄上的圆形凸起。弹簧和压筒使开闩板经常向左靠，以使其工作斜面在火炮复进时与关闩机的曲柄作用，迫使曲柄转动。

该半自动开关闩机构的动作分为人工开闩和自动开闩两种状态。

人工开闩时，通过闩柄带动曲臂轴转动，曲臂轴带动杠杆（ab）绕a点顺时针转动，平行四连杆机构转动，拉杆（bc）作用于压筒使其压缩关闩簧而储存能量；曲臂轴同时带动曲臂转动，使闩体运动至开闩位置，由抽筒子挂钩钩住闩体保持开闩状态。当解脱抽筒子挂钩后，关闩簧伸张，通过压筒推动拉杆（bc）、杠杆（ab）转动，使曲臂轴、曲臂逆时针转动，从而使闩体运动到关闩位置。

自动开闩时，开关闩机构的动作如图4—16所示。

在火炮发射前的平时状态，开关闩机构处于开闩板的前方［图4—16（a）］。火炮发射后，开关闩机构的动作分为两个阶段。

① 火炮后坐时，开关闩机构随炮身一起后坐，平行四连杆机构曲柄上的圆形凸起与开闩板的侧斜面接触，推开开闩板从其侧面滑过［图4—16（b）］，到达后坐终了位置。

② 火炮复进时，开关闩机构随炮身一起复进，当复进到一定的位置时（大约1/3复进行程，此时复进速度最大），平行四连杆机构曲柄上的圆形凸起与开闩板的工作斜面作用［图4—16（c）］，开闩板使曲柄转动，通过拉杆、杠杆带动曲臂轴及曲臂转动，使闩体开锁、开闩，直至闩体被抽筒子挂钩钩住［图4—16（d）］。与此同时，平行四连杆机构拉杆

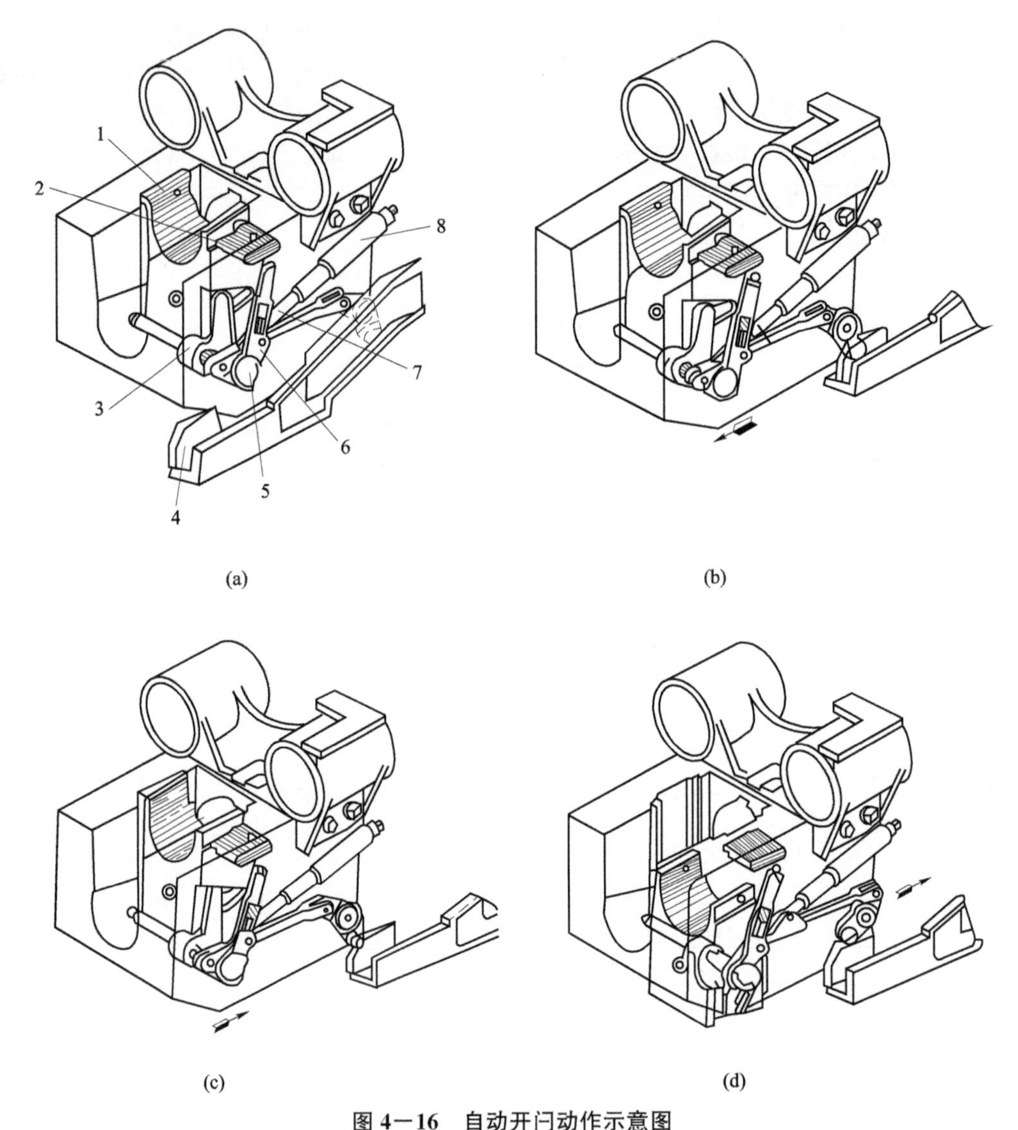

图 4—16　自动开闩动作示意图

(a) 平时状态；(b) 后坐阶段；(c) 复进阶段；(d) 开闩阶段

1—闩体；2—闩体挡板；3—曲臂；4—开闩板；5—曲臂轴；6—闩柄；7—压筒；8—支筒

推动压筒动作，关闩簧被压缩。随后，曲柄从开闩板上缘滑过，随炮身复进到位。

当下一发炮弹装填到位后，抽筒子挂钩释放闩体，开关闩机构的关闩簧伸张，通过拉杆、杠杆带动曲臂轴及曲臂转动，曲臂驱动闩体完成关闩、闭锁动作。

(3) 抽筒机构

抽筒机构的作用是抽出发射后的药筒，将闩体保持在开闩状态（这是半自动楔闩的抽筒机构特有的任务），其结构组成如图 4—17 所示。

左、右抽筒子套在有键的抽筒子轴上，抽筒子轴安装在炮尾内。每个抽筒子有长臂和短臂，长臂上端有抽筒子爪和抽筒子挂钩。抽筒子爪用来在抽筒时抓住药筒的底缘；抽筒子挂钩用于钩住闩体上的抽筒子挂臂，使闩体保持开闩状态。抽筒子轴右端的杠杆与压栓和弹簧配合，用来使抽筒子的长臂经常转向闩体，以便在闩体开闩后及时钩住抽筒子挂臂。此外，杠杆也用于手动关闩。

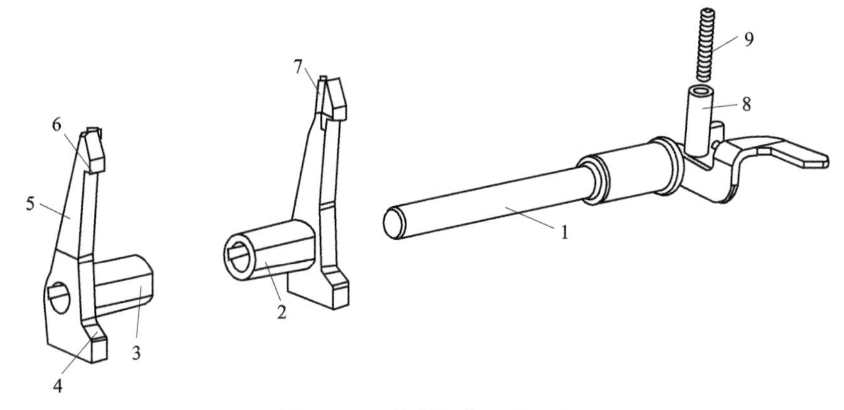

图 4－17　抽筒机构结构组成

1—抽筒子轴；2—右抽筒子；3—左抽筒子；4—短臂；5—长臂；
6—抽筒子挂钩；7—抽筒子爪；8—压栓；9—弹簧

抽筒机构动作示意图如图 4－18 所示。开闩时，闩体向下运动，闩体上抽筒子挂臂的下端以一定的速度冲击抽筒子的短臂，使抽筒子长臂以较大速度向后转动，抽筒子爪作用于药筒底缘将药筒抽出炮膛。抽筒后，闩体在关闩簧的作用下向上移动，此时抽筒子挂钩将抽筒子挂臂钩住，使闩体保持开闩状态。

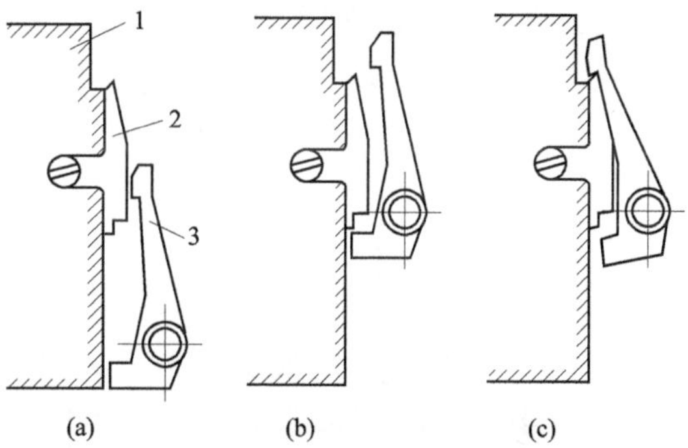

左、右抽筒子可以在抽筒子轴上相对摆动一个角度，以确保某一个抽筒子挂钩因磨损或损坏不起作用时，另一个抽筒子仍可钩住闩体。

(a)　(b)　(c)

图 4－18　抽筒机构动作示意图

1—闩体；2—抽筒子挂臂；3—抽筒子

（4）击发机构

击发机构由击发机和发射机组成。

击发机：用来击发炮弹的底火。该火炮的击发机为击针惯性式击发机，安装在闩体内，由击针、击针簧、拨动子、右拨动子轴、拨动子驻栓和驻栓弹簧等组成，如图 4－19 所示。

击针和击针簧：击针的作用是撞击底火，击针簧则用来储存击发能量。

拨动子和右拨动子轴：拨动子在开闩过程中将击针拨回到待发位置，右拨动子轴用来驱动拨动子。拨动子用方形孔安装在右拨动子轴上，它的上端抵住击针的前端，下端有缺口（图 4－19 中的 A），可以被拨动子驻栓的浅槽卡住。右拨动子轴的外端有一杠杆，用来被曲臂压动。

拨动子驻栓和弹簧：拨动子驻栓用来确定拨动子的位置，使拨动子将击针保持在待发状态，或放开拨动子使击针击发；驻栓弹簧的作用是使驻栓向左移动，以使拨动子驻栓适时地将拨动子卡住。拨动子驻栓中部有一条较宽的浅槽（图 4－19 中的 C）和一条较窄的深槽（图 4－19 中的 D）。当拨动子下端的缺口卡在浅槽上时，拨动子驻栓使拨动子和击针保持在待发状态；当拨动子的下端对正深槽时，拨动子便可以转动而使击针击发。驻栓弹簧在击针拨回时，将驻栓向左推，使浅槽卡住拨动子。

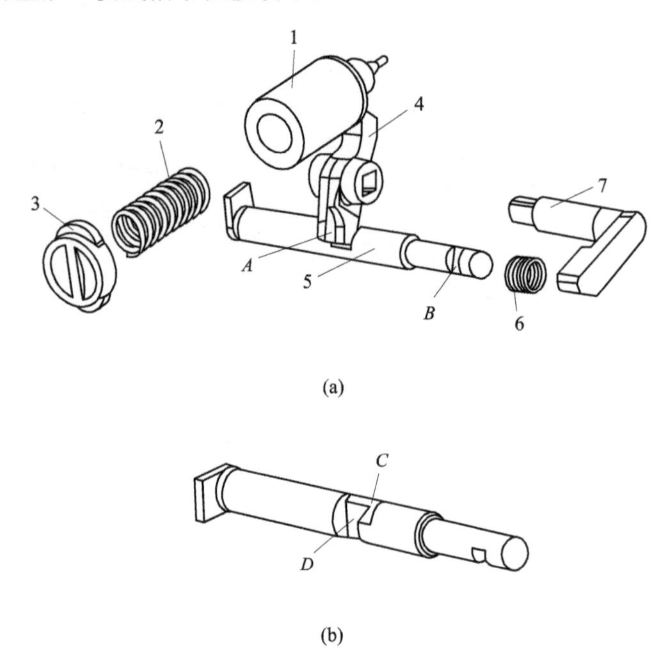

图 4－19　击发机组成

1—击针；2—击针簧；3—击针盖；4—拨动子；5—拨动子驻栓；6—驻栓弹簧；7—右拨动子轴

击发机的动作：开闩时，曲臂向下转动，曲臂齿挤压右拨动子轴的杠杆端使右拨动子轴转动，带动拨动子转动，将击针拨回并压缩击针簧，如图 4－20（a）所示。与此同时，拨动子驻栓在弹簧的作用下向左移动（从炮尾向前看），驻栓上的浅槽对正拨动子的下缺口，拨动子卡在驻栓的浅槽上，使击针处于待发位置（击发机构处于待发状态）。关闩后，发射机通过布置在炮尾中的推杆向右推动拨动子驻栓，使驻栓上的深槽对正拨动子下端，拨动子解脱，击针便在弹簧的作用下运动，撞击药筒上的底火完成击发动作，如图 4－20（b）所示。

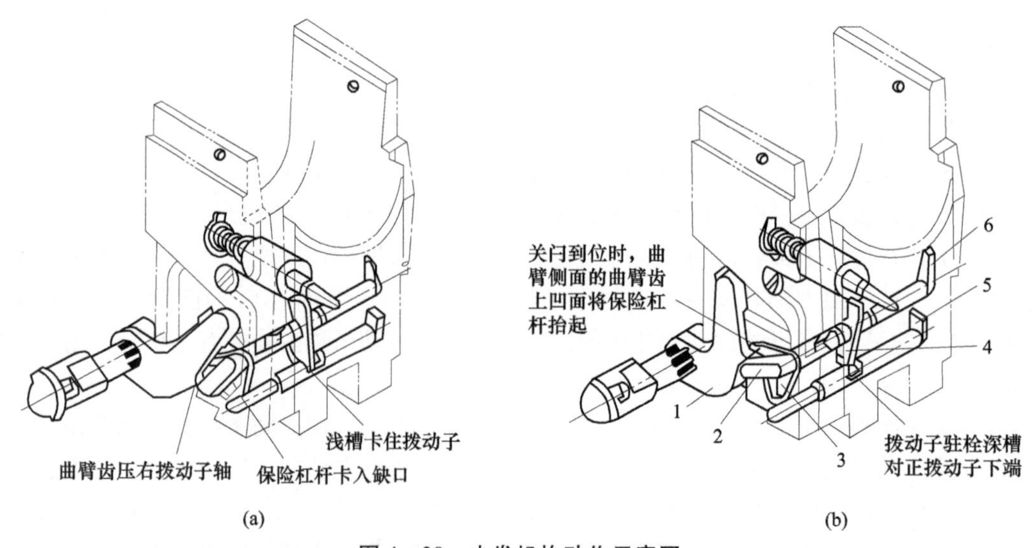

图 4－20　击发机构动作示意图

1—曲臂；2—右拨动子轴；3—保险杠杆；4—拨动子；5—拨动子驻栓；6—左拨动子轴

由于曲臂齿带动右拨动子轴转动、拨动子转动、拨回击针的动作是曲臂滑轮在闩体定形槽的圆弧段运动完成的，此时闩体尚未移动，因而不会因闩体开闩造成击针与药筒底火干涉的问题。

发射机：该火炮的发射机有杠杆式和按钮式两种模式。发射握把装在摇架的防危板上，发射按钮装在高低机手轮轴上，它们通过钢索或压杆与顶铁相连。压动发射握把或推动发射按钮时，顶铁便推动炮尾内的推杆，推杆推动拨动子驻栓动作，使击发机击发。

(5) 保险机构

保险机构的作用是使火炮在没有完成关闩、闭锁的情况下不能击发，以保证火炮和人员的安全。一般应保证闩体未关闩到位、闩体未闭锁确实不得击发，迟发火或瞎火时不能自动开闩，等等。

该火炮的保险机构由保险杠杆、扭转弹簧和拨动子驻栓等组成，如图 4—21 所示。其作用是当炮闩未关到位（曲臂未转到垂直位置状态，也称为“未确实闭锁”）时，使击针不能击发。

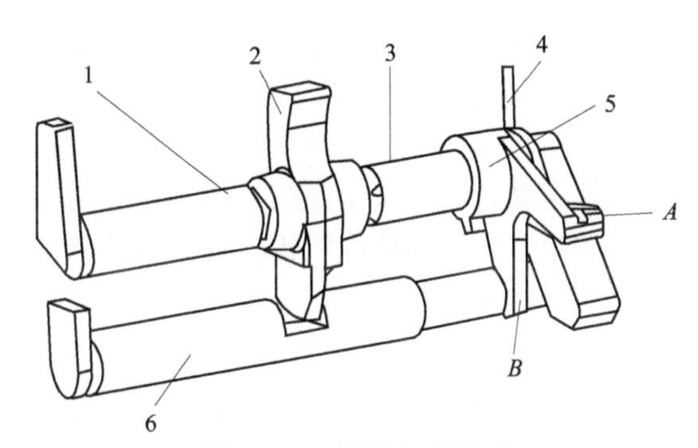

图 4—21　保险机构组成

1—左拨动子轴；2—拨动子；3—右拨动子轴；4—扭转弹簧；5—保险杠杆；6—拨动子驻栓

保险杠杆和扭转弹簧安装在右拨动子轴上，扭转弹簧的一端抵在闩体上，另一端压在保险杠杆的上凸出角（图 4—21 中的 A）上，使保险杠杆的下凸出角（图 4—21 中的 B）时刻有卡入拨动子驻栓的缺口（图 4—19 中的 B）里的趋势。

保险机构的动作：在开关闩过程中，击针处于待发状态，此时拨动子驻栓在弹簧的作用下向左移动，保险杠杆受扭转弹簧的作用，下凸出角卡入拨动子驻栓的缺口中，限制拨动子驻栓的移动，使拨动子不能转动，因而击发机构不能击发。关闩时，曲臂转动，使闩体上升到关闩位置，之后曲臂滑轮在闩体定形槽的圆弧段运动，曲臂转到垂直位置，闩体处于闭锁状态（闩体闭锁确实），此时曲臂齿的上凹面将保险杠杆的上凸出角抬起，下凸出角便离开拨动子驻栓缺口，这时方能击发。

若没有保险杠杆，且曲臂在闩体定形槽的圆弧段运动未转动到垂直位置，如果击发，便会产生过早开闩。

(6) 复拨器

复拨器的作用是当底火产生故障不发火或迟发时，拨回击针，以便重新击发。采用了复拨器就不必用人工开闩的办法拨回击针，以免在开闩过程中因炮弹发火而发生危险。

该火炮的复拨动作通过左拨动子轴带动拨动子将击针拨回。复拨器由握把、握把杠杆、炮尾杠杆、炮尾杠杆轴和左拨动子轴组成。握把和握把杠杆装在摇架的防危板上，炮尾杠杆和炮尾杠杆轴装在炮尾左侧。当转动握把时，握把杠杆带动炮尾杠杆和炮尾杠杆轴转动，杠杆轴右端的凸起部作用于闩体上的左拨动子轴及拨动子使其转动，从而将击针拨回。

2. 炮闩各机构的联合动作

（1）人工开闩

当推动闩柄向前转时，产生以下动作：

① 闩柄带动曲臂轴及曲臂转动，曲臂滑轮在闩体定形槽的圆弧段里转动，曲臂齿压动右拨动子轴，使其转动并带动拨动子拨回击针，拨动子驻栓被弹簧向左推动，浅槽卡住拨动子，将击针保持在待发状态。这时保险杠杆受扭转弹簧的作用，下凸出角卡入拨动子驻栓的缺口中。

② 曲臂继续向下转动，曲臂滑轮进入水平槽，迫使闩体下降而开闩；曲臂转动到水平位置后，开闩动作完成，此后抽筒子将闩体保持在开闩状态。

③ 在上述过程中，关闩机的杠杆、拉杆、曲柄随曲臂轴转动，关闩簧被压缩，储存关闩能量。

④ 闩柄转到位时，闩柄杠杆便在炮尾定向弧的作用下离开曲臂轴的缺口（此时闩柄与曲臂轴解脱，关闩时闩柄不动）。

（2）人工关闩

抬起抽筒子轴的杠杆，抽筒子轴转动，带动抽筒子转动，抽筒子挂钩离开闩体上的抽筒子挂臂，这时关闩机的关闩簧伸张，推动四连杆机构转动，使曲臂轴及曲臂转动，从而使闩体关闭。关闩以后，曲臂继续转动到垂直位置，完成闭锁并解脱保险杠杆。

（3）自动关闩

当装填炮弹时，炮弹入膛过程中药筒底缘冲开抽筒子，使抽筒子挂钩离开闩体上的抽筒子挂臂，关闩机的关闩簧伸张，完成与人工关闩相同的动作。

（4）发射

推动按钮或压下发射握把，经过钢索或压杆带动顶铁，顶铁推动炮尾推杆，推杆推动拨动子驻栓向右移动，并压缩驻栓弹簧（弹簧准备开闩时将驻栓向左推），驻栓释放拨动子，击针便在击针簧的作用下向前运动，完成击发动作。

（5）自动开闩

炮身后坐时，关闩机曲柄的圆形凸起部从开闩板的侧面滑过。复进时，曲柄的圆形凸起部撞击开闩板的工作斜面（后斜面），开闩板迫使曲柄转动，四连杆机构带动曲臂轴及曲臂转动，进行开闩动作。闩体下降之前拨回击针，拨动子驻栓卡住拨动子，使击针保持在待发状态，保险杠杆下凸出角卡住拨动子驻栓。曲臂转动的同时，关闩机弹簧被压缩。开闩的末期，闩体上抽筒子挂臂下端冲击抽筒子短臂，抽筒子爪抽出发射过的药筒，然后抽筒子挂臂将闩体保持在开闩状态。

4.1.4 摇架

摇架用来安装起落部分的各部件和零件，并且使炮身在后坐和复进时有正确的运动方向。该火炮的摇架呈圆筒形，所以称为筒形摇架，如图 4－22 所示。

该火炮的耳轴焊在摇架本体后部的两侧，用来将摇架固定于上架的耳轴室内，是起落部分进行高低转动的中心。左侧的高低齿弧也是以耳轴中心为圆心。为了减小摩擦力，使高低

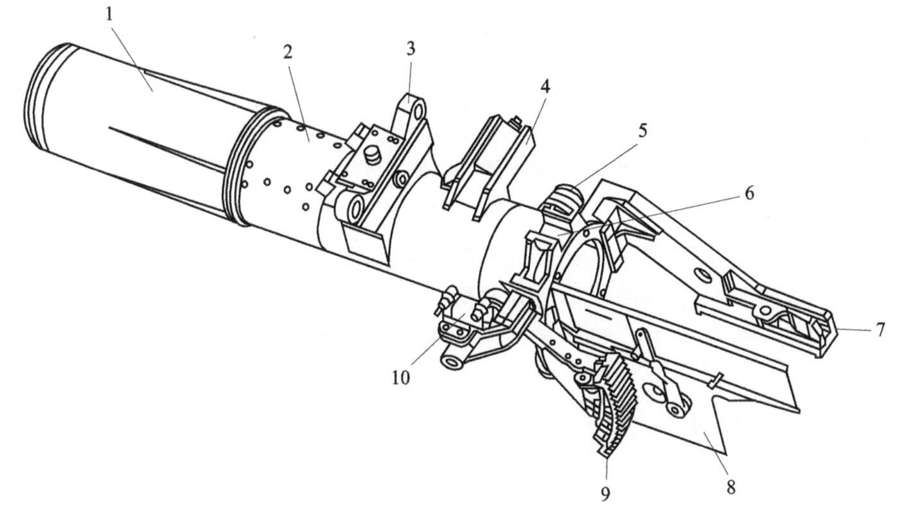

图 4—22　摇架

1—护筒；2—摇架本体；3—支座；4—平衡机支臂；5—耳轴；6—炮身定向栓室；
7—开闩板支臂；8—防危板；9—高低机齿弧；10—瞄准具套箍

机操作轻便，在耳轴上装有滚针轴承。耳轴两端装有注油嘴，以便向轴承里注入润滑油。

摇架前端装有护筒，用来保护身管的导向圆柱部。摇架本体内部沿轴向分别布置有前、后铜衬板，用来与身管的光滑圆柱部配合，支撑炮身并为其后坐和复进导向。铜衬板与身管之间有一定的间隙，以保证连续发射时，身管因温度升高、直径增大后炮身仍可正常后坐与复进。铜衬板内表面开有油槽，便于留存润滑油。

摇架后部上方有炮身定向栓室。弹丸在膛内运动时期，炮身后坐，炮身定向栓便在定向栓室里滑动，以免炮身绕轴线旋转。弹丸出炮口以后，炮身继续后坐，但这时已经没有弹丸的反作用力矩传给炮身，不需要防止炮身转动，炮身定向栓会随炮身后坐离开定向栓室。

在摇架本体的前上部有储油箱，里面装石棉绳和炮油。射击时，炮身发热，使炮油熔化，沿油孔和石棉绳流下，以便润滑炮身的光滑圆柱部。

摇架上有 3 个支臂和两个支座，分别是平衡机支臂、瞄准具支臂、开闩板支臂、制退杆与复进杆支座和高低机齿弧固定支座。开闩板用销轴装在支臂上，弹簧通过压筒使它经常靠向左方，而螺钉把它限定在正确位置。

摇架的后端面上固定两块牛皮缓冲垫，用来缓冲复进到位时后坐部分对摇架的冲击。摇架的左后侧有防危板，对操作人员提供一定的保护。瞄准手操作时，身体的任何部位都应该在防危板左侧，以防止炮身后坐和复进时撞伤炮手。

此外，在摇架上还装有后坐标尺，以对火炮的后坐运动状态提供监测。该火炮的后坐标尺装在摇架炮身定向栓室的前方。火炮后坐时，炮身上的冲铁推动标尺上的游动尺，指示出后坐长度。

4.1.5　反后坐装置

反后坐装置是火炮中将炮身与炮架进行弹性连接，控制火炮后坐运动的规律和火炮受力的缓冲装置。

1. 反后坐装置的作用

反后坐装置有以下几方面作用。

① 后坐时消耗和储存火炮后坐部分的后坐动能，减小作用在炮架上的力，并且把后坐运动制止在一定的后坐长度上。

② 后坐终了以后，使后坐部分复进到射前位置，并在任何射角下保持炮身不下滑。

③ 使复进动作平稳。

反后坐装置分为后坐制动器、复进机和复进节制器三个部分。多数火炮上，将后坐制动器和复进节制器设计成一个部件，称为制退机。制退机在后坐时产生后坐制动力，消耗后坐能量；复进时提供复进制动力，消耗复进剩余能量。复进机用来储存能量，使后坐部分完成复进。

2. 反后坐装置的结构

该火炮的反后坐装置采用典型的制退机和复进机结构组成，且均为筒后坐形式。

（1）制退机结构

该火炮制退机是带沟槽式复进节制器的节制杆式制退机，以及其结构如图 4—23 所示。制退机结构中最主要的问题是流液孔面积 a_x的构成与面积变化的控制，以及液体的密封。

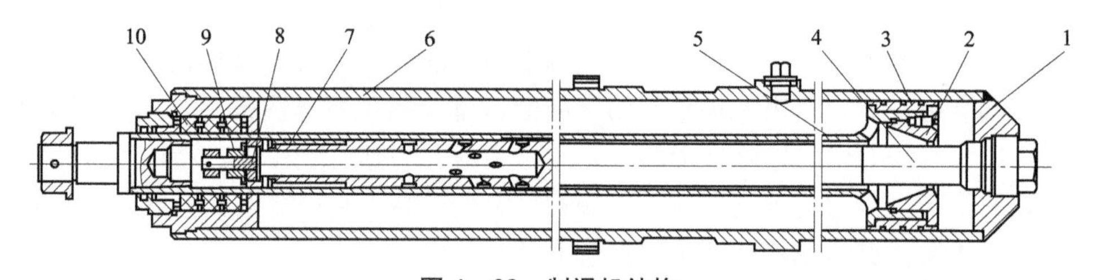

图 4—23　制退机结构

1—后盖；2—节制环；3—活塞套；4—节制杆；5—制退杆；6—制退筒；7—调速器衬筒；8—调速活瓣座；9—活瓣；10—紧塞器

制退筒：固定在炮尾套箍的左孔内。前端安装有紧塞器本体，后端焊着后盖，后盖上固定着节制杆。火炮发射时，制退筒和节制杆随着炮身一起后坐和复进。

将制退筒安装到炮尾套箍时，需用螺环和垫圈固定，另外，用焊在套箍后端的驻板防止其转动。制退筒上部有一个注液孔，用来检查液量和添注液体，注液孔由螺塞和紧塞环密封。

制退杆：制退杆为筒形结构，内部容纳节制杆。前端固定在摇架上，后端是活塞头，上面套着活塞套。活塞套上有环形沟槽，用以改善液体的密封，同时可以保持润滑油膜和阻拦机械污物。活塞头上有 6 个斜孔，便于液体流通。活塞头内安装有节制环。制退杆内壁有两条变深度（前浅后深）的等宽度沟槽。活塞套的外径是按照制退筒孔径的实测尺寸进行加工的，不具有互换性。

为了便于加工制退杆的深孔和沟槽，制退杆的前端采用带螺纹的连接杆头，螺纹部用无酸性的钎焊方法加以密封。连接杆头用螺帽和开口销固定在摇架的连接支座上。

节制杆：节制杆是一个变直径的细长杆，与节制环配合，构成控制液体流动的流液孔。节制杆布置在制退杆内，后端固定在后盖上。节制杆的前段为中空结构，并布有 8 个斜孔。它的前端安装有调速器衬筒、调速活瓣座和活瓣。活瓣座上有 5 个纵孔。衬筒与制退杆的内腔配合比较紧密，其外径是按制退杆内孔径的实测尺寸加工的。

复进节制器由制退杆内腔、变深度沟槽、节制杆前段以及调速活瓣等构成，其流液孔面积变化由制退杆内壁两条变深度的沟槽和节制杆上的调速器衬筒形成。后坐时，从制退筒前腔经过 6 个斜孔流入活塞头内的液体，有一部分沿制退杆内壁与节制杆之间的环形间隙向前流到节制杆的前段，经过节制杆上的 8 个斜孔进入节制杆中，然后冲开节制杆前端的活瓣，从活瓣座上的 5 个纵孔流入制退杆内腔（节制杆的前面）。为了在后坐过程中使液体能及时充满制退杆内腔，上述液体通路的面积是足够大的，因而这股液流对后坐的阻力很小。复进时，节制杆向前移动，迫使制退杆内腔的液体向后流动，液体使活瓣向后关闭了 5 个纵向孔，所以液体只能从制退杆内壁两条变深度的沟槽流过，产生节制复进的阻力，然后流回制退筒前腔。所以节制杆上的调速器衬筒和制退杆的沟槽之间便构成了复进节制器的流液孔。它的面积随着复进行程的增加而逐渐减小。

紧塞器：由石棉绳紧塞环、隔环、支撑环、压筒和螺帽等组成，用来密封制退杆，防止液体从制退杆与制退筒之间漏出。

该制退机内的液体不充满，保留一定的空间，这样可以防止因液体发热膨胀导致复进不到位。采用该方法可使制退机省去液量调节器，简化了结构。

（2）复进机结构

复进机的作用是在后坐终了以后使炮身复位。因此，在后坐时必须储存复进的能量。此外，在任何仰角下炮身不能下滑，复进机在平时应有一定的初力作用于炮身。

该火炮的复进机是液体气压式，为三筒结构，如图 4—24 所示。

外筒：固定在炮尾套箍的右孔内，固定方法与制退筒的相同。外筒前端与带紧塞器的前盖焊接，后端与后盖焊接。在前盖的连接筒的两侧和下方有 3 个通孔。

中筒：两端焊在前、后盖上，它的后下方有一个通孔，将中筒与外筒连通。

内筒：插在中筒里，后端用螺纹固定在后盖上，用紫铜环密封，前端套在前盖的连接筒上。内筒的后端安装有螺盖，螺盖上有通气孔和过滤网，过滤网用来在后坐时防止杂物进入内筒。

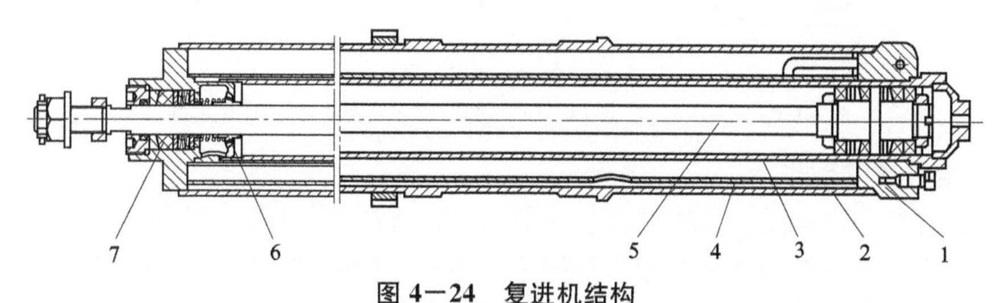

图 4—24　复进机结构

1—端盖；2—外筒；3—内筒；4—中筒；5—复进杆；6—活瓣；7—紧塞器

复进杆：复进杆为一细长杆，布置在内筒中，由紧塞器密封。复进杆前端固定在摇架上，后端有活塞与内筒配合，活塞上有密封结构，用以密封液体。

活瓣装置：由活瓣和弹簧组成，起辅助节制复进的作用。活瓣和弹簧装在前盖的连接筒里，活瓣上有 12 个小孔。平时状态，弹簧使活瓣向后抵在连接筒的活瓣座上。后坐时，内筒的液体向前推开活瓣并压缩弹簧，液体经活瓣与活瓣座之间打开的环形间隙和连接筒上的 3 个通孔流到中筒。复进时，弹簧使活瓣关闭，液体只能从 12 个小孔流回内筒，因而使内筒里面的液体压力小于外筒的液体压力，也即使复进力减小，起到辅助节制复进的作用。

紧塞器：紧塞器的各零件装在前盖内，用来密封复进杆。紧塞器的零件包括橡胶套环、皮环、压环、蝶形弹簧和螺帽。当拧紧螺帽时，压环挤压橡胶套环，使它产生径向变形，外表面紧贴着前盖，内表面迫使皮环向内压紧，紧贴在复进杆外表面上，以防止液体漏出。皮环的耐磨性和耐热性较好，所以让它接触摩擦面，但是它的弹性较差，所以在它上面套橡胶套环。蝶形弹簧用来保持一定的压力。

开闭器：装在复进机后盖的凸起部上，用来给复进机注液、注气和检查气压。后盖凸起部的左边有开闭杆孔，右边有接续管孔，这两个孔之间由垂直孔连通，如图 4－25 所示。接续管孔用于连接注液、注气管路。开闭杆孔内有紧定螺帽和保险螺帽。紧定螺帽用来对紧塞绳和皮环施加压力，起紧塞作用；保险螺帽固定紧定螺帽，防止它松动。开闭杆用螺纹与紧定螺帽配合，其杆端的锥形头部与后盖上的纵孔配合，依靠锥面密封该孔。当旋开开闭杆时，开闭杆孔便经纵孔和导管（液体闭气管）与外筒相通。导管一端焊在后盖上，另一端弯曲，伸入液体下面，在小射角时会离开液体，但是由于弯曲部分保存着液体，所以气体不能从导管进入开闭杆孔漏出。左右两个孔平时都用螺盖盖住。

检查或注液、注气时，需先卸下螺盖，在接续管孔里拧上接续管，然后松开开闭杆（向外拧出一圈），外筒的内腔便经过导管、开闭杆孔和垂直孔与接续管相接通。在接续管上可以安装气压表和连接唧筒的导管。

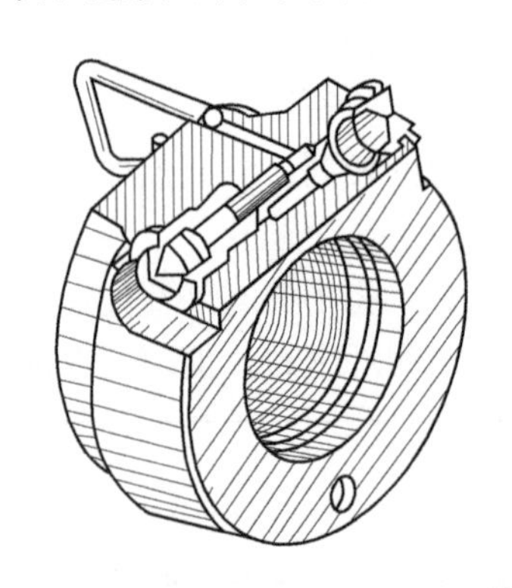

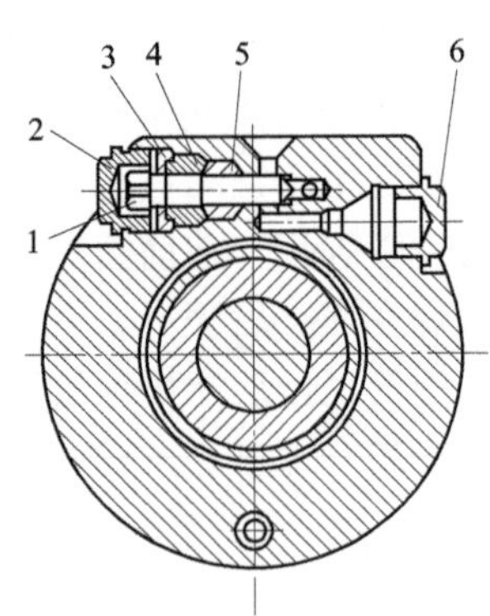

图 4－25　开闭器

1—开闭杆；2，6—螺盖；3—保险螺帽；4—紧定螺帽；5—紧塞绳

3. 反后坐装置的动作

反后坐装置的动作如图 4－26 所示。发射时，在火药燃气压力的作用下，炮身带动制退筒和复进筒后坐，制退杆和复进杆固定在摇架上不动。后坐结束以后，在复进机气体的压力作用下，复进筒、制退筒和炮身一起复进。

（1）后坐时制退机的动作

后坐时，制退筒和节制杆一起后坐，制退筒前腔Ⅰ（活塞与紧塞器之间）的容积缩小，前腔的液体受到挤压，从活塞头上的 6 个斜孔流入活塞内腔，然后液体分两股流动：①经过节制杆与节制环之间的环形间隙流入制退筒的后腔Ⅱ，这部分液体对后坐产生阻力，消耗后坐能量，对炮身后坐起制动作用。随着后坐行程的增加，由于节制杆直径的改变，上述环形间隙也逐渐变小，炮身后坐速度减小，最后使炮身停止后坐。②经过节制杆与制退杆内表面之间的环形间隙、节制杆上的 8 个斜孔和两个直孔流入节制杆内，向前推开活瓣，从活瓣座上的 5 个孔流入制退杆内腔Ⅲ，使制退杆内腔随时充满液体，这部分液体对后坐的阻力很小

（主要是待复进时起作用）。另外，还有少量液体经过制退杆内表面的沟槽流入制退杆内腔。

后坐过程中，由于制退杆从制退筒中抽出，所以筒内的自由容积增大，因而在制退筒后腔形成真空区。

（2）后坐时复进机的动作

在制退机产生动作的同时，复进机也产生动作，3个筒随炮身一起后坐。在内筒中，紧塞器与活塞之间的容积缩小，所以液体推开活瓣，经过前盖连接筒上的3个孔流入中筒，再经过中筒后方的通孔流到外筒，压缩外筒中的气体。由于外筒的气体被压缩，便储存了使后坐部分复进和供自动开闩、抽筒所必需的能量。

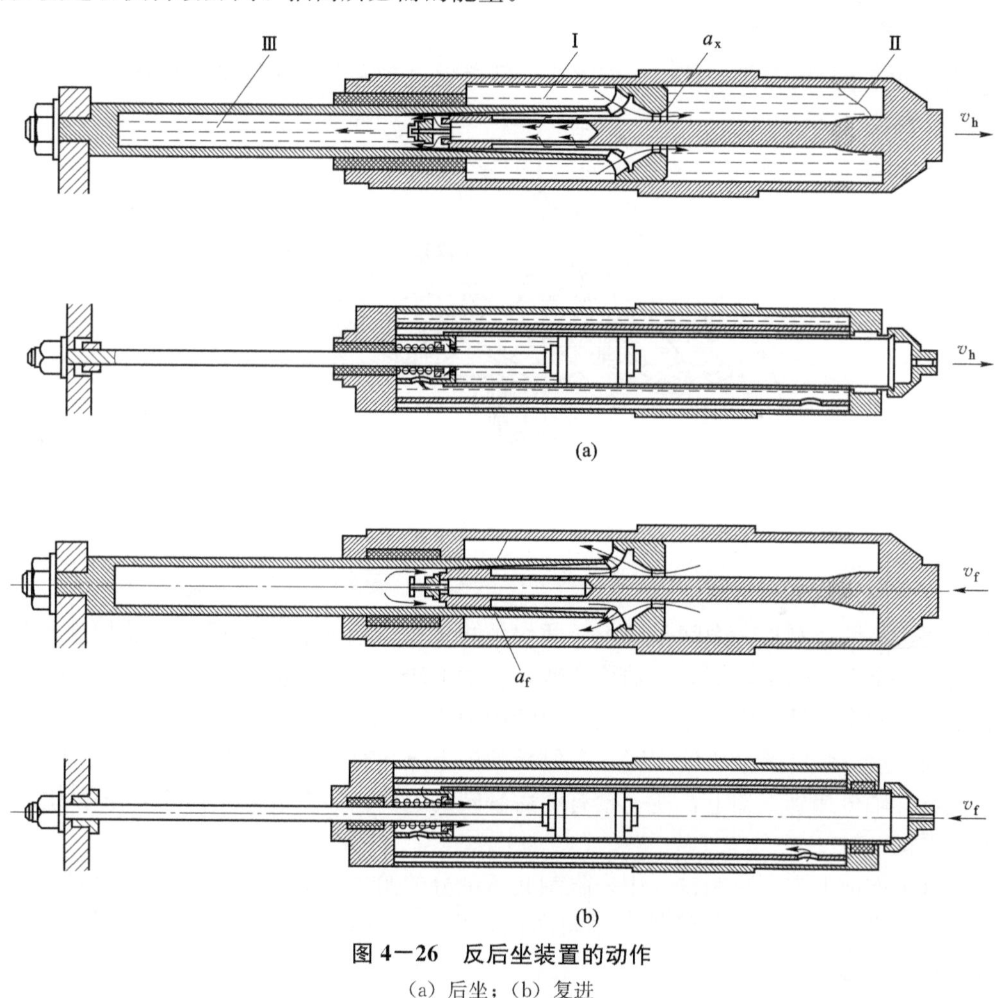

图4－26　反后坐装置的动作

（a）后坐；（b）复进

（3）复进时复进机的动作

炮身后坐运动结束以后，外筒中的气体开始膨胀，使液体经中筒流回内筒，这时前盖内的活瓣在弹簧作用下关闭，因而外筒的液体只能从活瓣上的12个小孔流入内筒。液体流入内筒以后，压力作用于紧塞器，推动复进筒运动，从而带动炮身和制退筒一起复进。

（4）复进时制退机的动作

开始复进时，制退筒带动节制杆运动，节制杆插入制退杆内腔，节制杆前端的调速活瓣关闭，制退杆内腔的液体只能从制退杆内表面的两条沟槽向后流动，再经过节制杆与制退杆之间的环形间隙和活塞上的 6 个斜孔流回制退杆前腔。这股液流产生复进阻力，使炮身复进速度不至过分增大，起到减小复进速度的作用，使复进运动逐渐停止。

当炮身复进一定的距离以后，由于制退筒后腔的空间缩小，真空被排除，于是液体经过节制杆与节制环之间的环形间隙和活塞上的 6 个斜孔流回制退筒前腔。这股液流也产生阻力，对复进也起到一定的制动作用。

在上述两股液流所产生的阻力的作用下，炮身复进速度在复进后期逐渐减小，复进到原位时，还有较小的速度（约 0.3 m/s），最后炮尾碰到摇架后端面上的缓冲垫，复进停止。

4.1.6 上架和防盾

上架是回转部分的主体，其结构如图 4－27 所示。在它上面安装起落部分、瞄准机、平衡机和防盾等。

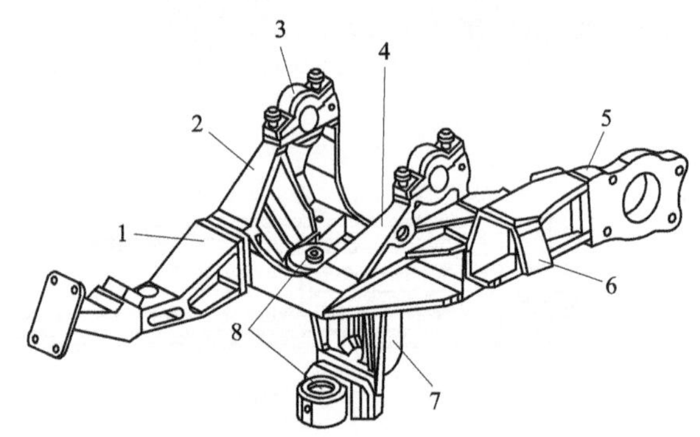

图 4－27 上架结构

1—平衡机支臂；2—右侧板；3—盖板；4—左侧板；5—高低机支臂；
6—方向机套箍；7—支臂；8—立轴室

上架两边有两块侧板，中间是基板。两块侧板的上端有耳轴室，用来安装摇架的耳轴。基板中央有一个上立轴室，下方有轴承支臂，支臂下端安装下立轴室。下架本体的上、下立轴就安装在这两个立轴室内。立轴是上架回转的中心。

左侧板的后方装有瞄准机的支臂，右侧板的前下方装有平衡机支臂。射击时，对炮架的作用力通过耳轴传递到上架上，使上架有向后翻转的趋势。但上、下立轴的反作用力矩可使上架保持平衡。

上架基板的前上方有限制铁，用来限制起落部分的俯角，基板后方的限制铁则限制最大仰角。在高低机支臂上方有指针缺口，与高低机齿弧上的指针对正以后，可使起落部分定位，处于行军状态。

火炮的防盾用来抵御来自前方的枪弹和弹片，对炮手提供一定的保护。防盾由上盾板、下盾板和活动盾板组成。

上盾板的下方固定在上架的平衡机支臂前端，上方靠左、右支管固定在上架的两块侧板上。下盾板用合页连在上架上，行军时收起，用驻栓固定。活动盾板固定在摇架上，随起落部分一起活动。

4.1.7 瞄准机和平衡机

该火炮的瞄准机由高低机和方向机组成。

1. 高低机

高低机是齿轮齿弧式，用于和瞄准装置相配合，赋予火炮射角，其结构组成如图4—28所示。

该高低机主要由一对齿轮副和一对蜗杆蜗轮副组成。齿轮传动副由高低齿弧、高低机齿轮和高低机齿轮轴组成，高低齿弧装在摇架上，高低机齿轮安装在高低机齿轮轴的右端，高低机齿轮轴由高低机箱的两个衬筒固定。高低机齿轮轴上有花键，用来安装蜗轮。蜗杆蜗轮副由蜗杆和蜗轮组成，蜗杆与高低机手轮相连，蜗轮用花键安装在高低机齿轮轴上。为了转动灵活，蜗杆轴前部装滚针轴承，并用带毡环（防尘）的螺帽固定，后部套有滚针轴承和双向止推轴承，以确定蜗杆的轴向位置，并在转动高低机时减小蜗杆所受的轴向摩擦力。蜗轮由钢制的轮毂和铜制的轮圈组成，并用铆钉相连接，采用铜制轮圈的优点是可以减小摩擦、提高蜗轮的抗磨损性能。

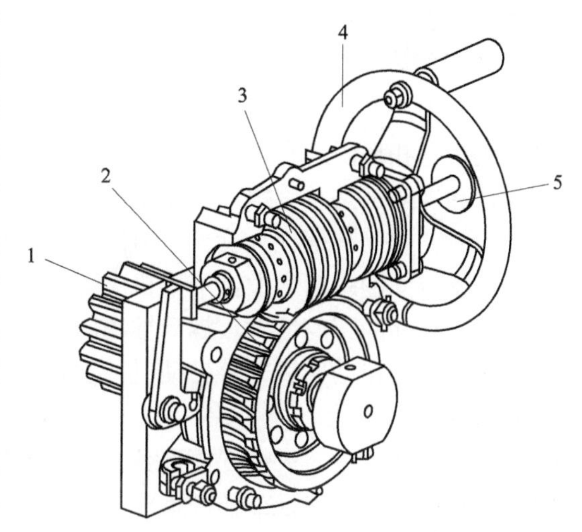

图4—28 高低机结构组成

1—高低机齿轮；2—蜗轮；3—蜗杆；4—高低机手轮；5—发射推杆

在传动链上采用蜗杆蜗轮副既可以获得较大的传动比，又可使传动系自锁。

高低机箱体固定在上架的瞄准机支臂上，用来安装蜗杆和蜗轮。箱体中部的轴孔有衬筒，用来安装高低机轴。左侧有定位螺帽，在螺帽内用铜垫圈顶住高低机轴的左端，防止它向外移动。在箱盖上方有注油嘴，以便于注油；箱体下方有放油孔，以便放出旧油。

高低齿弧装在摇架的侧后方，有利于降低火炮的火线高。

2. 方向机

方向机是螺杆螺母式，用来和瞄准装置相配合，赋予火炮射向。其结构组成如图4—29所示。

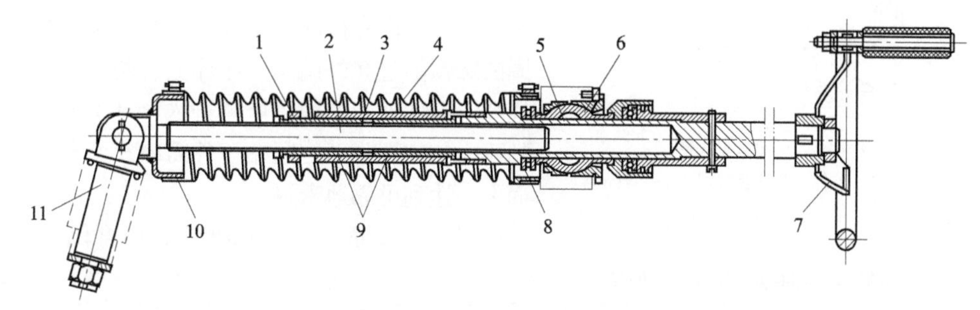

图4—29 方向机结构组成

1—螺帽；2—螺杆；3—套筒；4—护套；5—传动管；6—球轴；7—手轮

8—止推滚珠轴承；9—前、后螺筒；10—座环；11—叉形接头

传动管：后端固定着手轮，中部安装有球轴和两套止推滚珠轴承，前端为套筒（螺套）。

球轴：通过衬筒和轴承螺帽固定在上架瞄准机支臂的套箍内，使传动管只能在球轴内转动和摆动，而不能相对于套箍移动。

前、后螺筒：固定在套筒内，它们内部的螺纹与螺杆相吻合。螺纹磨损以后，调整前端的螺筒可以排除空回，前端螺筒平时被螺帽和垫圈固定着。后端的螺筒焊在套筒内。

螺杆：头部焊有座环，用来固定护套。座环的前端有连接耳，用连接轴固定在叉形接头上。

护套：用来保护螺杆和套筒，防止灰尘侵入；前端用钢带、扣环固定在螺杆的座环上。后端用钢带、扣环固定在方向机套箍上。

螺杆和螺筒都是左旋螺纹，使手轮的旋转方向与炮尾的转动方向一致，便于操作。向左转动转轮时，螺筒从螺杆上旋入，方向机两支点间的距离减小，瞄准机支臂和炮尾向左转；反之，两支点间的距离增大，瞄准机支臂和炮尾向右转。

当两支点间的距离增大，螺筒推动回转部分转动时，前止推轴承起减小摩擦的作用；当距离缩小，螺筒拉动回转部分转动时，后止推轴承起减小摩擦的作用。

3. 平衡机

平衡机的作用是对火炮起落部分提供一个与重力矩相反的力矩，使火炮起落部分相对摇架耳轴保持平衡，以保证操作高低机时打高轻便、打低平稳。该火炮平衡机是液体气压式，主要由外筒、内筒、紧塞器、开闭器和补偿器等组成，其结构如图 4－30 所示。

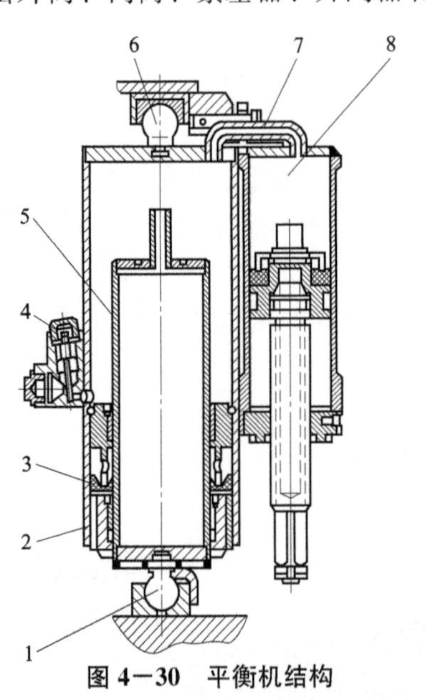

图 4－30　平衡机结构

1，6—球轴；2—外筒；3—紧塞器；4—开闭器；5—内筒；7—连接管；8—补偿器

外筒：上端焊有球轴，支撑在摇架的平衡机支臂上，下端装有紧塞器。筒内容纳有压缩气体作为工作介质，还装有部分液体，用来密封气体。

内筒：装在外筒里，外筒的紧塞器可以沿它的外表面移动，下端有球轴，支撑在上架的平衡机支臂上，并被驻板卡住。内筒里面装有压缩气体，并由上端的导管与外筒的气体相通。导管的作用是在射角增大时，防止因液面高于内筒而导致液体流入内筒。

紧塞器：用来密封外筒的液体（间接密封气体）。由座环、卡簧、皮圈和螺帽组成。座环上方被卡簧卡住，内有衬筒。座环下方有皮圈，并被带毡圈的螺帽固定在外筒里。座环上有两个平面和两个横孔，以便外筒的液体能够进入座环下部，靠液体的压力使皮圈张开，紧贴于外筒内表面和内筒外表面上，达到可靠地密封。

开闭器：固定在外筒侧面，由开闭杆和密封件组成，用来检查气压和注气、放气。

补偿器（调节器）：用来调节平衡机内的气压，以补偿由于气温变化导致平衡机力的变化。补偿器焊在外筒侧面，上端用连接管与外筒连通，下方固定着螺盖。螺盖中央有一带活塞的螺杆。螺杆可以相对于活塞转动，但不能相对移动。补偿器内装有压缩气体和 0.05 L 液体。当温度变化引起平衡机力改变过大时，用摇把转动螺杆，使活塞移动，改变平衡机内气体的总体积，就可调节平衡机的压力。它可以在±20 ℃的气温变化范围内保证平衡机的力不至过大或过小，使高低机工作正常。

4.1.8　下架和运动体

下架和运动体装在一起，成为火炮行军时的运动部分和战斗时的支座。

1. 下架

下架连接运动体和大架，是回转部分的基座。该火炮的下架为长箱形结构。下架的主体是下架本体，如图 4－31 所示。

下架本体是一个空心的箱形铸钢体，中部有上、下立轴，是上架的转动中心。上立轴套有铜垫圈，以使上架转动灵活。在上立轴的前面焊有限制铁，用来限制上架向左转动的范围。两端有架头轴孔，用来连接两个大架。两端还有限制铁，用来限制大架的转动范围。左前方有方向机支座，用来连接方向机的叉形接头。下架本体的内部安装缓冲器。

下架本体的前方中央有方孔，用来安装调平机构的齿轮，它被盖板盖住。盖板的中央有一安装调整螺帽的螺孔。它的左下方有一个卡铁，用来在行军时固定下盾板。

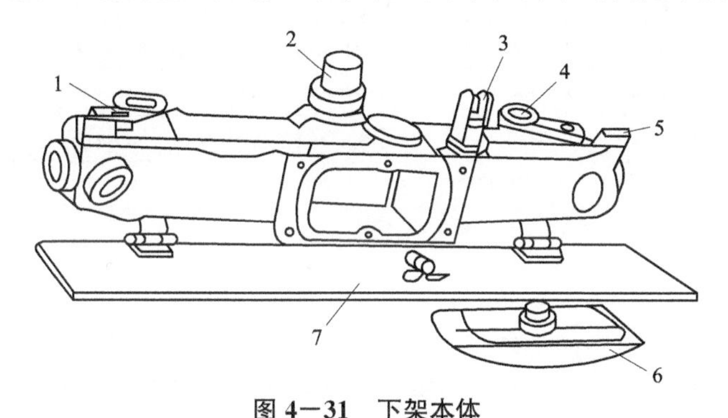

图 4－31　下架本体

1—驻栓室；2—上立轴；3—方向机支座；4—架头轴孔；5—限制铁；6—盖板；7—下盾板

2. 运动体

运动体包括车轮和缓冲器。

车轮由轮胎、轮辋和轮毂组成。其中，轮胎为实心海绵胶胎，其特点是当被子弹或破片击穿时仍能保持一定的运动性能。

火炮在不平道路上行军，车轮与地面碰撞时，通过缓冲器吸收地面对火炮的冲击能量，可以使火炮的其余部分免受冲击作用。

该火炮的缓冲器由构造相同的左、右两部分组成，每一部分由扭杆、半轴、杠杆、曲臂、扭杆盖、锥形齿轮和开闭栓组成，如图 4－32 所示。中间齿轮将左右两边的锥形齿轮连接起来。

扭杆：受扭转作用时，可产生扭转变形，以便吸收车轮与地面碰撞时的冲击能量。它装在半轴内，内端有 41 条刻纹与半轴内端的刻纹啮合；外端有 40 条刻纹，与扭杆盖的刻纹啮合。扭杆盖固定在曲臂上。

半轴：是空心的，装在下架本体的两个铜衬筒里。内端的孔有 41 条刻纹与扭杆啮合，内端的外表面用花键安装锥形齿轮，并用螺帽固定。另一端用花键安装杠杆。外端的光滑圆柱部套着曲臂，并且用螺帽限制曲臂的轴向位置。

曲臂：滑套在半轴外端，可以相对于半轴转动，但不能相对移动。前端焊有车轮轴，用来安装车轮。外侧用两个螺栓与扭杆盖连接。

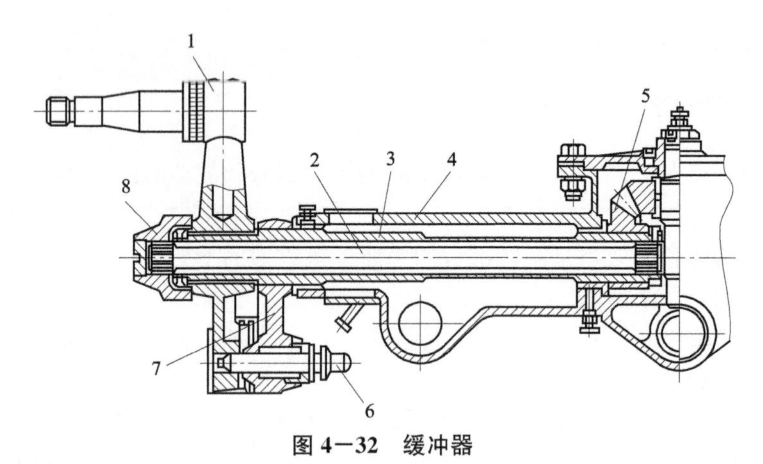

图 4—32　缓冲器

1—曲臂；2—扭杆；3—半轴；4—下架；5—锥形齿轮；6—开闭栓；7—杠杆；8—扭杆盖

杠杆：靠花键孔与半轴连接，用来在行军时限制曲臂相对于半轴的转动范围。在它的上面有阻铁和缓冲垫。火炮呈战斗状态时，由开闭栓将曲臂和杠杆连在一起。

开闭栓：装在杠杆上，用来开闭缓冲器。开架时，大架的顶板推动开闭栓，使它插入曲臂的孔中，曲臂便不能相对于车轴转动，因而扭转杆也不会受扭转，以免射击时火炮振动影响射击精度，或者将扭杆扭坏；并架时，由大架叉形接头的顶铁带动支杆、上回转子、下回转子将开闭栓拔出。

4.1.9　大架

大架在行军时用来牵引火炮；在战斗时用驻锄支撑火炮，保证火炮射击时的稳定性和静止性；并且打开一定角度（54°），保证火炮在一定的方向射界内射击时的侧向稳定性。

大架为管形结构，由构造相同的左大架和右大架组成。前端焊有与下架本体连接的叉形接头，后端焊有驻锄，如图 4—33 所示。

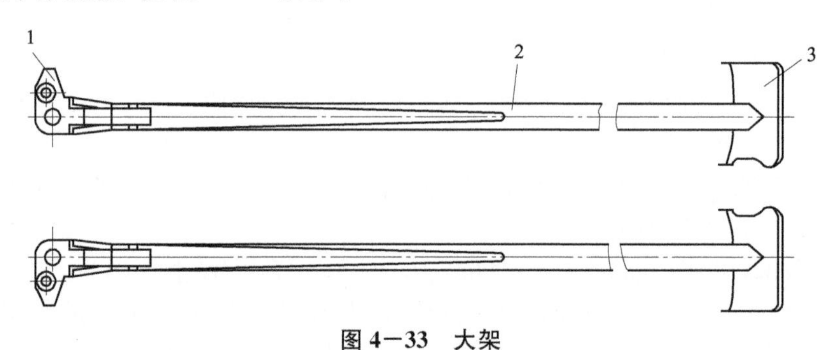

图 4—33　大架

1—叉形接头；2—大架管；3—驻锄

右大架上装有行军固定器，在行军时与炮尾上的驻栓连接（图 4—34），用来固定火炮的起落部分和回转部分，使高低机和方向机在行军时免受冲击。

大架的架尾可以安装架尾滚轮，用来在短距离推动火炮时支撑大架尾部，以免用人力扛抬。架尾滚轮平时用侧方插轴固定在左大架的托座上方；使用时，用上方插轴固定在托座的下方，如图 4—35 所示。在大架尾部有调架棍和提把，用来在开并架时抬起大架。

右大架上的架尾还安装有牵引杆，用来在行军状态时将火炮连接到牵引车上。在战斗状态时，牵引杆向前固定在大架的侧方；在行军状态时，牵引杆转向后方，由架尾的插轴固定。

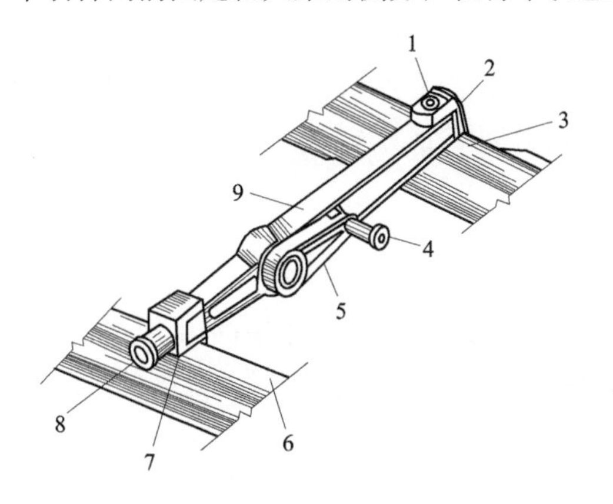

图 4－34　行军固定器

1—连接轴；2，7—耳座；3—右大架；4—握把；5—杠杆；
6—左大架；8—驻栓；9—行军固定器

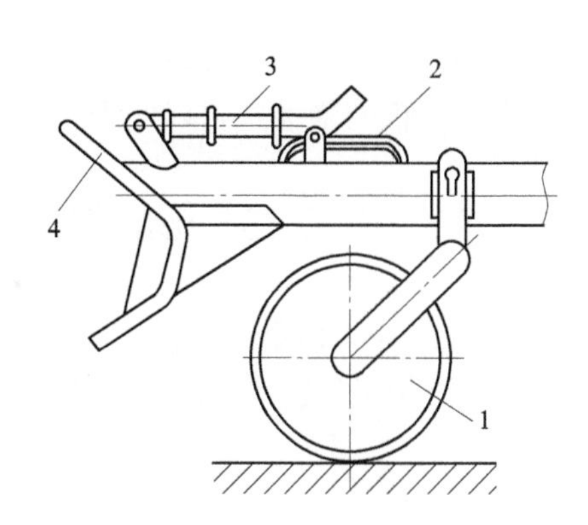

图 4－35　架尾滚轮

1—滚轮；2—提把；3—调架棍；4—驻锄

大架的叉形接头上设置有大架驻栓，用来将大架固定在战斗状态，防止射击时大架自动并拢。开架以后，驻栓与下架本体上的孔对正，于是驻栓便在弹簧的作用下向下插入下架本体内，将大架固定在战斗状态。大架的叉形接头上有侧方凸起部和前方凸起部。开架时，侧方凸起部顶着下架本体的限制铁；并架时，前方凸起部顶着限制铁，限制大架的转动范围。

火炮的行军战斗、战斗行军转换主要通过操作大架来进行。行军战斗转换时，将行军固定器解脱并固定在右大架上，打开左右大架的固定卡锁，翻起调架棍，抬起架尾展开左右大架，将牵引杆翻转固定于右大架上，将驻锄放入驻锄坑，此时大架的叉形接头上的驻栓插入下架本体上的驻栓孔中，大架被固定在战斗状态。在大架的开架过程中，叉形接头上的顶铁作用于缓冲器开闭栓，使其插入曲臂的孔中，将缓冲器关闭。战斗行军转换时，将牵引杆翻转固定于牵引位置，解脱大架的叉形接头上的驻栓，用调架棍将左右大架并架，用固定卡锁将左右大架锁紧，用行军固定器将左右大架及炮身固定。在大架的并架过程中，叉形接头上的前顶铁作用于缓冲器开闭栓的解脱机构，使开闭栓从曲臂的孔拔出，使缓冲器处于工作状态。

如果在行军战斗和战斗行军转换时需要移动火炮，可将架尾滚轮安装在架尾，便于火炮的运动。

该火炮在战斗状态时，由大架驻锄和两个车轮形成四点着地。当在不平整的地形上射击时，为了保证四点确实着地，需要有调平机构。该火炮两个车轮分别与各自的半轴相连，两个半轴在战斗状态时通过安装在下架中部的 3 个齿轮可相对转动，使车轮的相对高度发生变化，以适应不平地形阵地。

4.1.10　瞄准装置

瞄准装置用来给火炮装定射击诸元——射角和方向角，并与瞄准机构配合进行火炮的瞄准。

该火炮的瞄准装置由机械式瞄准具、周视瞄准镜和直接瞄准镜组成。另外，为了便于方便和准确地进行间接瞄准，还配备了标定器。机械式瞄准具和周视瞄准镜一起使用，主要用于间接瞄准，也可以进行直接瞄准。直接瞄准镜用来进行直接瞄准。

机械式瞄准具用来给火炮装定射角（炮目高低角和高角），并作为周视瞄准镜的基座。

机械式瞄准具在转动高低机时随起落部分转动而运动。

周视瞄准镜用来进行方向瞄准。

标定器的作用是当没有合适的瞄准点或自然条件不能满足瞄准时，为周视瞄准镜提供一个近旁瞄准点或夜间瞄准点，以便进行间接瞄准的方向瞄准。

4.2　M777 式 155 mm 轻型榴弹炮

M777 式 155 mm 轻型榴弹炮（图 4—36）是美国海军陆战队和美国陆军于 2005 年装备的新型火炮，主要用于替换其正在使用的 M198 式榴弹炮，作为下一代直接或全盘火力支援武器。

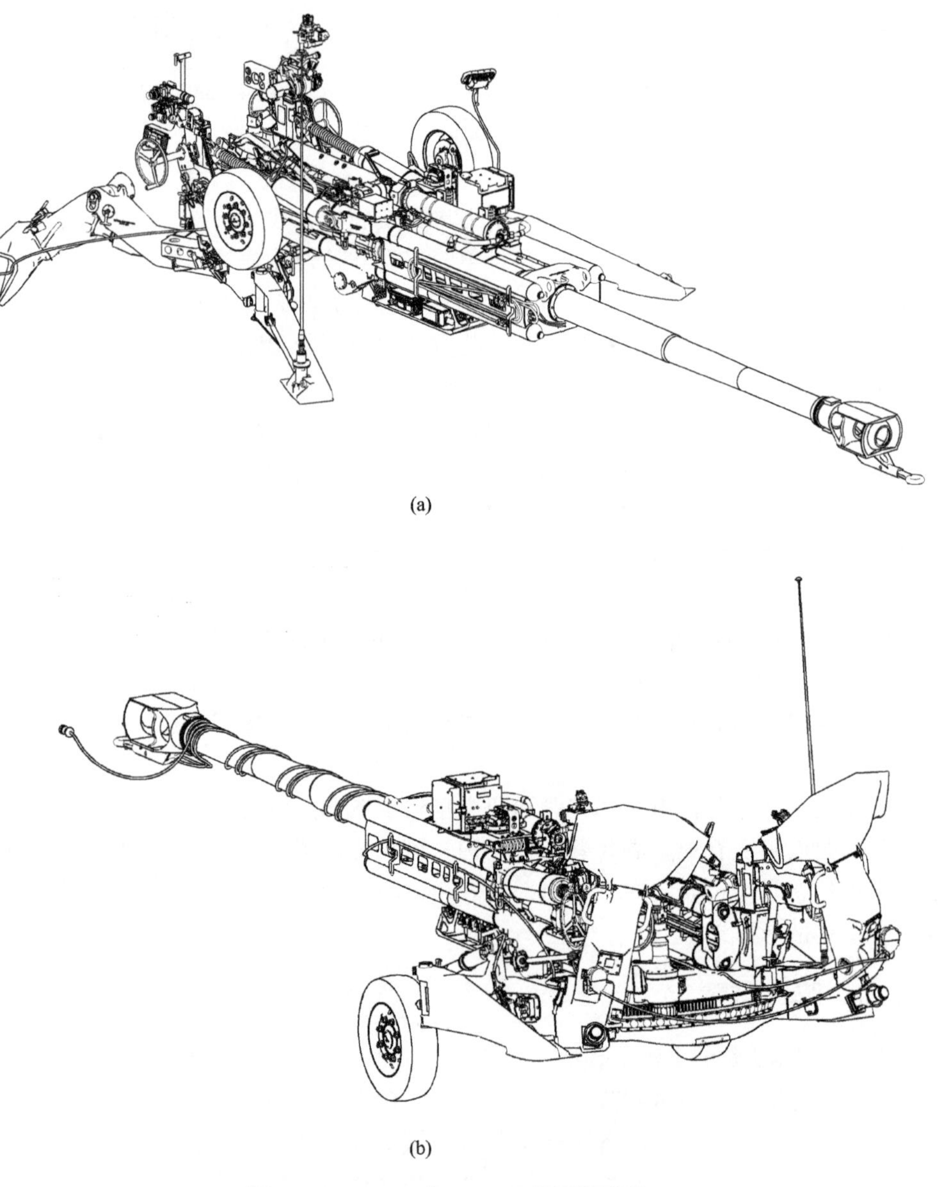

(a)

(b)

图 4—36　M777 式 155 mm 轻型榴弹炮

(a) 战斗状态；(b) 行军状态

4.2.1　概述

M777式155 mm轻型榴弹炮的前身是英国维克斯造船与工程有限公司（VSEL）20世纪90年代为竞标美国海军陆战队项目而开发的超轻型榴弹炮UFH（Ultralight－weight Field Howitzer）。VSEL于1999年被BAE system公司收购，成为BAE system地面分系统的一部分。在该项目竞标成功后，火炮代号变为M777。

M777是目前最轻的155 mm榴弹炮，其战斗质量小于10 000 lb（4 218 kg），远比同为39倍口径155 mm的FH70榴弹炮（9 300 kg）和M198榴弹炮（7 163 kg）的轻得多。因此，M777可由美国现役的中型直升机（如UH－60）吊运，还可以由旋翼飞机（如CH－53ECH－47D、MV－22等）挂载，也能由C－130、C－5、C－17等固定翼飞机运输或直接空投（一架C－130战术运输机能运输两门M777），兼有良好的战术和战略机动性能。图4－37为该火炮直升机吊运情形。

图4－37　直升机吊运情形

在陆地运动方面，M777可由任何2.5 t以上的卡车牵引，最大速度为88 km/h。必要时可由“悍马”车进行短程的道路牵引。

M777式155 mm轻型榴弹炮的主要诸元见表4－2。

表4－2　M777式155 mm轻型榴弹炮的主要诸元

口径/mm	155	战斗全重/kg	4 218
身管长	39倍口径	高低射界/（°）	－2～＋72
初速/（m·s^{-1}）	827	方向射界/（°）	45（±22.5）
射程/km	24（普通榴弹）	行军战斗转换时间/min	<3（进入战斗）
	30（火箭增程弹药）		<2（撤出战斗）
	40（“神剑”制导炮弹）	炮班人员/人	8/5
射速/（发·min^{-1}）	5（最大射速）	运动速度/（km·h^{-1}）	88（公路）
	2（持续射速）		24（越野）

4.2.2 总体布置

M777 式 155 mm 轻型榴弹炮的总体布置与先前的榴弹炮有很大的差异，采用了下架落地、耳轴位于起落部分的后端、四脚式大架的结构形式，如图 4—38 所示。结构布置上采用了下架落地、低火线高、长后坐、炮身相对耳轴前移、设置前置大架等措施，既缩短了火炮发射载荷的传递路线，又使火炮获得了良好的射击稳定性。

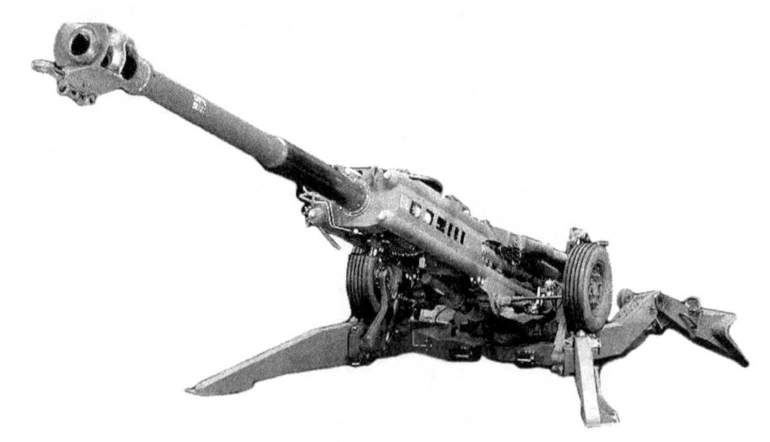

图 4—38　M777 的总体布置

为了减小火炮在发射时所产生的翻转力矩，提高火炮的稳定性，在总体布置上一方面采用了长后坐（最大后坐长度为 1.4 m），降低耳轴高度（耳轴的高度仅为 650 mm），另一方面则是将起落部分的重心大幅度前移。

M777 轻型榴弹炮的质量能够大幅度减小的一个措施是广泛使用了轻合金材料制作火炮的部件。除炮身和一些连接构件是钢材外，主要结构材料皆为钛合金，如摇架、上架、射击座盘、大架、驻锄、车轮轮毂等部件均用该材料制作。据资料介绍，该炮共使用了 960 kg 钛合金材料，占全炮质量的 25.63%。另外，一些部件使用了铝合金。

4.2.3 结构组成

M777 轻型榴弹炮的结构可分为两大部分：起落部分（炮身、摇架、反后坐装置、平衡机）和炮架部分（上架、下架、高低机、方向机、车轮悬挂装置），如图 4—39 所示。

1. 炮身

M777 轻型榴弹炮的炮身是由美国的 M109A6 式 155 mm 榴弹炮的 M284 炮身改进而来的，内弹道性能不变，由身管、炮口制退器、牵引杆、螺式炮尾和底火装填机构组成。炮闩仍采用断隔螺式炮闩，闩体上有底火装填装置。该炮闩由布置在上架右侧的杆状闩柄通过联动机构向上开启。身管中部为圆柱形，用以使身管保持在摇架前支撑面上并获得良好的导向。炮口制退器效率为 30%，上面安置有牵引杆，牵引杆所承受的向下力为 140 kg。

2. 摇架及反后坐装置

摇架为由 4 根圆管组成的框形结构。其中的圆管又是反后坐装置的构件，反后坐装置与摇架构成组合结构，蓄能器则位于摇架上部。摇架的后方安装有输弹盘，以辅助炮手装填弹丸。

两个铝制平衡机筒分别在摇架体两侧，一端连接在摇架中部，另一端与上架相连。

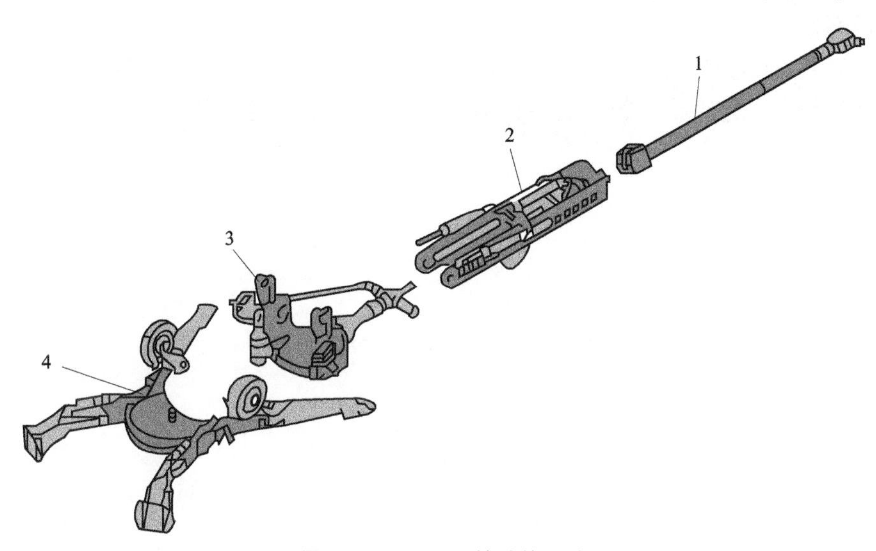

图 4－39　M777 的结构组成

1—炮身；2—摇架及反后坐装置；3—上架；4—下架

3. 上架

上架连接在下架上，上面布置有高低机、方向机，并有耳轴安装孔。高低机和方向机均为人工操作，配有高低手轮和方向机手轮。火炮高低射界为－2°～＋72°，方向射界为左右各 22.5°。

高低机筒一端呈“T”形，连接在摇架体腹部，一端的连接叉安装在上架底部凸起上。高低机为螺杆式。方向机为齿轮齿弧式，位于上架的后方。

4. 下架

下架包括下架体、前大架、后大架、车轮悬挂系统、液压制动缓冲装置等。下架体基本为圆盘状，射击状态时直接支撑在地面上。两个前大架铰接在下架体前部突出座上，可以向两侧折叠。两个后大架比较短，固定在下架体后部。后驻锄通过液压缓冲器连接在后大架尾部，形成带缓冲的大架结构。

该火炮设置前大架的作用是为火炮平时状态和复进时提供支撑，以保持火炮的平衡。该火炮由于采用炮尾相对耳轴前移的结构方案，使得起落部分的质心偏向前方，前大架可保证火炮向前的稳定性。

5. 弹药

M777 轻型榴弹炮除能发射所有现有北约的 155 mm 弹药外，还能发射新的增程和制导弹药。

发射普通榴弹时最大射程为 24.7 km，发射火箭增程弹时可达 30 km，当发射配用模块式装药系统（MACS）的 XM982“神剑”GPS/惯性导航增程制导炮弹时，最大射程可以达到 40 km。

M777 轻型榴弹炮的射击精度与现有火炮相比有很大的提高。对 30 km 的目标发射普通榴弹时，可命中 150 m 范围内的目标；对 10 km 距离上的目标进行射击时，命中精度则可以达到 50 m。使用 XM982“神剑”制导炮弹，其命中精度（圆概率偏差）可以达到

10 m。

6. 火控系统

M777 轻型榴弹炮安装有牵引火炮数字化火控系统（TAD），该系统组成有含弹道计算机的任务管理系统、炮长显示器、炮手和辅助炮手显示器、定位/导航系统、高频无线电台和电源等。

第5章
高 射 炮

高射炮是地面防空的重要作战武器，用于攻击空中目标——飞机、导弹以及其他飞行器，以掩护地面部队的战斗行动和保护重要目标。

高射炮的发展是伴随着空中目标的变化而发展的。从第一次世界大战飞机用于作战以后，高射炮就相应地发展起来。第二次世界大战以后，军用飞机的性能有了很大的提高，表现在：

① 活动空域增大，向高空、超高空和低空、超低空发展，高空可达 12 000～21 000 m，低空可至 30～150 m。

② 航速和航程增大，战斗机和攻击机的最大速度已达到 $2Ma$ 以上。

③ 全天候作战和电子对抗能力提高。

这一时期，各国竞相发展了多种口径的高射炮，口径有 20、23、25、30、35、37、40、57、76、85、88、100 mm 等。

到了 20 世纪 60 年代，导弹技术的发展使得防空导弹的效能显著增强，高射炮作为主要防空武器的作用有所削弱。但是，防空导弹的出现，也使得军用飞机的作战方式发生了改变，普遍采用低空突袭的手段，又使得小口径高射炮有了用武之地。因而，从 20 世纪 70 年代开始，小口径高射炮得到了大力发展，如苏联的四管 23 mm 高射炮、德国的猎豹双管 35 mm高射炮、瑞士的 GDF 双管 35 mm 高射炮、瑞典的“博菲”40 mm 高射炮等。同时，由于导弹威胁的日益增强，防空中的反导已成为小口径高射炮的一个主要任务。

小口径高射炮由于具有射速高、火力猛、反应快、抗干扰能力强、机动灵活、造价低廉等特点，在现代战争中仍发挥着重要的作用。其对于低空突袭的飞机和导弹，防御效果优于导弹。

5.1 57 mm 高射炮

5.1.1 概述

57 mm 高射炮是一种小口径防空武器（图 5－1），其战斗任务是歼灭斜距离在 6 000 m 以内的各种空中目标，用以掩护地面部队的战斗行动和保卫地面的重要设施。必要时还可以对地面和水上目标射击。

57 mm 高射炮的主要诸元见表 5－1。

图 5－1　57 mm 高射炮

表 5－1　57 mm 高射炮的主要诸元

<table>
<tr><td>口径/mm</td><td>57</td><td rowspan="4">电动瞄准速度/[(°)·s^{-1}]</td><td>0～15（高低平稳瞄准速度）</td></tr>
<tr><td>初速/（m·s^{-1}）</td><td>1 000（榴弹）</td><td>18（高低调转速度）</td></tr>
<tr><td>弹重/kg</td><td>2.8</td><td>0～24（方向平稳瞄准速度）</td></tr>
<tr><td>最大射高/m</td><td>8 800</td><td>30（方向调转速度）</td></tr>
<tr><td>有效斜距离/m</td><td>6 000</td><td rowspan="2">手动瞄准速度（高低）</td><td rowspan="2">5°03′/r</td></tr>
<tr><td>最大射程/m</td><td>12 000</td></tr>
<tr><td>高低射界/（°）</td><td>−2～+87</td><td rowspan="2">手动瞄准速度（方向）</td><td>6°30′/r（小速）</td></tr>
<tr><td>方向射界/（°）</td><td>360</td><td>13°/r（大速）</td></tr>
<tr><td rowspan="2">火炮全重/kg</td><td>4 750（行军状态）</td><td rowspan="2">行军战斗转换时间/s</td><td>60（行军/战斗）</td></tr>
<tr><td>4 500（战斗状态）</td><td>120（战斗/行军）</td></tr>
<tr><td>火炮全长/mm</td><td>8 600（行军状态）</td><td rowspan="2">运动速度/（km·h^{-1}）</td><td>60（公路）</td></tr>
<tr><td>火炮宽/mm</td><td>2 020～2 070（行军状态）</td><td>15（越野）</td></tr>
<tr><td>发射速度/（发·min^{-1}）</td><td>105～120</td><td>炮班人数/人</td><td>8</td></tr>
</table>

1. 火炮的特点

57 mm 高射炮性能有以下主要特点。

（1）威力较大

作为小口径高射炮，相比于其他小口径高炮，其威力较大，主要表现在弹重、射高以及射击精度上。该火炮的初速为 1 000 m/s，使用雷达和指挥仪时可以射击斜距离为 6 000 m 以内的空中目标，使用瞄准具时可射击斜距离为 4 800 m 以内的空中目标。

(2) 瞄准自动化程度高

该火炮配有炮瞄雷达、指挥仪和电源。火炮上装有随动系统，可以自动跟踪瞄准射击，而且射击精度也较高。

(3) 能全天候作战

由于电子技术发展，使飞机能在各种气象条件下进行攻击，这就要求高射武器也能在各种气象条件下射击。该火炮的射击系统中配有雷达、指挥仪和随动系统，可以在各种气象条件下进行作战。由于利用了电子技术和计算机技术，大大提高了射击精度。同时，由于利用了随动系统，还大大提高了火力机动性。

(4) 射界大，可在行进间射击

该火炮的高低射界为$-2°\sim+87°$，方向射界为360°，其射击范围近似半球形，如图5—2所示。图中边界Ⅲ为火炮最大射击范围；边界Ⅱ为火炮用指挥仪射击时的射击范围（6 000 m），弹丸未命中目标时在此边界上自炸；边界Ⅰ为火炮用瞄准具射击时的射击范围（4 800 m）。由于最大射角为87°，火炮的射击范围有一个圆锥形死角，如图中的边界Ⅳ外的区域。

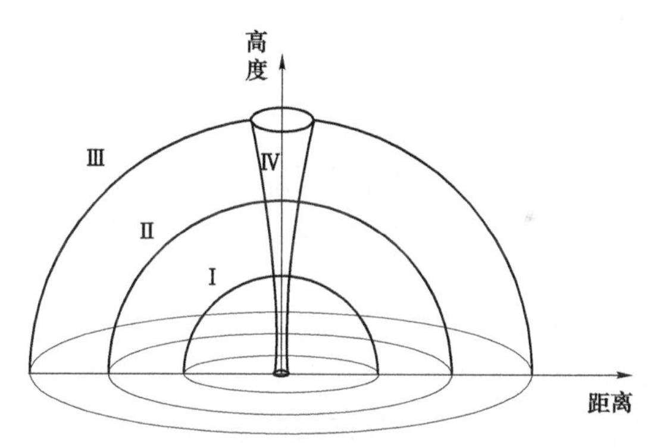

图5—2　高射炮射击范围

2. 火炮的组成

火炮由发射部分、瞄准部分和运动部分组成。各部分的主要构成部件如图5—3所示。

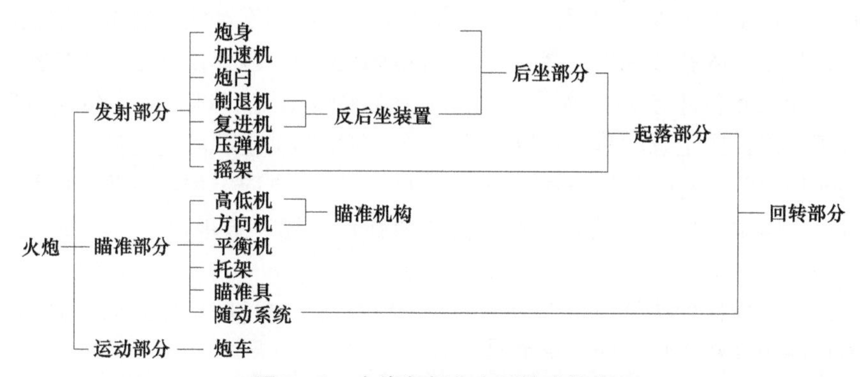

图5—3　火炮各部分主要构成部件

3. 配用的弹药

该火炮配有两种定装式炮弹：一种是带着发引信的曳光杀伤榴弹，另一种是带弹底引信的曳光穿甲弹。利用杀伤榴弹对空中目标射击时，命中目标后，引信才引起炮弹爆炸。如果没有命中目标，引信中的自炸装置使弹丸在射击后12～18 s即自行爆炸。

4. 瞄准方式

该火炮的瞄准方式有以下几种：

① 利用雷达捕捉目标，指挥仪计算诸元，传给随动系统自动跟踪目标；

② 利用雷达捕捉目标，指挥仪计算诸元，用高低机、方向机手动对正随动系统的零位指示器，进行跟踪目标；

③ 利用自动对空瞄准具计算诸元，随动系统半自动进行跟踪目标；

④ 利用自动对空瞄准具手动进行瞄准。

5.1.2 炮身和炮闩

发射部分的作用是：迅速发射大量炮弹，对空中目标进行突然而猛烈的攻击，从而有效地消灭来袭目标。57 mm 高射炮发射部分由炮身、炮闩、加速机、压弹机和反后坐装置等组成，并由摇架将它们连接为一个整体。

57 mm 高射炮发射部分的特点是发射时利用其后坐能量自动完成装填和发射的全部动作。

1. 炮身和复进机

(1) 炮身的结构

炮身由身管、炮口制退器、卡板和炮身托环等组成，如图 5－4 所示。身管的外形取决于与其他零部件的连接方式以及膛压的变化曲线。根据身管能承受膛压大小和安全性要求，将后段制成圆柱形，前段成锥形。身管的前端用左旋螺纹连接炮口制退器，中部安装带有铜套的螺帽，用以与复进簧连接。在后坐复进时，螺帽沿摇架导向筒滑动，作为炮身的前导向。身管中部有水准仪座，它与炮膛中心线平行，供技术检查时调整火炮水平和赋予火炮射角之用。身管后端以两个弧形凸起与炮身托环相连接。炮身托环两侧有滑槽，用以火炮后坐部分在后坐复进时沿摇架滑道滑动，构成炮身的后导向。身管后端为闩室，内有 6 排共 22 个闭锁齿。闩室两侧开有进、退弹缺口。

该火炮的炮膛分为导向部、药室部和坡膛部。其中，导向部为线膛结构，其内有 24 条右旋等齐膛线；药室部用以容纳药筒，由三段圆锥组成，圆锥部便于射击后抽出药筒；坡膛部用于使弹带易于嵌入膛线和确定弹丸在膛内的起始位置，以保证一定大小的药室容积。

炮口制退器两侧各开有 11 个圆孔，以左旋螺纹固定在炮口部，用定位螺钉使炮口制退器的圆孔位于两侧，固定螺帽将炮口制退器压紧，并用制动垫圈防止其松动。

卡板的作用是防止身管和炮身托环相对转动并沿圆周方向定位，以及利用其侧面圆角部位，在炮身后坐时推动压弹机凸轮杠杆并使压弹弹簧压缩。卡板以键槽和螺钉固定在身管后端。

炮身托环用于连接加速机与身管，并作为炮身后坐、复进的后导向部。炮身托环以弧形槽与身管弧形凸起部相连接，便于更换身管。

(2) 复进机结构

复进机采用与身管同心布置的弹簧式复进机，由螺帽、复进簧及垫圈等组成，如图5－5所示。

复进簧套在身管上，前端顶在螺帽上，后端通过垫圈顶在摇架颈筒内的环形凸起部上。在平时状态，复进簧使火炮后坐部分保持在前方位置。后坐时，螺帽随身管后坐，而垫圈被摇架顶住不动，这样便压缩复进簧储存能量。后坐结束后，复进簧推动炮身复进，直到炮身托环撞击摇架内的缓冲橡胶垫为止。

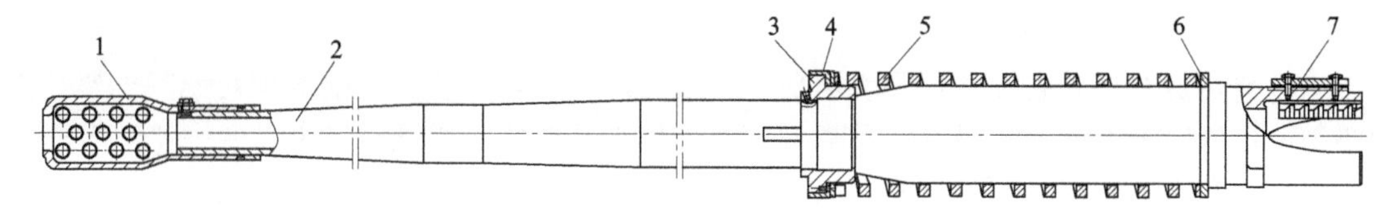

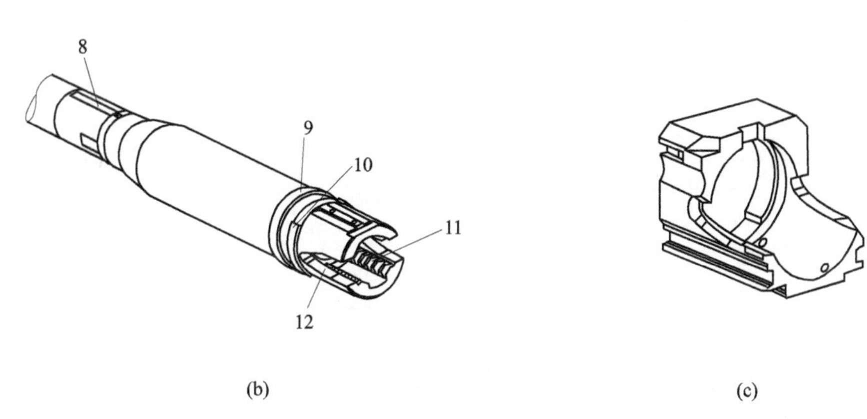

图 5—4　炮身组成

(a) 炮身；(b) 身管；(c) 托环

1—炮口制退器；2—身管；3—螺帽；4—铜套；5—复进簧；6—垫圈；7—卡板；8—检查座；9—环形凸起；10—弧形凸起；11—闭锁齿；12—进弹口

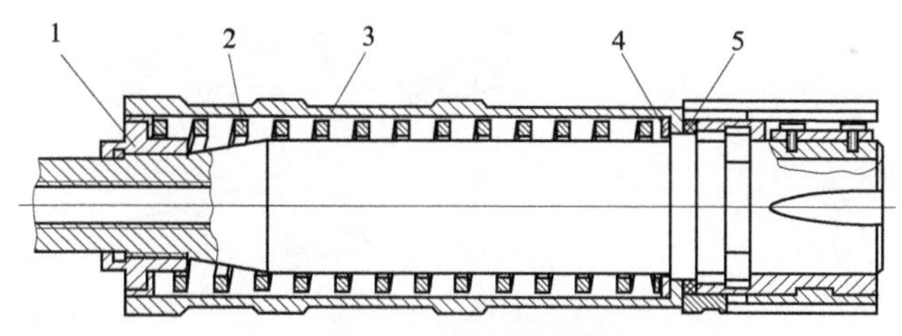

图 5—5　复进机结构

1—螺帽；2—复进簧；3—摇架；4—垫圈；5—缓冲垫

2. 炮闩及加速机

(1) 炮闩的作用

炮闩的作用是：接受从压弹机拨来的炮弹，并使炮弹保持在输弹线上；输送炮弹入膛；闭锁炮膛并击发底火；开闩并抽筒。

为了提高射速，该火炮采用炮身短后坐式自动机。炮闩为纵动式旋转闭锁炮闩。射击时炮闩沿炮身轴线方向往复运动，并利用旋转运动闭锁炮膛。为了使炮弹压入炮闩和炮身之间，炮闩后坐的长度必须大于炮弹长，因而采用加速机使炮闩加速后坐。纵动式炮闩向前运动的同时又能完成强制输弹的任务，所以该火炮的炮闩兼有输弹机的作用。

(2) 炮闩的结构

炮闩由下列装置组成：输弹关闩装置、闭锁击发装置、开闩抽筒装置和阻弹装置。

1）输弹关门装置

输弹关门装置用于将炮弹输入炮膛并完成关闩动作。由闩体、炮闩支架、输弹弹簧和制转卡锁等组成，如图 5－6 所示。

输弹弹簧由左旋和右旋两根弹簧组成。前段为左旋圆柱弹簧，其前端顶在炮闩支架孔内的垫圈上；后段为右旋圆柱弹簧，其后端顶在液压缓冲器筒的后端垫圈上。两弹簧间有定向筒，定向筒套在液压缓冲器上。开闩时，炮闩支架由其上两侧的滑槽导向在摇架滑道上向后运动，输弹弹簧被压缩，储存能量，直到炮闩支架卡在发射卡锁上。待炮弹压到输弹线上后，解脱发射卡锁，输弹弹簧便伸张，推动炮闩支架、炮闩和炮弹加速向前运动，进行输弹。当闩体抓钩撞在身管药室后端的环形凹部时，输弹到位。

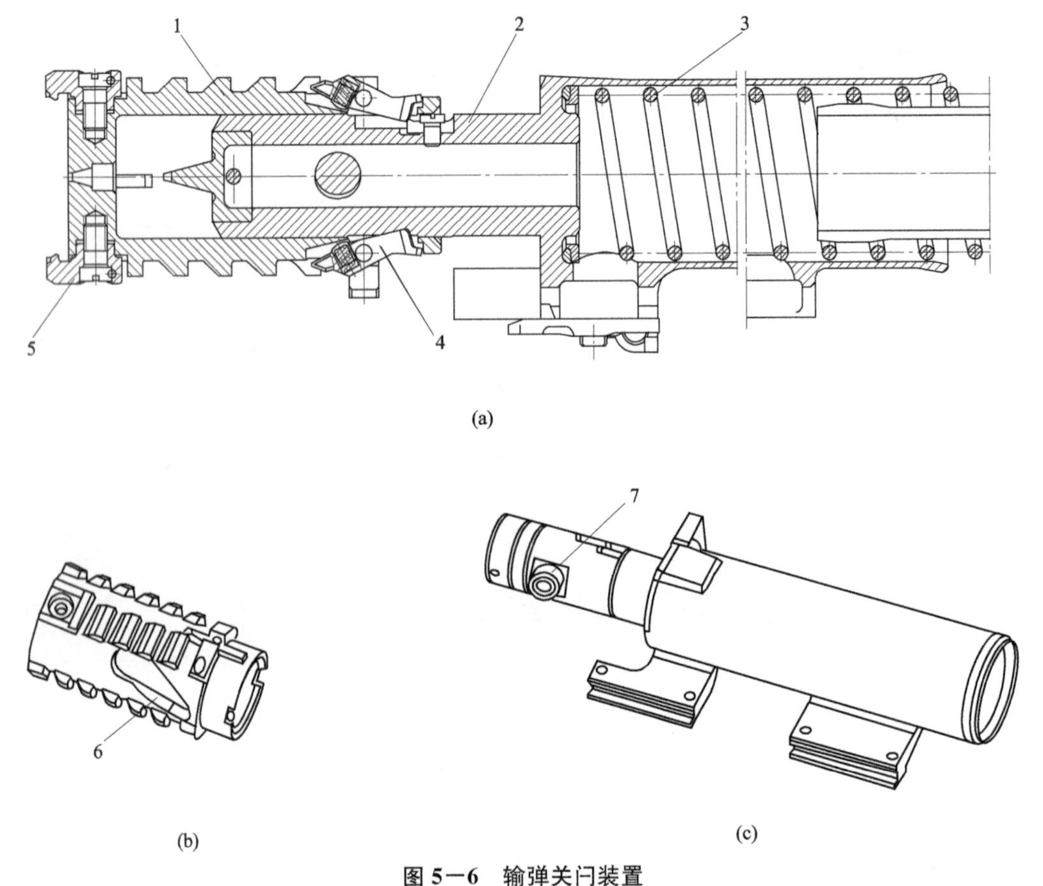

图 5－6　输弹关门装置

（a）输弹关闩装置组成；（b）闩体；（c）炮闩支架

1—闩体；2—炮闩支架；3—输弹弹簧；4—制转卡锁；5—抓钩；6—曲线槽；7—滑轮

安装在闩体上的两个制转卡锁的作用是防止闩体转动，使闩体保持开锁状态。这样，开关闩时闩体闭锁齿才不会与身管闩室的闭锁齿发生碰撞或摩擦；输弹时炮闩支架通过它们输送炮弹；输弹末段使闩体闭锁齿对准身管闩室的凹槽，闩体才能顺利地进入闩室。制转卡锁制转时，卡入炮闩支架的缺口内，并以其后端面与缺口内的衬铁相接触，从而限定了闩体在支架上的轴向位置。再加上闩体曲线槽受滑轮及其轴的限制，这样就限定了闩体在支架上的周向位置，并制止了闩体的转动，使其保持开锁状态。当闩体大部分进入闩室后，制转卡锁前端碰到身管闩室闭锁齿的斜面，于是制转卡锁前端被压下，后端便离开了炮闩支架缺口，随后炮闩支架就可使闩体旋转完成闭锁动作，如图 5—7 所示。

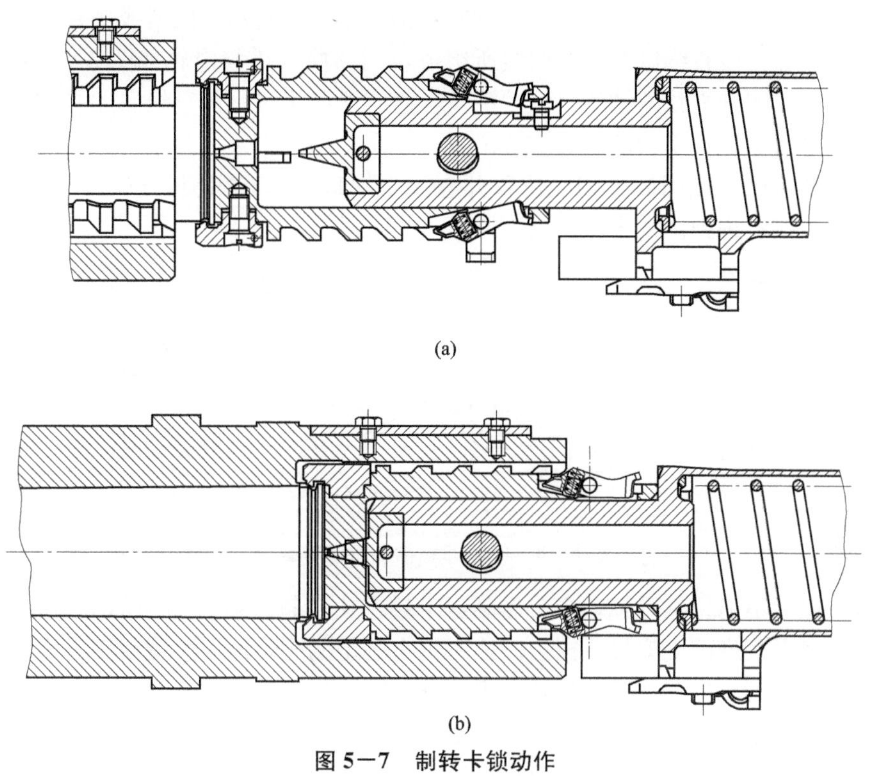

(a)

(b)

图 5—7 制转卡锁动作

(a) 开闩状态；(b) 关闩状态

2）闭锁击发装置

闭锁击发装置用于在关闩后闭锁炮膛，并击发底火。闭锁击发装置由闩体、滑轮与轴、击针、制退卡锁以及保险螺钉等组成。

闭锁与击发：输弹到位时，闩体抓钩顶在身管药室后端的环形凹部上，闩体停止前进，而炮闩支架继续向前，通过装在炮闩支架前部孔内的滑轮轴和滑轮与闩体上的曲线槽相互作用，使闩体逆时针（从后方看）旋转 35°，使闩体上的 6 排 22 个闭锁齿与身管上对应的齿啮合，完成闭锁。炮闩支架继续前进，此时滑轮进入槽的直线段，击针凸出闩体镜面击发底火。最后，炮闩支架颈部端面碰到闩体后端面，炮闩支架到达最前方。

闩体上位于抓钩后面的两个齿，其支承面比同排（第二排）另两个齿到镜面的距离要小，所以，发射时这两个齿不承受火药气体引起的压力。它们的作用只是与抓钩共同承受输弹到位时的冲击负荷。

闩体上布置有 6 排 22 个闭锁齿，各排闭锁齿的间距是不等距的。发射时，闩体在膛底合力作用下静态间隙消除，然后首先使闩体的第 6 排闭锁齿与闩室相应的齿接触，随着膛压的增高，第 6 排齿及闩体变形，使第 5 排齿消除间隙而承受载荷，依次向前，当膛压接近最大时，各排齿间间隙均已消除，前排齿受载迅速增加，而后排齿受载变形减缓，最终达到各排齿受力大体相等。

击发保险与制退卡锁：击发底火后，由于火药燃气在炮膛内可形成高达 300 MPa 以上的高压，所以闭锁装置必须保证闭锁确实以后才能击发，并且击发以后不能提早开锁，以免发生提前开闩的事故。因此，要保证闭锁机构的作用可靠、动作确实。该火炮采取两个措施保证闭锁确实以后才能击发：一是控制闩体曲线槽的形状。它由一段斜线（在闩体的圆柱面上则为螺旋线）和一段直线以及过渡曲线所组成，闩体曲线槽与滑轮如图5－8所示。滑轮走完斜线段就完成闭锁炮膛的动作，然后滑轮在直线段内走过一段直线后才能使击针突出镜面进行击发，这就保证了闭锁确实后才能击发。二是在炮闩支架上装两个保险螺钉，它们突出炮闩支架颈部端面。在闩体上相应位置开有两个缺口，只有闭锁到位时，缺口才对准螺钉，炮闩支架才能前进到位，击发底火。

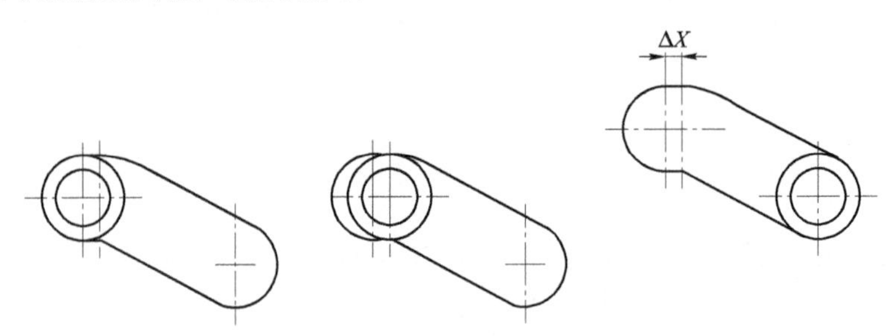

图5－8　闩体曲线槽与滑轮位置

保证击发以后不能提早开锁，主要靠制退卡锁。由于输弹到位后炮闩支架的速度较大，经过闭锁、击发后，炮闩支架最后撞击闩体时仍有一定的剩余速度，撞击后，炮闩支架会产生反跳，这样就有可能使闩体反向旋转而提早开锁。如果遇到底火击穿，则向后泄漏的火药气体也会使炮闩支架后退，发生提早开锁的事故。制退卡锁的后端在闭锁确实后进入加速机支座的缺口内，其作用是当炮闩支架反跳后退时，制退卡锁的后端面就会顶住固定在加速机支座上的衬板，防止提早开锁。制退卡锁如图5－9所示。

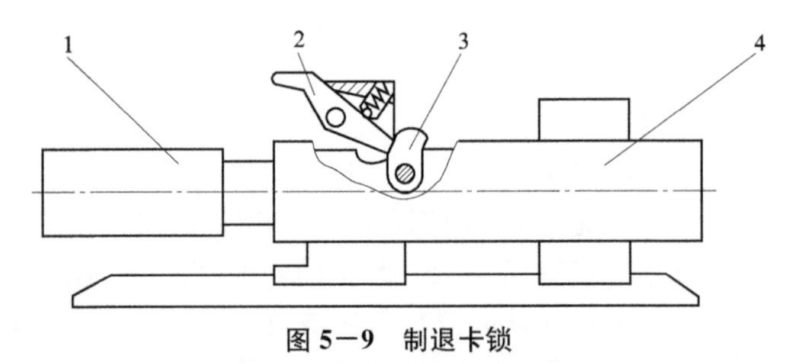

图5－9　制退卡锁

1—闩体；2—制退卡锁；3—固定在加速机支座上的衬板；4—炮闩支架

为了使制退卡锁能可靠地卡入加速机支座缺口内，制退卡锁端面与衬板间应留有一定的空隙。

采用制退卡锁解决了防止提早开锁的问题，但是在每次开锁前必须先解脱制退卡锁。为此，在摇架右侧装有阻铁。击发后，当炮身后坐到一定行程时，制退卡锁前端便与阻铁相遇，使制退卡锁解脱。

开锁时，炮闩支架相对炮身加速后移，由于身管闭锁齿的阻挡，闩体不能随支架加速后移，滑轮沿闩体上的曲线槽运动，在直线段收回击针，在曲线段使闩体顺时针转动开锁。当闩体上闭锁齿与身管闭锁齿脱开后，闩体随炮闩支架后移开闩，同时抽出药筒。此时闩体还没有转到规定位置，制转卡锁仍不能卡入炮闩支架的缺口内。当闩体相对炮身再后移一定距离，闩体下方的导齿右侧面与固定在加速机支座上的衬板相遇，衬板上的斜面使闩体继续顺时针旋转到位，制转卡锁才卡入炮闩支架缺口内。这时闩体闭锁齿与身管闭锁齿侧面具有 2 mm 以上的间隙，这样，当以很大的速度输弹关闩时，就能保证闩体顺利地进入闩室。

3）开闩抽筒装置

开闩抽筒装置的作用是使炮闩支架相对于炮身加速后移，完成开锁、开闩和抽筒动作。通常由自动开闩装置和人工开闩装置两个部分组成。

自动开闩装置又称加速机，由加速机支座、曲臂和加速滑板（又称模板）等组成，如图5—10 所示。

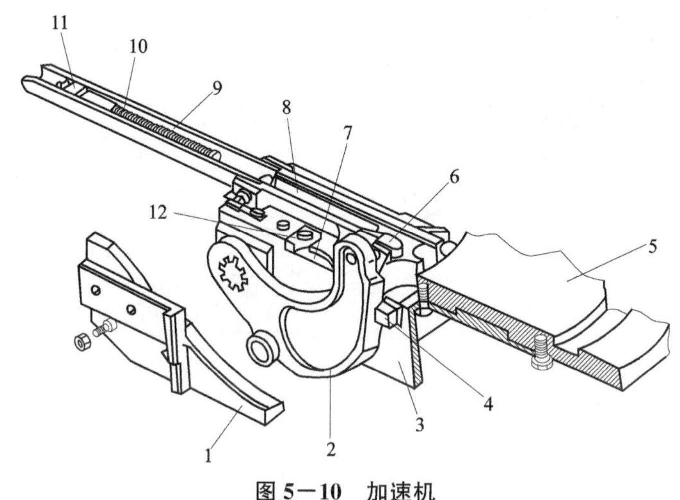

图 5—10　加速机

1—加速滑板；2—曲臂；3—加速机支座；4—挡铁；5—炮身托环；6—导齿衬板；7—缺口；8—定向槽；9—定向筒；10—弹簧；11—导板；12—制退衬板

加速机支座用螺钉固定在炮身托环下方，用来连接曲臂、拉紧器的定向筒和制退机的制退杆。发射后，炮身、炮闩和加速机等一起后坐。当后坐到曲臂的滑轮与固定在摇架内右侧板上的加速滑板相遇时，滑板上的曲线外形使曲臂滑轮在向后运动的过程中逐渐升高，从而使曲臂向后转动。由于曲臂上端到曲臂轴的距离大于滑轮到曲臂轴的距离，因此，曲臂上端便通过炮闩支架右方工作面使其加速后移。之后，支架与曲臂上端分离，依靠惯性克服输弹弹簧的阻力而减速后移，直到越过自动发射卡锁，被液压缓冲器制动而停止运动。随后，炮闩在输弹弹簧的作用下稍向前运动后，就被自动发射卡锁卡住而呈开闩状态。当炮身复进时，曲臂在扭簧作用下恢复原位。

炮闩在加速机作用下，自动开闩的同时完成抽筒动作，这是由炮闩上的两个抓钩（位于闩体前端）实现的。压弹后，药筒底缘一直在闩体抓钩内，所以开闩时便可抽出药筒。在第二次压弹时，第二发炮弹进入输弹线的同时又把药筒从摇架右方挤出。输弹到位时，抓钩前端与身管药室后端环形凹部相撞，抽筒时，抓钩又与药筒底缘相撞，所以，在使用火炮时不准炮闩空发，以延长抓钩的寿命。

4）阻弹装置

阻弹装置的作用是在输弹和抽筒时挡住炮弹与药筒，不准它们越出输弹线；在压弹时，保证第二发炮弹把药筒挤出，而将第二发炮弹阻留于输弹线上。

阻弹装置安装在闩体右前方，由驻栓，弹簧，驻栓拨动子，前、后拨动板等组成，如图5－11所示。

击发后，阻弹装置各零件位置关系如图 5－11（b）所示。这时前拨动板伸出于闩体镜面，驻栓缩回。开闩、抽筒时，前拨动板便能挡住药筒。压弹时，第二发弹迫使药筒向火炮右侧运动，药筒使前拨动板和驻栓拨动子顺时针转动（从上方看），转过一定角度以后，驻栓就在弹簧作用下伸出闩体镜面［图 5－11（a）］，挡住压入的炮弹，使其停留在输弹线上。输弹时，也靠驻栓挡住炮弹。闭锁后击发时，炮闩支架前端倒角处撞击后拨动板，使其向外转动，同时带动前拨动板及驻栓拨动子转动，将驻栓拨回，恢复到图 5－11（b）的状态。

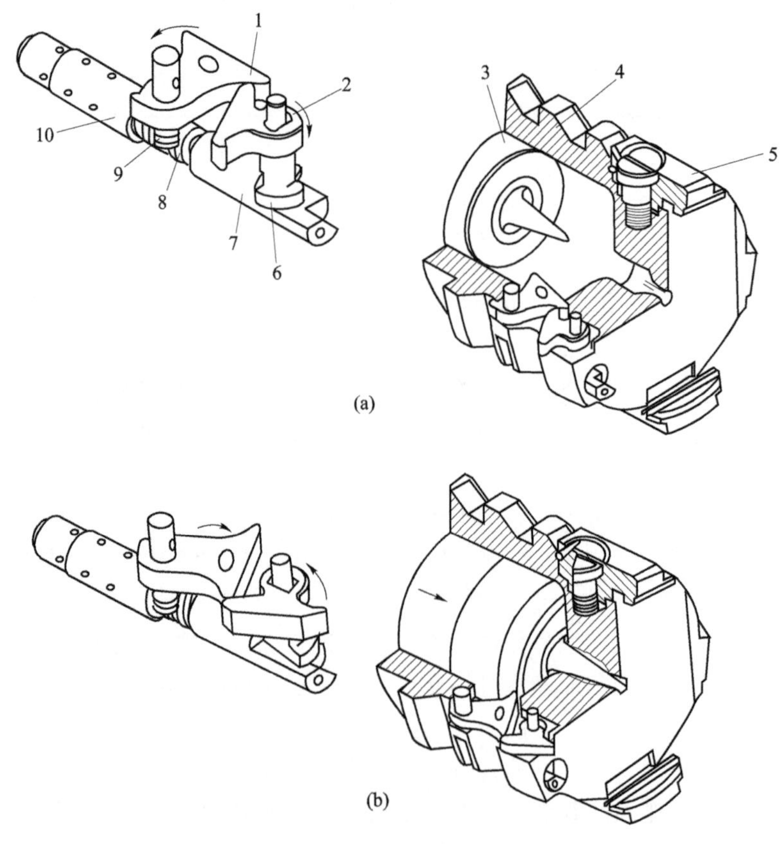

图 5－11　阻弹装置

（a）压弹后的阻弹器状态；（b）击发后的阻弹器状态

1—后拨动板；2—前拨动板；3—炮闩支架；4—闩体；5—抓钩；6—驻栓拨动子；7—驻栓；8—弹簧；9—拨动板轴；10—弹簧筒

5.1.3　压弹机

1. 压弹机的作用

压弹机的作用是接受炮手放入的炮弹并自动地将炮弹压到输弹线上，以保证火炮连续自动射击。

2. 压弹机结构

压弹机由压弹机箱体、压弹器、拨动器、阻弹器和自动停射器等组成，如图 5－12 所示。

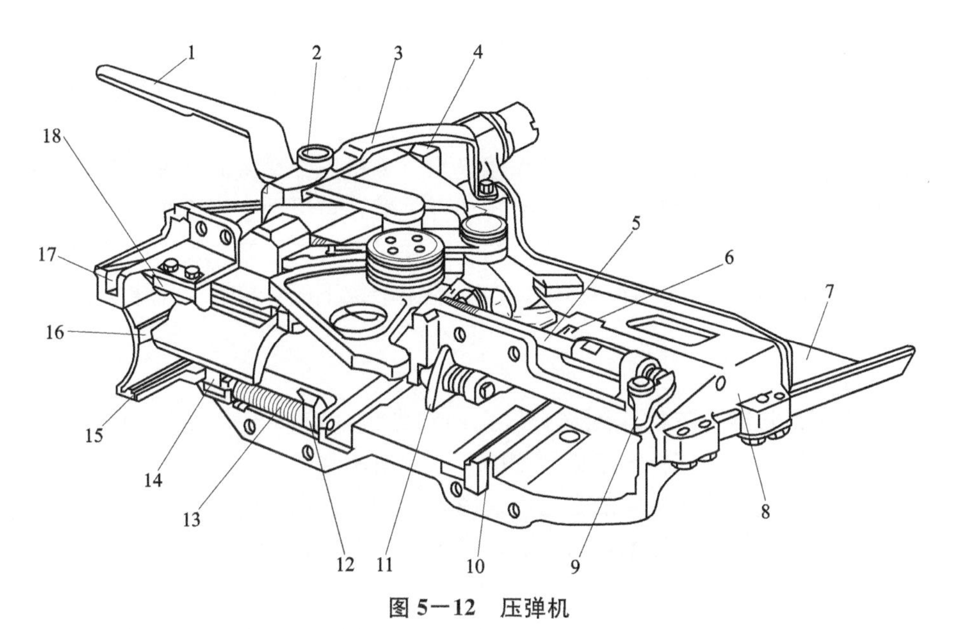

图 5－12　压弹机

1—握把；2—驻栓；3—弓形板；4—固定槽；5—传动杆；6—左阻弹子；7—供弹槽；8—压弹机盖；9—杠杆；10—定向道；11—右阻弹子；12—挡铁；13—扭簧和轴；14—定向活瓣；15—定向槽；16—定向面；17—弹夹槽；18—限制铁

（1）压弹机箱体

压弹机箱体由压弹机盖和压弹机本体组成，如图 5－13 所示。

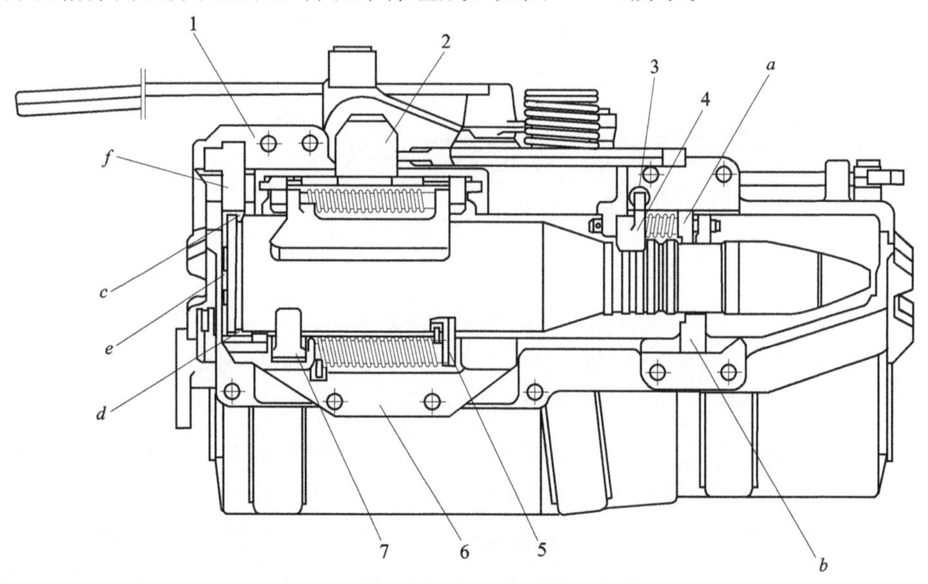

图 5－13　压弹机箱体

1—压弹机盖；2—压弹滑板顶铁；3—推杆；4—右阻弹子；5—挡铁；6—压弹机本体；7—活瓣
a、b—前导向带；c、d—药筒定向凸起部；e—后导向面；f—弹夹导槽

压弹机箱体用螺栓固定在摇架左侧。压弹机箱体的左侧固定有输弹槽。压弹机箱体内有前导向带 a、b，压弹时弹体在其上运动。后端有药筒定向凸起部 c、d，它可以卡住药筒底部的环形槽，凸起部后面和后导向面 e 限制了炮弹在压弹机中的轴向移动。而炮弹上下活动

则被前导向带和定向凸起部所限制。箱体后壁内有供弹夹运动的弹夹导槽 f，导槽的左端前侧有 9°的斜面，用来将弹夹上的炮弹卡锁解脱。卡锁解脱后，弹夹沿弹夹导槽 f 的方向运动。

箱体下方内装 4 个下活瓣，下活瓣的作用是当压弹机压弹滑板向外移动时，阻止炮弹后退。箱体外侧装有下活瓣开关器。在退弹时转动开关器，可以把下活瓣拨倒。箱体靠近摇架进弹口一侧装有定向活瓣，它用来在压弹时与右阻弹子配合防止第二发炮弹因惯性而进入摇架空间。箱体上壁的右下方还装有一挡铁，在从摇架上取下压弹机时，用来挡住带活瓣的压弹滑板。

(2) 压弹器

压弹器的作用是将炮弹依次压到输弹线上，它由带活瓣的压弹滑板、弹簧筒、压弹弹簧、螺帽、卡锁、活动杆和杠杆等组成，如图 5－14 所示。

带活瓣的压弹滑板沿压弹机盖的定向滑道滑动，两个活瓣（拨弹齿）可向上转动。压弹弹簧左端顶在固定于箱体的螺帽上，右端通过弹簧筒顶在压弹滑板上，并将压弹滑板始终压向右方。

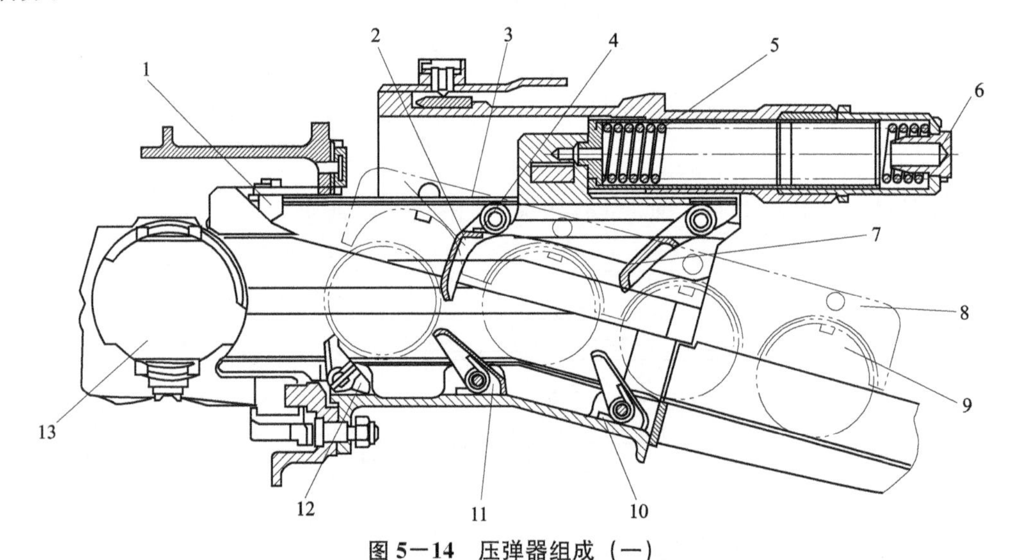

图 5－14　压弹器组成（一）

1—限制铁；2—右活瓣；3—压弹滑板；4—扭簧；5—压弹弹簧；6—螺塞；7—左活瓣；8—弹夹；9—炮弹；10—扭簧；11—下活瓣；12—定向活瓣；13—闩体

卡锁杠杆、活动杆等的安装位置如图 5－15 所示。当炮身后坐、压弹滑板向左移动到位时，卡锁将它卡住，而在炮身复进将要终了时，解脱压弹滑板。

压弹滑板的动作如下（图 5－16）：发射前，首先将一夹炮弹（4 发）推入压弹机箱体内，此时第一发炮弹被推至压弹机的右端；向左拉动压弹机握把，便带动压弹滑板向左移动［图 5－16 (a)］，此时因炮弹被下活瓣挡住，不能向外移动，上活瓣则从炮弹上滑过，在扭簧的作用下，重新卡住一发炮弹，此时压弹弹簧被压缩［图 5－16 (b)］；放回握把时，压弹簧伸张，使压弹滑板带着整个弹夹向里移动，于是第一发炮弹便进入输弹线上［图 5－16 (c)］。

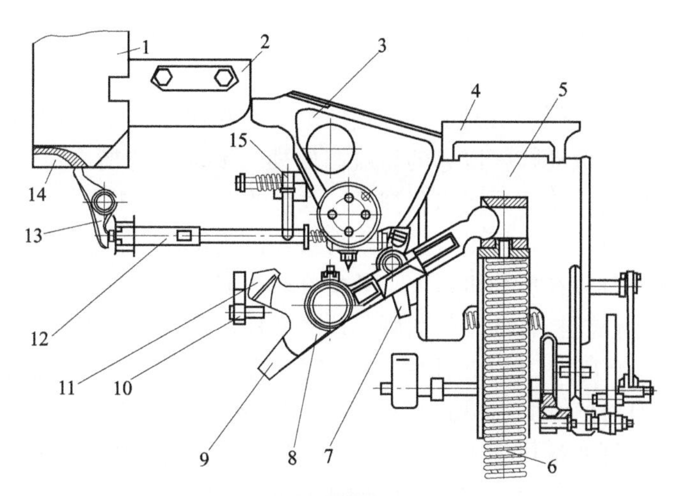

图5—15　压弹器组成（二）

1—炮身托环；2—卡板；3—凸轮杠杆；4—拨弹活瓣；5—压弹滑板；6—压弹弹簧；7—压弹器卡锁；8—拨动杠杆；9—左臂；10—左阻弹器；11—右臂；12—活动杆；13—杠杆；14—炮身托环沟槽；15—右阻弹器

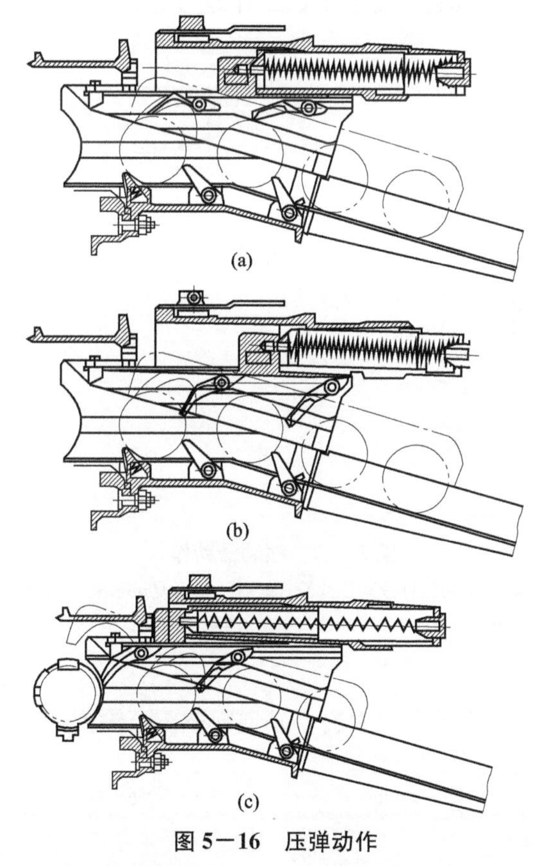

图5—16　压弹动作

（a）拨弹滑板向外运动，上活瓣从炮弹上滑过；
（b）上活瓣卡住第二发炮弹；（c）第一发炮弹压在输弹线上

（3）拨动器

拨动器包括手动拨动器和自动拨动器。

手动拨动器：在第一次装填或重新装填时，用来拨动压弹滑板。它由握把、拨动杠杆（滑板杠杆）和杠杆轴等组成。

握把和拨动杠杆轴装在压弹机盖上，握把杆中部下方有一凸起，用来在握把向左拉动时带动杠杆以拨动滑动板。拨动杠杆以它的后端凸轮插入滑动板的槽内，以便拨动压弹滑板。前端为一叉形，叉形的右臂用来顶起右阻弹子，叉形的左臂用来挡住左阻弹子。

自动拨动器：在炮身后坐时用来拨动压弹滑板，由凸轮杠杆、杠杆轴、扭簧等组成。

凸轮杠杆用扭簧和轴装在压弹机盖上，并能在轴上转动。凸轮杠杆的长臂伸入摇架内，正对着炮身上的卡板。凸轮杠杆的工作面则与拨动杠杆上的小滑轮接触。

拨动器动作（图 5—17）：炮身后坐一定距离后，炮身上的卡板使凸轮杠杆转动［图 5—17（a）］，从而使拨动杠杆转动，带动压弹滑板向左移动，压缩压弹弹簧。同时，由于炮身托环上的沟槽后坐，杠杆右端可伸入沟槽内，活动杆在弹簧的作用下向前，此时压弹器卡锁左端在弹簧作用下转向压弹滑板右方。在炮身复进时，凸轮杠杆在扭簧作用下往回转动，压弹滑板稍向右移动，被卡锁顶住［图 5—17（b）］。当复进快到位时，炮身托环使杠杆转动，将压弹器卡锁解脱，压弹滑板在弹簧作用下将炮弹压入输弹线。压弹滑板压弹到位后即推动自动发射装置上的曲柄杠杆，使自动发射卡锁放开炮闩支架进行输弹。

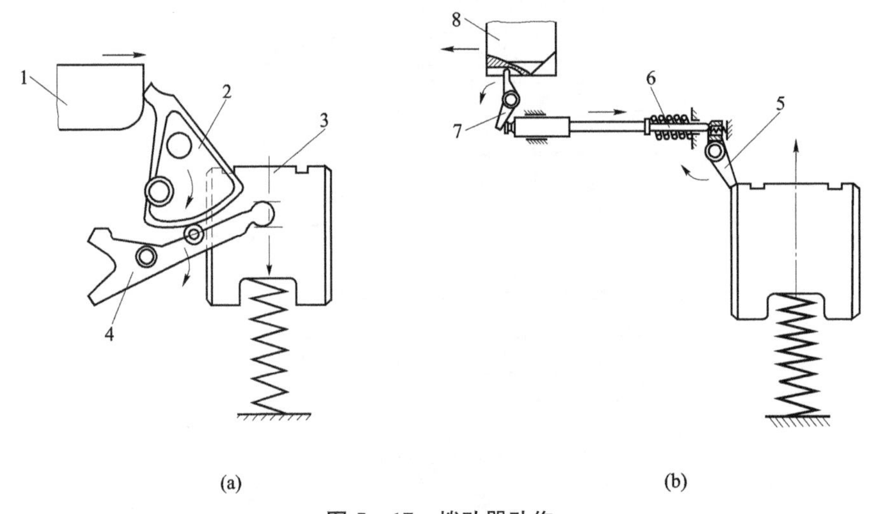

图 5—17　拨动器动作

（a）炮身带动杠杆拨动压弹滑板；（b）炮身复进末期开始压弹

1—卡板；2—凸轮杠杆；3—压弹滑板；4—拨动杠杆；5—压弹器卡锁；6—活动杆；7—杠杆；8—炮身托环

（4）阻弹器

阻弹器（图 5—18）用于保证每次只有一发炮弹被压至输弹线上，并防止炮弹过早进入摇架空间内，以免妨碍后坐部分的正常动作。

前阻弹器用来防止炮弹过早（因惯性或人力）进入摇架空间内，它由前阻弹子、推杆、弹簧、阻弹子轴等组成。

前阻弹子轴及扭簧固定在压弹机盖上，它有 3 个突出角。推杆作用在它的上突出角，它的左突出角是平时用来阻止炮弹过早进入的，右端还有一个突出角（右突出角）。当左突出角抬起时（即允许位于进弹口处的一发炮弹或称之为当前一发炮弹通过），右突出角即下降。

后阻弹器由后阻弹子及轴组成，后阻弹子用销轴装在压弹机盖上。

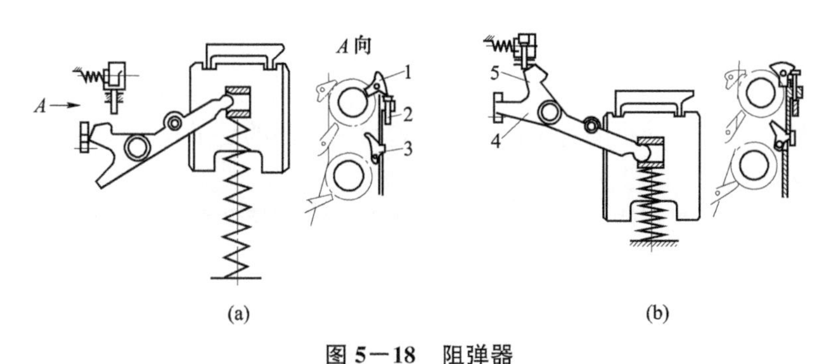

图 5－18　阻弹器

(a) 平时状态；(b) 开始压弹

1—前阻弹子；2—推杆；3—后阻弹子；4—左臂；5—右臂

阻弹器动作：平时，前阻弹子处于阻弹状态［图 5－18 (a)］，压弹机内位于进弹口处的炮弹不能进入输弹线。在炮身后坐末期，凸轮杠杆通过拨动杠杆使压弹滑板向外运动。拨动杠杆叉形的右臂推动推杆，使前阻弹子的左突出角抬起，不再挡住当前一发炮弹，同时，右突出角下降，而叉形的左臂压在后阻弹子上端，使后阻弹子不能转动，呈阻弹状态［图 5－18 (b)］，这时压弹机箱体内的炮弹不能运动。在炮身复进快要结束时，解脱压弹卡锁，压弹滑板向右运动，并带动拨动杠杆转动，这时拨动杠杆上叉形的右臂不再压在推杆上，压弹滑板便推动当前一发炮弹越过前阻弹子进入输弹线，同时，后续炮弹也随着向前移动。在当前一发炮弹越过阻弹子后，前阻弹子便在扭簧作用下恢复原状，即左突出角下降，挡住后续炮弹。

(5) 自动停射器

当压弹机内只剩下一发炮弹时（压弹机内没有后续炮弹装填到位），自动停射器自动使火炮停止发射，这时炮闩处于开闩状态，压弹滑板被卡在压弹出发位置。当将炮弹装入压弹机后，又能自动恢复射击，无须重新开闩、装填。

自动停射器装在箱体的后上方，由压弹滑板卡锁、杠杆和开关等组成。压弹滑板卡锁弹簧始终使卡锁的钩子向下，以便在停射时钩住压弹滑板。在正常射击时，弹夹将杠杆的弯曲端抬起［图 5－19 (a)］，杠杆另一端上的偏心轴便将卡锁的钩子抬起。当压弹机内只剩一发炮弹时，弹夹离开杠杆的弯曲端，于是在弹簧作用下，卡锁的钩子下降，可钩住压弹滑板，停止压弹［图 5－19 (b)］。当有后续炮弹装入后，弹夹又将杠杆的弯曲端顶起，卡锁放开压弹滑板，继续进行压弹和射击。

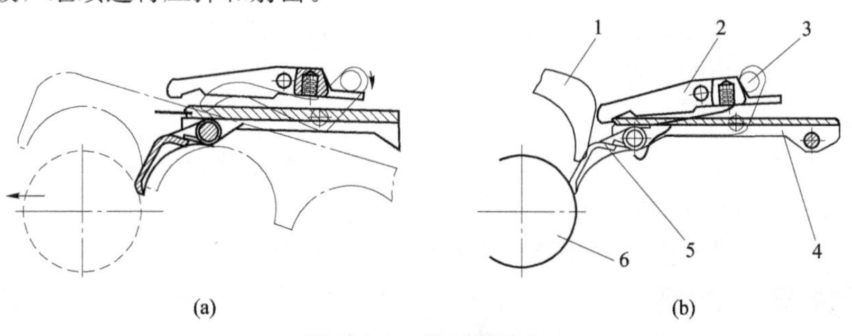

图 5－19　停射器动作

(a) 射击时；(b) 停射时

1—弹夹；2—卡锁；3—杠杆；4—压弹滑板；5—上活瓣；6—炮弹

5.1.4 摇架

摇架的作用是安装自动机的各组件，并为炮身和炮闩的后坐与复进导向。

1. 摇架的结构

该火炮的摇架由摇架箱体、颈筒、耳轴、后壁、液压缓冲器、高低机齿弧、发射装置和人工开闩装置等组成，如图 5－20 所示。

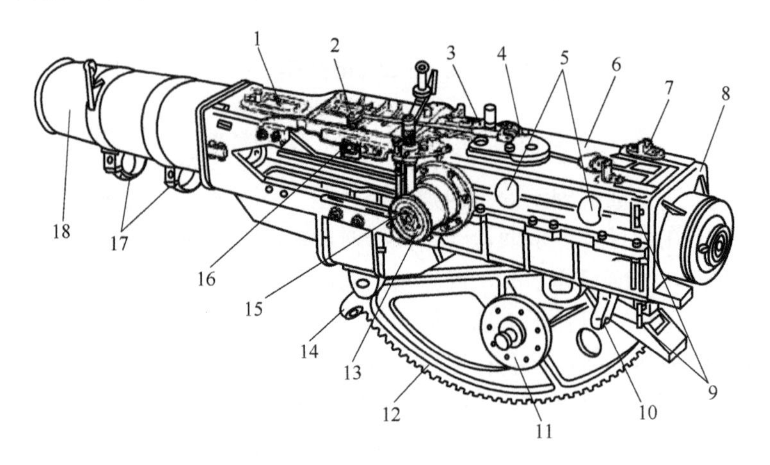

图 5－20 摇架

1—上护盖；2—后坐标尺；3—转盘；4—支座；5—检查孔；6—箱体；7—上支柱；8—后壁；9—连接轴；10—下支柱；11—偏心筒；12—高低机齿弧；13—耳轴；14—限制铁；15—射角指示；16—橡胶缓冲垫；17—托环；18—颈筒

（1）摇架箱体与颈筒

摇架箱体由上、下箱体组成，前端与颈筒相焊接，颈筒内有光滑圆柱面，摇架下箱体内有两条滑轨，它们与炮身上的定向螺帽和托环上的滑槽相配合赋予炮身后坐、复进的方向。炮闩支架也通过其上的滑槽在滑轨上前后运动。

摇架箱体内前端安装有橡胶缓冲垫，在摇架右内侧安装有加速滑板和阻铁。颈筒下方有两个突起的托环用来安装制退机。高低机齿弧安装在摇架下部的两个支耳上，齿弧前后焊有限制铁，以保证起落时不至超出射角允许的范围。摇架左上方安装准星和照门，用来校正瞄准具零线，它们的连线在总装时调整到与炮膛轴线平行。右侧固定有退壳槽，用以导引抛出的药筒和由退夹槽导出的空弹夹。

（2）耳轴

耳轴安装在摇架箱体上，两耳轴的中心线要求与炮膛轴线位于同一平面内且互相垂直。这主要靠耳轴定心部及其端面与摇架耳轴孔及其端面相配合来达到。为了减小摩擦，在耳轴上装有滚针轴承。右耳轴内装有脚踏发射装置的传动机构。

（3）发射装置

发射装置（图中未画出）包括脚踏发射装置和自动发射装置。脚踏发射装置供方向瞄准手控制发射用。其中的踏板、传动轴、杠杆、拉杆和发射杠杆装在托架上，弹簧杆、弹簧和双臂杠杆装在耳轴内，连接条、杠杆和曲柄杠杆装在摇架内右侧，曲柄杠杆后端的突出轴插在发射卡锁的凹槽内，发射卡锁及弹簧和卡锁轴都装在支座上，支座装在摇架上。发射时，方向瞄准手踩下脚踏板，使发射卡锁收起，放开炮闩支架，进行发射。放松脚踏板时，发射卡锁在弹簧作用下迅速复位，并扣住炮闩支架以停止射击。因此，方向瞄准手控制脚踏板就可控制点射或连射。

为了使高射炮能更好地集中火力作战，以突然猛烈的火力歼灭目标，也可以用电磁铁发射装置。电磁铁发射装置是在每门火炮的摇架支座上安装一个电磁铁，电磁铁的活动铁芯用连接杆与发射卡锁铰接，每门火炮上还有一个电磁铁发射装置开关及相应的电路，全连的电发射电路集中通到中央配电箱，并与控制装置接通。射击准备完毕，各炮接通发射开关，当按下控制装置的电发射按钮时，各炮电磁铁工作，铁芯往上运动，使发射卡锁解脱，全连火炮就可以同时开火；松开按钮，全连火炮就可以同时停射。

自动发射装置用于在发射卡锁解脱的情况下，使火炮在压弹到位时自动进行发射，实现连续自动射击。它由曲柄杠杆、杠杆、拉杆、叉形接头和自动发射卡锁及弹簧等组成。自动发射卡锁和发射卡锁同装在卡锁轴上，中间还装了一个垫片，目的是减少两个卡锁的互相影响。平时压弹机的压弹滑板顶住曲柄杠杆，自动发射卡锁后端抬起，不能卡住炮闩支架。当压弹滑板被拨至左方离开曲柄杠杆时，自动发射卡锁受弹簧的作用，后端落下，便可以卡住炮闩支架于受弹位置。当压弹滑板向右方拨回到位时，又顶住曲柄杠杆，使自动发射卡锁解脱。因此，在发射卡锁解脱时，自动发射卡锁就能协调压弹机和炮闩的动作，实现连续自动射击。

2. 液压缓冲器

(1) 液压缓冲器的作用

液压缓冲器安装在摇架的后盖上，其轴线与炮闩支架的轴线相重合。其作用是在开闩终了时，消耗炮闩的剩余能量，减小炮闩对摇架的冲击。

火炮发射后，在炮身后坐的同时，加速机使炮闩加速后坐，使其获得较大的速度，以保证较快的后坐速度。当炮闩后坐到炮闩支架越过发射卡锁后，仍然具有一定的速度。因此，为了使炮闩快速停止并减小对摇架的冲击，在摇架的后盖上安装液压缓冲器，使炮闩支架与液压缓冲器相接触进行缓冲，在较小的行程上消耗完炮闩运动的剩余能量，使炮闩运动及时停止。

(2) 液压缓冲器的结构

液压缓冲器由带紧塞器的缓冲器筒、带活塞杆头的活塞杆、液量调节器、调节筒和弹簧等组成，如图 5－21 所示。

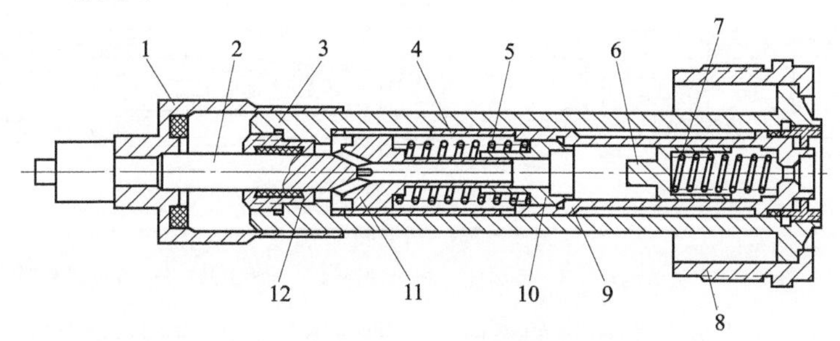

图 5－21 液压缓冲器

1—活塞杆头；2—活塞杆；3—缓冲器筒；4—调节筒；5，7—弹簧；6—调节器活塞；8—连接筒；9—调节器本体；10—定向筒；11—活塞；12—紧塞器缓冲器筒通过连接筒固定在摇架后盖上，前端装有紧塞器。缓冲器筒的外面套有右旋输弹弹簧，其后端通过垫圈和橡胶垫环顶在缓冲器筒的后端。

活塞杆中部是活塞，与在圆周上开孔的调节筒配合。活塞杆后部中空，在活塞处有 4 个斜孔与其连通。前端固定活塞杆头，用来直接承受炮闩支架的冲击。活塞后面的弹簧用来使活塞杆复位。

调节筒装在缓冲器筒内，在圆周上有 3 个互呈 120°的前宽后窄的通孔，与活塞配合形成流液孔，以产生液压阻力，节制炮闩的运动。

液量调节器装在调节器本体内，并通过垫圈和橡胶紧塞环用螺帽将它压紧在缓冲器筒内。调节器本体前方用螺纹连接着中间的定向筒，作为活塞杆的后导向，并使液体调节器与活塞杆内腔连通。液量调节器的作用是：当液体从紧塞器处漏出时，调节器活塞在弹簧的作用下向前移动，保证缓冲器内腔有足够的液量；连续射击时，液体因发热膨胀，多余的液体便使调节器活塞向后移动，压缩弹簧，使得缓冲器内的液体压力不至过高，以保证缓冲器工作正常。

（3）液压缓冲器的动作

当炮闩后坐炮闩支架越过发射卡锁后，炮闩支架孔内的凸缘撞击液压缓冲器的活塞杆头，使活塞杆后退，活塞杆即挤压其后方的液体，使液体沿调节筒通孔高速流向活塞杆的前方。由于活塞两端的杆的直径不同，因此，活塞杆前方让出的空间不足以容纳被活塞所排挤的后方液体，因而多余的液体就沿 4 个斜孔进入调节器内腔，并推动调节器活塞，压缩弹簧。由于活塞杆对其后方液体的挤压，在缓冲器筒内产生了很高的液体压力，该压力对活塞的作用即形成了阻力，对炮闩的运动进行缓冲直至炮闩停止运动。

由于输弹弹簧的作用，炮闩后坐运动停止后，随即向前运动，被自动发射卡锁或发射卡锁卡住。此时炮闩支架孔内的凸缘离开活塞杆头，活塞杆在弹簧的作用下恢复原位，调节器中的液体也在弹簧的作用下沿相反方向流回到活塞杆与调节筒之间的空间。

5.1.5 制退机

该火炮的制退机为带针式复进节制器的节制杆式制退机。

1. 制退机的结构

制退机由制退筒、制退杆、带针形杆的节制杆、紧塞器、液量调节器和制退液等组成，如图 5—22 所示。

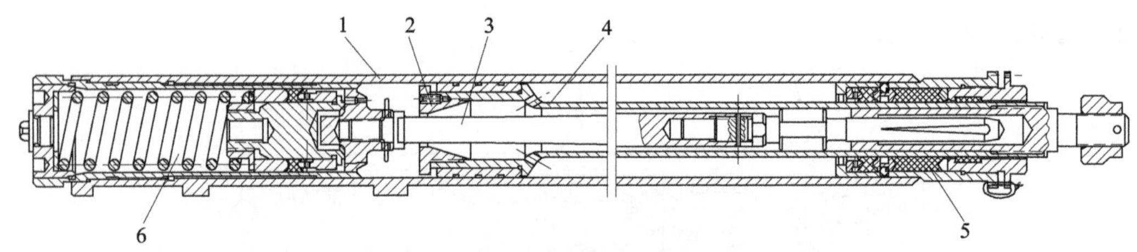

图 5—22 制退机结构

1—制退筒；2—节制环；3—节制杆；4—制退杆；5—紧塞器；6—液量调节器

制退筒：制退筒用来安装制退机的零件和容纳液体。它的前端有螺纹，用来连接液量调节器，后端焊接有紧塞器本体。外部有 3 个环形凸起用以固定在摇架颈筒下方。在第三个环形凸起的两侧有螺塞和紧塞环，供检查制退机的液量并向内注液。

制退杆：制退杆是一个中空的圆柱杆。后端是制退杆头，用来插在加速机支座的连接孔内，并用螺帽拧紧，使制退杆同后坐部分连接。制退杆前端是活塞头，外面有浮动活塞，里面安装有节制环，节制环的凸缘可以限制浮动活塞移动的范围。制退杆的活塞头把制退机的内腔分成前、后两个空间。为了便于液体在后坐和复进时前后流动，在活塞头的锥形面上有 8 个斜孔，在活塞头的凸缘及外表面上有两条纵向沟槽。制退杆在制退筒内运动是靠浮动活塞和紧塞器螺帽作导向的。

节制杆：节制杆是变直径的细长杆，后端安装有针形杆，前端加工有螺纹，用来将其固定在液量调节器的隔板上，使节制杆与制退机筒连成一体。节制杆和针形杆是控制后坐和复进时火炮受力的关键零件。变直径的节制杆与节制环形成环形间隙，是控制后坐阻力的主流液孔。由于节制环随制退杆一起后坐，因而该环形间隙的面积是随后坐行程改变的。节制杆后端的针形杆有两个斜切平面，其与制退杆尾腔的孔所形成的间隙（称为复进节制流液孔），在复进快到位时提供复进阻力。

紧塞器：紧塞器用来密封制退液，防止平时和发射时液体沿制退杆表面渗出。平时制退机内没有压力，主要靠紧塞绳来密封液体，且紧塞绳的密封性能可以用紧塞器螺帽来调整。后坐时，制退机内产生高压，这时主要靠皮圈来密封液体，高压液体通过皮圈座环的孔将皮圈的边缘紧贴住制退杆和紧塞器本体来密封液体。

液量调节器：液量调节器可以调节制退机内部的空间，其作用是容纳因液体温度升高、体积膨胀多出的液体，保证炮身能够复进到位；温度降低后，调节器中的液体又可以在弹簧的作用下回到原位。液量调节器由本体、活塞、弹簧和螺帽组成。在调节器本体上焊有隔板，隔板上有一个供液体流通的小孔。

2. 制退机的动作

制退机工作时，是通过液体流动产生一定的液压阻力来阻止后坐部分运动的。为了便于讨论，通常把制退杆活塞前方的空间称为前腔（Ⅱ腔），把制退杆活塞后方的空间称为后腔（Ⅰ腔）。后坐时，后腔为工作腔，前腔为非工作腔。从制退杆尾腔端面到针形节制杆前端之间的空间称为复进节制工作腔（Ⅲ腔）。复进时，前腔变为工作腔，后腔变为非工作腔。制退机动作如图 5－23 所示。

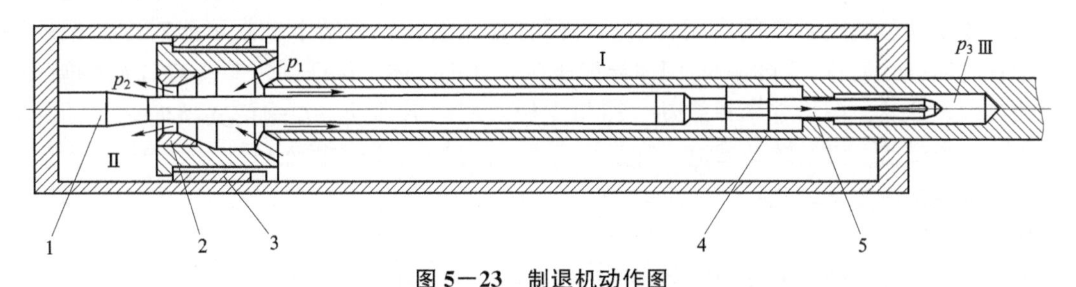

图 5－23　制退机动作图

1—节制杆；2—节制环；3—浮动活塞；4—制退杆；5—复进节制杆

火炮射击时，制退杆随同后坐部分一起后坐，这时活塞头上的浮动活塞由于液体的作用被推向前方，关闭了制退杆活塞头上的两条纵向沟槽，工作腔（Ⅰ腔）中的液体由于活塞的挤压分为两股液流：大部分液体通过节制环和节制杆形成的流液孔以很高的速度进入非工作腔（Ⅱ腔），另一部分液体沿着制退杆和节制杆所形成的环形通道进入复进节制工作腔（Ⅲ腔）。活塞挤压工作腔中的液体使其形成高压 p_1，该压力作用在制退杆活塞上就形成了对后坐运动的液压阻力。这个压力同时作用在制退机筒底部，并经过摇架传给炮架。由于制退杆在后坐时由制退机筒内抽出，活塞前方产生真空，因而非工作腔内压力为 $p_2=0$。

复进时，制退机的动作可分成三个阶段：

① 在开始阶段，由于真空未消失，活塞前方（Ⅱ腔）的液体并不流动，只有复进节制工作腔（Ⅲ腔）中的液体流出。

② 当前腔（Ⅱ腔）的真空消失以后，液体开始向后推动浮动活塞，打开了制退杆活塞头上的纵向沟槽，前腔中的液体沿两路液流通道进入后腔，一路经流液孔和活塞头上的斜孔，另一路则经过活塞头上的纵向沟槽。由于这两条通路的截面积较大，因此所形成的复进工作腔的压力 p_2 较小，即该阶段中制退机对复进的液压阻力不大，可以保证后坐部分在复进簧的作用下以较快的速度复进来提高火炮的射速。

③ 当后坐部分复进快到位时，针形节制杆开始插入制退杆尾腔，由于针形节制杆的斜平面与尾腔端面间的间隙很小，尾腔端面中的液体要以很高的速度流出来，所以形成了很高的压力 p_3，这个压力对制退杆尾腔端面的作用，形成较大的复进阻力，节制后坐部分的复进，使复进到位时不致产生过大的冲击。

5.1.6 自动机各装置的联合动作

火炮每发射一发炮弹，自动机要完成收回击针、开锁、开闩、抽筒、压弹、输弹、关闩、闭锁和击发的动作。上述各个动作需要自动机各组成部分来协调完成，并通过各装置联合动作，实现连续自动发射。自动机的联合动作分为第一次发射和连续发射两种情况。

1. 第一次发射的动作

（1）人工开闩

将摇架上手动开闩装置的转盘由位置“1（解脱）”逆时针转动到“2（接合）”。于是制退卡锁被一套杠杆系统所解脱；同时，另一套杠杆系统使活动齿轮上升，与炮闩支架的齿条和传动轴上的齿轮相啮合。

逆时针转动握把，齿轮就带动齿条使炮闩支架向后移动，先收回击针，而后炮闩支架通过滑轮作用于闩体曲线槽，使闩体顺时针旋转，闩体闭锁齿与闩室闭锁齿相脱离，完成开锁。当闩体闭锁齿脱离身管闩室闭锁齿后，闩体如未转正，制转卡锁就不能对准支架的缺口。随着闩体继续后移，衬板就与闩体导齿相碰，规正闩体，保证制转卡锁确实卡入炮闩支架的缺口内。此后，闩体就不再转动，而与支架一起向后移动。在炮闩支架向后移动的同时，压缩输弹弹簧。继续转动握把，直到炮闩支架的发射卡锁支撑面越过发射卡锁，发射卡锁滑下，卡住炮闩支架，此时开闩完毕。

（2）人工压弹

将带有 4 发炮弹的弹夹推入压弹机，炮弹即挤开上、下活瓣，并顶起后阻弹子，直到第一发炮弹被前阻弹子挡住为止。上、下活瓣在炮弹通过以后在扭簧作用下复位。弹夹上的炮弹卡锁进入弹夹槽后就被解脱，而且弹夹运动方向与炮弹运动方向有一夹角，因此，第一发炮弹在运动过程中就逐渐地脱离了弹夹。

向左拉压弹机握把，通过拨动杠杆带动压弹滑板向左运动，并压缩压弹弹簧。由于下活瓣阻止炮弹左移，故压弹滑板的右、左活瓣就分别越过第一、二发炮弹。同时，拨动杠杆的右臂通过推杆，转动前阻弹子，使其左突出角抬起，以待通过炮弹；而左臂压住后阻弹子，使其挡住第二发炮弹。

放回握把，压弹弹簧推动压弹滑板向右运动，上右活瓣拨动第一发炮弹通过前阻弹子压向输弹线。在压弹滑板到位后，此炮弹靠惯性前移，直到被闩体上的阻弹器拨动板挡住而位于输弹线，并停留在闩体前方呈待发状态。此时，炮弹底缘处在抓钩和闩体镜面之间。当第一发炮弹越过前阻弹子后，前阻弹子即在扭簧作用下恢复关闭状态，而此时拨动杠杆左臂，放开后阻弹子使其呈开放状态。当上右活瓣拨动第一发炮弹向右移动后，上左活瓣就拨动第二发炮弹、弹夹及后续炮弹向右运动，直到第二发炮弹被前阻弹子挡住。

（3）人工发射

当按下电发射按钮后，电发射装置解脱发射卡锁，或当方向瞄准手踩下脚踏板，通过杠杆系统使发射卡锁抬起后，炮闩就在输弹弹簧作用下进行输弹、关闩和闭锁，在完成闭锁动作后，制退卡锁就卡入加速机支座的缺口内。最后，炮闩支架以击针击发底火。

2. 连续射击的动作

击发后，火药燃气压力作用在闩体上，经过闭锁齿使炮身后坐。炮身后坐时，通过加速机和卡板，带动炮闩和压弹机动作。

（1）后坐时炮闩的动作

火炮发射后，炮闩与炮身一起后坐。随着炮身的后坐运动，制退卡锁与摇架上的阻铁相遇，此时制退卡锁被解脱。之后，加速机曲臂上的滑轮与摇架上的加速滑板相遇，加速滑板与曲臂作用使其转动，曲臂推动炮闩支架相对炮身加速后坐。随着炮闩支架后坐，击针被收回，然后炮闩支架通过滑轮与闩体曲线槽相互作用使闩体旋转开锁。开锁完毕后，开始开闩、抽筒。此后，闩体随炮闩支架后移。当后坐到加速机工作结束后，炮闩支架开始惯性后坐。当炮闩支架后坐越过发射卡锁后，开始与液压缓冲器活塞杆相撞，压缩液压缓冲器，后坐速度迅速下降，直到速度为零。而后，炮闩支架在输弹弹簧作用下稍向前运动，被自动发射卡锁卡住，呈开闩状态，等待压弹。

（2）后坐时压弹机的动作

随着炮身的后坐，压弹机卡锁杠杆落入炮身托环的缺口，放开了压弹器卡锁。炮身继续后坐，炮身上的卡板便与凸轮杠杆相遇，凸轮杠杆在炮身卡板带动下转动，并通过拨动杠杆使压弹滑板向左移动，压弹弹簧被压缩，直到压弹滑板越过压弹器卡锁而到达左方极限位置。炮身继续后坐，由于炮身卡板以其侧平面顶住凸轮杠杆，使压弹滑板保持在左方极限位置。

压弹滑板开始向左运动后，自动发射卡锁下落，以便卡住炮闩支架。压弹滑板在左方极限位置时，拨动杠杆的左臂压住了后阻弹子，使外面的炮弹不能进入压弹机，拨动杠杆的右臂则使前阻弹子放开。

（3）复进时自动机的动作

在通常情况下，炮身后坐要大于一定的行程才能使自动机正常工作，实现连续射击。炮身后坐到位停止后，在复进簧作用下开始复进，卡板和加速机支座随炮身一起复进。当复进到一段行程后，压弹机凸轮杠杆便在扭簧作用下转回原状。压弹滑板稍往回运动，被压弹器卡锁卡住。当炮身复进快到位时，拉紧器导板便与闩体导齿相遇，压缩拉紧器弹簧，拉紧闩体，使闩体保持正确的受弹位置。再向前复进，炮身托环上的沟槽的后斜面便通过杠杆系统带动压弹器卡锁动作，解脱压弹滑板进行压弹。炮弹在压向输弹线的同时挤出在闩体抓钩上的空药筒，并从摇架右侧窗口抛出。药筒在被挤出时推动闩体上的前拨动板，驻栓便在弹簧作用下伸出，挡住炮弹使其停留在输弹线上。在压弹到位的同时，压弹滑板推动曲柄杠杆使自动发射卡锁解脱（在连续射击时，发射卡锁抬起）。炮闩在输弹弹簧作用下推着炮弹加速向前运动，输弹入膛后完成闭锁动作。炮闩支架的前端面倒角撞击闩体上的后拨动板，使其向外运动，将驻栓收回，前拨动板伸出闩体镜面。最后，支架复进到位，击针突出闩体镜面，击发底火。

底火点燃发射药后，炮身又开始后坐，重复以上动作连续射击。当方向瞄准手放开脚踏板，发射卡锁卡住炮闩时，射击停止。如果供弹不及时，自动停射卡锁卡住压弹滑板也会中止射击。

3. 自动机循环图

自动机循环图用以表示各主要部件的运动关系，如图 5－24 所示。

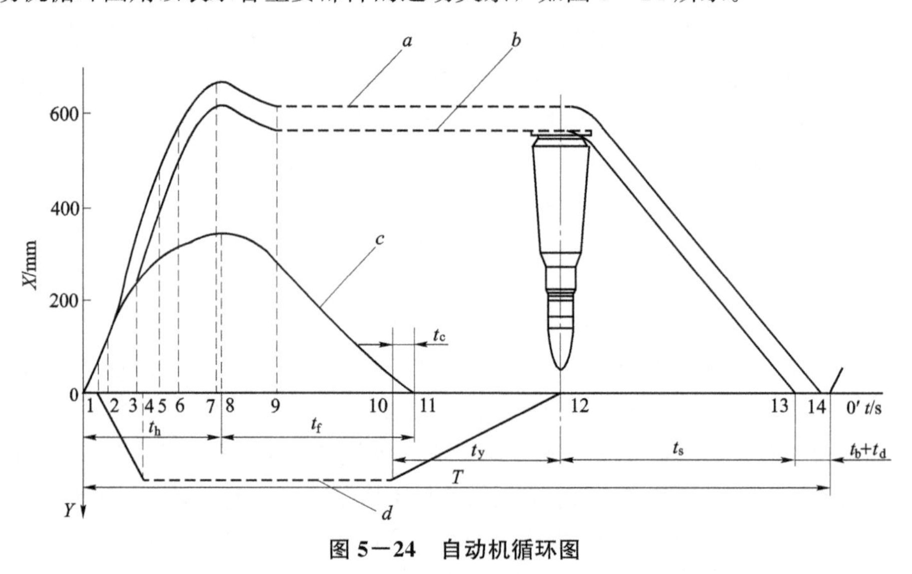

图 5－24　自动机循环图

图中，a、b、c、d 分别是炮闩支架、闩体、炮身、拨弹滑板的位移曲线。其中，各特征段及特征点说明如下。

0～8：炮身后坐；

8～11：炮身复进；

1——拨弹滑板开始运动；

2——加速机开始工作，使炮闩支架加速后坐；

2～3：闩体旋转开锁；

3——闩体开始随炮闩支架加速后坐，并抽筒；

4——拨弹滑板向左运动到位；

5——加速机工作完毕；

6——开始缓冲；

7——缓冲结束；

8——炮身后坐终了，开始复进；

9——炮闩支架向前复进，被自动发射卡锁卡住；

10——拨弹滑板开始向输弹线上拨弹；

11——炮身复进到位；

12——压弹到位，自动发射卡锁解脱，开始输弹；

13——输弹到位；

13～14：闩体旋转闭锁，击发；

14——击发完毕，火药点火燃烧；

0′——炮身开始后坐。

自动机完成一次工作循环的时间用 t_x 表示。由自动机循环图可知，t_x 由炮身后坐时间 t_h、炮身复进时间 t_f、压弹时间 t_y、重叠时间 t_c、输弹时间 t_s、闭锁时间 t_b 和底火燃烧时间 t_d 构成。其关系如下

$$t_x = t_h + t_f + t_y + t_s - t_c + t_b + t_d$$

正常工作情况下，该火炮 t_x＝0.5～0.57 s，因而理论射速为 105～120 发/min。

5.2 瑞士 35 mm 双管高射炮

5.2.1 概述

GDF－001 式 35 mm 双管牵引高射炮是瑞士“厄利空－康特拉夫斯”（Oerlikon－Contraves）公司设计、1959 年投产的低空防空武器，如图 5－25 所示。

图 5－25　35 mm 双管高射炮

该炮已有 20 多个国家生产和装备，有多种改进型，目前已发展到 GDF－005，并有履带自行和轮式自行等型号。

1. 性能及结构特点

(1) 威力大、射速高

该炮采用 90 倍口径长的身管，弹丸初速为 1 175 m/s，弹丸飞行 4 000 m 的时间为 6 s。炮口装有初速测定装置，通过火控计算机对初速进行修正，火炮射击精度高，单发命中时毁伤概率可达 50%，单发命中概率范围为 2%～15%。

双管射速为 1 100 发/min，连续射击 1 s 的射弹质量为 10 kg，炸药量为 2.2 kg。

(2) 浮动自动机

该炮采用浮动自动机，可有效地减小射击时作用到炮架上的载荷，最大后坐阻力为15 kN。

(3) 火炮调整快，瞄准速度高

该炮采用液压自动调平系统和电动液压伺服系统，调平时间短（一般只需几秒钟）。瞄

准速度高，最大方向瞄准速度为120°/s，最大高低瞄准速度为60°/s。

（4）可全自动、全天候作战

该炮配用分离式全天候火控系统——空中卫士，能够在全天候条件下完成搜索和识别目标、交换信息、威胁判别、目标跟踪、数据处理和武器控制。

2. 战术技术诸元

35 mm双管高射炮主要战术技术诸元见表5－2。

表5－2　35 mm双管高射炮主要战术技术诸元

口径/mm	35	炮弹质量/kg	1.85
初速/（m·s^{-1}）	1 175	弹丸质量/kg	0.55
最大射高/m	8 500	装药质量/kg	0.112
最大射程/m	11 200	弹种	4
有效射高/m	3 000	弹丸飞行时间（4 000 m）/s	6.05
有效射程/m	4 000	全炮质量/kg	6 400
高低射界/（°）	－5～92	理论射速/（发·min^{-1}）	2×550
方向射界/（°）	360	系统反应时间/s	6～8
最大方向瞄准速度/［（°）·s^{-1}］	120	行军战斗转换时间/min	1.5～2.5
最大高低瞄准速度/［（°）·s^{-1}］	60	炮班人数/人	3

3. 操作方式

该炮有四种操作方式。

1）自动操作：通过火控系统遥控，自动控制射击。

2）单机操作：当火控系统失去作用时或火炮独立作战时，射手使用控制杆、瞄准具进行机械式控制射击。

3）辅助操作：动力装置发生故障时，人工驱动，用辅助瞄准具进行机械式控制射击。

4）应急操作：在行军状态下，手动驱动瞄准具瞄准，进行机械式控制射击。

4. 火炮的组成

火炮由自动机、炮架和运动部分组成，各部分包括的主要部件如图5－26所示。

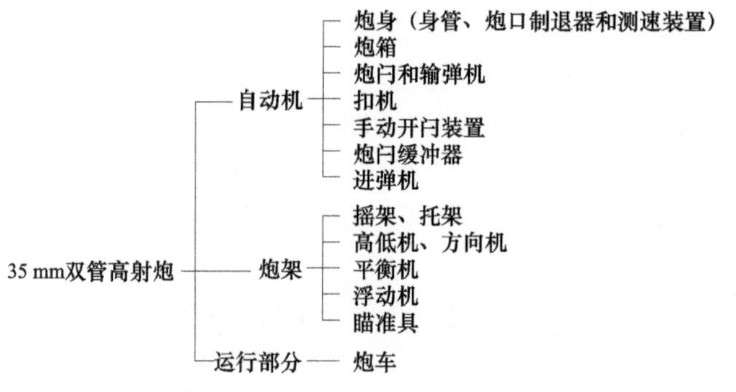

图5－26　各部分包括的主要部件

5.2.2 自动机

该火炮配置两个独立的导气式自动机。炮闩是纵动式刚性闭锁炮闩。击发方式是机械式。弹夹供弹，每夹弹为 7 发。

自动机由炮身、炮箱、炮闩、扣机、输弹机、进弹机、炮闩缓冲器和手动开闩装置等组成。

1. 炮身

炮身（图 5－27）由身管、导气孔组件、炮口制退器、初速测量装置和用于固定炮口制退器与初速测量装置的锁紧板组成。炮身可通用于左、右两炮而无须做任何改动。

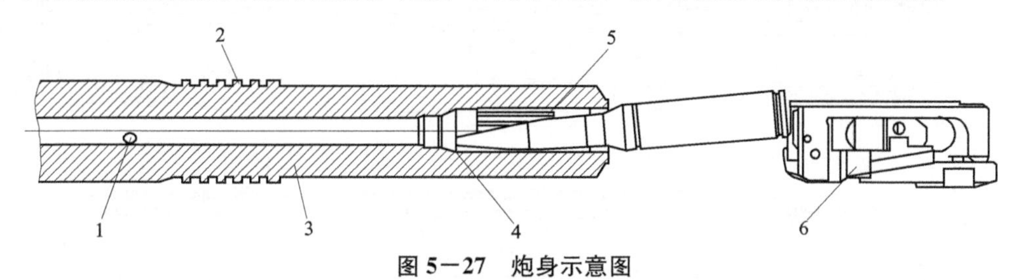

图 5－27　炮身示意图

1—导气孔；2—连接凸起部；3—身管；4—凹槽；5—气槽；6—炮闩

身管为单筒身管，长度为口径的 90 倍，内有 24 条右旋混合膛线，开始段为渐速膛线，结束段为等齐膛线。身管与炮箱的连接方式为断隔螺式，螺纹断面为矩形，螺旋角为 0°，只需将身管转动 90°，即可迅速而方便地从前方取出。

药室部有 20 个纵向气槽，射击时，火药燃气可进入槽内，避免药筒紧贴药室内壁，以便于开闩时抽筒。纵向气槽并不完全开通，以免火药燃气向后泄漏。药室肩部有一导引弹头的凹槽，其作用是在炮闩推弹入膛时导引炮弹正确入膛，避免擦伤弹头，特别是带引信的弹头。该火炮进弹口处的炮弹位于炮膛轴线上方，炮闩上推弹凸起位于炮闩头的上部，因而导槽位于药室的下方。

距身管尾部 565 mm 处，左右各有一个直径 4 mm 的导气孔，可将部分火药燃气引入导气装置内，并推动活塞，使左右输弹机带动炮闩开闩。

身管的外部有环形连接凸起部，便于快速更换身管。炮口制退器为多孔式结构，喷孔分别开在气室的上、下侧，以免双管制退器喷出的气流相互影响。该炮口制退器的效率为 30%。

该火炮在炮口装有测速装置，利用测速线圈测量弹丸通过的速度。当弹丸通过时，线圈产生电流，记录两个线圈的作用时间，即可计算出弹丸的初速。

2. 炮箱

炮箱用于连接和安装自动机各组件。射击时，它与炮身一起在摇架导轨上前后运动。

炮箱前部环孔内隔断螺纹，用来连接炮身，并通过定位板制转。炮箱上部有进弹机和炮箱盖，炮箱下部有人工控制发射的扣机。

炮箱内部有纵动式炮闩。炮箱两侧壁上有闭锁槽，与炮闩闭锁板配合进行闭锁。炮箱下部两侧有连接输弹机的支耳。炮箱后部有手动开闩装置和炮闩缓冲器。

3. 炮闩

该火炮的炮闩为纵动式炮闩，由炮闩座、炮闩头、滑动楔块、闭锁挡板和击针等组成，如图 5—28 所示。

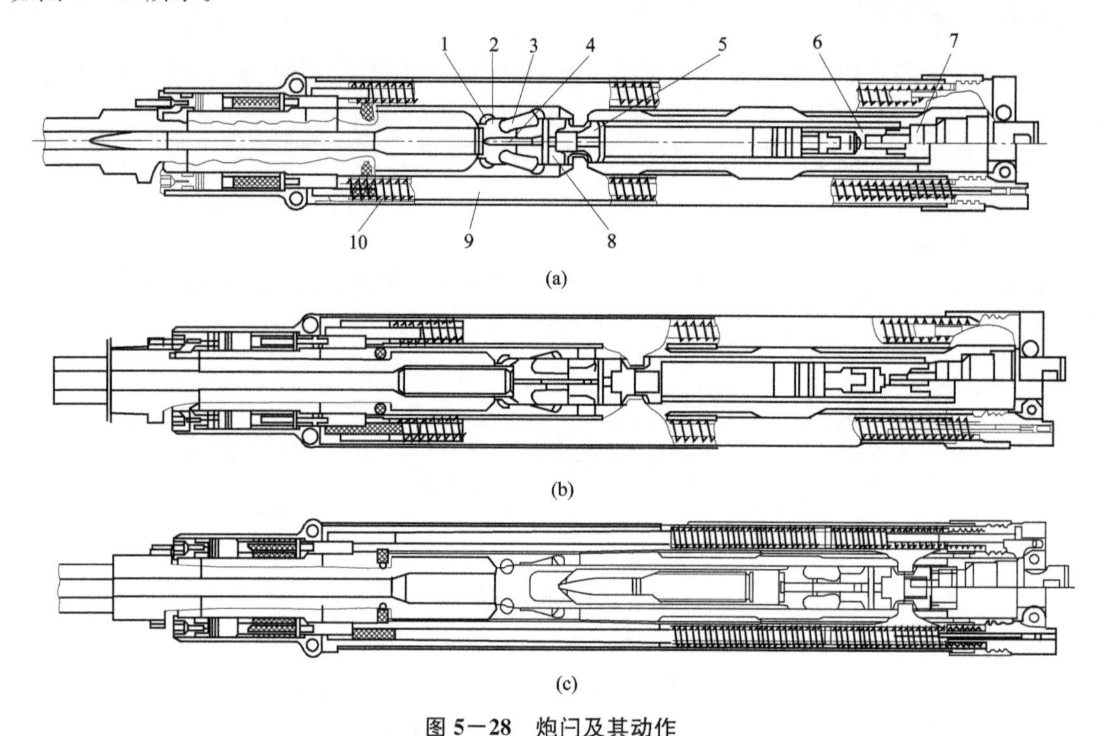

图 5—28　炮闩及其动作

(a) 闭锁状态；(b) 开锁状态；(c) 开闩状态

1—制动锁；2—炮闩头；3—闭锁挡板；4—击针；5—炮闩座；6—扣机；

7—炮闩缓冲器；8—滑动楔块；9—输弹弹簧筒；10—输弹弹簧

根据闭锁结构的特点，该炮闩又称为鱼鳃撑板式炮闩。当处于待发状态时，炮闩被扣机上的击发阻铁（发射卡锁）卡住，停在炮箱的后方，输弹弹簧压缩。

发射时，抬起扣机杠杆，击发阻铁解脱炮闩，输弹弹簧伸张，通过输弹筒推动炮闩向前。炮闩向前运动时，药筒底缘首先被炮闩头卡住，然后被抽筒子抓紧。炮闩继续向前，炮弹被装入药室，直到炮闩头碰到制动锁停止运动。之后，炮闩座继续向前运动，推动滑动楔块和击针一起向前，使闭锁挡板向外旋转，与炮箱上闭锁槽处的支承销配合形成闭锁。随后击针击发底火。

击发后，火药燃气流过导气孔，部分燃气进入导气室作用于导气活塞上。导气活塞在火药燃气压力的作用下运动，带动输弹弹簧筒及炮闩向后运动，压缩输弹弹簧，并越过反跳锁凸轮。之后，炮闩座和滑动楔块、击针一起被拉向后方，闭锁挡板不再被支承。炮闩座继续后坐，闭锁挡板在支承销和其上斜面作用下，向内转动开锁。随后抽筒子从药室中抽出药筒并抓住药筒。炮闩继续后坐，抛壳挺碰撞药筒抛壳。

炮闩后坐终了前，撞击炮闩缓冲器，经缓冲后炮闩重新向前，被扣机卡住。

4. 扣机

扣机即为发射机构，用于控制炮闩处于待发状态。其由扣机杠杆、扣机滑板、击发阻铁、阻铁支座、阻铁座闭锁板等组成，如图 5—29 所示。

待发状态时，击发阻铁卡住炮闩。

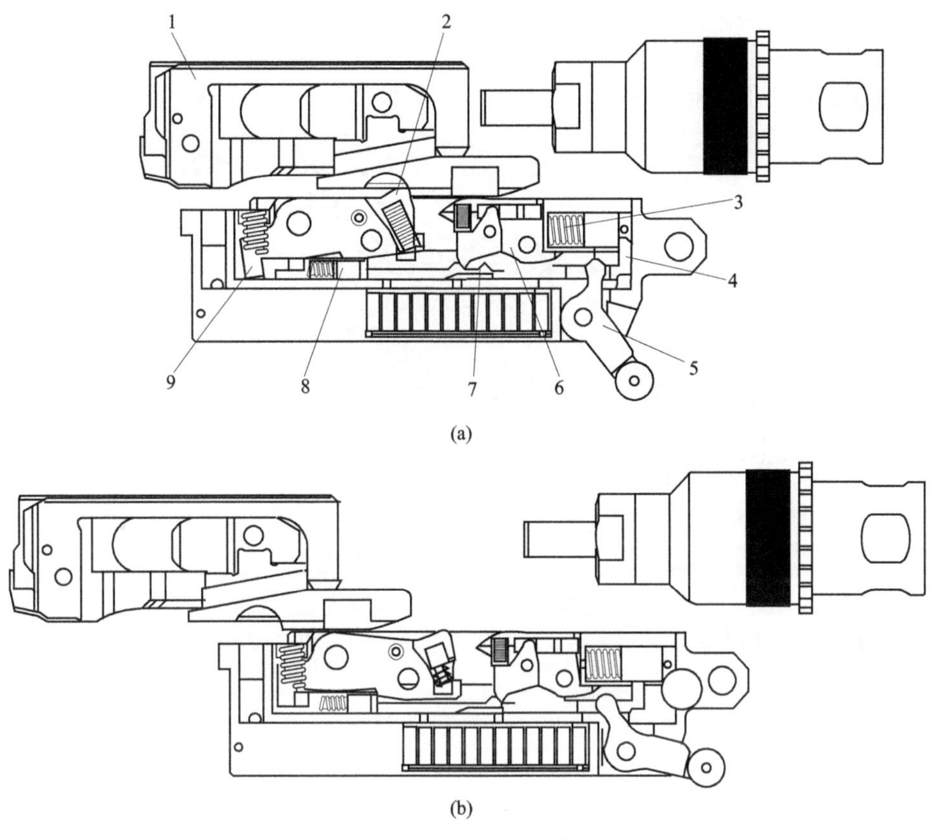

图 5—29　扣机及其动作

（a）待发状态；（b）击发和闭锁状态

1—炮闩；2—击发阻铁；3—弹簧；4—扣机滑板；5—扣机杠杆；6—锁紧杠杆；
7—止动杠杆；8—阻铁闭锁板；9—阻铁支座

发射时，转动扣机杠杆，带动扣机滑板前移，扣机滑板推动阻铁支座和阻铁闭锁板前移，从而将阻铁支座插锁楔入阻铁支座，使阻铁支座转动，带动击发阻铁下降，解脱炮闩。当松开扣机杠杆时，滑板弹簧伸张，推动滑板后移，使扣机杠杆复原。同时，阻铁支座复位，击发阻铁跳起。

5. 输弹机

输弹机用于带动闩体进行关闩和输弹。两个输弹机并联布置在炮箱的两侧，并与闩体连接。

输弹机由输弹机筒、输弹弹簧筒、输弹弹簧、复位弹簧、弹簧导向筒、带堵头的钢丝绳等组成。

开闩时，炮闩后移，带动输弹弹簧筒压缩输弹弹簧。关闩时，输弹弹簧伸张，通过输弹弹簧筒带动闩体向前运动，同时闩体带着炮弹入膛。关闩到位后，输弹弹簧筒继续带动炮闩座向前，完成闭锁、击发动作。

6. 炮闩缓冲器

炮闩缓冲器用于消耗炮闩开闩终了时的剩余能量，缓冲炮闩对炮箱的冲击。

炮闩缓冲器由缓冲器筒、活塞、带钢珠的活门、补偿器组成，如图 5—30 所示。活门将缓冲器筒分为工作腔和供油腔。

在炮闩后坐终了前，炮闩撞击缓冲器活塞，缓冲器中硅油被压缩，起到缓冲作用。当炮闩在输弹弹簧的作用下向前运动时，缓冲器中的硅油膨胀，活塞复位。

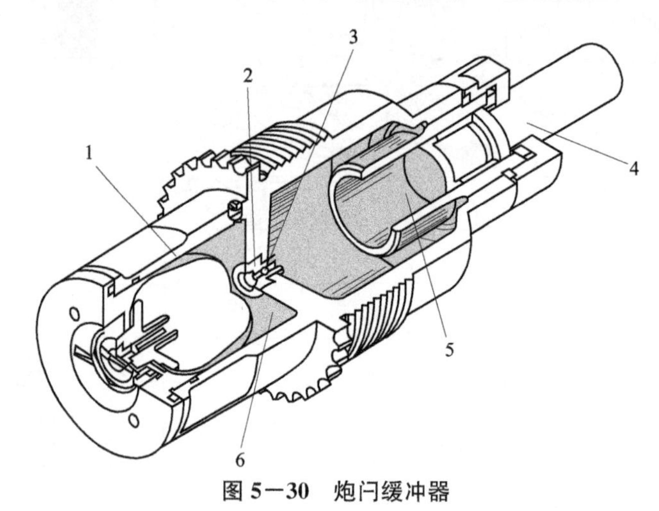

图 5－30　炮闩缓冲器

1—补偿器；2—活门；3—钢珠；4—活塞；5—工作腔；6—供油腔

5.2.3　炮架

该火炮炮架由摇架、浮动机、托架、平衡机、高低机、方向机、下架和瞄准具等组成。

浮动机用于减小作用到炮架上的力和提高发射速度。浮动机的特点是：在发射过程中，自动机在复进到位之前击发，前一发的剩余复进能量可抵消一部分后坐能量，因而可减小传递到炮架上的力，并有利于提高发射速度。浮动机组成如图 5－31 所示。浮动机安装在自动机与摇架之间，构成弹性连接。浮动机为弹簧液压式，由并联的两个浮动弹簧和一个液压装置组成。

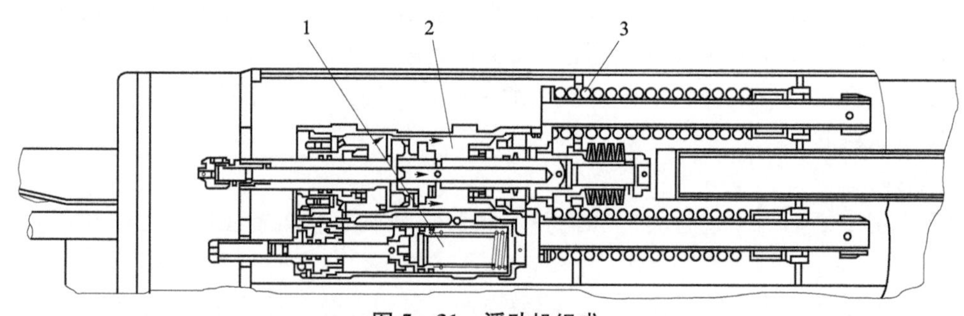

图 5－31　浮动机组成

1—液量调节器；2—液压装置；3—浮动弹簧

液压装置由筒体、活塞杆、紧塞具、复进过位缓冲器和液量调节器等组成，如图 5－32 所示。

浮动机的动作过程如下：发射后，自动机产生后坐运动，炮箱带动液压筒体向后运动，压缩活塞前腔的液体，经过三条通道向后流到活塞后腔。一路经后坐单向活门控制的流液孔流向后腔；一路经活塞外表面与筒体间的间隙流向后腔；第三路为针形杆与活塞杆形成的可调流液孔，经活塞杆内腔流向后腔。复进时，炮箱带动液压筒体向前运动，活塞上的后坐单向活门关闭，活塞后腔的液体经活塞外表面与筒体间的间隙和可调流液孔流向前腔。

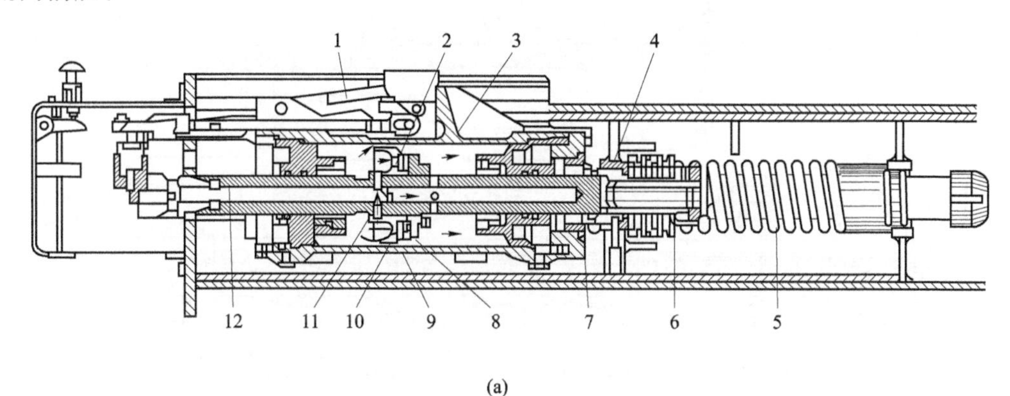

(a)

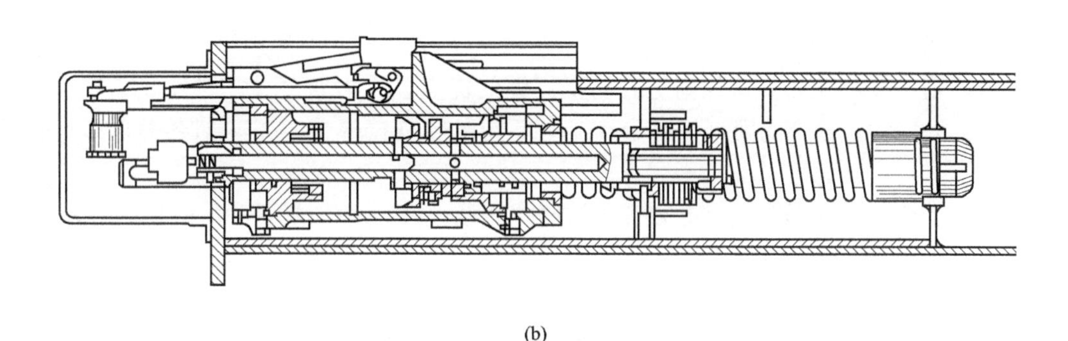

(b)

图 5—32　液压装置及其动作

(a) 后坐过程；(b) 复进时过位缓冲过程

1—闭锁板；2—后坐单向活门流液孔；3—液压装置筒体；4—摇架；5—浮动弹簧；6—复进过位缓冲簧；7—活塞杆；8—后坐单向活门；9—活塞；10—流液孔；11—可调流液孔；12—针形杆

后坐时，流液孔面积大，后坐液压阻力小，自动机的后坐能量主要由浮动弹簧吸收。复进时，由于后坐单向活门关闭，流液孔面积小，复进液压阻力大，以利于降低炮箱复进速度，使炮闩在炮箱复进到位前完成输弹、关闩、闭锁动作，并在复进过程中击发。

5.3　通古斯卡防空系统

5.3.1　概述

通古斯卡 2C6/2C6M 弹炮结合防空系统，是苏联于 20 世纪 80 年代初期开始研制、1987 年投产并装备的防空武器，主要用于摧毁空中目标，如战斗轰炸机、直升机、巡航导弹等；其高炮也可射击距离 2 000 m 内的地上目标和水上目标，是世界上第一种装备部队的弹炮结合防空系统，如图 5—33 所示。

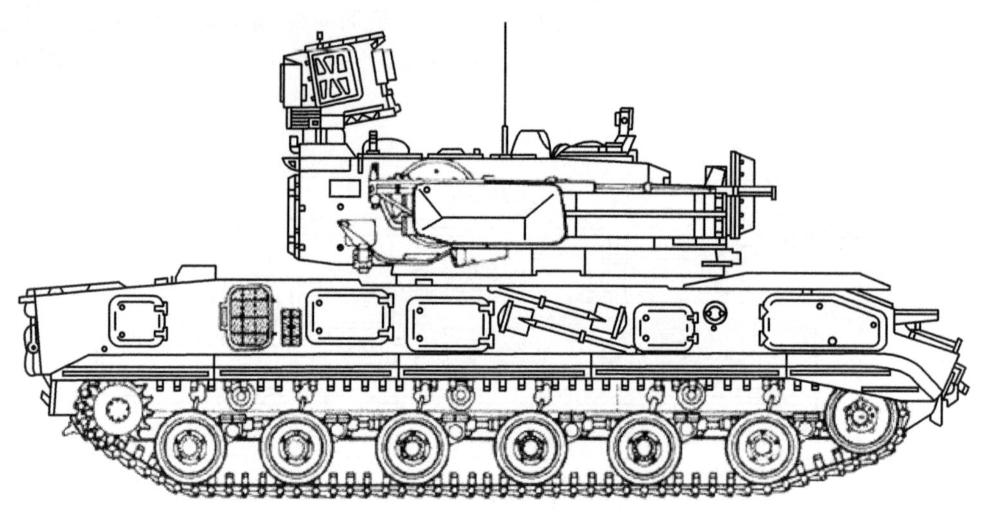

图 5—33 通古斯卡防空系统

1. 性能及结构特点

① 弹、炮一体，兼具小口径高炮和防空导弹的优点。火力密度大，毁歼概率高，火炮的毁歼概率为 60%，导弹的毁歼概率为 65%，系统的毁歼概率为 85%，对各种环境有较强的适应能力。

② 搜索、跟踪、光学瞄具、导弹和火炮同车装载，火力反应快，可单车独立作战。

③ 机动能力强。采用 T—72 坦克的变形底盘，速度快，越野能力强，可伴随坦克、机械化部队作战，伴随掩护能力强。

④ 防护能力强。采用钢质全焊接结构炮塔，可有效防止破片杀伤。

2. 战术技术诸元

通古斯卡防空系统主要战术技术诸元见表 5—3。

表 5—3 通古斯卡防空系统主要战术技术诸元

口径/mm	30	雷达作用距离/km	18（搜索）
初速/（m・s^{-1}）	960		13（跟踪）
最大射高/m	3 000	射速/（发・min^{-1}）	2 500（单管）
最大射程/m	4 000	系统反应时间/s	10
高低射界/（°）	−6～80	战斗全重/t	34
方向射界/（°）	360	最大速度/（km・h^{-1}）	65（公路）
发射装置	双四联装		25（越野）
导弹射高/m	15～3 500	行军战斗转换时间/min	5
导弹射程/m	2 500～8 000	乘员人数/人	4

5.3.2 总体布置

通古斯卡防空系统是一种采用边炮布置并挂载导弹的履带式自行防空武器系统，炮塔位于底盘中部偏前位置，其两侧各配置一门 30 mm 双管高射炮，四联装 9M311 防空导弹一组，上、下双排配置，分置于炮塔两侧火炮身管根部。炮塔前方有圆形雷达天线，顶部有弧面形雷达天线，使用时架起，其实物图如图 5－34 所示。

图 5－34 通古斯卡防空系统实物图

通古斯卡防空系统采用 GM－352M 型履带式底盘，乘员 4 人，分别是车长、炮长、雷达操纵手和驾驶员。前 3 名乘员位于炮塔内，驾驶员位于车体前部左侧。车体为钢装甲焊接结构。变速箱为液力机械式，每侧 6 个双轮缘负重轮、3 个托带轮，主动轮在后，诱导轮在前。车内还有燃气轮机辅助动力装置、“三防”（防核武器、防生物武器、防化学武器）装置、陀螺仪导航系统、自动灭火/抑爆装置和加温供暖装置等。

通古斯卡的钢装甲焊接炮塔可 360°旋转，由带有液压俯仰装置的武器系统/雷达系统/光学瞄准镜、车载计算机系统、空调系统等组成。车长席位于炮塔前部右侧，和雷达操纵手共用一个小型旋转指挥塔。车长座位前方有 3 个大型仪表板，右侧是甚高频电台，左侧是雷达显示屏。车长负责指挥全车战斗、通信联络、指示目标和敌我识别，选择用火炮还是导弹交战。雷达操纵手位于车长左侧，负责控制搜索雷达，操纵火控计算机，向武器系统发出瞄准指令。炮长位于车长和雷达操纵手之后，负责雷达－光学瞄准、操炮－导弹制导和“三防”装置。

通古斯卡防空系统由下列模块组成：

① 双联双管 30 mm 2A38 式 30 mm 自动炮及其弹药；

② 双四联装 9M311 式地空导弹；

③ GM－325 履带式底盘；

④ 1RL－144M 目标搜索－跟踪雷达系统；

⑤ 1A29M 光学稳定瞄准具；

⑥ 1A26 数字式火控计算机；

⑦ 姿态稳定和测量系统；

⑧ 测试设备；

⑨ 导航设备；

⑩ 维护支持系统；

⑪ 通信系统；
⑫ 核生化防护系统。

5.3.3 火力系统

通古斯卡火力系统由 30 mm 双管高射炮和双四联装 9M311 防空导弹组成。

1. 火炮

2C6M 型防空武器系统的火炮主要用于对付距离在 4 000 m 以内、高度在 3 000 m 以下、横向距离在 2 000 m 以内的空中目标。

通古斯卡的火炮武器是 2A38 型 30 mm 水冷双管高炮，高低射界为 $-6^{\circ}\sim+80^{\circ}$，俯仰速度为 30°/s，采用电击发。两门火炮交替射击。每门炮的两根炮管中有一根炮管的端部装有炮口初速测速装置，另一根炮管上有一细长的膛口装置，用来防止对炮口初速测量仪的干扰。该炮弹药基数为 1 904 发，射速在 1 950～2 500 发/min 的范围内可调，最大射速为 5 000 发/min。弹种包括高爆破片榴弹、燃烧弹和曳光高爆榴弹，以一定间隔混装于弹带内，使用触发/时间引信。

2. 9M311 导弹系统

通古斯卡在炮塔两侧共配备 8 枚 9M311 型防空导弹，导弹发射筒呈双排配置，可以单独俯仰操纵。9M311 导弹长 2.5 m，弹径 150 mm，全重 42 kg，战斗部重 9 kg，可打击飞行高度 3 500 m 以下、距离 800 m 以内、速度在 500 m/s 以下的空中目标，导弹最大速度 900 m/s，平均飞行速度可达 600 m/s，采用触发/近炸引信，平均杀伤率 65%。该导弹采用无线电瞄准线指令制导，导弹发射后，炮长始终要将光学瞄准镜中的瞄准线对准目标，导弹飞行轨迹与瞄准线的偏差自动输入计算机，发出导弹轨迹修正信号，跟踪雷达，并将修正指令传送到导弹。导弹上装有激光/触发近炸引信。9M311 导弹的设计很有特色，为两级式：一级助推级较粗，二级无动力。导弹发射后，助推器使导弹在很短的时间内达到 900 m/s 的速度，然后抛掉助推器；二级弹体依靠动能飞向目标。这样做的好处是可以大幅度减小导弹质量，二级导弹无动力、无尾烟，很适合瞄准线制导的无干扰通视要求。由于在一级弹体未抛掉之前不能做大过载机动，因此其有效杀伤区近界比常规单弹体导弹要大一倍左右，射程近界高达 1 500 m。

抛掉助推器后，导弹尾翼上的脉冲发光体便开始工作，光学瞄准镜中的测向器借此就能自动跟踪飞行中的导弹。在导弹飞行的整个期间内，炮长始终要将光学瞄准镜内的十字线对准目标，导弹飞行轨迹与瞄准线的偏差自动输入计算机，并被用来发出导弹轨迹校正信号。接着跟踪雷达，并将此信号传给飞行中的导弹。在导弹攻击期间，跟踪雷达兼任火控雷达。

9M311 型导弹上的激光近炸引信还有触发功能，带质量较大（9 kg）的预制破片弹头时，起爆距离为 5 m。准备攻击距离不足 15 m 的目标时，按一个键便可终止引信的近炸模式，再按一个键，就可对引信自动重新编程，使之进入专门攻击小型目标（无人驾驶飞机或巡航导弹）的模式。通常在导弹飞行轨道大部分阶段内，导弹引信是闭锁的，只有在距预定目标不到 1 000 m 时，引信才自动处于工作状态（通过火控雷达发出指令）。假如导弹偏离了目标，飞离目标 1 000 m 后，可以再次发出新的指令，自动使引信处于闭锁状态。对导弹的攻击只能在白天具有良好能见度时进行，因为整个瞄准跟踪阶段都要依靠光学瞄准镜来追踪目标。

5.3.4 火控系统

火控系统包括1RL－144M雷达系统、1A29M光学瞄准具、1A26火控计算机和航路角测量装置等。雷达系统由搜索雷达、跟踪/火控雷达和1RL－128敌我识别装置组成。E波段搜索雷达天线位于炮塔后部，天线为抛物面形，不用时可折叠放下来。天线转速为1圈/s，最大探测距离18 km，可同时提供目标方位和距离数据。J波段跟踪雷达位于炮塔前部，天线为圆盘形，有火炮和导弹两种工作模式。最大跟踪距离为13 km。在导弹攻击时，跟踪雷达先锁定目标，然后再转到光学瞄准具跟踪目标，此时跟踪雷达只负责把弹道修正指令传输给飞行中的导弹，只相当于有线制导反坦克导弹上的导线。

J波段跟踪雷达位于炮塔前面，由雷达操纵手控制。火炮攻击时，该雷达是标准的目标跟踪雷达，负责将目标位置传输给火控计算机。导弹攻击时，同火炮攻击模式一样，雷达先锁定目标，然后令随动的光学瞄准镜跟踪目标。接着炮长利用其光学瞄准镜执行目标跟踪任务，雷达则负责向飞行中的导弹发出弹道修正指令。

2C6M上的倾侧角和航向测量系统测量所有的倾侧角，然后将这些数据输入车载计算机。计算机再将这些数据变为向雷达（就搜索雷达来说，仅限其处于俯仰过程时）和光学瞄准镜发出的稳定指令，这样火炮就能在行进间进行瞄准和射击。

2C6M的雷达和火控系统有5种不同的使用模式。在主要模式中，跟踪雷达锁定一个目标后，跟踪便可自动进行，大多数数据直接传入计算机。光学瞄准镜既可以随动于瞄向目标的瞄准线（准备发射导弹），也可以独立使用，搜索其他目标。武器瞄准自动进行，乘员的任务仅限于选择武器和按发射键。使用导弹攻击目标时，正如前面提到的，在整个跟踪阶段，炮长都要将瞄准镜瞄准目标。

在战场情况恶劣、超越一个失灵的子系统继续工作以及用备用模式替换主要工作模式时，可启用另外三个工作模式。在使用这三个模式时，车辆必须处于静止状态，准确性也不太高，反应时间也长。攻击地面目标时，可以利用第五个模式。此时要将雷达关掉，并在光学瞄准镜中加入十字线。根据方位和距离，自动计算出提前角，炮长控制杆的运动决定瞄准速度。2C6M也可根据外界指示的目标进行战斗，但只能利用无线电话接收目标数据。通过键盘人工输入目标方位角和距离后，计算机再预先校正跟踪雷达和光学瞄准镜。

5.3.5 底盘

2C6M型自行防空武器系统使用的是GM－352M型轻装甲履带式底盘，采用了液气悬挂装置（静止状态射击时可将车体高度降低，增加稳定性），每侧有6个双轮缘负重轮和3个托带轮，主动轮在后，诱导轮在前。车体由钢装甲焊接而成，里面容纳有动力装置、驾驶舱（位于前部左侧）、燃气轮机辅助动力装置（可发出27 V直流电和220 V/40 Hz交流电）、液压式炮塔驱动系统、“三防”通风系统。后置的柴油机额定功率为522 kW，该车质量为34 t，最大公路速度为65 km/h。2C6M车上装有陀螺仪车辆导航系统，可以持续指示车辆现方位和行驶方向，还能向车载计算机输入有关数据。为了能在－50 ℃条件下工作，驾驶舱和炮塔内安装了加温系统。“三防”通风系统通过带滤清器的超压系统工作，既可自动启动，也可手动启动。ГО－27型原子化学物质分析报警器位于炮长右侧，由伽马射线探测装置和“沙林”“梭曼”化学毒剂监视器组成，可以持续显示车内外的化学物质存在和放射程度等有关数据。一旦发现原子或化学污染，便触发光学报警装置或通过车内通话系统工作的声音报警。2C6M 型车上还安装了自动灭火/抑爆系统。

5.3.6 炮塔

2C6M 型防空武器系统的炮塔由钢装甲焊接而成，可以旋转 360°。炮塔内有 3 名乘员，车长和雷达操纵手并排位于炮塔内前部，炮长则位于其后，处于中间位置。除了 3 名乘员外，炮塔内还有带液压俯仰装置的武器系统、雷达系统、光学瞄准镜、车载计算机系统、雷达冷却系统以及空调器。

(1) 车长

车长位于炮塔内前部右侧。他与雷达操纵手共用一个可转动的小型指挥塔，其舱盖位于车长位置上方，雷达操纵手和车长都可以从这个舱门进出。指挥塔上安有潜望镜、昼/夜瞄准镜（红外）和一具搜索灯。

车长座位前方有 3 个大型仪表板和一个搜索雷达用的圆形图像位置显示屏幕。车长右侧则是 P—173 型甚高频电台的操纵部分。此电台可在 30～76 MHz 波段范围内利用 10 个预选频率工作，在炮塔顶部右侧的天线使电台的工作范围达 20 km。

车长左侧的搜索雷达显示屏幕上方是仪表板，可以通过它操纵车载计算机系统并选择控制模式。该仪表板还有报警功能，当一个空中目标将在 5 s 内进入特定武器的射击区时，它会向车长发出信号，车长得知这一情报时，目标正好在射程之内。这样，可在很大程度上减少弹药的浪费。

搜索雷达显示屏幕右侧还有一个仪表板，车长可以利用这个仪表板来操纵搜索雷达和敌我识别系统。使用开关或按键可以竖起天线（行军状态时一般都折叠在炮塔后面），还能进行功能检查和选择控制模式。控制模式中有一种特殊的低空目标（飞行高度小于 15 m）搜索模式，在这种工作状态时，扫描天线仅上仰至+1°，并可充分抑制地面反射信号。当目标飞至 8 km 以内被发现时，可迅速选择一个键并使其处于优先状态，同时，将此信息自动传至跟踪雷达，跟踪雷达锁住目标并确定其航向后，防空武器系统就可以进行射击。武器控制仪表板在车长的右侧上方。在开动搜索雷达之前，车长可利用这个仪表板选择监视区域，并通知计算机是用火炮还是用导弹消灭指定目标。车长可按另一个键把射击任务交给炮长来完成。几个液晶屏幕和其他显示装置可用来显示导弹状态、操纵模式、可能出现的故障以及舱门是否关好等。此外，还能利用一些紧急开关来启动自动灭火系统和发动机关机装置，也可以超越大多数锁定装置（非关键性的）进行工作。

(2) 雷达操纵手

雷达操纵手位于车长左侧，利用其前方的 3 个仪表板来控制跟踪/火控雷达。雷达不断地将目标距离、方向和高低角等信息传给火控计算机，根据这些数据，计算机再向火力系统发出瞄准指令。

左侧的仪表板用于功能测试和检查，其上的小型长方屏幕可用模拟方式显示目标距离、方向角和高低角。右侧的仪表板用来选择控制模式，并直接负责目标距离的模拟显示。仪表板上面有承担大部分一般操纵功能的键盘，其中有一个键专门用于将搜索雷达获得的目标距离数据自动输入计算机。利用这个仪表板下面右侧的手柄，可以手动或半自动输入距离、高度和方位的各种信息。还有一个手柄开关用于启动全自动操纵模式。

(3) 炮长

炮长处有一具光学瞄准镜、两个射击仪表板、一具“三防”分析装置、一个紧急手动瞄准手轮。处于运动状态时，位于炮塔中央的光学瞄准镜孔用一个钢制盖子保护起来。炮长位置左侧是控制仪表板，主要用于导弹使用控制和“三防”通风系统的启动。显示装置能显示出哪些导弹处于待发状态，并且通过按键，这些导弹便可进入“导弹使用”模式，随动于火炮。炮长前方是仪表板，用于选择光学瞄准镜以及所用武器的控制模式，还能用于射击（只有在车长把射击任务交给炮长后）。稳定的光学瞄准镜可作为备用跟踪装置，将目标数据传输给计算机，还能用这具瞄准镜计算导弹飞行航线与瞄准线的偏差，得出的数据自动输入火控计算机后，再发出校正信号。

5.3.7　支援车辆

除了 2C6M 外，武器系统还包括与其 1∶1 编配的弹药输送车（运载 8 枚在运输/发射管内的导弹，以及 32 匣 30 mm 炮弹，共 3 808 发）、有厢式卡车、保养维修车、保养维修拖车、导弹测试车。

第6章

自 行 火 炮

自行火炮是火炮与车辆底盘构成一体的、能够自身运动的武器系统。自行火炮越野性能好，投入和撤离战斗迅速，便于和装甲兵、摩托化步兵协同作战，多数有装甲防护和自动化程度高的火控系统，具有很高的作战效能，战场生存能力强。

自行火炮按炮种分为自行榴弹炮、自行反坦克炮、自行高射炮、自行迫击炮、自行火箭炮等，按底盘结构特点可分为履带式、轮式和车载式，按有无装甲防护可分为全装甲式（封闭式）、半装甲式（半封闭式）和敞开式，等等。

现代自行火炮具有良好的机动性和较好的防护性，通过安装自动装填机构、自动化的炮控系统和先进的火控系统，使得其威力、精度大为提高，自主作战能力和战场生存能力增强。其在各个国家军队里得到普遍重视，已成为陆军的主要装备。

6.1 PzH 2000 自行榴弹炮

PzH 2000 155 mm 自行榴弹炮（德文为 Panzerhaubitze 2000）是德国于 20 世纪末装备的新一代自行火炮系统（图 6—1），由德国的克劳斯一玛菲·威格曼公司和莱茵金属公司设计制造，是当今最先进的火炮之一。其特点是高射速、大威力，以及高度的自动化操作、先进的武器管理模式和自主作战能力，具有多发同时弹着射击功能。

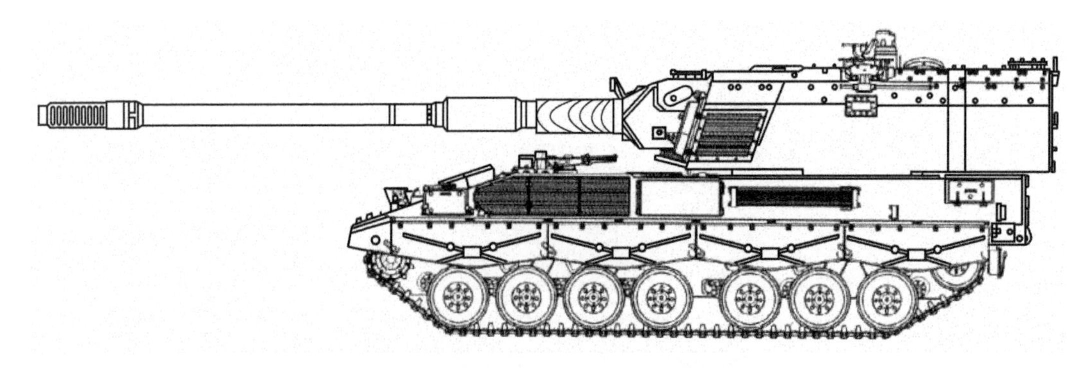

图 6—1 PzH 2000 155 mm 自行榴弹炮

PzH 2000 155 mm 自行榴弹炮的主要诸元见表 6—1。

表 6－1 PzH 2000 155 mm 自行榴弹炮的主要诸元

项目	参数	项目	参数
口径/mm	155	行车状态尺寸/mm	总长：11 690
战斗全重/kg	55 330		总宽：3 540
初速/（m·s^{-1}）	945（最大）		车体长：8 069
	300（最小）		高度：3 430（至机枪顶部） 3 060（至炮塔顶部）
最大设计膛压/MPa	440		
最大膛压/MPa	335		离地间隙：440
最大射程/km	30（远程榴弹）		履带宽：550
	36（远程底排弹）	发动机	MTU MT881 Ka－500 柴油发动机
	40（火箭增程弹）		气缸：V型8缸，缸径144 mm
最小射程/km	2.5		排量：18.3 L
射速	8～10发/min		标定功率：735 kW
	3发/9.2 s		最大转速：3000转/min
身管长	52倍口径（8 060 mm）	最大行驶速度/（km·h^{-1}）	60（公路）
药室容积/L	23		45（越野）
炮口制退器	多孔狭缝式	最大行驶里程/km	420
	效率48%	最大爬坡度/%	60
炮闩类型	半自动立楔式	最大侧倾坡度/%	30
弹丸质量/kg	43.5	越沟壕宽度/mm	3 000
携弹量/发	60	越障高度/mm	1 100
携药量	67组（药包装药）	高低射界/（°）	－2.5～＋60
	288件（模块装药）	方向射界/（°）	360

6.1.1 总体布置及乘员

1. 总体布置

PzH 2000自行火炮底盘大量采用了“豹”Ⅰ、“豹”Ⅱ主战坦克的成熟技术，同时根据自行火炮和主战坦克不同用途进行了有针对性的改进。底盘纵向分割成三大部分，前半部分是并列设置的动力舱和驾驶舱，驾驶员位于车体右前方，发动机安装在驾驶员左侧，传动系统在两者前方横贯车体。动力舱占据了车体前部2/3以上空间。底盘中部是车体弹舱，可以容纳60发弹丸和自动装弹系统取弹臂，此外，还预留有驾驶员通道和装填手人工操作空间。底盘后部是战斗舱，上方是炮塔，下方有吊篮，在吊篮底板下安装有输弹机接弹盘。底盘尾部设有两扇大尺寸对开舱门，但是高度较小（因为下方设有弹丸补给系统），乘员出入略显不便。PzH 2000自行火炮总体布置如图6－2所示。

底盘内，除动力舱部分被装甲板密封隔离外，其他空间都是相互连通的，且内部空间较大，乘员的舒适性好。动力舱隔板内壁贴有防火、隔声材料，能有效地减小发动机工作时温

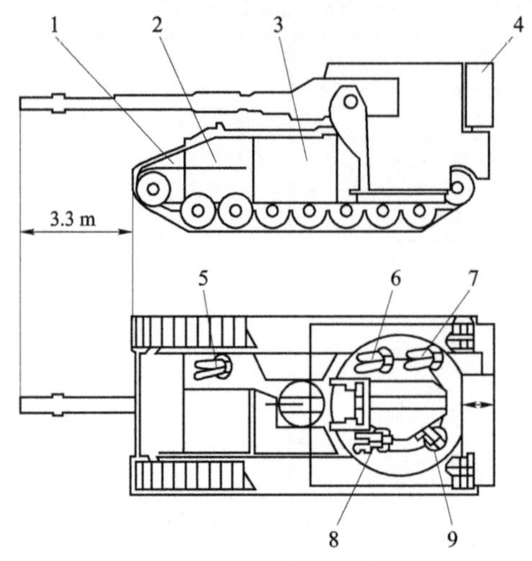

图 6－2　PzH 2000 自行火炮总体布置

1—变速箱；2—发动机；3—弹舱；4—发射药舱；5—驾驶员；
6—瞄准手；7—炮长；8—一号装填手；9—二号装填手

度和噪声对乘员的影响。因为底盘高度较大，可以将燃料集中存放在位于车体外侧翼板上方装甲内的两个大油箱中（总容积超过 1 000 L），相对于将油箱布置在车内甚至弹架组合油箱的主战坦克，安全性要高得多。除了燃料外，在底盘右前方，驾驶舱侧面还集中布置有车载蓄电池组（8 块铅酸蓄电池）、车载电子系统、能源分配管理系统和驾驶员显控终端，尾部左、右两侧分别安装有柴油发电机（作为辅助动力单元，额定输出功率 22.4 kW，应急功率 400 W）和整体“三防”装置。底盘布置如图 6－3 所示。

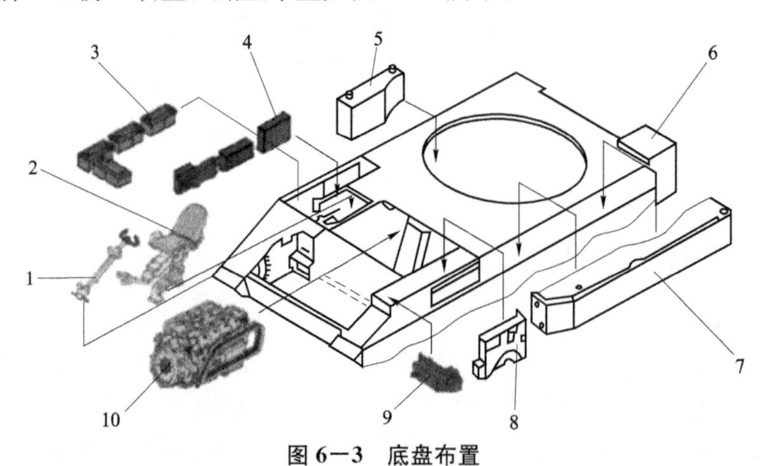

图 6－3　底盘布置

1—操作手柄；2—驾驶员座椅；3—蓄电池组；4—车载电子系统；5—燃油箱；
6—辅助动力单元；7—主燃油箱；8—润滑油箱；9—电加热启动装置；10—发动机

PzH 2000 自行火炮的炮塔接近长方形体，内部空间较大。炮塔的前端耳轴孔安装火炮，顶部固定有两个扭杆式平衡机；炮塔中部安装有吊篮，用于容纳乘员及其他设备；炮塔的后部为发射药舱。此外，炮塔内还安装有火控、炮控和弹丸自动装填系统的相关部件。炮塔布置如图 6－4 所示。

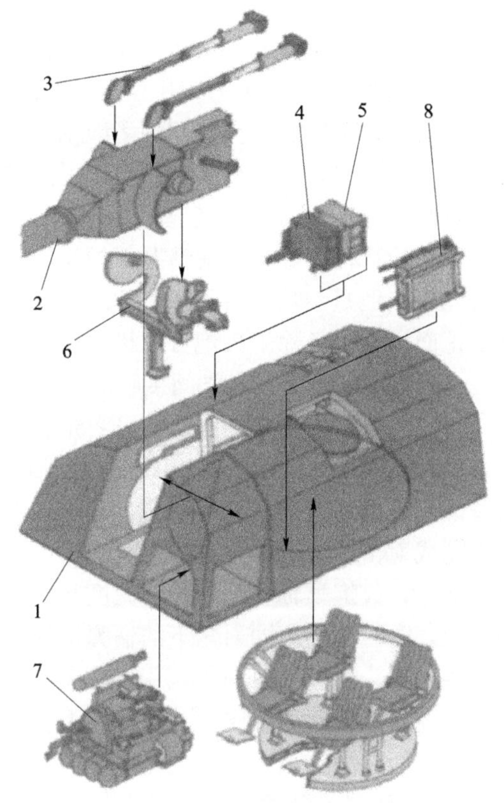

图 6－4　炮塔布置

1—炮塔；2—火炮；3—平衡机；4—取弹臂控制器；5—接弹盘控制器；6—输弹机；
7—输弹机气源及控制系统；8—输弹机控制器

2. 乘员组成

PzH 2000 自行火炮基本乘员由 5 人组成，分别是：炮长、瞄准手、一号装填手、二号装填手和驾驶员。除驾驶员以外，其他 4 人均位于炮塔战斗舱内（图 6－2）。

驾驶员位于底盘右前方驾驶舱内，其任务是负责操纵火炮底盘的行驶，此外，还负责对车辆配电管理进行监控。驾驶员头顶有一扇可向后开启的舱门，呈不规则六边形结构，带有两具广角驾驶潜望镜，一具向前（可更换为微光夜视驾驶仪），一具向右后方。底盘中线位置还安装有可自动操作的钳式行军固定器。驾驶舱内的方向操纵机构为 U 形双手柄，手柄位置亦可配合座椅调节，上面还带有发动机转速、燃油油量指示器；自动变速器手柄则在驾驶员右手边位置。驾驶员右侧与视线平齐位置有一块综合控制板（它和其后方的动力、传动数控系统以及电子配电柜都装在底盘右侧翼板上的舱室内），还有一块多功能彩色液晶显示屏（除了动力、电气系统状态外，还能显示导航等综合信息）。

炮长是 PzH 2000 自行火炮的指挥官。炮长除负责火炮通信联络、战场观测等任务外，还要对全炮各系统和其他炮手（尤其是直接负担发射药装填任务的二号装填手）的工作安全进行监控（保证二号装填手装药完成，退回安全位置再进行击发动作），指导他们工作。此外，炮长还负责管理车上的单兵武器系统。炮长的座椅位于炮塔战斗舱右后方，处于全炮最高位置，其后面是火控计算机和导航计算机主机单元，正面是带有全键盘输入系统和液晶显示器的火控系统多功能显控操作平台，平台下方右手位置是火控计算机诸元显示终端，作战时，炮长就是通过它来快速解算射击诸元，控制火炮自动瞄准发射。炮长头顶前方是一具 PERI RTNL 80 自行火炮测瞄合一的周视昼/夜观察镜，在炮长右侧的炮塔壁上还固定有电台通信单元、车内通话器听筒、GPS 终端显示器等电子设备。炮长正上方开有一个圆形乘员舱门，由与舱门直径相同的盘形开闭机构锁定。舱门右下方炮塔侧壁上是一扇小型防弹玻璃观察窗，观察窗内侧有黑色帆布挂帘，不向外观察时可以降下，从而避免外部光线干扰炮塔内乘员视线。

瞄准手位置在火炮耳轴右侧，炮长正前方，其座椅高度比炮长的低一些。PzH 2000 自行火炮是一种自动化程度非常高的自行火炮，正常情况下领受作战任务后，瞄准工作可由炮长一人操纵火控和炮控设备完成。但是，出于降级使用和系统冗余度考虑，PzH 2000 仍然设置了瞄准手一职。瞄准手正面操纵设备除了火炮方向机、高低机手轮外，还有炮塔方位指示盘、两具光学瞄准镜、一具 PERI R19 周视光学间接瞄准镜（用于火控系统失效时直接控制火炮进行间瞄射击）、一具带有激光测距功能的 PzF TN 80 昼/夜光学直接瞄准镜（瞄准手可以通过直接瞄准镜操纵火炮直瞄射击逼近的装甲目标）。瞄准手在不担负瞄准任务时，还负责监测火炮回转、起落部分机电系统工作状况，随时读取火炮监测记录系统故障信息，必要时可代替炮长操纵火炮完成射击任务。

一号装填手位于炮塔左前方，火炮耳轴左侧，座椅高度与炮长的相同。其任务是负责操作火炮气动弹射输弹机的气源，随时调节不同射角下的输弹机气压。输弹机气源部分安装在一号装填手正前方炮塔左前夹舱内，由空气压缩机、4 个常备气瓶（空压机下方）、一个应急气瓶和控制阀面板组成。主控面板包括两个阀门、两个扳手和 3 个压力表。一号装填手通过它们调整输弹机压力。这个压力要随火炮的射角变化进行调整，如果气压调节不当（特别是大角度射击），就可能发生弹带磕碰、装填不到位甚至掉弹事故。在 PzH 2000 的改进型 PzH 2000AZ 上，对这一部分机构进行了自动化改造，输弹机气源由手动阀升级为和火炮俯仰角传感器关联的自动电磁控制阀，输弹机气压调节自动进行。一号装填手的另一项任务是在自动装填系统自动工作模式失效时手动操作取弹臂，这时一号装填手就需要进入车体弹舱，人工操纵取弹臂为输弹机提供炮弹。在一号装填手头顶和侧面是第二扇炮塔舱门和防弹观察窗，装填手舱门外安装有环形机枪架，PzH 2000 携带的 MG 3 通用机枪就固定在这里，由一号装填手操作射击。

二号装填手位于一号装填手后方，是炮塔内唯一需要以站姿工作的炮手。二号装填手的任务是装填发射药。二号装填手的座椅安装位置最低，没有脚踏，靠背也是和坐垫分离的。这个座椅只在行军时使用，作战时需要折叠起来，二号装填手直接站在炮塔吊篮地板上装填发射药。火炮射击时，二号装填手根据炮长口令和自己左侧炮塔内壁上火控计算机显示终端提供数据指示，打开炮塔尾部发射药舱防爆门，取出相应发射药模块，完成发射药对接组装，将发射药送入炮膛，拉动炮尾左侧关闩手柄，火炮关闩击发，然后进入下一发射循环。PzH 2000 的机械结构设计充分考虑到各种安全因素，如火炮关闩手柄设计在炮尾左侧深处，二号装填手左臂很难碰到，操作时只有完成装填发射药、右臂从炮膛收回，才能侧身拉动关闩手柄让炮闩关闭等。

按照 PzH 2000 自行火炮的自动化程度（特别是 2000 年改进以后），正常作战时只需炮长和二号装填手两人操纵火炮即可完成全部射击任务，加上驾驶员，火炮只要有 3 名乘员就可完成战斗任务。炮塔内瞄准手和一号装填手是为火炮降级操作时备用的，并且作战时可作为火炮操作的第二梯队，替换炮长和二号装填手组成的第一梯队工作，从而延长火炮的持续作战时间。

6.1.2　火力系统

1. 火炮

莱茵金属公司早在 20 世纪 70 年代就开始了长身管 155 mm 火炮技术的探索。最早的方案身管长为 46 倍口径，药室容积为 22.74 L，炮身长为 7 175 mm，质量为 1 658 kg。1984 年后期，莱茵金属公司开始对 FH—70 火炮进行改进，改进后的火炮称为 FH—70R，采用 9 号装药发射制式榴弹的射程为 30 km，发射新研制的底排榴弹射程则达到 36 km。这种火炮身管的技术性能与 GC—45 火炮基本相当，但是弹道结构参数不符合《北约弹道协议》规范。20 世纪 80 年代中期以后，莱茵金属公司在这种试验火炮身管的基础上开始研制符合 JMBOU（《北约共同弹道谅解备忘录》）规定的 52 倍口径 155 mm 火炮，1988 年，52 倍口径 155 mm 火炮试射成功。

PzH 2000 自行火炮身管长为 8 020 mm，膛线部长度为 6 022 mm，采用 60 条缠角为 8°55′37″的等齐膛线（39 倍身管为 48 条）。JMBOU 规定 52 倍口径身管膛线缠度和阴线深度应和 39 倍口径身管保持一致，而药室容积扩大则通过维持药室内径不变、增加药室长度的方式实现。这样两种火炮可以完全通用一套弹药系统，唯一的区别就是发射药装填数量。因为装药量增大，线膛部分加长，火炮的初速大大提高。莱茵金属公司设计的 52 倍口径身管在使用全装药发射远程榴弹时初速达到 945 m/s（39 倍口径身管为 827 m/s），射程为 30 km（39 倍口径身管为 24.7 km）。

莱茵金属公司在 52 倍身管生产过程中改进了镀铬工艺，从药室底部开始实现对整个身管精镀铬层，身管采用优质电渣重熔钢，经液压自紧和激光表面硬化（炮膛前部）处理加工而成。不仅延长了身管寿命，还使身管质量增加（管壁厚度）得到有效控制。与 39 倍口径身管 1 420 kg 的质量相比，52 倍口径身管在长度加长 2 m 多的情况下，质量仅增加 550 kg。新火炮身管加长，使火炮后坐部分质量（3 070 kg）和后坐力阻力（600 kN）都明显加大，这对火炮反后坐系统设计提出了严格的考验。莱茵金属公司在火炮发射动力学数值模拟的基础上，设计出了一套结构紧凑而高效的炮口制退器和反后坐装置。

PzH 2000 自行火炮的炮口制退器为狭缝式多孔结构的反作用式炮口制退器，没有冲击式炮口制退器上那种大型膨胀腔室，制退器内径与火炮口径相等，发射药燃气流经制退器部分时压力不会明显下降，能够继续推动弹丸加速做功，因此有利于提高弹丸初速。该制退器两侧各开有 12 道窄缝形状的喷孔，喷孔外形和尺寸都经过严格计算，能达到最佳燃气排放角度和效率，可以明显抑制炮口焰和炮口冲击波对火炮射击的影响，且质量更小，二次炮口焰小，效率可达到 48%。

PzH 2000 自行火炮身管中后部安装有炮膛抽气装置，用以在火炮发射后抽出炮膛内未充分燃烧的火药残渣和残留燃气，防止它们从炮尾倒灌污染战斗室内空气。PzH 2000 自行火炮的炮膛抽气装置安装在身管后部接近最大后坐距离点位置，在不影响炮身后坐行程的前提下可获得较高的抽气效率。

PzH 2000 自行火炮的炮身结构如图 6—5 所示。

PzH 2000 自行火炮的反后坐装置由两个液压式制退机和一个液体气压式复进机组成。制退机呈对角线方式布置在身管根部左上方和右下方，复进机则置于身管根部左下方。这种布置

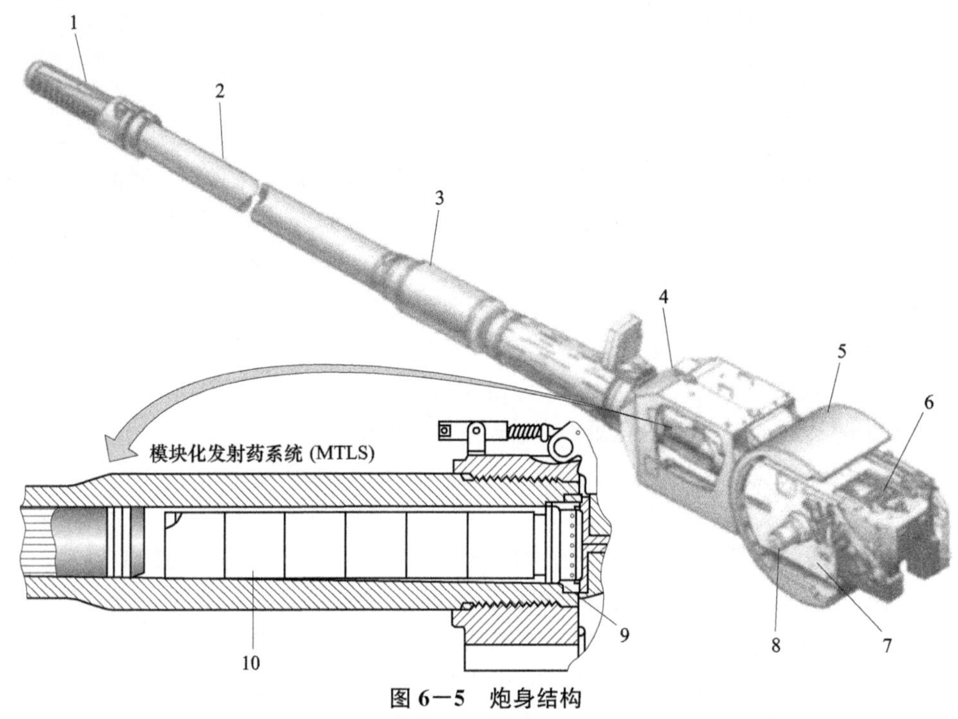

图 6—5 炮身结构

1—炮口制退器；2—身管；3—抽气装置；4—反后坐装置保护罩；5—防盾；
6—立楔式炮闩；7—摇架；8—耳轴；9—闭气环；10—药室

形式使身管根部的右上方空间正好可用来放置需要和炮身平行固连的捷联惯性导航装置，并且用与防盾一体化设计的装甲将反后坐装置和惯导系统完全包裹起来，使得 PzH 2000 自行火炮的身管根部变成结构紧凑的盒形结构形式，不但外形简洁，而且可有效抵御枪弹及战斗部破片侵袭。火炮的最大后坐距离为 700 mm。

火炮的俯仰控制机构由摇架、高低机和平衡机组成。摇架用于承载火炮身管，带动炮身俯仰并约束其后坐运动方向。PzH 2000 自行火炮摇架是一种结构紧凑的筒形摇架，安装在火炮防盾后方。与一般牵引火炮的筒形结构不同，PzH 2000 自行火炮摇架后半部分是方框形的，与楔式炮尾配合紧密，且结构紧凑。摇架上安装有耳轴，且可以快速拆卸。包括摇架在内的整个火炮组件可以在不吊装炮塔的情况下向前直接抽出，而身管和炮尾则采用断隔环形凸起结构连接，野战条件下前抽更换身管不超过 20 min。

PzH 2000 自行火炮为了实现瞄准自动化，高低机采用了大功率交流伺服电动机驱动的全自动高低机结构方案，利用大扭矩齿轮传动系统直接通过耳轴驱动火炮俯仰，可在 $-2.5^{\circ}\sim+65^{\circ}$的大范围内快速、精确地控制火炮的俯仰角，最大俯仰速度达到 $14^{\circ}/s$。这种方案在控制方式上可实现全电化操作，避免了采用液压传动系统在反应速度、可靠性和安全性上的一系列问题。

PzH 2000 自行火炮的平衡机也与一般火炮的不同。其用两个新型扭杆式平衡机取代了传统的液体气压式平衡机，结构由圆截面整体式扭杆和牵引链条组成。两个平衡机安装在炮塔内顶部舱壁上，通过牵引链条与炮身相连。扭杆式平衡机除了结构简单、体积小、寿命长、不易损坏等优点外，还能依据火炮俯仰角度变化调节平衡力矩的大小，使高低机在火炮俯仰过程中受力均匀，火炮的瞄准更加平稳。

PzH 2000 自行火炮的炮尾部分使用了楔式炮尾和上开半自动立楔式炮闩。PzH 2000 自行火炮使用药包（可燃模块）发射药，开闩机构与传统的立楔式半自动炮闩基本相同，但是需要安装手动关闩手柄，通过人工释放炮闩来关闩。PzH 2000 自行火炮的关闩手柄位于摇架外侧。对于采用楔式炮闩的火炮，一般需要设置开闩手柄，用来在火炮首发射击时打开炮闩以装填第一发炮弹。PzH 2000 自行火炮的开闩手柄基本结构与 FH－70 的相同，需要来回扳动数次才能打开炮闩，动作烦琐，但是比较省力。此外，依据自行火炮乘员布置特点，将手柄从炮尾右侧移动到左侧。

PzH 2000 自行火炮采用药包装填的方式，相应地应用了金属闭气环和底火自动装填的技术。PzH 2000 自行火炮的金属闭气环（图 6－6）是在 FH－70 式榴弹炮采用的闭气环基础上的改进型，可保证进入膛内的沙粒和灰尘量减到最少，大大提升了火炮野外实战条件下作战时炮膛闭气的可靠性和安全性。

底火装填机构安装在炮闩上。PzH 2000 自行火炮炮闩之所以采用向上开闩的结构形式，原因之一就是方便底火盒的更换。为了获得较大的底火携带量和持续高射速，莱茵金属公司设计了一种棘轮驱动链式大容量底火盒（图 6－7）。这种底火盒通过两个棘轮带动底火链循环转动，可以容纳多达 32 发底火，这样发射一个基数弹药（60 发）炮手只需更换一次底火盒即可。射击时，PzH 2000 自行火炮炮闩每开、关闩动作一次，棘轮就会带动底火链前进一格，将新底火送到待发位置，击发后的旧底火仍储存在底火盒中。

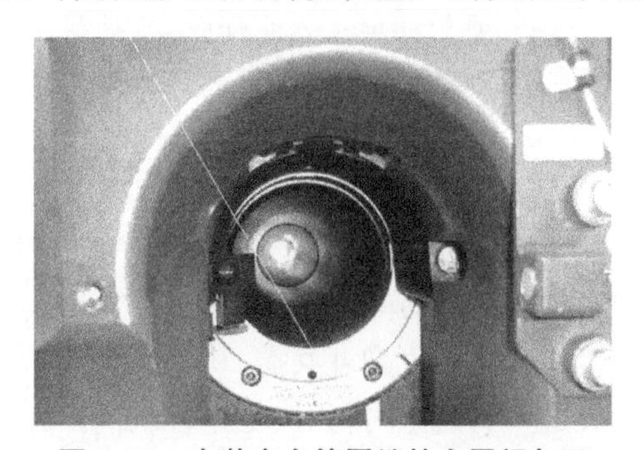

图 6－6　安装在身管尾端的金属闭气环

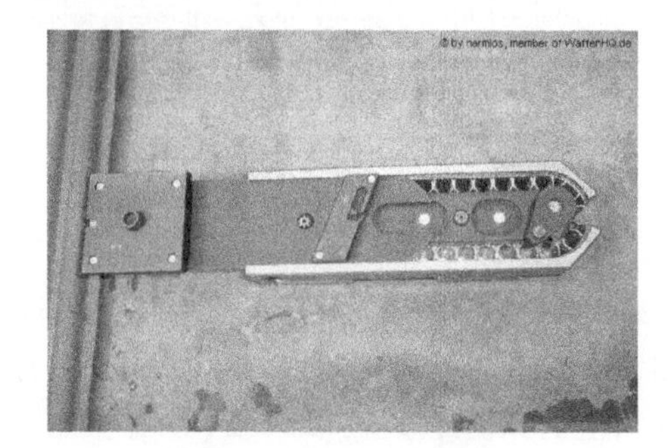

图 6－7　闩体上的底火盒

2. 自动装填系统

PzH 2000 自行火炮设计技术指标中要求火炮必须能够携带多达 1 个基数（60 发）的炮弹，并且弹丸部分需要实现全自动装填。为了满足上述要求，威格曼公司提出了一套全新的自动装填系统结构方案，将全部 60 发弹丸（质量超过 2.6 t）集中布置在车体中央的弹舱内，使火炮底盘的空间更加合理，并显著降低了全炮的重心，有利于改善火炮的行驶稳定性和整车动力学特性。该自动装填系统对全部 60 发弹丸能够进行自动管理，让所有车载弹药都成为随时可以发射的“待发弹”，而非“备用弹”，火力持续性和自主作战能力大为提高。单炮携弹量的增加还使 PzH 2000 自行火炮不用配备同底盘随行的弹药车。

PzH 2000 自行火炮弹丸自动装填系统由弹舱、取弹臂、接弹盘和自动输弹机四部分组成。除摆臂式自动输弹机安装在火炮耳轴上以外，其他几部分机构都布置在底盘中后部的战斗室内，如图 6－8 所示。

弹舱位于底盘中部，用于存储弹丸。要想在底盘中部有限空间内存放多达一个基数的 155 mm 弹丸，同时还要预留取弹设备空间和驾驶员通道，其结构布置需要精心的论证。在样炮

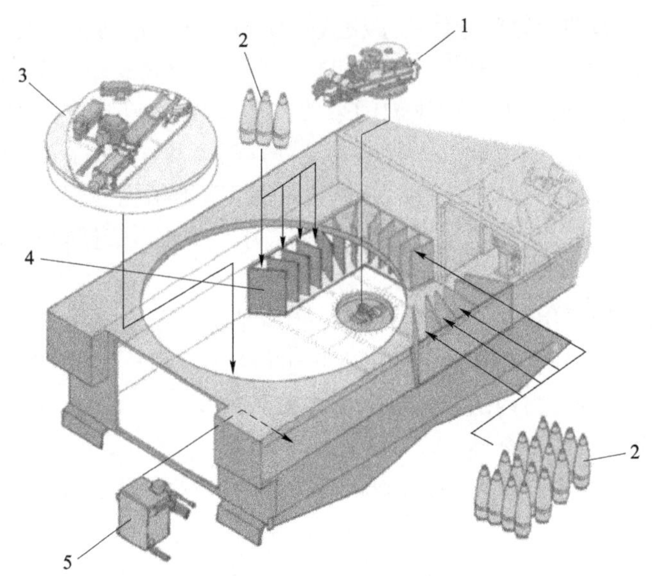

图 6—8　弹丸自动装填系统

1—取弹臂；2—弹丸；3—接弹盘；4—弹舱；5—自动装填系统控制单元

论证阶段，威格曼公司曾先后提出三种弹舱布置方案。方案一：立式弹架分别安装在底盘左、右两侧，以 3 列 10 行方式存放弹丸，但是右侧弹架为了空出驾驶员通道，只能存放 29 发弹丸，这种设计弹舱结构最为简单，但是占用纵向空间较多，会影响底盘结构设计。方案二：弹丸 7 发一组存放在立式旋转容器内，8 个容器呈马蹄形环绕底盘舱壁排列，右前方两个容器间距较大，作为驾驶员通道，这种设计使空间浪费更严重，只能存放 56 枚弹丸。最后确定采用方案三：立式弹丸存放架仍然呈马蹄形环绕车体舱壁排列，并且在右前方同样设有一个宽约 0.5 m 的通道用于乘员进出驾驶舱，如图 6—9 所示。所有弹架的安装角度全部指向弹舱中央取弹臂的位置。原理样炮上每个弹架可以呈直立状态（弹头向上）存放 3 发弹丸，60 发弹丸共需 20 个弹架。正样炮阶段，单一弹架携弹量增加到 4 发，弹架数量减少到 15 组，弹舱空间利用率进一步提高。

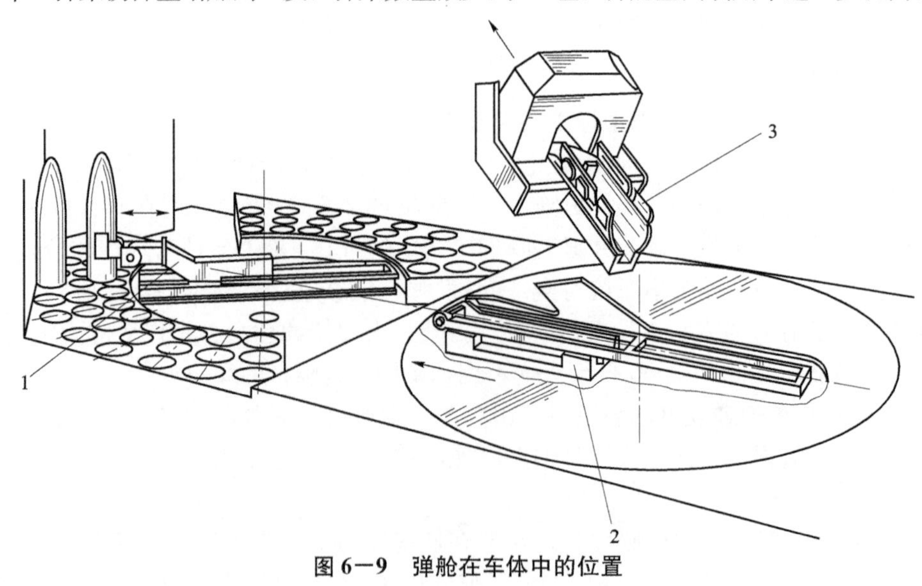

图 6—9　弹舱在车体中的位置

1—取弹臂；2—接弹盘；3—输弹机

在 PzH 2000 自行火炮之前，中大口径火炮自动装弹机的取弹臂多采用定点取弹方式，即由驱动系统带动弹舱里的弹药存放单元循环运动，将所需的弹丸送到取弹口位置，取弹臂每次从固定的取弹口提取一发炮弹送给输弹机。在这种取弹模式下，取弹臂只需进行简单的一维平动或转动，其动作控制相对容易实现。但是，拥有众多存放单元（一般在 20 发以上）的转动弹舱质量至少有数百千克，需要大功率驱动机构才能完成弹药选择和供弹动作。PzH 2000 自行火炮携弹量达到 60 发，弹丸全重接近 3 t，显然不能用传统自动装填系统弹舱旋转、定点供弹的装填模式。针对这一矛盾，威格曼公司的设计方案将定点取弹变为多点取弹，让所有弹丸存放在弹舱内的固定位置，由一个可以做三维运动的取弹臂依次提取。PzH 2000 自行火炮的取弹机构主要由可以 360°旋转的滑轨、滑轨上安装有可伸缩 L 形取弹臂和可做 90°旋转的取弹爪三部分组成。这套取弹装置已经不再是简单的机械装置，而是一个由计算机控制、通过 4 组 48 V 交流伺服电动机驱动的工业机器人，其多轴联动需要复杂的控制逻辑。全电驱动操纵取弹臂还有另一个优点，就是在机电传动中很容易增加人工操作备份功能。PzH 2000 自行火炮取弹臂上设置了一个小座位和操作手轮，在火炮丧失电力后，一号装填手可以直接进入弹舱，坐在取弹臂上，通过转轮手柄直接操作取弹臂选取弹丸。

PzH 2000 自行火炮的弹丸和取弹臂均布置在底盘内，不能直接向炮塔中的自动输弹机供弹，因而设置了接弹盘用以实现炮塔在任意射向下自动供弹。接弹盘本体安装在车体地板正对炮塔吊篮位置，可以在吊篮下方独立进行 360°旋转。本体上间隔 180°相对安装有两组接弹盘，随着本体旋转，两组接弹盘可以轮流完成供弹转换工作。接弹盘上安装有感应式引信装定机构，能够自动装定炮弹引信的工作状态。炮塔处在 0°射向（正前方）时，接弹盘会和输弹机错开一个角度，从输弹机右侧接受取弹臂送出的炮弹。两组接弹盘中有一组还同时承担车外补弹工作，它可以通过底盘尾部的外部补弹口向后伸出，接取车外补充的弹丸。接弹盘也由电驱动装置控制，但是由于安装位置限制，不具备应急情况下人工直接操作能力。手工操作射击时，二号装填手需要从取弹臂上抱起弹丸放置到输弹机托盘上。

PzH 2000 自行火炮的摆臂式输弹机是在 SP－70 火炮输弹机的基础上发展而来的，但是它并未像后者那样安装在火炮摇架延长体上和炮身共同俯仰，而是直接安装在耳轴上进行独立俯仰。输弹机平时处在竖直状态，并在这一位置下接取弹丸。输弹机整个运动部分质量约为 350 kg，其俯仰动作由电动机驱动。输弹方式采用气动弹射输弹，输弹速度较快（装填一发炮弹只需 1 s）。由于采用气动弹射方式输弹，炮弹入膛的速度很高，装填到位时会发出很大声响。此外，输弹机动作幅度较大，而且距离炮手位置很近，所以，在输弹过程中严禁炮手触摸输弹机任何部位，以防止发生意外伤害事故。当电驱动系统失效时，输弹机同样可以进行手动俯仰操作，压缩气瓶中存储的备用高压气体能够保证输弹机弹射装填车载全部 60 发炮弹。

考虑到兼容老式的药包结构发射药，PzH 2000 自行火炮实现弹丸全自动装填的同时，发射药仍然采用手工装填模式。发射药集中存放在炮塔尾部的发射药舱内，药舱中布置有 48 个带挡药板的独立管状发射药容器，每个药管可以存放 1 组老式全装药药包或者 6 个新设计的 DM72 刚性全可燃发射药模块（全炮其携带 288 个模块）。发射药舱通过 3 块厚达数厘米的水平滑动式防爆门与炮塔乘员舱隔离，炮塔尾部则对应安装有两块爆炸冲击波泄压板，在发射药被击中爆燃时能够尽最大可能增加炮塔乘员的生还概率。因此，作战时禁止任何一块防爆门处于持续打开状态。

PzH 2000 自行火炮的弹药装填过程如下（首发装填时，需要手动开闩）：

炮长通过火控计算机自动装定火炮射击诸元并选择弹种（火控计算机中已经存储了舱内每一发炮弹所在弹架的位置），取弹臂根据计算机指令从相应弹架上抓取一发所需的炮弹。取弹爪抓取炮弹后取弹臂缩回，滑轨旋转到正后方，取弹臂沿滑轨运动到送弹位置。取弹臂运动到位后，取弹爪将炮弹转至水平状态并放到接弹盘上。炮弹在接弹盘上完成引信装定，接弹盘选择最近路程沿最小角度方向旋转并与输弹机对正。接弹盘竖起，将炮弹放置到输弹盘上，之后输弹机摆臂旋转到火炮仰角位置，然后将炮弹弹射入膛。供、输弹机所有运动机构在完成工作后都会自动回到初始位置准备接受下一发炮弹。在弹丸装填的同时，装填手从发射药舱取出所需标号的药包或发射药模块并完成发射药组装。输弹机将弹丸弹入炮膛后，装填手随即将发射药送入药室（火炮的药室底部两侧有挡药杆，在大仰角射击时可以防止发射药在关闩前滑出药室）。完成装药后，装填手拉动关闩手柄，炮闩下落关闩并带动底火盒棘轮装填一发底火。电击发机构在火炮关闩到位后自动击发，炮身后坐过程中炮闩自动打开，炮身复进到位后，输弹机将装填下一发炮弹继续射击。

PzH 2000 自行火炮自动装填系统动作虽然复杂，但由于采用了全电伺服控制系统，动作速度快，运动定位准确，供弹速度快，并且在长时间连续工作有很高的可靠性。德国陆军对 PzH 2000 自行火炮射速的指标是：要求达到 8 发/min，希望达到 10 发/min。而试验表明，在合适的条件下（使用适中的发射药量，在适中的仰角下），标准生产型的 PzH 2000 自行火炮可以在 56.2 s 内轻松达到期望指标。实际上，该火炮在装备部队后的多次模拟实战演练中证明，无论在何种条件下，PzH 2000 自行火炮的最大射速都不会低于 9 发/min。其中，达到的各级射速如下：3 发/9.2 s，6 发/29.5 s，8 发/42.9 s，20 发/2 min 10 s，60 发/9 min 31 s。

PzH 2000 自行火炮没有配备同底盘弹药输送车，阵地上持续射击时需由军用自卸卡车完成弹药运输保障。一辆 MAN 公司生产的制式军用卡车可以运载一个携带 150 发（2.5 个基数）炮弹和配套发射药的平架式自卸集装箱模块。卡车卸载后，由炮手自行完成弹药补充工作。进行补弹作业时，装填系统接弹盘从底盘尾门下方的补弹口伸出车外，炮手将弹丸搬放到接弹盘上，再通过尾门内侧安装的火控系统终端控制盒输入弹种信息，之后接弹盘自动缩回底盘，并由取弹臂抓取弹丸按次序放置到储弹架上。计算机能够实时检测取弹臂的角位移和伸长量，控制盒传回的弹种信息记录下每一发炮弹在弹舱中的位置。发射药则由炮手通过炮尾乘员舱门传递到炮塔内，再依次放到发射药舱内的储药管中。两名炮手补充完全部车载弹药只需要 10～12 min。

3. 弹药

弹药系统是身管火炮赖以发挥威力的基础，莱茵金属公司在研制 52 倍口径身管155 mm 火炮的同时，除了研制能够发射北约的标准榴弹外，还研制了多种新型大威力、高精度、远射程 155 mm 炮弹和与之配套的模块化发射药系统。

(1) 标准制式弹药

杀伤爆破榴弹是各种身管压制火炮的主用弹，榴弹的弹体较薄，炸药装填量大，采用瞬发引信引爆后能产生强烈的冲击波和大量弹体破片杀伤有生力量。大口径榴弹采用短延时引信引爆时，对土地和混凝土还具有一定侵彻能力，是破坏敌人土木野战工事和轻量级永备火力点的利器。PzH 2000 自行火炮服役后，最初几年使用的主要是老式的北约制式榴弹，包括 DM 20/30 系列和 L15 系列两种。

DM 20/30 榴弹由弹体、炸药装药、弹带、弹尾和引信等几部分组成。弹径 155 mm，弹丸长 607 mm（后期生产型长度有所增加），弹丸质量 42.91 kg。弹体由含磷量较高的脆性钢锻造、冲压成毛坯，再经过车制加工而成。弹体除了保证弹丸形状特性外，最重要的作用是在引爆后产生大量破片杀伤敌方有生力量。DM 20/30 榴弹装填有梯恩梯（TNT）炸药（6.63 kg）或 B 炸药（6.69 kg），后者是一种梯恩梯—黑索今混合炸药，爆炸威力较单一梯恩梯装药更大。弹带是嵌在弹体尾部的一圈铜金属环，距弹尾大约 88.9 mm，除后部弹带外，DM 20/30 榴弹在弹体圆柱段前端还有一圈较薄的铜金属环作为弹丸前定心部。DM 20/30 榴弹头部开有引信连接孔，作战时通过螺纹旋入引信，平时存放状态则通过旋入一个带圆形挂环的提弹螺栓来保证安全。DM 20/30 榴弹既可以安装制式机械引信，也可以安装多普勒近炸引信。引信采用惯性保险机构，依靠弹丸出膛后高速旋转离心力解脱保险，距离火炮炮位的保险距离大于 100 m。

L15 系列榴弹是德国陆军装备的另一种制式 155 mm 炮弹，最早是随同 FH－70 榴弹炮项目，由英国皇家兵工厂负责研制开发的北约第二代制式榴弹。L15Al 榴弹弹丸长度达到 788 mm（长径比达到 5∶1），弹底有 25～30 mm 深的底凹结构。大长径比、底凹结构明显降低了弹丸阻力系数。在使用重新调整后的 8 号发射药发射时，初速由 DM20 的 684 m/s 提高到 827 m/s，射程则增加到 24 km。由于采用高强度的硅锰合金钢，使弹体壁厚减小，L15Al 榴弹在弹质量基本不变的情况下，B 炸药装填量增加到 11.32 kg，爆轰冲击波威力更大，破片数量更多和密度更大，其杀伤半径超过 DM20 榴弹一倍之多。榴弹引信除采用德国 JUNGHANS 公司生产的制式 DM143 双用途时间—触发引信外，也可采用同为该公司生产的 DM52 系列电子时间引信。

（2）远程榴弹

20 世纪 90 年代，莱茵金属公司开始研制配属 PzH 2000 自行火炮使用的新一代榴弹，研制名称为“Mod 2000”，寓意为“21 世纪初的先进榴弹”。新一代榴弹采取了以下的技术措施，使其射程、威力、安全性等有了很大的提高。

1）改进弹体结构。

新型榴弹采用了长径比达到 5.8∶1 的长圆柱弹体，尖锐的弧线形弹头长度接近老式短圆柱弹头长度的两倍。外弹道飞行过程中，这种弹体能延迟端部激波产生，减小弹丸总阻力中的激波阻力。激波阻力减小后，涡流阻力的影响成为阻碍弹丸前进的主导因素。新型榴弹在弹底增加浅底凹结构以减小底阻作用（底凹部分深度不足 3 cm），与老式 DM20 榴弹相比，减阻增程率达到 40%，在使用 52 倍口径身管 155 mm 火炮发射时，最大射程达到 30 km。

2）改进弹带。

紫铜弹带的密封性和残铜缺陷始终是困扰传统弹药的一大问题。虽然铜弹带在火炮寿命初期能做到良好导引和闭气性，但是随着膛线挂铜积累逐渐增加，弹带气密性不断下降。新型榴弹的弹带改变传统单一紫铜弹带结构，变为黄铜、尼龙复合弹带。通过在弹带后部增加尼龙密封环减小铜弹带部分宽度，改善了弹丸的气密条件，使膛线挂铜量明显降低。新型榴弹优化气密条件后，可以适应 52 倍口径身管 155 mm 火炮使用高能模块化发射药大装药量、高膛压特性，使弹丸初速突破 900 m/s。

3）更换新型炸药。

传统榴弹装填的B炸药中由于缺少钝化剂，敏感度较高，在高温或者冲击作用下很容易自燃爆炸导致严重事故。新型榴弹装填的炸药是一种高威力钝感混合炸药，其正式名称为RH26 PBX炸药（塑料黏结炸药），主要成分包括RDX（黑索今）、HMX（奥克托今）和聚合钝化剂。RDX安定性好、熔点高、敏感度相对较低（但是高于TNT），爆炸威力超过TNT 50%以上。由RDX和HMX组成的RH26装药在加入塑性钝化剂后，安全性能远超传统B炸药（梯一黑混合炸药，TNT和RDX各50%）装药。莱茵金属公司成功解决了RDX聚合炸药熔点高、不易浇注装填的难题，通过调整配方，使其在与传统梯恩梯装药熔点相差不大的温度下保持一种浆状混合物状态，成功地实现了RDX装药的浇注装填。新型榴弹的RH26装药在真空环境下添加聚合钝化剂后，以化学反应方式实现RDX和HMX炸药聚合。其真空浇注装填工艺与二代L15榴弹螺旋压装PBX炸药装填工艺相比，在继承后者大装药量（超过11 kg）特点的同时，完全消除了弹体内炸药密实度呈梯度变化的问题，密度一致性超过99.5%，两种主要组分具有优异的混合均质性和极低的敏感度。

4）引入智能引信。

老式榴弹的引信通常为机械一时间触发引信或电子时间引信以及无线电近炸引信。机械一时间触发引信的缺点是使用前需要炮手用专用卡钳人工装定引信工作方式，引信装定准备工作比较烦琐，难以适应现代自行火炮高度自动化的弹药管理系统；电子时间引信可以实现非接触感应式自动装定，但早期电子引信存在的问题主要是抗过载冲击性能不好，使用高初速火炮发射或者攻击硬目标时容易失效；无线电近炸引信的缺点是电子机构体积很大，原有引信壳体内很难再加入其他延时碰炸机构，导致其功能过于单一，限制了其用途。JUNGHANS公司于20世纪90年代设计的MOFA DM74新一代智能引信采用现代大规模集成电路技术和固态天线技术改进传统近炸引信电子电路，使近炸引信的电子器件体积缩小到原来的一半，而新型长效电池体积也更为紧凑，能够做到存储10年以上不会失效。DM74引信增加了机械延时触发功能，从而在一枚引信内同时实现DP近炸、电子时间控制和瞬发/惯性触发等多种工作模式。2000年以后，JUNGHANS公司又在DM74引信基础上引进感应自动装定功能，研制出性能更先进的MOFA DM84多模态智能电子引信，新型榴弹在采用DM84引信后，杀伤效能提升到使用传统触发引信高爆榴弹的3～20倍之多。

Mod 2000新型榴弹项目于21世纪初定型为RH30式钝感高爆底凹榴弹，2001年2月投入批量生产，德军编号为DM 121，正式成为PzH 2000自行火炮新一代主用弹。

为了进一步增大射程，莱茵金属公司在RH30远程圆柱榴弹的基础上应用底排增程技术，与以色列军工集团（IMI）合作，成功开发出了RH40 HE IM ER钝感高爆远程底排增程榴弹。RH40榴弹所采用的DMI 483底排发动机工作时间长达40 s，而且结构也与以往底排榴弹有所不同。早期底排弹发动机内火药药柱多为空心圆柱形结构，这种底排药柱的初始燃烧面很难做到同时点燃，点火过程的时间为1～1.5 s。由于点火时间不一致，造成弹丸外弹道飞行初始阶段阻力系数散布扩大，并最终影响到弹丸射程距离散布精度。因此，20世纪八九十年代设计的底排增程榴弹纵向密集度通常只有1/200，精度只有底凹榴弹的2/3，甚至更低。RH40榴弹在设计底排装置时，改变了底排药柱的外形结构，增加了药柱点火接触面积，与改进后底排点火具相配合，使底排药柱点火一致性明显提高，其纵向密集度达到了1/300，在目前已装备的远程底排榴弹中精度最高。

在增加底排装置后，RH40 榴弹弹体总长径比达到 6.08。弹尾除了底排发动机外，还保留了 RH30 榴弹的浅底凹结构，虽然单一底排增程率并不突出，但是底排一底凹复合增程效果再加上优良的弹体线型，使 PzH 2000 自行火炮发射 RH40 榴弹最大射程达到 40.1 km。

(3) 反装甲一杀伤子母弹

PzH 2000 自行火炮除杀伤爆破榴弹以外，还配备了反装甲集束子母弹。这类弹药与攻击机投掷的航空子母炸弹类似，主要用于攻击集群装甲目标。子母弹在发射前由炮手依据射程装定引信起爆时间，炮弹发射后，飞行接近目标上空时引爆弹头内的抛射药，抛射药推动子弹向后运动挤开弹底散布开来，数十枚子弹在稳定装置控制下垂直下落，接触地面或装甲目标时自行引爆。

莱茵金属公司在和以色列军事工业公司（IMI）合作研制新一代子母弹过程中，借鉴了 IMI 新型子弹技术，开发出了 RB63 型 155 mm 子母弹和 RH49 型 155 mm 底排子母弹。子母弹中的 RH2 型子弹直径达 43 mm，长 90 mm，质量达 330 g。子弹由带有抗旋翼片和飘带稳定机构的端部引信、圆柱形钢质预制破片弹体、紫铜药型罩和炸药等部分组成，弹体比药型罩略长一些，以提供聚能装药的有利炸高。子弹接触目标后，引信动作引爆炸药，炸药压垮药型罩后形成破甲射流，外壳则破碎成大量破片杀伤四周人员。子弹在弹体内 7 枚一排，共分 11 排排列，其他结构如底凹结构弹底、抛射药和机械一时间触发引信等基本沿用美国 M483Al 子母弹的模式，但是子母弹的抗过载能力有了明显提高。RH49 远程子母弹是在 RB63 的基础上应用底排弹技术，子弹携带量减小到 7 排 49 枚，但是射程提高到 30 km。

RB63 和 RH49 系列子母弹定型后的编号分别为 DM632 和 DM652。90 年代以后，莱茵金属公司对这两种子母弹又进行了改进，包括优化弹体线型，提高子弹抗过载、抗自旋能力，优化子弹引信可靠性、降低瞎火率，等等，最重要的是换用 JUNGHANS 公司研制的可以遥感自动装定的 DM52 系列电子时间引信（延时设定 2.0～199.9 s，设定间隔 0.1 s），另外 DM652 子母弹的底排发动机也更换为工作时间更长、起始燃烧面更大的 DM1483 型。升级后的炮弹型号变更为 DM642 和 DM662，成为适应 52 倍口径身管 155 mm 火炮发射的新一代破甲一杀伤子母弹。两者分别装填 63 枚 DM 1383 子弹和 49 枚 DM1385 子弹，使用 DM72 模块发射药在 PzH 2000 自行火炮上发射时最大射程分别达到 27.1 km 和 35.9 km。

但是，子母弹的使用也带来了一些问题。原因是集束弹药抛撒后，因种种意外造成子弹瞎火，落地后的瞎火子弹残存到战争结束，对当地居民造成巨大的安全隐患，产生严重的附带伤害问题。

(4) SMArt 智能末敏弹

末敏弹是 20 世纪 80 年代逐渐兴起的一种能够间瞄射击的远程反装甲弹药。虽然和普通破甲一杀伤子母弹一样同属集束弹药，但是末敏弹却拥有后者所不具备的性能优势。普通子母弹是通过大范围抛撒几十，甚至上百发子弹以获取较高的杀伤概率，但是大面积布撒方式对子弹体积和质量有严格限制，且抛撒过程中的过载和子弹间相互磕碰常造成较高的瞎火概率。另外，80 年代以后，随着电子通信技术发展，装甲分队作战间距逐渐扩大，单位空间内集中的战车和自行火炮数量不再像以前那样密集，普通散布式子母弹的作战效能呈现下降趋势。针对这一问题的解决办法是为子弹安装末端敏感探测元件，让子弹抛撒后，边下落边扫描敏感探测器视野范围内的装甲目标，发现目标后，再控制子弹起爆将其击毁。

采用末端敏感技术后，单一子弹的命中概率有了大幅提高。普通杀爆榴弹对点目标的直接命中率小于5%，普通子母弹抛撒子弹的命中率更低，而末敏弹的命中率却可以达到30%～50%，甚至更高。这样，155 mm炮射末敏弹只需要装填2～3枚子弹就可以达到比普通杀爆弹高得多的毁伤效果，而子弹充足的体积空间可以让末敏弹配备完善的自毁安全性设计，附带损伤远小于常规子母弹。

由莱茵金属公司（负责总体集成）和博登湖防务技术公司（DIEHL BGT Defence，专门负责末敏子弹开发）联合研制的末敏弹的注册商标为“SMArt”（斯马特）。“斯马特”末敏弹于1997年设计定型，德军编号为DM702型反装甲末敏弹，2000年开始装备部队。“斯马特”末敏弹采用多模态探测技术，敏感器件包括主动毫米波雷达、被动毫米波辐射计和双色红外探测器。两种毫米波敏感器件集成在一起，共用一个收发天线。毫米波雷达采用有源工作模式，工作频率高达94 GHz（微波频率越高，对小目标的分辨精度越好），能够全天候工作，具备测速、测距功能，它主要用于在扫描初始阶段迅速发现目标。毫米波辐射计采用无源工作方式，很难被敌方侦察或干扰，因为装甲车的金属车体毫米波辐射功率几乎为零。毫米波辐射计可以用来准确识别目标的中心位置。双色红外探测器采用了单元线阵制冷红外敏感器件，工作在3～5 μm和8～14 μm两个红外波段上，与毫米波探测器相比，红外探测器的定位精度更高，而且可以判断目标是否已被击毁燃烧，夜晚时效果尤其明显。三种探测模式有机结合，做到优势互补，让“斯马特”末敏弹在有限下落时间内获得尽可能高的目标识别概率。

末敏弹本身是不可控的，不能像导弹武器那样进行弹道机动，所以末敏子弹一般都采用旋转下落扫描的方式搜索目标，即利用减速稳定机构使子弹弹体与垂直方向成一定夹角匀速旋转下落，让敏感器沿弹体方向边旋转边扫描。此外，为了实现大炸高范围非接触式攻击，末敏弹使用了爆炸成型弹丸（Explosive Formed Projectile，EFP）的特殊聚能战斗部。DM702“斯马特”携带的DM1490末敏子弹采用了钽金属药型罩，起爆后锻造出的EFP弹丸长径比达到5∶1，而且经过处理后的药型罩外沿还能翻转折叠成类似长杆穿甲弹尾翼形状的裙边，其威力有效距离超过120 m，在30°角情况下能击穿120 mm厚的均质装甲钢板。

DM702末敏弹作战过程如下：

① 末敏弹丸由PzH 2000自行火炮发射，母弹上DM52Al先进电子时间引信通过感应装定器自动装定。

② 火炮射击时，径向过载使引信到达炮口后开始计时，同时解除第一道保险，之后末敏弹以惯性弹道飞行直至目标上空（高度大于500 m）。此时引信计时结束，点燃抛射装置并产生大约70 MPa压力，活塞气缸向后推动两发子弹，剪断弹底螺纹，使子弹从母弹尾部抛出。

③ DM1490子弹抛出后，表面自动弹出三片抗旋稳定翼，迅速减小子弹转速，这时母弹弹底在气动作用下与子弹分离，同时将子弹尾部扁球形“冲压式空气充气减速器”拉出。子弹在两者作用下进一步减速、减旋，同时稳定姿态，这一过程中两发子弹间距被拉大到100 m以上，从而防止它们的敏感区域重叠产生重复摧毁现象。

④ 与此同时，子弹装载的热电池自主启动，各种敏感器和中央处理器开始上电工作，毫米波雷达进行第一期测距，测定子弹到地面的距离。

⑤ 当测定结果达到预定高度（大约200 m）时，中央控制器发出信号抛掉充气减速器，拉出涡旋减速伞，这个减速伞并不像普通降落伞那样固定在子弹尾部中心，而是呈偏心布置，结合特

殊形状伞衣，最终让子弹以法线30°倾角、10 m/s下降速度和3 r/s旋转速度稳定旋转下落。

⑥ 涡旋伞减速过程中，子弹尾部侧面的红外敏感器探头弹出并锁定，红外探测器开始制冷准备工作，毫米波雷达进行第二期测距，判断子弹是否已经下降到120 m的战斗部威力有效高度。

⑦ 一旦子弹降落至120 m的高度，所有敏感器便开始在中央处理器统一控制下随弹体旋转扫描视野内的地面装甲目标，战斗部最后一道发火保险同时解除，进入待发状态。

⑧ 当敏感器在某圈扫描过程中发现目标特征信号，子弹将在下一圈对其进行二次扫描识别，两次扫描确认目标中心位置后战斗部立即起爆，以超过2 000 m/s的速度抛射出爆炸成型弹丸，在目标还未来得及移动，就瞬间被摧毁。

⑨ 如果二次扫描判断目标无效或已被击毁，敏感器将改换扫描对象，继续搜索其他目标，如果子弹下落至30 m高度敏感器仍未发现任何有效目标，子弹将进入自毁模式，在距地面两三米高度引爆战斗部，将成型弹丸射入土壤以防止产生附带损伤。

试验表明，DM702末敏弹单个子弹敏感区面积达到20 000 m^2，在敏感区内对静止目标（坦克）二次扫描识别率几乎为100%，对15 m/s匀速运动目标的识别率也超过95%，最低目标毁歼概率超过50%，6门PzH 2000自行火炮一次齐射即可对20 km外的敌人营级规模装甲集群造成毁灭性打击。

PzH 2000自行火炮的几种主用弹如图6－10所示。

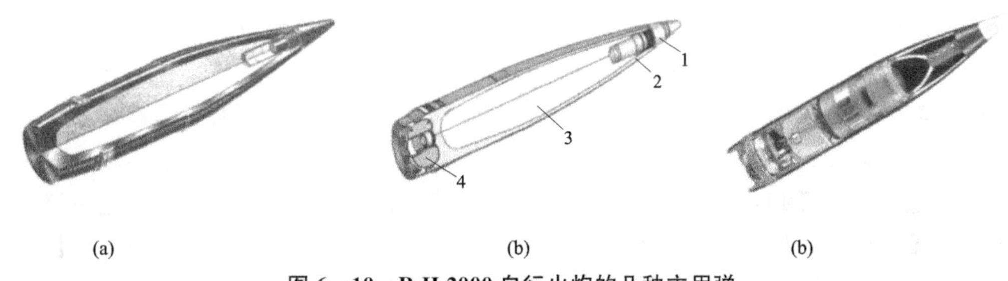

图6－10　PzH 2000自行火炮的几种主用弹

(a) DM 20/30；(b) DM131；(c) DM702

1—引信；2—RH B3传爆药；3—RH 26钝感装药；4—底排装药

4. 发射药装药系统

大口径榴弹炮为了实现大范围的火力覆盖，发射药装药量并不是固定的，而是分成若干个等级。射击时通过选择不同标号装药来控制装填发射药的药量，以调整火炮的初速来实现射程覆盖的要求。

压制火炮发射药装药的发展可以分成三个阶段：药包装药阶段、装药刚性化阶段和刚性模块化阶段。

第二次世界大战以后，欧美国家的作为压制火炮的155 mm榴弹炮均采用布袋包覆的软式药包发射药，以M109式自行火炮为代表所使用的M3/M4药包发射药系统成为战后北约第一代制式发射药系统。该装药系统分为7个装药号，由基本装药药包和附加装药药包组成，基本药包单独使用时构成最小号装药，通过缝在基本药包上的4条布带依次增加相应数量的附加药包就构成其他各号装药。M3A1发射药基本药包是1号装药，最多可增加2个附加药包构成3号装药，药包外表均为绿色，它在火炮低初速小射程发射时使用；M4A2发射药基本药包是 3 号装药，最多增加 4 个附加药包构成 7 号装药，药包外表为白色，在火炮大射程时使用。在 M109 火炮换装 39 倍口径身管时，美军在 M3/M4 发射药系统基础上又增加了独立的 M119A2（7 号装药，红色外表）和 M203A1（8 号装药，白色外表）两个独立的大号药包，以适应火炮药室容积和最大射程增加的需求。

软式药包发射药虽然几经改进，仍存在三个固有缺点：制造工艺烦琐，难以实现大批量工业自动化生产，有些工序至今仍需要人手工完成；各号附加装药尺寸不同，不能互相替代，绑扎时必须严格按照大小顺序进行，发射时取下不用的药包（被称为“剩余装药”）只能回收销毁，而无法再次利用；药包的柔性特点使其无法像炮弹那样实现自动抓取、自动装填。药包装药这三大缺点造成了使用成本高、安全可靠性低等诸多问题，成为火炮性能尤其是自动化程度提高的“瓶颈”。针对这些问题，从 20 世纪 70 年代开始，欧洲国家开始了 155 mm 火炮发射药刚性模块化研究。

法国于 20 世纪 70 年代在研制 GCT155 式 155 mm 自行火炮时采用了可燃药筒包装药结构，将带传火管的软药包置于刚性可燃药筒之内，从而实现了装药自动化，使火炮射速达到 8 发/min 的水平。另外，通过在可燃药筒内壁增加缓蚀衬里，还在一定程度上缓解了身管内膛烧蚀磨损问题，延长了身管的使用寿命。

通过为软式药包增加刚性外壳（可燃药筒）的方法解决了非金属药筒火炮发射药自动装填的问题，那么如何进一步解决装药现场调整和自动组合的问题呢？如果将每一个药包都包上一层可燃外壳，使用时直接把它们组合起来不就可以构成不同的装药分级了吗？沿着这个思路，再引入标准化设计思想，最终于 80 年代中期发展了全可燃刚性模块化发射药系统（Modular Charge Systems，MCS）。80 年代出现最早的模块化发射药系统完全建立在传统药包发射药系统结构的基础上，装药组合方式复杂，不同尺寸和结构的装药模块种类达到三种甚至更多。从 80 年代后期开始，北约四国在制定 JMBOU 协议的过程中最终就 155 mm 火炮使用模块化发射药的初速分级和射程重叠量等要求达成了一致意见。按照上述协议，18 L 药室的 39 倍口径身管最多可以使用 5 个模块，23 L 药室的 52 倍口径身管最多可使用 6 个模块，从而使得发射药装药系统的装药模块实现完全标准化，所有单元模块药都将具有完全相同的结构尺寸，可以互换使用。

莱茵金属公司在设计 52 倍口径身管 155 mm 火炮的同时，也进行了全等模块化发射药的研制。1996 年，第一种实用化的模块化发射药装药系统 MCS DM72 研制成功。DM72 发射药模块外形为白色圆柱体结构，每个模块装药质量 2.5 kg。模块头部为一薄壁浅凹槽结构，尾部则是与之对应的短圆突起（直径略小），若干个模块药通过首尾相接构成完整的装药组件。模块刚性外壳采用特殊硝酸纤维材料制成，敏感度很低，而且燃烧后几乎没有残留物生成，模块内装有颗粒状（19 孔梅花形药粒）R5730 低溶解性三基发射药。R5730 发射药黑索今（RDX）含量较高，能量高，火药力高达 102 kJ/kg，完全能满足 PzH 2000 自行火炮使用 6 号全装药发射新型远程榴弹 945 m/s 高初速要求。发射药模块中心含有一个可燃传火管，装药组合完成后，所有传火管构成一个完整的点传火通道。

然而，使用全等结构模块化发射药也存在一些问题。在 DM72 发射药研制过程中，设计人员发现，由于火炮使用 1 号装药和 6 号装药射击时内弹道环境差异很大，单种模块发射药很难做到大、小药号首尾兼顾。6 号全装药装填后，火炮药室基本充满，发射时为了控制膛压上升速度，必须采用燃烧速度较慢的火药；而 1 号装药装填后药室仍有 3 个模块容积的剩余空间，结果会导致火药燃烧速度降低，膛压上升速度过慢，使弹丸达不到应有的初速，严重时甚至会发生由于膛压过低而使发射药燃烧自行终止的事故。莱茵金属公司针对这一问题，从 1995 年开始研制 DM82 型基本装药模块，该模块采用装填密度较小但是燃烧速度更快的速燃发射药粒，模块直径与 DM72 的相同，但是长度为后者的 1.5 倍。在使用 1 号发射药和 2 号发射药射击时采用 DM82 模块，3 号以上时仍采用 DM72 模块发射。这样重新优化组合后的 MCS 装药系统在 2 号发射药和 3 号发射药之间形成平稳过渡（体积都为 3 个 DM72 模块大小，也就是相当于一半药室容积），装药系统最大号和最小号装药的内弹道环境都得到合理兼顾，PzH 2000 自行火炮初速分级变得更加合理，实现了从 3.6 km 最小射程到 42 km 最大射程之间的无缝衔接。改进后的 PzH 2000 自行火炮的模块化发射药装药如图 6－11 所示。

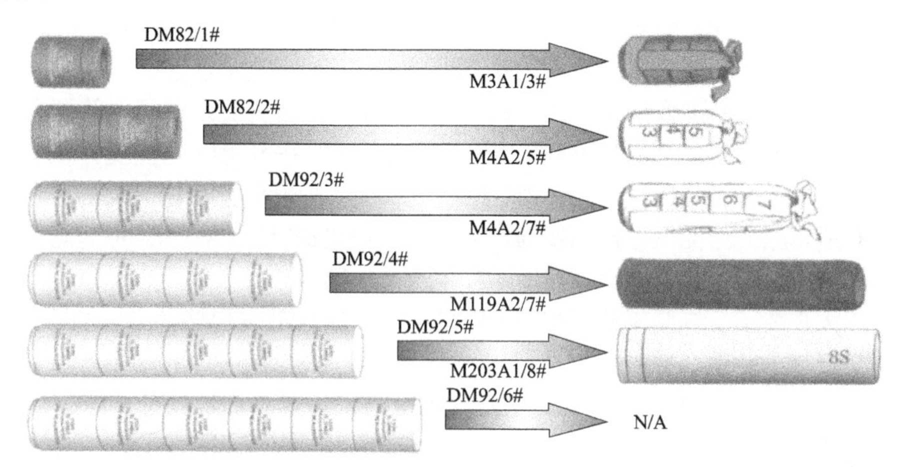

图 6－11　PzH 2000 自行火炮的模块化发射药装药

PzH 2000 自行火炮由于要兼容老的发射药，发射药装填尚未实现自动化，但是 MCS DM72/82 发射药装药系统的采用已使其性能大幅提升，弹药后勤管理得到简化。

发射药和弹丸同样存在安全性问题。在 DM72 发射药模块定型投产以后，莱茵金属公司开展了提升 DM72 发射药的安全性能和环境适应性的工作。2001 年第一批生产合同结束之后，莱茵金属公司便开始转产更先进的 MCS DM92 发射药系统，该发射药模块外形和 DM72 模块完全一致，但是内部药粒换为温度敏感性更低的 R5733 发射药。通过在药粒外表包覆钝化层来调整感度和燃速，使 MCS DM92 发射药安全使用温度范围从 DM72 的－46 ℃～＋52 ℃扩大到－52 ℃～＋63 ℃，并且发射药燃气在最高温度容限下最大膛压不会超过 375 MPa，DM92 发射药对火炮身管内膛烧蚀程度进一步降低，PzH 2000 自行火炮在 21 ℃时发射 6 个模块全装药的身管使用寿命高达 2 500 发以上，超过了最初的设计指标。

6.1.3　动力与传动系统

PzH 2000 自行火炮的动力和传动系统采用了德国“豹”Ⅰ、“豹”Ⅱ主战坦克的成熟技术。

1. 发动机

PzH 2000 自行火炮底盘采用的是德国 MTU 公司的 MT881 Ka－500 涡轮增压柴油发动机。MTU 公司是奔驰－克莱斯勒集团旗下的子公司，是最著名的动力系统设计制造公司。

MTU 公司在第二次世界大战结束后开发的第一代大功率增压柴油机是 MB830 系列水

冷、四冲程、多燃料柴油机。V型布局气缸夹角为90°，缸径165 mm，行程175 mm，单缸排量3.73 L。该系列柴油机基本型号是V型8缸的MB837，通过增减气缸数量，发展出6缸、10缸等一系列衍生型号。标定功率范围涵盖290～1 088 kW。该系列中最著名的MB838CaM—500型（V型10缸，压缩比19.5∶1，输出功率610 kW）成为“豹”Ⅰ主战坦克的动力装置。

MB830系列发动机量产后不久，MTU就开始着手第二代MB870系列大功率车用水冷柴油机的开发。MB870在V型12缸的MB840基础上，通过缩短活塞行程、提高转速（2 200～2 600 r/min），采用带中冷器的废气涡轮增压系统设计，使发动机平均有效压力从830系列的0.89 MPa增加到1.28 MPa。单缸排量增至3.97 L，单缸功率达到92 kW。870系列的MB873 Ka—500标定功率达到1 103 kW（1 500马力）。在Ka—500的基础上，MTU通过将缸径和气缸行程分别增大到170 mm与175 mm，使发动机总排量达到47.64 L，开发出输出扭矩更大的Ka—501型柴油机，成为现役“豹”Ⅱ主战坦克的动力装置。

在830和870两个系列发动机的发展过程中，MTU公司主要采取了中等转速和大排量技术路线，成功地实现了870系列1 100 kW以上的输出功率和大扭矩性能。但是大排量意味着巨大的气缸体积和相对较高的燃油消耗率，在20世纪70年代后战车发动机输出功率已经足够甚至有所富裕的情况下，控制发动机体积就显得更加突出，特别是随着新型综合传动系统的发展，通过传动装置大幅提高扭矩的技术已经成熟，依靠大排量来维持发动机高扭矩输出已变得不太重要了。有鉴于此，MTU公司在开发战后第三代柴油发动机MT880时不再坚持大排量设计，新系列基础单缸机经过调整最终定为缸径144 mm、行程140 mm、转速3000 r/min，单缸排量只有2.28 L。在发动机系列化组合方面，除了传统的V型6、8、10、12缸组合外，还增加了单排直列汽缸的R4、R5、R6三种型号，实现了对装甲人员输送车等20 t级以下轻型履带车辆动力需求的扩展支持。除了气缸结构变化外，MT880系列另一突出技术特点就是平均有效压力进一步提高，完成了从0.89 MPa、1.28 MPa到1.76 MPa的三级跳。此外，MT880发动机外部结构轮廓也和以前的系列有了很大的变化，MB838发动机外形呈矩形，长1 460 mm，宽1 409 mm，最大高度则超过1 102 mm。MB873发动机通过优化结构，使高度降到1 000 mm以下，但是横置在气缸侧面两组巨大的涡轮增压器和中冷系统让发动机宽度达到1 950 mm，而其总长不超过1 646 mm。这也是“豹”Ⅱ主战坦克最初不能采用横置发动机设计的根本原因。从MB880开始，MTU发动机通过下沉曲轴箱降低高度，充分利用V型气缸两侧下方空间集中布置机油箱、机油滤清器等发动机附件，中冷涡轮增压系统从缸体侧面横置变为尾端并列纵置，结果V型12缸型号MT883Ka—500的三维尺寸最终为1 676 mm×950 mm×824 mm。MT880系列发动机宽度缩减到1 m之内后，使得通过发动机横置缩短战车动力舱体积最终成为现实。

图6—12　MT881 Ka—500发动机

PzH 2000自行火炮所采用的是MT880系列中V型8缸型号——MT881 Ka—500发动机（图6—12），总排量18.3 L，标定功率735 kW，最大转速3 000 r/min，最大输出扭矩3000 N·m（转速2 000 r/min），长度

只有 1 186 mm（比 10 缸的 MB838 还短）。这种 1 000 马力①级别的柴油发动机使得战斗全重高达 55 t 的 PzH 2000 自行火炮仍能达到 13.16 kW/t 的单位功率。

2. 传动系统

对战车机动能力来说，仅有优质发动机是不够的，可靠高效的传动系统同样至关重要。尤其是对于履带式车辆，要想实现转向功能，只能通过调整两侧主动轮转速，让它们驱动履带差速乃至反向旋转才能做到。履带式战车的传动系统除了有与轮式车辆功能类似的变速机构外，还要增加专门的转向控制机构。此外，履带式战车车体质量大，行驶阻力很大，变速机构输出的扭矩也远超过轮式战车，而且这些扭矩最后要全部集中到两个主动轮上，而非后者那样均匀分布在多根驱动轴上。此外，履带式战车的传动机构分布空间狭小集中，工作环境却要恶劣得多。正是这些不同的结构特点，使履带式车辆的传动系统在结构复杂程度和技术难度上明显超过了普通轮式车辆。因此，对于履带式车辆，传动系统多称为综合传动装置。

PzH 2000 自行火炮底盘的综合传动装置为 HSWL284C，如图 6－13 所示。HSWL 这个系列的履带式综合传动装置经过 RENK 公司 20 余年发展，至今已形成功率适应范围涵盖 320～1 500 kW、兼容 25 t 级步兵战车至 70 t 级主战坦克不同需求的传动系统大家族，也是世界上应用范围最广的履带式综合传动系统。HSWL284 传动装置的研制起始于 SP－70 自行火炮项目时期，功率为 700～1 000 kW，早期型号 HSWL284 针对动力后置方案设计，SP－70 项目终止后，HSWL284 传动装置继续改进，其中 284M 型在 1998 年用于 Keiler 扫雷坦克。此后进一步改进，诞生了用于 PzH 2000 自行火炮的 284C 型，由动力后置 T 形布局变为动力前置 L 形布局。传动系统外廓尺寸明显缩小（1 630 mm×1 005 mm×790 mm），车体质量相应减小（2 150 kg）。

图 6－13　HSWL284C 传动装置

HSWL284C 是一种典型的履带式全自动液力机械综合传动装置，可以不经过联轴器直接与发动机功率输出轴对接，动力从传动箱后方纵向输入，经液力变矩器、转向齿轮系、双侧行星齿轮系和带有多模制动装置的离合器由两侧横向输出。HSWL284C 传动采用全电控结构，具有 4 个前进挡和 2 个倒挡，最大机械传动比为 4.7，能在自动、手动变速模式之间任意转换，紧急情况下失去液压动力时可以降级为机械换挡操作。带有自动锁定离合器的液力变矩器总扭矩比为 2.5。无级变速的静、动压液力复合双功率流转向机构能实现车辆原地倒转，通过集成化机械、液力双回路制动系统可以实现快速连续制动，而且车辆静止状态下仍能保证可靠制动（防止发生溜车）。

PzH 2000 自行火炮的动力－传动系统总体布置采用了西方三代主战装备中通行的一体化动力舱设计，发动机和传动装置构成一个整体模块化结构，如图 6－14 所示。动力舱为经典倒 L 形布局，传动系统位于车体前方呈横置布置，占据车首倾斜装甲下部空间，发动机纵置于其后偏左位置（与驾驶员并列），通过快速分解连接盘向传动系统输出动力。散热系

① 1 马力＝735.5 W。

统由水冷换热器和两部混合式冷却风扇组成。与后置动力系统布局相反，散热系统安装在发动机而非传动系统上方。风扇由传动系统输出动力，在电子调速系统控制下高速旋转，将车外冷空气从动力舱顶部窗口吸入，流经水冷换热器交换热量后被风扇抽吸加速，从车体左侧大型散热窗口排出（此窗口还兼作发动机废气排放之用）。在排气窗前还安装有发动机寒区启动所必需的燃料电加温启动装置。动力舱顶盖由一块完整的大尺寸装甲盖板构成，通过螺栓与车体连接，取下盖板后，整个动力一传动系统将完全暴露，利用“豹”式装甲抢救车在15 min内即可完成动力一传动系统整体吊装更换。

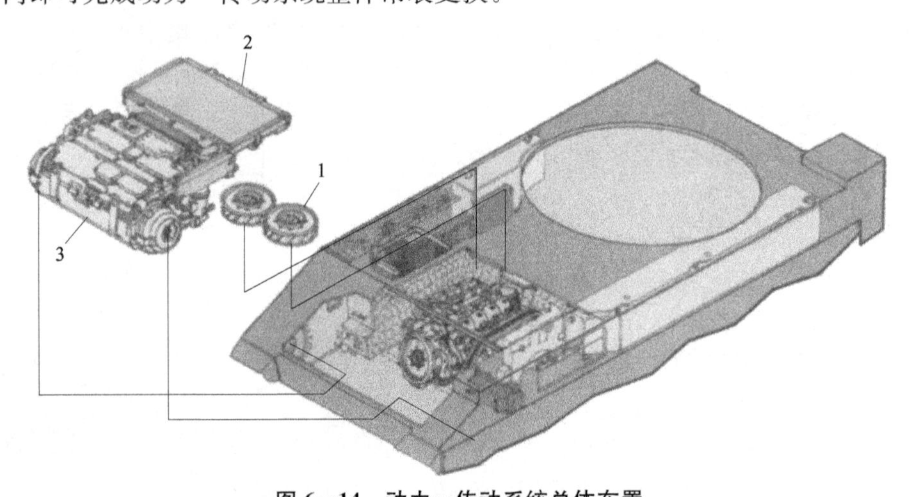

图6—14　动力一传动系统总体布置

1—冷却风扇；2—水冷换热器；3—HSWL284C传动装置

6.1.4　行驶系统

PzH 2000自行火炮的行驶系统由1对主动轮、7对负重轮、4对托带轮、1对诱导轮、履带和悬挂机构等组成。负重轮为直径700 mm的铝合金双轮缘挂胶负重轮，内部为空心结构，质量小、散热性能好。为了提高负重轮磨损寿命，在轮缘内侧镀有特殊耐磨层。4对托带轮两两一组，1、3轮对在履带齿内侧，2、4轮对在外侧；主动轮前置，齿圈为平板结构，齿数为12，开有6组减重孔，通过螺栓与主动轮轮毂相连；直径600 mm的诱导轮后置（和负重轮不能互换），其安装轴带有机械式调节机构，用以调节履带张紧程度。PzH 2000自行火炮的负重轮与诱导轮和“豹”Ⅱ主战坦克相同，所有负重轮平衡轴都有锥形弹簧限制器限制最大行程，在第1、2、3、6、7五对负重轮平衡轴上还安装了液压减震器，对应的限制器则带有额外的蜂窝状塑料附加弹簧进一步吸收大行程时的运动能量（为错开诱导轮张紧机构，第7负重轮的悬挂和减震机构安装方向与其他负重轮相反）。火炮发射时，后部液压减震器能自动锁定负重轮并在射击时吸收后坐能量，因此，无须像早期自行火炮那样安装可收放驻锄。

PzH 2000的扭杆悬挂机构和550 mm幅宽的D640A型履带与“豹”Ⅰ主战坦克相同。

PzH 2000自行火炮最大公路速度为60 km/h，最大越野速度为45 km/h，山地简易路面最大行程大于420 km，爬坡度和侧倾坡度分别达到60%和30%，能翻越1 m高的垂直障碍和3 m宽的壕沟，其越野机动能力不逊于任何三代主战坦克。

6.1.5　火控及观瞄系统

PzH 2000 自行火炮的特点是自动化，而这种自动化有两层含义：一是火炮操作自动化，二是火控自动化。PzH 2000 自行火炮从设计开始就配备了完善的观瞄和火控设备，由此引发了现代炮兵作战方式的改变。

1. 火控系统

PzH 2000 火控系统的核心是 MICMOS32 微型火控计算机，其他火控和炮控设备都通过数据总线与之相连。第一批量产型 PzH 2000 自行火炮计算机处理器为 80286 系列 CPU，采用 Windows 3.11 操作系统。MICMOS32 主机箱带有电加热温控装置，在低温－32 ℃的环境下仍能正常工作。计算机人机界面包括 4 部带有条形单色数码液晶屏和输入按键的终端显控设备，前 3 部分别向炮长、瞄准手和二号装填手提供诸元显示（炮长的终端设备功能更强，对火控计算机拥有完整控制能力，也可用于控制火炮发射），另有 1 部安装在车体右侧尾舱门上，用于控制自动补弹机工作并记录弹丸种类。此外，炮长还额外拥有一部带有彩色液晶显示器和全键盘输入系统的多功能显控平台，炮长通过它能够获得更多信息，包括全系统工况、导航定位数据、电子地图等，还可以通过它为 MICMOS32 系统编程，控制其实现更多特定功能。

MICMOS32 内部预置有多种弹道解算程序，其参数设置完全符合《北约共同弹道谅解备忘录》（JMBOU）的规定，既可依据指挥所传回的目标数据控制火炮射击，也可以自主解算射击诸元。计算机内还安装有专门的多发同时弹着（MRSI）解算程序。所谓多发同时弹着，是在给定射程的前提下，通过一系列不同射角和初速（由发射药装药量调整获得）连续发射数枚炮弹，最后在一个足够小的时间间隔内（德军要求 1 s，美军为 2～3 s，法军为 14 s）依次命中目标。MICMOS32 计算机可以直接为炮长计算出不同发数炮弹的装药号序列，二号装填手只需根据炮长口令选择装药依次装填发射，其他关于射角调整、引信装定全部由计算机控制自动完成。1997 年在梅芬试验场，PzH 2000 自行火炮使用 L10 系列发射药的 6～10 号装药进行了 17 km 射程 5 发炮弹的多发同时弹着试验。弹丸飞行时间在 36.57～88.99 s，炮弹落点纵向密集度为 1/170，炮弹落地最大时间间隔为 1.2 s。这表明，PzH 2000 自行火炮已经完全具备实用化多发同时弹着能力。

PzH 2000 自行火炮在反后坐装置顶部安装有一台 MVRS－700C－GE 炮口初速测定雷达。该雷达由丹麦韦伯尔公司（WEIBEL）生产，至今已有 20 多个国家的 1 500 多门各型火炮安装了这一系列测速雷达。MVRS－700 测速雷达工作频率 10.519～10.531 GHz，功率 500 mW，最大跟踪距离 2 km。MVRS－700 测速雷达系统由 SL－520M 全固态平板天线（PzH 2000 自行火炮采用发射和接收两组天线并列方式安装）和 W－700M 微处理器组成，采用多普勒原理实时测量弹丸炮口初速（刷新率为 10 000 次/min），并将数据传送到火控计算机作为初速修正参考。这种闭环修正模式能使火炮射击密集度显著提高。

实现自行火炮单炮自主作战的根本是火炮定位定向功能自动化。PzH 2000 自行火炮为此配备了功能完善的 MAPS 全球卫星定位/惯性导航系统（GPS/INS 导航定位系统）。其中，GPS 系统属于德军标准制式 PLGR 接收机，接收天线位于炮塔右前方，一台通用手持式接收机固定于炮长右侧炮塔内壁上，通过总线与其他火控系统相连，可以为炮长和驾驶员提供带有精确位置信息的电子航路图。作为北约的重要盟国，德军可以直接使用 GPS 高精度军码定位信号，定位精度可达到 1 m 以内。而比 GPS 系统更重要的则是车辆惯性导航系统，完全自主无源工作的车辆惯导系统在为火炮连续提供大地位置信息的同时，不会受到任何外界因素影响。这项工作在以前的自行火炮武器系统中需要由专用随行大地测量车提供。对于 PzH 2000 自行火炮来说，惯导系统小型化技术已经成熟，可以将其集成到火炮导航系统中去，使得 PzH 2000 自行火炮在野外无参照物机动状态下，每 4 km 或总行程 0.25%内航向偏差不超过 10 m。MAPS 系统中的惯性导航单元采用高精度环形激光陀螺作为惯性元件，以捷联方式工作。和平台式惯导系统相比，捷联惯导不需要三组陀螺系统构成的实体独立惯性平台，基准参考系直接由导航计算机虚拟生成。惯导系统中惯性平台及其数据读出装置占据了全系统约一半的质量、体积以及 2/5 的制造成本，而平台上的陀螺及加速度计组件只有其质量的 1/7，因此取消平台的捷联惯导装置具有体积小、质量小、成本低的优势，而且初始校准时间只有平台惯导的一半。捷联惯导要求系统惯性组件必须直接固连在载体上，PzH 2000 自行火炮则将整个 MAPS 导航系统直接安装在火炮起落部分上，它能够直接测量火炮方位姿态，大幅提高了射击自动化程度。

2. 通信系统

通信器材方面，2000 年以后，外销型 PzH 2000 自行火炮和德军升级后的 PzH 2000A1 自行火炮都安装有数传无线电装置，这是一种 SEM52 手持式甚高频数字无线电台的扩容、加密改进型号，使炮长对战场态势综合感知能力明显提高。此外，PzH 2000 自行火炮上还安装了一部基本型 SEM52 电台，用于 4 km 内普通语音通信。

3. 观瞄系统

PzH 2000 自行火炮的观瞄系统由三套光学设备组成，包括 PERI R19 MOD 周视间接瞄准镜、PzF TN 80 昼/夜直接瞄准镜和 PERI RTNL 80 测瞄合一周视昼/夜观察镜。它们都由蔡司公司（ZIESS）生产，而且全部具备激光照射防护能力，以保护观察者视力安全。

（1）PERI R19 MOD 周视瞄准镜

周视瞄准镜是所有传统间瞄压制火炮需要配备的光学瞄准设备，用于火炮方向瞄准和标定。即使对于配备完善的电子火控系统、实现操瞄全自动化的 PzH 2000 自行火炮来说，仍配备有传统制式周视瞄准镜以备降级使用之需。PERI R19 MOD 周视瞄准镜由可旋转的上镜体、立柱式下镜体、接目镜、方向转螺、俯仰转螺以及分化显示和照明装置等主要部件组成，全重 9 kg，放大倍率为 4，视场 177.7 mil（10°），俯仰视界－650 mil（－36.5°）～＋350 mil（＋20°），方位视界 6 400 mil（360°）。瞄准分划照明机构采用标准 24 V 车载电源供电。立柱镜体为特有的升降结构，绝大多数情况下不使用的上镜体处于收缩状态。瞄准手如果需要通过周视瞄准镜手动瞄准，就将立柱镜体伸展，上镜体从炮塔顶部活动开口伸出炮塔。与其他自行火炮的固定式周视瞄准镜相比，PERI R19 MOD 特有的伸缩结构能为瞄准镜光学设备提供更好保护。

（2）PzF TN 80 直接瞄准镜

PzH 2000 自行火炮具备紧急情况下直瞄射击能力，因此需要配备光学直接瞄准镜。与用于手动瞄准的周视瞄准镜相比，直接瞄准镜使用概率要更大一些，因此 PzF TN 80 直瞄镜采用了固定安装结构。PzF TN 80 是一种专门为 PzH 2000 自行火炮设计的昼/夜两用直瞄镜，潜望式物镜上镜体安装在炮塔侧面右前方位置，瞄准镜主体为肘节式结构，和炮塔纵向呈一定夹角安装，瞄准镜尾部是昼/夜两用单目镜。因为 155 mm 榴弹炮不可能也不需要在行进间直瞄射击，所以 PzF TN 80 本身并不具备图像稳定功能。直瞄镜全重 30 kg，俯仰视界−44 mil（−2.5°）～+349 mil（+20°），白光视场7°，放大倍率8倍；微光视场4.8°，放大倍率也是 8 倍，能够对最高时速 40 km/h 的运动目标瞄准射击，分辨精度高达±0.1 mil。瞄准镜微光夜视仪正常工作时由车载 24 V 电源供电，车辆断电时，依靠自带6 V（4×1.5 V）LR6 锂电池电源仍可连续工作 8 h。

（3）PERI RTNL 80 测瞄合一周视昼/夜观察镜

PERI RTNL 80 测瞄合一周视昼/夜观察镜是 PzH 2000 自行火炮炮塔上体积最大、位置最突出，同时也是最常用的光学设备，主要用于炮长周视观察，了解周围态势。除了昼/夜观察外，PERI RTNL 80 还带有砷化镓半导体激光测距仪（对人眼安全），间瞄射击时为火控系统测量远方障碍物或山峰高度，直瞄射击时为火炮提供目标距离信息。PERI RTNL 80 安装在炮长前上方炮塔顶装甲上，带有装甲外壳的上镜体突出炮塔顶部，是整个火炮最高部分。它的外形和主战坦克车长周视瞄准镜极为类似，但是由于用途简化，上反射镜方位和俯仰操作全部由机械手轮控制。下镜体带有昼/夜两用单目镜和一具带护盖的第二夜视目镜，夜间可用双眼观察以提供立体视觉。PERI RTNL 80 全重 98 kg，上镜体俯仰范围−10°～+20°，可以 360°任意旋转，有宽、窄两种视场可供转换。广角端放大率 2 倍（夜视双目观察放大率 1.2 倍），白光视场 28°，微光视场 19.2°，最大分辨精度 0.15 mil；望远端放大率 8 倍（夜视双目观察放大率 4.8 倍），白光视场 7°，微光视场 4.8°，最大分辨精度 0.04 mil。激光测距仪发射波长 1 060 nm 的近红外激光，最大测距范围 2 800 m，测量精度±5 m。PERI RTNL 80 供电方式与 PzF TN 80 的相同，也带有可工作 8 h 的锂电池备用电源。

完善的火控与观瞄系统配置使得 PzH 2000 自行火炮瞄准射击的工作极为简单。火控计算机将解算后的显示分化和表尺数据直接通过终端显示器呈送在炮长眼前，炮长通过键盘选择弹种后按下瞄准按钮，火控计算机向炮控系统发出指令，炮身就在炮控系统驱动下自动瞄准目标。供输弹系统按照火控计算机弹种指示自动选取、装填炮弹，最后由二号装填手根据火控计算机指示选择装药送入炮膛。炮长在确认装填手回到安全位置后，按下击发按钮，火炮发射完成射击过程。当降级为半自动瞄准以后，火控计算机只负责诸元解算，瞄准手通过控制手柄驱动火炮瞄准目标。当炮控装置失去电力后，火炮再次降级为手动瞄准，瞄准手通过高低机和方向机手轮操纵火炮。当火炮定位导航装置也发生故障，彻底失去自动解算目标诸元能力时，瞄准手还可升起周视瞄准镜，在炮长指挥下用传统方式操作火炮。这种多种备份、层层降级使用的模式、充足的冗余设计保证了 PzH 2000 自行火炮在各种极端环境下都能发挥应有的作战效能。

PzH 2000 自行火炮拥有“静观”“待命”“战斗”三种基本状态。1998 年投产的基本型 PzH 2000 自行火炮，驶入射击阵地停车后，液压缓冲器自动锁定负重轮，行军固定器自动释放火炮身管，炮长控制火炮进入“战斗”状态，自动瞄准系统和自动装弹机将在 5～7 s 内加电启动，火控计算机在系统开锁后立即开始弹道解算，在 30 s 内火炮即可完成行军—战斗转换，然后在 1 min 内连续发射 10 发炮弹（选择多发同时弹着时，可以压制 2～3 个点目标），并用 20 s 解脱行走机构，实现炮塔归零，重新固定火炮身管，之后迅速退出作战状态。2000 年以后，经过升级的 PzH 2000Al 自行火炮战斗设备加电启动时间更短，炮长在领受作战任务后，无论火炮处于何种状态（行驶或静止），随时都可以按下“战斗”按钮，第一发炮弹立即被送入接弹盘准备装定，火控计算机在火炮停车前即可完成诸元解算，自动装弹机随即完成首发装填，火炮行军一战斗转换时间被压缩到 20 s 之内。

6.1.6 炮塔及防护

PzH 2000 自行火炮的炮塔设计和 AS—90 等其他西方国家同时期的自行火炮外形有所不同，其两侧装甲板内倾角度较大，上部与炮塔顶甲板由两个较小折转连接形成近似弧形过渡。在一定程度上提升了炮塔顶甲结构强度，有利于火炮垂直防护能力的提高。另外，PzH 2000 自行火炮炮塔正面耳轴两侧和尾舱部分分别向前、后两个方向有所延伸，前方包夹大半部分火炮反后坐装置，后方则超出底盘尾部一定距离。PzH 2000 自行火炮的炮塔纵向长度大，炮塔内除乘员战斗室外的空间，前部两侧夹舱分别用来安置火炮输弹机气源和自动装填系统伺服驱动器；炮塔尾舱除了大部分空间被发射药舱占据外，还有部分空间用于安置火控计算机、导航设备以及一些乘员个人物品。在炮塔四周对应这些设备处分别设置了 6 扇大尺寸维护舱门，除气动输弹机组件中空气压缩机需要进气而采用两扇百叶窗门外，其他均为装甲舱门。通过炮塔结构优化设计，PzH 2000 自行火炮为实现射击自动化而增加的大量设备都得到集中布置，完全不占用乘员战斗舱空间，炮塔内部空间比以往的自行火炮还大。

PzH 2000 自行火炮炮塔外附属设备并不多，两组 4 联装烟幕弹发射器安装在火炮炮身与炮塔前突出舱体间夹缝内，从侧面基本看不到；炮塔右前方正面设有网格储物篮，主要用于放置火炮伪装网和车辆篷布；炮塔顶部除了炮长周视观察镜、两扇乘员舱门以及火控电子设备散热风扇风口（带有装甲盖板）外，没有其他多余设备，整个炮塔顶甲板外表都带有被处理成磨砂材质的粗糙防滑层（底盘前方驾驶舱部分亦是如此）。此外，还有两个通信天线座安装在炮塔后部。

防护性能是装甲战车的一项重要指标。PzH 2000 自行火炮在设计上对防护水平给予相当的重视，为此甚至不惜付出 55 t 战斗全重的代价。PzH 2000 自行火炮车体采用优质装甲钢，平均厚度超过 20 mm，炮塔呈大倾角外形，在近距离上可全向防御 14.5 mm 机枪弹直射攻击和大口径榴弹破片。除基础装甲外，整个炮塔顶部（包括乘员舱门）和车体战斗室顶部还预留有附加装甲安装接口，可以通过螺栓连接 GeKe 被动防护模块化附加装甲，这种附加装甲由硬防护复合装甲和软防护主动毫米波隐身针状保护层两部分贴合而成，对撒布式反装甲集束子母弹和反装甲末敏弹（绝大多数末敏弹首要敏感器件是主/被动毫米波探测器，而且只有主动毫米波兼具测距、定位功能）都有一定的附加防御能力。

PzH 2000 自行火炮的炮塔虽然开有众多设备维护舱门，但是所有这些设备舱都没有占用乘员战斗舱空间。炮塔上与车内乘员出入相关的开口只有两扇顶部舱门，舱门采用双层间隙装甲设计。PzH 2000 自行火炮底盘侧面安装有和“豹”Ⅰ主战坦克相同的波浪形装甲侧裙板，由前部挡板和 4 块波浪形挂胶侧板组成，右侧第二块侧板上开有脚踏孔，方便驾驶员登车。侧板通过铰链与车体连接，向上打开即可检查履带和履带松紧度。侧裙板一方面可以保护相对脆弱的托带轮和液压缓冲器不受轻武器射击损坏，另一方面也能起到间隔装甲作用，提前引爆单兵反坦克火箭破甲战斗部。PzH 2000 自行火炮车体及炮塔内部都安装有防崩落内衬及防中子辐射衬里，能够有效防御二次效应对车内乘员、设备造成伤害。PzH 2000 自行火炮采用全密封结构车体，车内安装有整体式“三防”装置和增压通风设备，具备核、生、化条件下全天候作战能力。

6.2　“弓箭手”155 mm 自行榴弹炮

“弓箭手”155 mm 自行榴弹炮是英国 BAE 系统公司旗下子公司瑞典博福斯（Bofors）公司为瑞典陆军研制的新一代大口径自行榴弹炮（图 6－15），具有自主作战、纵深精确打击和快速反应能力。英文名为 Archer FH77 BW L52 Self－Propelled Howitzer，其中，Archer 翻译成汉语为“弓箭手”。

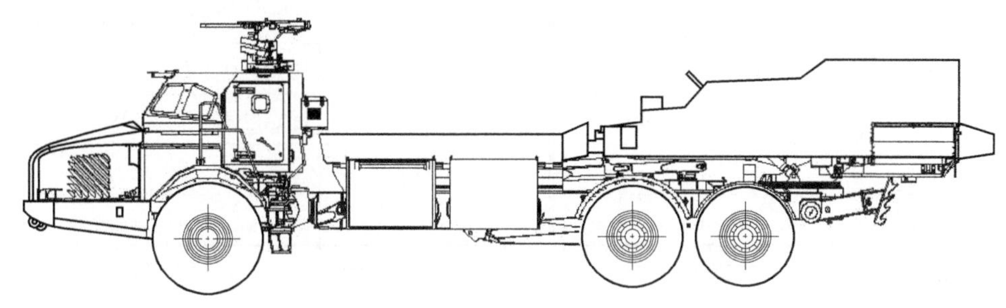

图 6－15　“弓箭手”155 mm 自行榴弹炮

6.2.1　概述

“弓箭手”155 mm 自行榴弹炮是一种采用铰接式全地形底盘的大口径车载式自行火炮，具有大威力与高机动性。该火炮采用 52 倍口径的身管，能够发射现有北约的制式弹药和新型的远程榴弹和制导炮弹。

“弓箭手”155 mm 自行榴弹炮是目前为止自动化程度最高的车载火炮。前排驾驶员座位上有一套包括 GPS 导航系统在内的基本计算机系统，后排有 3 个座位，各自有计算机终端。火炮的操作实现计算机化、自动化。炮车依靠 GPS 导航进入阵地后，即可由惯性导航系统自动定位、定向，自动放下驻锄，自动接收和装定射击诸元，自动瞄准，全自动射击，射击以后自动复位。炮弹出膛以后，炮口初速测量雷达自动测速，将数据传给火控计算机用于修正射击诸元。“弓箭手”155 mm 自行榴弹炮配有全自动弹药装填系统。由于自动化程度高，一个炮班只需 3 人：炮长、瞄准手和驾驶员。极端条件下，只要有驾驶员和瞄准手 2 人就可以完成开车、射击两大基本任务。“弓箭手”155 mm 自行榴弹炮的辅助武器（车顶机枪）也为自动化的遥控武器站。

由于高度自动化，“弓箭手”155 mm 自行榴弹炮行军－战斗状态转换仅需 30 s，战斗－行军状态转换更快，仅需 25 s。

“弓箭手”155 mm 自行榴弹炮弹药运输车使用和炮车相同的底盘，炮弹装卸高度自动化。弹药车最多可以运载 120 发 155 mm 弹药，能够在不到 10 min 之内为炮车补充 20 发炮弹。

“弓箭手”155 mm 自行榴弹炮的主要诸元见表 6－2。

表 6—2 “弓箭手”155 mm 自行榴弹炮的主要诸元

口径/mm	155	火炮尺寸/mm	总长：14 550
身管长	52 倍口径（8060 mm）		总宽：3 000
药室容积/L	25.4		高度：4 007（行军状态），10 570（最大射角）
战斗全重/t	33		
初速/（m·s^{-1}）	960（最大）		离地间隙：400
	315（最小）	发动机	D9B AC E3 柴油发动机
最大射程/km	30（制式榴弹）		气缸：直列 6 缸，缸径 144 mm
	40（远程底排弹）		排量：9.4 L
	60（制导炮弹）		标定功率：252 kW
最小射程/km	2.5	最大行驶速度/（km·h^{-1}）	70（公路）
多发弹着射击发数	6		45（越野）
直射距离/m	2000	最大行驶里程/km	500
射速	3 发/13 s	最大爬坡度/（°）	30
	20 发/2.5 min	最大侧倾坡度/（°）	28
	75 发/60 min	涉水深度/mm	1000
炮口制退器类型	大侧孔双气室	高低射界/（°）	0～ +70
炮闩类型	半自动断隔螺式	方向射界/（°）	±75
携弹量	20 发（弹匣）+ 20 发（底盘）	进入战斗时间/s	30
携药量	18 组发射药模块	撤出战斗时间/s	30

6.2.2 总体布置

“弓箭手”155 mm 自行榴弹炮为车载式自行火炮。与常见的车载火炮不同的是，“弓箭手”155 mm 自行榴弹炮采用了铰接式全地形卡车底盘。

“弓箭手”155 mm 自行榴弹炮炮车从前往后，分别是动力舱、驾驶舱、弹药舱、火炮以及固定装置。驾驶舱前排为驾驶员位置，后排有 3 个座位。车尾安装有翻转式液压驻锄，用以在射击时为火炮提供稳定的支撑。

乘员为炮长、瞄准手、驾驶员 3 人（或 4 人）。行军时火炮身管与车辆行进方式一致，向前固定在火炮行军固定器上，并且火炮身管水平放置在底盘车架之上，降低了武器的高度。但是，火炮长度增加，火炮总长达到了 14.55 m。

“弓箭手”155 mm 自行榴弹炮总体布置如图 6—16 所示。

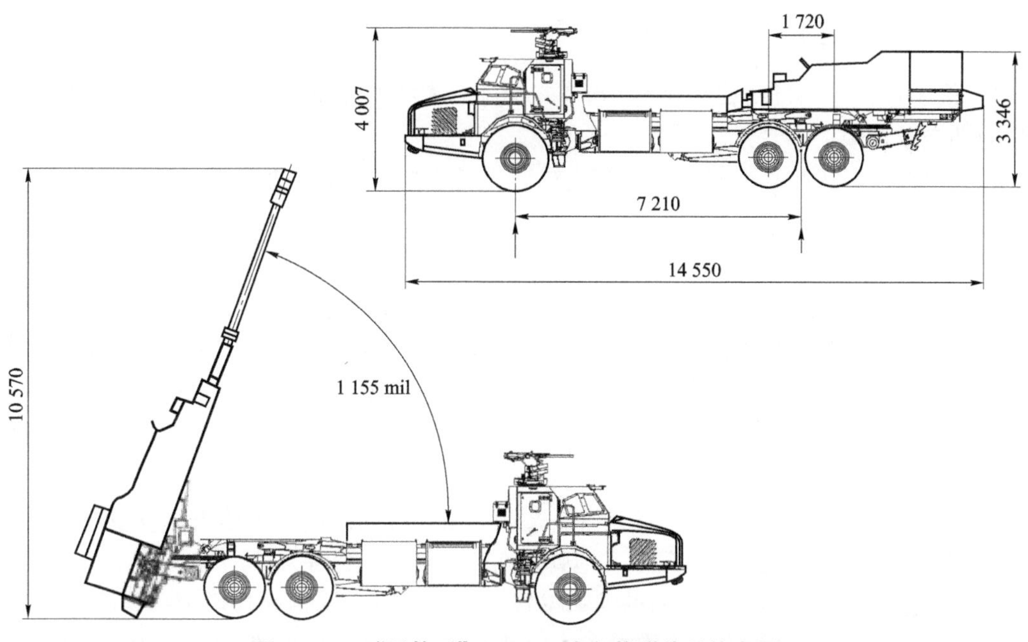

图 6－16　“弓箭手”155 mm 自行榴弹炮总体布置

6.2.3　火炮

“弓箭手”155 mm 自行榴弹炮的主要武器为 FH－77B 式 155 mm 榴弹炮的改进型。火炮身管长为 52 倍口径，膛线缠度为 22.5 倍口径，药室为 25.4 L，比《北约共同弹道谅解备忘录》中规定的 23 L 大。药室增大，可以装填更多的发射药，有利于提高初速、增大射程，也适合发射更重的弹丸。炮口安装有双气室冲击式炮口制退器，炮尾安装有向上开启的半自动断隔螺纹式炮闩，闩体内安装有博福斯公司研制的激光点火装置。

火炮可以发射所有北约现役炮弹，还能发射长度不超过 1 m、质量不超过 50 kg 的弹丸。配备弹种有杀伤爆破弹、破甲弹、底排弹、照明弹、烟幕弹等。发射底排弹时，最大射程可达 40 km；发射博福斯公司研制的“博纳斯”(Bonus) 末敏弹时，射程可达 35 km；发射博福斯公司和美国雷神公司联合研制的 M982“神剑”(Excalibur) 制导炮弹时，其最大射程可达 60 km。M982 是 GPS 和惯导联合制导炮弹，CEP 为 10 m，精度不受射程影响。“弓箭手”火炮具备 6 发同时命中目标的能力。

FH－77B 05 型身管寿命为 1 000 发杀伤爆破榴弹。

“弓箭手”火炮的反后坐装置为双筒联合动作式结构，由两组液压制退复进机组成，外筒与框形摇架融为一体，内筒头部通过套箍与身管相连。与 FH－77B 不同的是，“弓箭手”火炮的反后坐装置在行军状态可以向后牵拉收缩身管以适应底盘的长度。火炮的俯仰动作由身管外侧两组液压缸完成，射击时依靠液体压力锁定身管，保证火炮的射角。火炮的射角为 0°～70°(1 155 mil)，方向射角为±75°，不过在车辆正前方范围内只能进行大角度射击。火炮行军状态时，收缩后的身管放置在底盘中部纵向布置的箱体内（箱体的顶盖能自动开闭），行军时对身管给予保护。

6.2.4 弹药自动装填系统

“弓箭手”火炮的自动装填系统由弹舱、药舱、输弹机、推药机等组成，能够完成弹丸和发射药自动装填。

在“弓箭手”火炮摇架尾部下方布置有链条式输弹机，左右两侧分别安装有发射药舱和弹丸舱，与之对应的是输药托盘和输弹托盘。整套弹药自动装填系统与身管保持平行，一同俯仰。

“弓箭手”火炮装弹过程非常简单，弹舱和药舱都由链条马达驱动循环，炮闩打开后，首先由弹舱向下送出一发弹丸，输弹托盘接住弹丸后向内侧摆动与炮膛对正，然后由输弹机推送入膛；之后药舱从下方送出所需数量的发射药块，输药托盘接受发射药后向内侧摆动与炮膛对正，托盘整体向前运动将发射药送入药室，输药托盘退回原位后，炮闩关闭火炮即可发射。

“弓箭手”火炮弹药装填速度完全不受火炮射角和射向影响，射速可达 9 发/min。爆发射速达到 3 发/13 s，弹舱内全部 20 发炮弹可在 2.5 min 内打完。

弹舱能够自动记忆每发弹丸的种类和位置，为射击时自动选弹提供依据。除 20 发储存在弹舱内的弹丸外，“弓箭手”火炮在车体中部弹药舱内储存有 20 发弹药，为火炮补充弹药工作需要炮手完成，时间为 10～20 min。其他的弹药则需要弹药输送车提供，利用自动补弹装置完成弹丸和发射药的补给工作。

6.2.5 弹药

“弓箭手”火炮能够发射符合 JMBOU 协议的 155 mm 炮弹。此外，博福斯公司还为“弓箭手”火炮配备了多种新型弹药。

1. HEER（High Explosive Extended Range shell）远程底排榴弹

HEER 采用长圆柱形低阻气动外形，结合底排技术使火炮的最大射程超过 40 km，并可获得优异的密集度。

2. Bonus 末敏弹

Bonus 末敏弹装有两枚带探测传感器的子弹药，安装有底排装置，最大射程为 35 km，如图 6－17 所示。

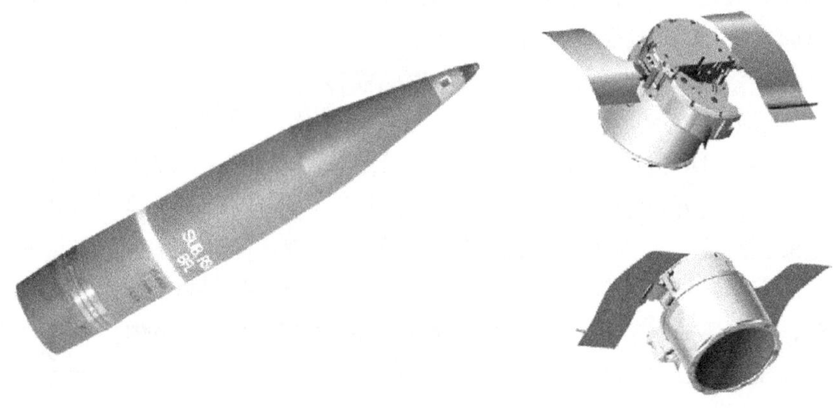

图 6－17 Bonus 末敏弹

Bonus 在扫描驱动方式选择上采用了两片张开式旋弧翼片取代涡旋减速伞（安装在末敏子弹中央控制器侧面的两片长方形薄钢片），翼片在母弹开舱抛射前向下折叠并贴附在战斗部外壳上，抛射后依靠弹力自动展开锁定。翼面展开后，表面流动的气流是非对称的，其中一片翼面上又翘起一片更小的弧形阻力片，进一步加剧了这种不对称性，从而带动子弹绕弹体轴线做章动旋转。Bonus 子弹的扫描转速达到 15 r/s，在没有涡旋伞减速的情况下，扫描落速也高达 45 m/s。虽然总扫描时间缩短了，但是扫描数据刷新率达到涡旋降落伞驱动扫描的 4 倍左右，基本抵消了高降速的影响。最明显的优势是，Bonus 成功降低了横风对末敏弹命中概率的影响，即使风速达到 10 m/s，仍然可以将两次扫描横向间隔距离控制在目标宽度以内。

Bonus 的高转速和高落速使得其不适合使用常规毫米波敏感器，而是采用了二元红外探测器，通过成像探测方式提高目标探测精度和识别概率，高度测定则通过小型激光测距仪完成。所以，Bonus 的末敏子弹弹出的敏感器探头体积较大，而且有 3 个光学窗口，其中前两个用于激光测距，而后一个则是红外成像敏感器。

另外，博福斯公司并没有放弃对毫米波敏感方式的研究。目前，采用主/被动毫米波复合敏感方式的 BonusⅡ型末敏弹也已研制成功。这种末敏子弹头部原本裸露的药型罩被毫米波雷达天线和天线保护罩所覆盖，所以弹体长度较红外敏感型略长，并且末敏弹尾部变化较大，弹出式的红外敏感器探头被取消了，翼片也由两片弧形条变为 6 个窄长条结构，阻力片则以 3 片弹出方式安装在子弹顶端面上。

Bonus 末敏弹由于去掉了两级减速伞机构，子弹体变得更加紧凑，长度只有 82 mm，直径 138 mm，质量仅为 6.5 kg。但是，它的战斗部威力更大，作用距离达到 175 m，其爆炸成型弹丸（EFP）在 150 m 高度，穿甲深度达到 120～135 mm。

3. Excalibur 制导炮弹

Excalibur 制导炮弹是美国雷神公司和博福斯公司联合研制的新型制导弹药，美军制式编号为 M982，如图 6－18 所示。

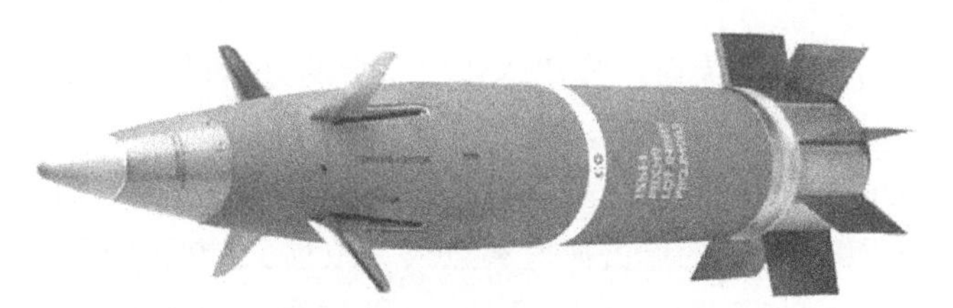

图 6－18　Excalibur 制导炮弹

Excalibur 炮弹从头至尾依次由制导舱、载荷舱、推进舱三部分组成。制导舱包括弹头锥形罩、带有 4 片可折叠的鸭式控制舵面和头部引信（内封装有 GPS 接收机/惯性测量装置）；弹体中间容积最大的圆柱段为载荷舱，可以根据需要选择不同战斗部载荷；弹尾内设有底排增程发动机和稳定弹翼，Excalibur 稳定翼为 8 片较小的长方形弯曲翼片。Excalibur 炮弹的长度为 1 m，质量为 48 kg。

Excalibur 炮弹作战过程如下：发射前，在发射平台上使用炮兵感应引信装定器将目标 GPS 信息输入弹丸，整个装填射击过程与其他使用感应装定引信的 155 mm 常规弹药相同；一旦弹丸飞出炮口，弹尾闭气环自动脱落，8 片弹簧钢片尾翼自动展开，底排发动机同时开始工作；弹丸以大约 20 r/s 的低速旋转，并迅速攀升至弹道顶点，然后在顶点处突然弹开弹丸前部 4 个控制舵。弹道下降阶段制导系统开始工作，GPS 接收机以 12 次/圈的频率连续不断地搜索 GPS 卫星数据和更新惯性测量装置校准信息直至抵达目标区，控制舵在弹道下降段能够连续修正弹道偏差，减小弹丸俯冲角，依靠弹体产生气动升力滑翔至比普通炮弹远得多的距离；在弹道末端，控制装系统可以依据目标和战斗部类型选择不同俯冲角度（最大可达 90°）直接攻击目标，或者开舱抛撒子弹药对目标给予打击。

Excalibur 炮弹用 52 倍口径 155 mm 火炮以最大号装药发射，炮口初速可达 960 m/s，最大射程为 60 km，CEP 为 10 m，精度不受射程影响。

“弓箭手”火炮的发射药装药使用的是由欧洲含能材料公司瑞典博福斯子公司（EB）和瑞典博福斯防务公司共同推出的 UNIFLEX 2 新型模块装药系统。该装药系统是一种插接式模块化发射药，由尺寸不同的两种模块——全装药模块 A 和半装药模块 A/2 构成，如图 6－19所示。配合“弓箭手”火炮 25.4 L 大药室设计，UNIFLEX 2 装药系统最多可以使用 6.5 个模块射击，而半装药模块的引入则让 UNIFLEX 2 系统药号分级数量达到 12 种。

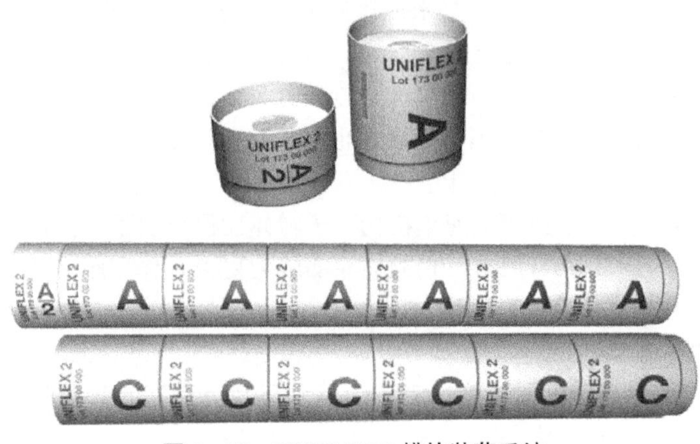

图 6－19　UNIFLEX 2 模块装药系统

UNIFLEX 2 模块化发射药为白色圆柱体外形，两端分别设有子母扣式的插接组件。多个模块药首尾相连后就组成了完整的装药组件。在模块两端面中心，设有圆形光学窗口，点火时炮闩内光纤射出的点火激光通过这个窗口照射到所有模块药中心的激光点火药芯上，使发射药同时点燃，从而得到较高的点火速度和点火一致性。UNIFLEX 2 模块药内装填有带开槽的梅花形 19 孔棒状发射药 NZK5263。NZK5263 发射药由脒基脲二硝酰胺盐（GUDN，又称 FOX－12）、黑索今（RDX）、硝酸纤维素（NC）和 BuNENA 增塑剂构成。

6.2.6　火控系统

“弓箭手”火炮的火控与炮控高度自动化，全部射击过程都可以在前部战斗舱内遥控完成。除计算机火控系统外，该炮的制式装备还包括惯性导航和瞄准系统，这些系统不但可以缩短火炮进入战斗状态所需时间，还可以提高火炮的射击精度。高水平的自动化程度和先进火控系统的结合使“弓箭手”具有优异的快速反应能力。

战斗舱内横向并列设有 3 个座椅，炮长位于最左侧位置。驾驶员座椅背后通过金属支架装有两套乘员信息终端，由加固式彩色液晶显示器和可折叠键盘组成。其中一套终端设备固定在炮长面前，而另一套设备可以通过安装架上的横向滑轨水平移动，由另外两名炮手中的任意一人操作，不使用时就折叠起来滑动到左侧炮长终端显示器背后以增大车内活动空间。火控计算机和电台等电子设备安装在炮手身后的仪器舱内。“弓箭手”火炮安装有法国萨基姆公司生产的捷联惯导装置和爱立信公司生产的多普勒炮口初速测试雷达，两者呈前后串列方式安装在摇架前上方，由装甲外壳提供破片防护。此外，“弓箭手”火炮安装了 GPS 卫星定位系统。

“弓箭手”火炮火控系统的特点是完全抛弃了传统机械和光学瞄准设备。火炮通过数据链接收炮兵侦察单位传送的目标位置数据后，能结合惯导及 GPS 系统提供的自身位置参数快速解算射击诸元。炮长在火控信息系统帮助下判断首要威胁目标并制订火力打击方案，以上内容可全部在车辆行进间完成。驾驶员将火炮驶入射击阵地后，随即通过液压系统放下火炮助锄，然后将炮身箱体的顶盖张开，液压高低机驱动火炮扬起并将身管前伸至射击位置，驱动系统控制火炮自动完成瞄准动作之后装填系统开始工作，以上动作在停车后 30 s 内完成。弹药装填完成后，炮长通过头顶前方的击发控制盒控制火炮射击，完成一轮急促射击后（两组 5～6 发同时弹着），火炮反向重复展开动作，30 s 内转换至行军状态、撤出射击阵地，在 100 s 内可急行军行驶到 500 m 外的另一射击阵地继续射击。实战环境下，“弓箭手”火炮在任意射击位置停留时间不超过 2 min，大大提高了火炮的生存能力。

6.2.7　底盘

作为一种车载式火炮，“弓箭手”火炮使用了非常特殊的铰接式底盘。这种底盘的优点是转向灵活，适合山地、丛林等道路弯曲、狭窄地形；缺点是结构复杂，价格比较高，且传动过程中有动力损失，不利于提高炮车速度。

“弓箭手”火炮研制之初采用的是沃尔沃 A25C 底盘，后改用 A30D、A30E 底盘。A30E 铰接式卡车是沃尔沃公司 2010 年最新款 E 系列铰接式卡车家族中的主力型号，是专门适用于矿山、物料运输、建筑行业等复杂地形环境下使用的重载卡车，如图 6—20 所示。

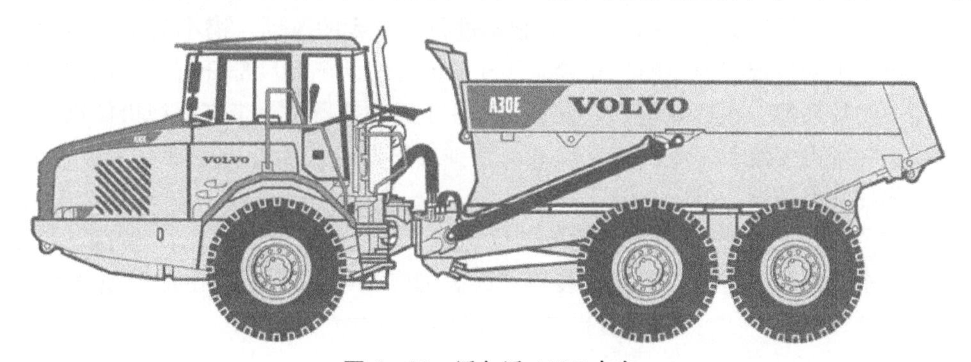

图 6—20　沃尔沃 A30E 卡车

1. 动力系统

A30E 卡车动力系统为沃尔沃公司自行研制的 D9B AC E3 型直列 6 缸、涡轮增压、电控直喷式四冲程柴油发动机，该发动机尾气排放符合欧洲（EU）ⅢA 标准，总排量 9.4 L，净功率 251 kW（341 马力），1 200 r/min 时可输出最大扭矩为 1 700 N · m。发动机纵置在车首突出的动力舱内，水冷散热系统置于发动机右侧，冷却风扇通过液力静压驱动，带有温控调速装置，能自主设置动力舱环境温度，只有需要时才启动风扇以节约功率消耗。

2. 传动系统

A30E 卡车传动装置为带有挡位自动锁定功能的单级扭矩变换器、具有完整内置可变液压减速器，设有 6 前 2 倒 8 个挡位的全自动行星齿轮变速箱（AMT）、单级分动箱、带有行星式终端减速器的全浮动车桥和 4 组轮间差速器锁（1 纵 3 横）。行驶过程中，驾驶员可以根据路况任意选择差速锁和行驶驱动方式（6×4 或 6×6）。A30E 卡车底盘原型是一种重载货运车辆，所以变速箱挡位偏向于低速大牵引力设置，其 6 挡最高行驶速度只有 53 km/h。在改装为自行火炮底盘时，沃尔沃公司改进了挡位设置，使“弓箭手”火炮公路最大行驶速度达到 70 km/h。

3. 悬挂与行走系统

A30E 采用了 3 组 AH64 式车桥和宽达 750 mm 的 750/65 R25 轮胎，包括终端减速器、轮盘制动系统等大部分组件部，可以前、后桥通用。在改装用于“弓箭手”火炮时，轮胎还增加了自动调压及中央充放气系统。前桥悬挂装置为两组弹簧减震器，车桥底部还附加有缓冲用的橡胶弹簧和稳定器。而整个后桥箱则采用了沃尔沃的三点式悬挂系统，两组后桥首先通过车架侧面纵向平衡臂相互连接（同样安装有橡胶缓冲弹簧和稳定器），整个后桥箱再通过向前伸出、头部带有大型螺旋弹簧减震器的叉形支臂与车架前下方连接。这种三点式悬挂装置实现了车桥浮动安装，在崎岖道路上两组后桥能随路面的起伏状况独立地俯仰、扭转，保持车架处于水平状态。

4. 转向系统

由于车头与车架采用铰接的连接方式，A30E 的转向时并不通过扭转前轮，而是使包括驾驶室、动力舱和车辆前桥在内的整个车头部分转动的全地形转向架实现车辆的转向。A30E 卡车通过一个能够旋转和倾斜的大万向节连接车头和后部车架，大万向节中间再贯通安装有带小万向节的传动轴。铰链转向系统中的铰链装置由两个液压油缸驱动，最大转向角为±45°，铰链液压驱动器有自动补偿功能，复杂路面转向时，后部车驾可以自动倾斜并保持平衡。

为了适应“弓箭手”火饱，A30E 的驾驶室进行了较大的改动，缩小为单人驾驶室，其后部改造成由装甲钢板焊接而成的战斗舱。战斗舱前方、两侧和后部开有 5 个小型防弹观察窗，具备“三防”功能。在驾驶舱正上方安装有一个遥控武器站，带有电视摄像机和非制冷红外热像仪；除了可安装 M2 重机枪、40 mm 榴弹发射器等武器外，还带有 4 组共 16 发遥控烟幕、杀伤榴弹发射器。

“弓箭手”火炮的全封闭乘员舱和主要部件达到了北约 3 级防护的要求，可抵御轻武器、炮弹破片的攻击；乘员舱备有“三防”装置和灭火抑爆系统；底盘能抵抗 6 kg 压发式反装甲地雷的冲击波。“弓箭手”火炮显著提高了战场生存能力。

6.3 诺娜－2C23 式 120 mm 自行迫榴炮

诺娜－2C23 式 120 mm 自行迫榴炮是俄罗斯 120 mm 迫榴炮系列中的轮式版，于 1986 年开始研制，1990 年列装。该炮主要为空降部队、海军陆战队以及轻型装甲部队提供火力支援。诺娜系列火炮与传统迫击炮的根本区别在于，它们既保留了迫击炮间瞄射击的功能，又实现了独特的直射能力和更高的火力机动性。因此，“诺娜”火炮也被称为“迫榴炮”。

2C23 式 120 mm 自行迫榴炮如图 6－21 所示。

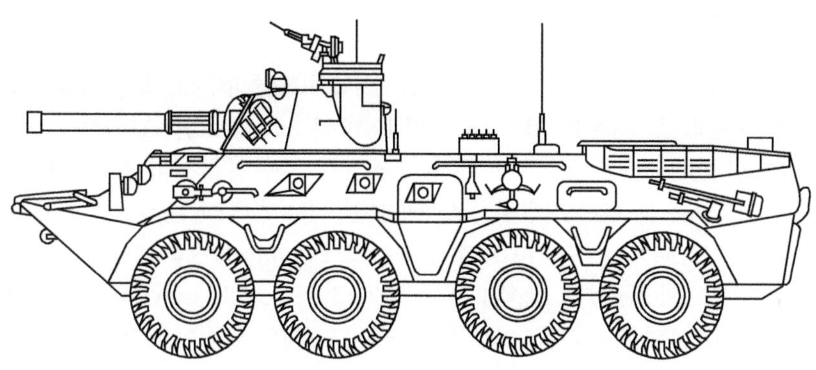

图 6－21 2C23 式 120 mm 自行迫榴炮

6.3.1 概述

2C23 的底盘为 BTR－80 式 8×8 轮式装甲车底盘，与采用 BMP－2 步兵战车履带式底盘的 2S9 式 120 mm 迫榴炮相比，该炮机动性较高，尤其是在远距离公路行驶时，其速度和行程都优于前者。该炮的炮塔与 2S9 式略有不同，火炮本身也有些改进，不过弹道性能及发射的弹药都相同。该炮主要伴随海军陆战队、空降兵部队以及陆军轻型机械化部队完成遂行火力支援任务，能够伴随被支援部队迅速投入和撤出战斗，既可以发射同口径的制式迫击炮弹，又可以发射为其专门设计的杀伤爆破弹火箭增程弹和破甲弹；该炮可用飞机载运，也可伞降。这种快速机动的多功能武器深受特种部队、空降部队、快速反应部队的欢迎。

2C23 式 120 mm 自行迫榴炮的主要诸元见表 6－3。

表 6－3 2C23 式 120 mm 自行迫榴炮的主要诸元

<table>
<tr><td>口径/mm</td><td>120</td><td>携弹量/发</td><td>30</td></tr>
<tr><td>战斗全重/kg</td><td>14 500</td><td>乘员人数/人</td><td>4</td></tr>
<tr><td rowspan="2">配用弹种</td><td rowspan="2">杀伤爆破弹、火箭增程弹
破甲弹、发烟弹等</td><td rowspan="2">最大行驶
速度/（km・h^{-1}）</td><td>80（公路）</td></tr>
<tr><td>10（水上）</td></tr>
<tr><td>身管长度</td><td>24.2 倍口径</td><td>最大行驶里程/km</td><td>600</td></tr>
<tr><td>内膛结构</td><td>40 条右旋等齐膛线</td><td>最大爬坡度/（°）</td><td>30</td></tr>
<tr><td rowspan="2">射界/（°）</td><td>－4～＋80（高低）</td><td>最大越壕宽/m</td><td>2</td></tr>
<tr><td>±35（方向）</td><td>系统反应时间/min</td><td>4</td></tr>
<tr><td rowspan="2">初速/（m・s^{-1}）</td><td>109～367
（30Φ－49 式杀伤爆破弹）</td><td>行军战斗
转换时间/min</td><td>1</td></tr>
<tr><td>119～331
（53－0Φ－843B 杀伤爆破弹）</td><td>使用温度范围/℃</td><td>－50～50</td></tr>
<tr><td rowspan="3">最大射速/
（发・min^{-1}）</td><td>6～8（30Φ－49）</td><td rowspan="3">射程</td><td>850～885 m（30Φ－49）</td></tr>
<tr><td>10（53－0Φ－843B）</td><td>430～7 750 m（53－0Φ－843B）</td></tr>
<tr><td>4～6（3BK－19 破甲弹）</td><td>12.8 km（30Φ50 式火箭增程弹）</td></tr>
</table>

6.3.2 总体布置

2C23式自行迫榴炮采用BTR－80式水陆两用装甲输送车的底盘，车体为全焊接钢装甲结构，在其正前方弧形区域能抗1 000 m距离上12.7 mm穿甲弹的攻击，车体的其余部分能抗7.62 mm穿甲弹的攻击。驾驶舱位于车体的前部，中间是战斗舱（炮塔、弹药隔舱），车体后部是发动机隔舱。火炮装在带装甲防护的炮塔中，炮塔上还有一个可升降的转塔以及观察装置，转塔可360°回转。炮塔顶部装有一挺7.62 mm机枪，可用于防空与局部防御。机枪的左侧装有一具红外探照灯，炮塔两侧各装有3个制式81 mm烟幕榴弹发射器。

2C23迫榴炮采用炮尾装填方式，炮闩为立楔式，药室利用输弹机上蘑菇头形紧塞具和楔式炮闩进行闭气。不带炮口制退器和抽烟装置。节制杆式制退机位于炮身正上方，右侧有一气压式复进机，左侧为气动式自动输弹机。火炮高低射界－4°～＋80°，方向射界左右各35°。

6.3.3 火炮

2C23式自行迫榴炮采用的是2A60式火炮。该炮身管长为24.2倍口径，直接射击瞄准具装在火炮左侧，而间接射击瞄准具则装在炮塔顶部左侧。

2A60式火炮主要包括：炮身（身管和炮尾）、炮闩、带蘑菇头紧塞具的输弹机、制退机、复进机、筒形摇架、防危板、齿轮齿弧式高低机以及气动、电气装置。其中炮尾、炮闩、蘑菇头组合件包含了击发机构；炮尾和摇架包含了半自动开、关闩机构；复拨器和击发手柄组件等安装在防危板上。2A60式火炮结构构成如图6－22所示。

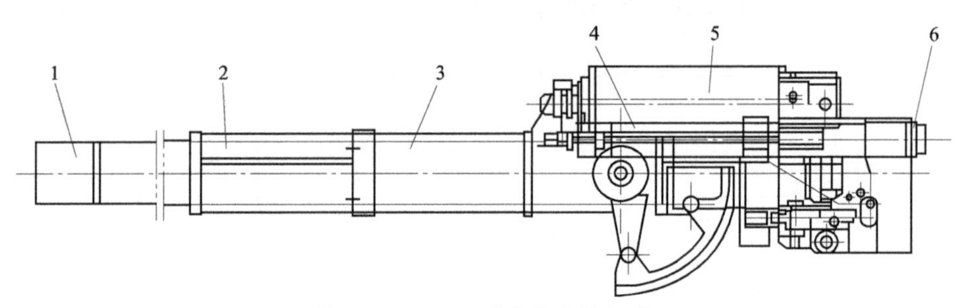

图6－22　2A60式火炮结构组成

1—炮身；2—护筒；3—摇架；4—输弹机；5—制退机；6—复进机

1. 身管

2A60式火炮的身管为低膛压线膛身管。为了既能发射滑膛弹药，又能发射线膛弹药，该火炮通过火炮、弹体和装药的设计，进行了系统匹配与结构的优化，实现了多种弹药兼容发射的功能。具体措施有：使所发射的制式迫弹与身管的配合有与炮口装填式迫炮相近的弹、炮间隙；采用预制刻槽弹带与线膛结构相匹配，解决了榴弹（含增程弹）的旋转稳定性，同时又利用刻槽弹带，不但保证了弹体强度，而且消除了发射破甲弹时弹体与炮膛之间的漏气间隙。

传统的炮口装填迫击炮通常为滑膛身管，弹丸靠自重从炮口向膛底下滑撞击膛底击针击发。为了使弹丸有足够的下滑速度，以保证撞击击针时弹体有一定的动能，弹体与内膛之间必须留有较大的间隙。后装填时，2A60式火炮采用40条等齐右旋浅膛线的内膛结构，只要做到所有膛线矩形截面的面积之和等于或相当于原来制式迫弹与内膛之间的环形间隙面积（即漏气面积），就可以保证发射制式迫弹的弹道性能基本不变。由于弹丸与内膛之间的结构间隙（不是漏气间隙）很小，弹体在膛内运动时弹轴与炮膛轴线的同轴度始终较高，弹丸运动稳定性好，膛线不会影响迫弹尾翼的顺利通过，弹丸出炮口时的偏角小，有利于提高发射精度。

与炮口装填式迫击炮相比，该火炮的身管加长了近1倍左右，弹道稳定性好，初速或然误差小，保证了火炮有较高的射击精度。传统迫击炮由于质量限制和炮口装填人机工程的要求，炮身不能太长，发射药在膛内时期燃烧不够充分，加长炮管可有效克服这一缺陷。

2A60式火炮身管采用薄壁线膛结构，弹药为无药筒的药包装药结构形式，射速比较高。为了确保使用安全，2A60式火炮在身管高温部位的外表面上安装有温度传感器。该传感器的核心器件是一种居里融点铝磁合金圆盘。当温度达到一定数值（约190 ℃）时，磁性合金导通电路发出报警信号，提示炮手停止射击。

2. 炮闩

2A60式火炮为了适应迫弹与榴弹的后装填，设计了新型的组合炮闩结构，将闭锁、闭气、输弹和抽气四大功能集成于一体，有效地满足了发射多种弹药和封闭炮塔安装火炮的特殊技术要求。与炮口装填式迫击炮相比，采用后装填炮尾、炮闩的结构有效地解决了火炮的装甲炮塔化防护和发射带专用装药尾架的新型弹药（发射后尾架留膛、开闩退出）的问题。

2A60式火炮采用向下开闩的无闭气环的楔式炮闩，但发射的所有弹种均是无药筒的装药结构，为此，该火炮将用于闭气的蘑菇头形紧塞具固连在输弹气缸的外筒上，使蘑菇头成为输弹臂（蘑菇头前端与弹底接触）的一部分。由于采用楔式炮闩，包括手动和半自动开（关）闩结构、抽筒子结构、击发机构等结构都可以借鉴常规火炮楔式炮闩的结构原理和特点，使其有较好的可靠性。此外，利用输弹气缸的外部动力，用蘑菇头可自动完成输弹、留膛闭气、解脱抽筒子关闩闭锁等动作。2A60式火炮的开闩利用火炮的复进能量来工作。火炮发射时，在炮身复进到位前，摇架上的开闩板与闩体上的曲柄凸轮作用，使曲柄轴旋转带动开闩机构打开闩体，蘑菇头由输弹气缸自动拉出炮膛，完成开闩动作。

由于输弹机采用外部气体动力源，2A60式火炮在输弹机气路上引出了一个分支，通过炮尾后端面上的两个接头，在开闩瞬间向炮膛导入压缩空气，将火药燃气和废渣吹出炮膛。该气路与输弹机向后运动（回程）的排气气路导通，无专门的传感器和电磁阀，结构简单、控制可靠，不但省去了较复杂的炮膛抽气装置，而且还有冷却炮膛的效果，有利于提高身管的寿命。

3. 反后坐装置

2A60式火炮反后坐装置由节制杆式制退机和气压式复进机组成，制退筒和复进筒以及输弹机的气缸均设置在不到300 mm宽的炮尾内，3个筒的长度在600～800 mm，使其能够布置于全封闭的炮塔之内。反后坐装置应用了平稳后坐原理，可保证在弹丸出炮口之前，由反后坐装置传递到炮架和底盘上的后坐阻力较小，不致引起系统产生大的振动干扰，以提高火炮的射击精度。

4. 保险机构

2A60式火炮在其机构运动的适当环节设置了四种保险机构：击发保险、误击发保险、装弹保险和关闩不到位保险，并在身管上设置了温度报警装置，保证了火炮具有很高的操作安全性。

6.3.4 火炮各部分的联合动作

2A60式火炮的动作如下。

1. 首发人工开闩

将炮尾右侧的开闩手柄人工向下开闩，同时压缩关闩簧储能，开闩到位前闩体撞击抽筒子短臂，长臂旋转拨动蘑菇头底座凸缘，使其松开紧塞具，此后闩体被抽筒子长臂挂住，停在下方；同时导通输弹机电磁阀，控制气缸外筒带着蘑菇头在炮尾中向后运动，到位时蘑菇头组件向外侧旋转，让开装弹路线，停在后位。

2. 装弹与关闩

人工将弹药送入炮尾，由装在炮尾后端面上的挡弹器保证其不向后滑出。

按动输弹机按钮，输弹气缸带动蘑菇头先向内侧旋转（至膛线），然后向前移动，推动蘑菇头前端面进入炮尾，将炮弹推到位，紧塞具同时进入身管后端闭气锥面。

蘑菇头座的凸缘向前撞击抽筒子长臂端，解脱闩体，闩体在关闩簧的作用下向上关闩，并把蘑菇头座抵在身管镜面内部（凸缘在镜面外），闭锁炮膛。

3. 次（连）发自动开闩

① 推动左侧防危板上的击发手柄，火炮击发，炮身进行后坐和复进动作。

② 复进到位前，炮尾右侧外部开（关）闩曲柄轴上的曲柄凸轮与摇架上的开闩板接触，使曲柄轴转动，带动曲柄转动使闩体向下运动、开闩（同时压缩关闩簧）。

③ 闩体到位前撞击抽筒子短臂，长臂旋转松开紧塞具，并通过闩体运动导通气动系统电磁阀，气动系统向炮膛导入压缩空气、清理炮膛，同时导通输弹机气路，气缸外筒带蘑菇头向后、向外侧运动让出装弹路线，停在后位。

④ 人工装弹入炮尾，自动输弹到位。

此后的动作从“②”起开始循环。

4. 如果发射榴弹、增程弹和破甲弹，炮身复进到位（开闩到位，蘑菇头后拉到位）后，还需人工从膛底取出装药尾架，然后才可装下一发弹。

6.3.5 弹药

2A60式火炮既可以发射同口径的制式迫击炮弹，又可以发射为其专门设计的杀伤爆破弹、火箭增程弹和破甲弹。由于榴弹（含增程榴弹）为无尾翼的旋转稳定飞行弹种以及身管内膛压力较低，为了减小弹丸在膛内的运动阻力，故在弹带上预制了与膛线相啮合的刻槽。对于尾翼稳定的空心装药破甲弹而言，刻槽弹带还可以密封弹体与内膛之间的漏气间隙，减少弹丸在膛内时期的压力损失，保证弹丸有较高的初速。

2A60式火炮由于采用后装填结构和弹道兼容设计，火炮内膛结构、弹药结构和装填方式都产生了相应的变化，无药筒整装刻槽弹装填时，必须解决“认膛”和膛内轴向定位问题。

① 刻槽弹带的“认膛”。杀伤爆破榴弹、增程榴弹和破甲弹均采用预制刻槽弹带，装弹时需将弹底送入炮尾后端面，相应地，弹带要进入膛线一段距离（约为弹长的1/4）。使用方面，由人工调整使弹带对正进入膛线，最后气动输弹机输弹到位。

② 弹药的膛内定位。2A60式火炮的三种新型弹种，即榴弹、增程弹和破甲弹（图6—

23)，其使用的射角范围是－4°～＋80°。小射角装填时，必须强制性地（不能像迫弹那样依靠重力）保证弹底位于膛底才能可靠击发。

榴弹、增程弹和破甲弹均采用了装药尾架方式实现膛内轴向定位。装药尾架是安装基本药管和辅助发射药包的专用金属支架，其底座为圆环形状，圆环前端面为圆锥面（图6－24)，其中凸台为径向定位凸台，定位环为轴向定位环。装弹前，先将装好发射药的装药尾架与弹丸快速对接成整装弹药，输弹到位时，装药尾架底座圆环的前斜面卡在内膛后端部的锥面上而定位。击发后，当膛压上升到一定数值（约1.5 MPa）时，弹体与装药架之间的连接环构件被切断，弹丸启动加速，装药尾架则留在膛内，开闩后取出。

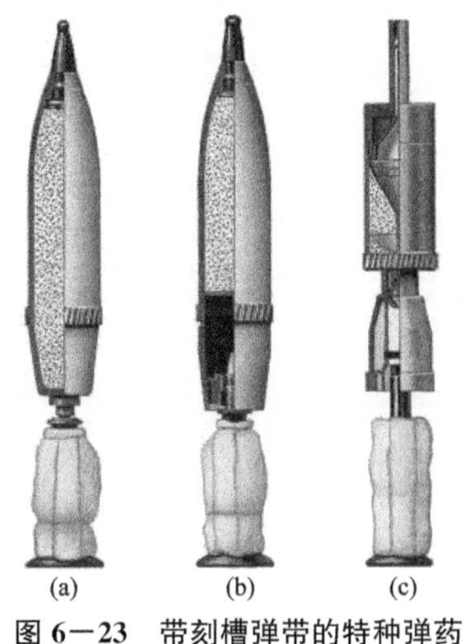

图6－23 带刻槽弹带的特种弹药

（a）榴弹；（b）增程弹；（c）破甲弹

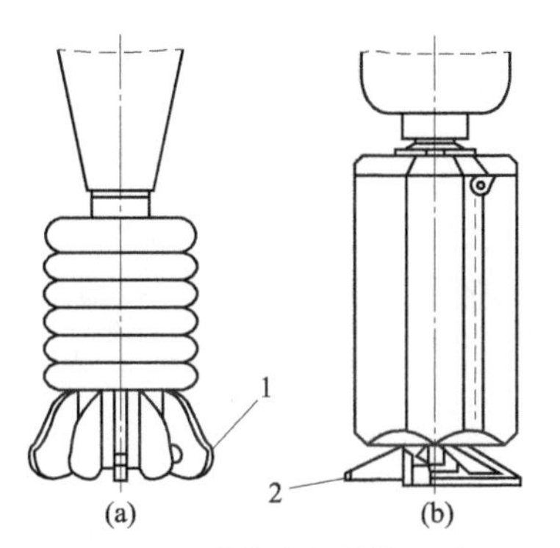

图6－24 弹药定位结构示意图

（a）迫弹；（b）榴弹

1—凸台；2—定位环

6.3.6 底盘

2C23式自行迫榴炮采用的是BTR－80式水陆两用装甲输送车的底盘，是由BTR－70发展而来的，是俄罗斯主要的轮式装甲输送车，如图6－25所示。

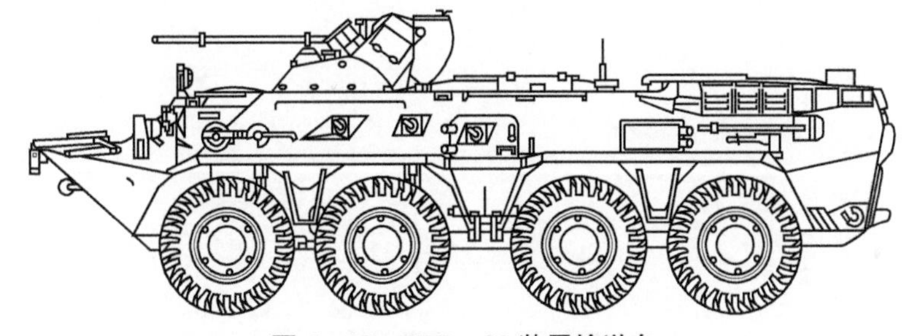

图6－25 BTR－80装甲输送车

驾驶员位于车体的左前部，车长位于驾驶员的右面。驾驶舱的后面是炮塔和弹药隔舱，车体后部是发动机隔舱。发动机隔舱内装有自动灭火系统、预热器、油泵、用于散热器和曲轴箱的热交换器、柴油箱和排水泵。2C23式除了在炮塔顶部、驾驶员和车长的座位上面设有出入舱门外，在第二和第三轴之间还设有紧急出口，但整个车体上没有设置射击孔。安装在炮塔上部的是一种902B型81 mm电控发射的烟幕榴弹发射器，可在炮塔内遥控发射，每枚烟幕榴弹可依据风力的强度和方向生成一个 30 m 宽、10 m 高的烟幕屏障。

BTR－80 采用机械式传动装置，用来改变发动机的扭矩，驱动车轮、螺旋桨和绞盘。传动装置由主离合器、变速箱、离合器拉杆、分动箱、绞盘驱动装置、万向轴系统、驱动桥和车轮驱动机构组成。BTR－80 的变速箱有 5 个前进挡和 1 个倒挡。

BTR－80 的轮胎为带内部密封圈和轮胎气压调节装置的无内胎橡胶轮胎，由两个平衡杆安装在扭杆上。中央轮胎气压调节系统可自动保持或调节轮胎的充气压力，如果一个轮胎或多个轮胎漏气，轮胎充气调节阀可始终保持住轮胎的压力。当轮胎损坏时，BTR－80 依然能够以 20 km/h 的速度继续行驶 200 km 以上，或者以 40 km/h 的速度继续行驶 40 km。

参考文献

[1] 马福秋，陈运生，朵英贤．火炮与自动武器［M］．北京：北京理工大学出版社，2003.
[2] 王靖君，郝信鹏．火炮概论［M］．北京：兵器工业出版社，1992.
[3] 谈乐斌等．火炮概论［M］．北京：北京理工大学出版社，2005.
[4] 王志军，尹建平．弹药学［M］．北京：北京理工大学出版社，2005.
[5] 武瑞文．中国 PLZ45－155 毫米自行加榴炮武器系统［J］．现代军事，2004（8）：10－13.
[6] 卜杰．自走炮——安装辅助推进动力装置的牵引炮［J］．现代军事，2004（6）：46－48.
[7] 梁苏，赵玉菱．轻型 155 毫米牵引式榴弹炮［J］．兵器知识，2001，3.
[8] http://www.army－guide.com. M777，Towed howitzer.
[9] http://www.globalsecurity.org. M777 Lightweight 155 mm howitzer.
[10] 林山．中国 57 毫米高射炮［J］．现代兵器，1988（7）：1－3.
[11] 李开文．另一个小高炮王国的 GDF 系列 35 毫米双管高射炮［J］．兵器知识，2000（2）：5－7.
[12] 魏群．2C6M“通古斯卡”——世界上第一种弹炮结合自行防空武器系统［J］．国外坦克，1994（3）：17－23.
[13] 迟振义．“通古斯卡”弹炮合一防空武器系统［J］．国外坦克，2003（5）：20－23.
[14] http:/www.GlobalSecurity.org. 2S6M Tunguska Anti－Aircraft Artillery.
[15] 仁立．德国 PzH2000 自行榴弹炮［J］．现代兵器，2001（10）：18－22.
[16] 通向绝对火力之路［J］．航空档案，2008（11B）：8－23.
[17] 霍建鹏．绝对火力——PzH 2000 式 155 毫米自行榴弹炮［M］．北京：兵器工业出版社，2012.
[18] 陈慧琴．俄罗斯 2S 23 式 120 毫米自行迫榴炮［J］．现代兵器，1994（12）：19－21.
[19] 许耀峰．“诺娜”迫榴炮特色技术分析［J］．火炮发射与技术学报，1998（2）：30－35.
[20] 张卫东．俄罗斯 BTP 轮式装甲输送车［J］．国外坦克，2000（7）：15－17.
[21] 卜杰．双用途火炮——迫榴炮［J］．现代军事，2005（1）：52－54.